ZHIYE JINENG PEIXUN JIANDING JIAOCAI

■ 职业技能培训鉴定教材 ■

计算机操作员

（中级）  第2版

JISUANJI CAOZUOYUAN

主　编	尚晓新　张　琳
副主编	马向平　张　辉　王春晖　霍霄艳
参　编	赵春霞　周晓利　黄　果　吕德举　吴虹霞　王亚昕　李　清
	张延元　张慧霞　范琳琳
审　稿	尚继超　杨　舒

中国劳动社会保障出版社

图书在版编目(CIP)数据

计算机操作员:中级/尚晓新,张琳主编. -- 2版. -- 北京:中国劳动社会保障出版社,2017

职业技能培训鉴定教材

ISBN 978-7-5167-2946-5

Ⅰ.①计… Ⅱ.①尚… ②张… Ⅲ.①电子计算机-职业技能-鉴定-教材 Ⅳ.①TP3

中国版本图书馆 CIP 数据核字(2017)第 060408 号

中国劳动社会保障出版社出版发行

(北京市惠新东街 1 号 邮政编码:100029)

*

三河市华骏印务包装有限公司印刷装订 新华书店经销

787 毫米×1092 毫米 16 开本 22.5 印张 488 千字
2017 年 11 月第 2 版 2022 年 7 月第 4 次印刷
定价:45.00 元

读者服务部电话:(010)64929211/84209101/64921644
营销中心电话:(010)64962347
出版社网址:http://www.class.com.cn

版权专有 侵权必究

如有印装差错,请与本社联系调换:(010)81211666
我社将与版权执法机关配合,大力打击盗印、销售和使用盗版图书活动,敬请广大读者协助举报,经查实将给予举报者奖励。
举报电话:(010) 64954652

内容简介

本教材由人力资源和社会保障部教材办公室组织编写。教材以《国家职业技能标准·计算机操作员（2008年修订）》为依据，紧紧围绕"以企业需求为导向，以职业能力为核心"的编写理念，力求突出职业技能培训特色，满足职业技能培训与鉴定考核的需要。

全书分为八个单元，主要内容包括计算机安装连接、调试，文件管理，文字录入，通用文档处理，电子表格处理，演示文稿处理，网络登录与信息浏览，多媒体信息处理，详细介绍了本职业岗位工作中要求掌握的最新实用知识和操作技能。每一单元后附有单元测试题及答案，供读者巩固、检验学习效果时参考使用。

本教材可作为中级计算机操作员职业技能培训与鉴定考核教材，也可供中、高等职业院校相关专业师生参考，或供相关从业人员参加在职培训、岗位培训使用。

前　言

　　1994年以来，人力资源和社会保障部职业技能鉴定中心、教材办公室和中国劳动社会保障出版社组织有关方面专家，依据《中华人民共和国职业技能鉴定规范》，编写出版了职业技能鉴定教材及其配套的职业技能鉴定指导200余种，作为考前培训的权威性教材，受到全国各级培训、鉴定机构的欢迎，有力地推动了职业技能鉴定工作的开展。

　　劳动保障部从2000年开始陆续制定并颁布了国家职业标准。同时，社会经济、技术不断发展，企业对劳动力素质提出了更高的要求。为了适应新形势，为各级培训、鉴定部门和广大受培训者提供优质服务，教材办公室组织有关专家、技术人员和职业培训教学管理人员、教师，依据国家职业技能标准和企业对各类技能人才的需求，研发了职业技能培训鉴定教材。

　　新编写的教材具有以下主要特点：

　　在编写原则上，突出以职业能力为核心。教材编写贯穿"以职业标准为依据，以企业需求为导向，以职业能力为核心"的理念，依据国家职业标准，结合企业实际，反映岗位需求，突出新知识、新技术、新工艺、新方法，注重职业能力培养。凡是职业岗位工作中要求掌握的知识和技能，均作详细介绍。

　　在使用功能上，注重服务于培训和鉴定。根据职业发展的实际情况和培训需求，教材力求体现职业培训的规律，反映职业技能鉴定考核的基本要求，满足培训对象参加各级各类鉴定考试的需要。

　　在编写模式上，采用分级模块化编写。纵向上，教材按照国家职业资格等级单独成册，各等级合理衔接、步步提升，为技能人才培养搭建科学的阶梯型培训架构。横向上，教材按照职业功能分模块展开，安排足量、适用的内容，贴近生产实际，贴近培训对象需要，贴近市场需求。

　　在内容安排上，增强教材的可读性。为便于培训、鉴定部门在有限的时间内把最重要的知识和技能传授给培训对象，同时也便于培训对象迅速抓住重点，提高学习效率，在教材中精心设置了"培训目标"等栏目，以提示应该达到的目标，需要掌握的重点、难点、鉴定点和有关的扩展知识。另外，每个学习单元后安排了单元测试题，方便培训对象及时巩固、检验学习效果。

本书在编写过程中得到开封技师学院、洛阳市洛轴高级技工学校、信阳高级技工学校、郑州财经技师学院、河南医药技师学院、河南省焦作市技师学院、郑州市国防科技学校的大力支持和热情帮助，在此一并致以诚挚的谢意。编写教材有相当的难度，是一项探索性工作。由于时间仓促，缺乏经验，不足之处在所难免，恳切希望各使用单位和个人对教材提出宝贵意见，以便修订时加以完善。

人力资源和社会保障部教材办公室

目 录

第1单元 计算机安装连接、调试 1—49

第一节 电源系统连接/2
　一、不间断电源系统连接/2
　二、UPS工作状态检测和常见问题处理/3

第二节 外围设备连接与应用/5
　一、输入设备连接与应用/5
　二、输出设备连接、使用要求/7
　三、连接、使用网络设备/11

第三节 操作系统安装/16
　一、安装操作系统/16
　二、添加字体/20
　三、添加或删除输入法/21

第四节 磁盘分区与整理/23
　一、磁盘分区/23
　二、磁盘复制与整理/28

第五节 应用程序综合操作/31
　一、常用应用程序介绍/31
　二、常用应用程序安装/32
　三、常用应用程序操作/35

单元考核要点/45
单元测试题/46
单元测试题答案/49

第2单元 文件管理 51—79

第一节 文件操作/52
　一、文件和文件夹的属性设置/52
　二、文件和文件夹基本操作/58

三、查找文件和文件夹/58
四、回收站管理/63
第二节 文件高级管理/65
一、文件权限管理/65
二、文件夹共享/67
三、文件和文件夹的加密/69
四、文件和文件夹排序/76
单元考核要点/77
单元测试题/77
单元测试题答案/79

第3单元 文字录入 81—101

第一节 英文录入/82
一、提高英文输入速度的方法/82
二、英文页面版式的特点/82
第二节 中文录入/87
一、中文输入法/87
二、提高中文输入速度的方法/88
第三节 数字符号录入/89
一、输入常用数字序号/89
二、输入其他特殊符号/89
第四节 中英文混合录入/91
一、常用输入方式/91
二、输入法之间的切换/92
三、提高中英文输入准确率的操作要点/92
单元考核要点/93
单元测试题/93
单元测试题答案/100

第4单元 通用文档处理 103—182

第一节 文档内容高级编辑/104
一、注释设置和域的使用/104
二、中文版式设置和长文档编辑/112

第二节　内容查找与替换/120
　　一、查找/121
　　二、定位/123
　　三、替换指定内容/124
第三节　文档格式化处理/127
　　一、文档常用格式化处理/127
　　二、设置特殊格式/133
第四节　邮件合并/136
　　一、邮件合并的操作/136
　　二、筛选及排序/146
第五节　表格高级处理/149
　　一、表格工具介绍/149
　　二、调整、转换表格属性/152
　　三、设置、套用表格和表头格式/158
第六节　对象高级处理/163
　　一、插入公式等复杂对象/163
　　二、图文混排/169
单元考核要点/172
单元测试题/173
单元测试题答案/181

第5单元　电子表格处理183—226

第一节　数据输入与编辑处理/184
　　一、单元格中数据的输入/184
　　二、单元格数据填充/185
　　三、单元格数据复制、移动、删除、清除/187
第二节　数据查找与替换/188
　　一、数据查找/188
　　二、数据替换/189
第三节　表格高级格式化处理/191
　　一、对单元格的操作/191
　　二、自动套用表格格式/192

第四节　对象基本处理/197
　　一、图片对象的插入操作/197
　　二、图表的基本处理/201
第五节　综合计算处理/208
　　一、公式的运用/208
　　二、函数的使用/212
第六节　高级统计分析/215
　　一、复杂筛选/215
　　二、数据排序/218
　　三、分类汇总/220
单元考核要点/222
单元测试题/223
单元测试题答案/226

第6单元　演示文稿处理 227—271

第一节　幻灯片模板制作和版式设计/228
　　一、应用主题创建模板/228
　　二、幻灯片切换效果/233
第二节　幻灯片效果处理/235
　　一、版式与色彩/235
　　二、幻灯片形状填充与背景处理/237
　　三、设置幻灯片背景音乐/242
第三节　幻灯片按钮、图形图像应用及效果处理/244
　　一、动作按钮/244
　　二、图形图像及效果处理/247
第四节　幻灯片放映设置/254
　　一、幻灯片放映类型/254
　　二、幻灯片放映选项/256
第五节　幻灯片打印及动画设置/259
　　一、幻灯片打印设置/259
　　二、幻灯片动画设置/261
单元考核要点/265
单元测试题/266
单元测试题答案/271

第7单元 网络登录与信息浏览 273—303

第一节 上传与下载/274

  一、文件下载/274

  二、文件上传/285

第二节 浏览器的使用/289

  一、浏览器常见设置/290

  二、浏览器高级设置/293

单元考核要点/299

单元测试题/300

单元测试题答案/303

第8单元 多媒体信息处理 305—346

第一节 声音文件的处理/306

  一、创建和保存声音文件/306

  二、编辑声音文件/306

第二节 视频及图片文件的处理/316

  一、视频文件的编辑处理/316

  二、图片文件的编辑/326

单元考核要点/344

单元测试题/345

单元测试题答案/346

第1单元

计算机安装连接、调试

- 第一节 电源系统连接/2
- 第二节 外围设备连接与应用/5
- 第三节 操作系统安装/16
- 第四节 磁盘分区与整理/23
- 第五节 应用程序综合操作/31

第一节 电源系统连接

→ 掌握不间断电源、特点及分类
→ 掌握不间断电源与计算机的连接
→ 掌握不间断电源工作状态及处理方法

一、不间断电源系统连接

不间断电源（UPS，Uninterruptible Power System/Uninterruptible Power Supply），是将蓄电池（多为铅酸免维护蓄电池）与主机相连接，通过主机逆变器等模块电路将直流电转换成市电的系统设备，主要用于给计算机、计算机网络系统或其他电力电子设备提供稳定、不间断的电力供应，如图1—1所示。当市电输入正常时，UPS将市电稳压后供应给负载使用。此时的UPS就是一台交流稳压器，同时还向机内蓄电池充电；当市电中断（如事故停电）时，UPS就会立即将蓄电池的直流电能，通过逆变零切换转换的方式向负载继续供电，使负载维持正常工作从而保护负载软、硬件不受由供电问题而带来的损坏。UPS设备通常对电压过高或电压过低都能提供保护。

图1—1 不间断电源

1. UPS 分类

UPS按工作原理分成后备式、在线式与在线互动式三大类。

（1）后备式UPS。最常用的UPS是后备式UPS，它具备了自动稳压、断电保护等UPS最基本、最重要的功能。虽然一般有4~8 ms左右的转换时间，但由于结构简单且具有价格便宜、可靠性高等优点，因此广泛应用于支持微型计算机、外围设备等领域。

（2）在线式UPS。在线式UPS结构较复杂，但性能完善，能解决几乎所有电源问题。其显著特点是能够持续零中断地输出纯净正弦波交流电，能够解决尖峰、浪涌、频率漂移等全部的电源问题。由于需要较大的投资，通常应用在关键设备上或网络中心等对电力要求苛刻的环境中。

（3）在线互动式UPS。同后备式相比较，在线互动式具有滤波功能，抗市电干扰能力很强，转换时间小于4 ms，逆变输出为模拟正弦波。因此，可用于服务器、路由器等网络设备，或者用在电力环境较恶劣的地区。

2. 不间断电源使用特点

不间断电源的主要优点是能不间断供电。在市电交流输入正常时，UPS把交流电整流成直流电，然后再把直流电逆变成稳定无杂波的交流电，给后级负载使用。一旦市电交流输入异常，比如欠压、停电、频率异常，UPS会立即启用备用能源——蓄电池，并把蓄电池的直流电逆变成稳定无杂波的交流电，继续供后级负载使用同时，UPS的整流电路会关断。这就是UPS不间断供电能力的由来。

3. 不间断电源连接方式

（1）将计算机主机及显示器电源线插入UPS输出接口。

（2）将UPS输入电源线插入市电220 V供电插座。

（3）按住UPS面板开关3 s，开启UPS。当市电正常时，绿色、黄色LED指示灯亮起。当市电异常时，红色LED指示灯亮起，并有报警声。

（4）开机时，先打开UPS电源，然后再打开计算机，避免带负载起动。

（5）关机时，先关掉计算机，再关UPS电源。

4. UPS注意事项

（1）在新装UPS使用前，应仔细阅读其说明书，而操作时，应注意所有警示标记，并严格按照规程要求操作。

（2）UPS应避免安置在阳光直射、暖气暖风附近、雨淋或潮湿的位置，清洁时，也应使用干燥的抹布进行擦拭。

（3）UPS在关机后，蓄电池内依然有电，因此非专业人员应避免拆卸，在运输时，应确保移除电池连接，并避免短路。

（4）UPS一般重量较高，在搬运时，应注意安全和搬运姿势，避免因为忽视其重量，而导致腰部损伤或跌落导致其他人身伤害。

（5）UPS一般设计用于专用的用电设备，如计算机及网络设备，请勿用于其他大功率设备，更不要超负载使用UPS。

（6）非专业人员请勿打开或损毁UPS的蓄电池，蓄电池内含有强酸等危险物质，会对皮肤和眼睛造成严重伤害，若不小心接触，应立即用大量清水清洗并紧急就医。

二、UPS工作状态检测和常见问题处理

1. UPS工作状态检测

UPS在使用过程中，有多种不同的工作状态，在不同的正常或异常状态下，UPS会有不同的指示灯亮起，或有不同的蜂鸣声提示，表1—1以山特TG500为例说明UPS的状态判断。

表1—1　　　　　　　　　　　　UPS 的状态判断

绿灯	红灯	蜂鸣声	输出	充电	说明
熄灭	熄灭	无	停止	停止	电源开关关闭，UPS 停止运行
常亮	熄灭	无	正常	正常	输入市电正常，UPS 运行正常
闪烁	熄灭	4秒1鸣	正常	放电	市电中断，正由电池供电
闪烁	熄灭	1秒1鸣	正常	放电	市电中断，电池供电，放电将尽，输出即将停止
熄灭	常亮	长鸣	停止	停止	输出严重过载、短路或故障
常亮	闪烁	2秒1鸣	正常	正常	输入市电正常，电池紧急充电中
常亮	闪烁	2秒1鸣	停止	停止	输入市电中断，电池需充电，UPS 自动关机
熄灭	熄灭	2秒1鸣	停止	停止	输入市电中断，电池电压低，UPS 自动关机
常亮	熄灭	2秒3鸣	停止	停止	电池老化，或充电电路故障

2. UPS 常见问题处理

如果 UPS 运行异常，可以参考表1—2 对现象进行确认，加以处理。如果不能妥善处理，可将故障报告厂商的售后维修部门。

表1—2　　　　　　　　　　　　UPS 常见问题处理

现象	处理
尽管 UPS 输入插头已经插入市电插座，且市电正常，电源开关已按下，但绿灯闪烁，蜂鸣器鸣叫	联系售后维修部门的专业人员处理
停电时，电池供电失败，无输出	①考虑是否充电不足：市电正常时，开启 UPS，充电16小时以上 ②考虑是否超载使用：卸除部分负载至 UPS 额定负载量内，重新开机
未发生停电时，UPS 在市电和电池状态间切换（绿灯亮或闪，蜂鸣器不时鸣叫）	①考虑市电波动：市电波动异常时，达到 UPS 市电切换电压，则 UPS 会切换到电池供电，属正常功能和保护动作 ②考虑输出有瞬时高负载：如果 UPS 输出接上打印机等负载，在打印机开启瞬间，可能有过大电流导致 UPS 误动作，应将打印机等不需要的负载移除
红灯2秒1闪，蜂鸣器2秒1鸣	电池深度放电：应立即关闭 UPS，市电正常后充电16小时以上
红灯2秒3闪，蜂鸣器2秒3鸣	充电电路故障，或电池老化，需更换
红灯长亮，蜂鸣器长鸣	①考虑负载过重：输出严重过载或短路，撤除所有负载重新开机，若 UPS 正常则说明负载有故障。 ②考虑内部故障：报修至售后维修部门

第二节　外围设备连接与应用

→ 掌握外围设备作用及分类
→ 掌握输入/输出设备的作用和特点
→ 掌握外围设备的连接与安装

计算机系统是由硬件系统和软件系统组成的。在硬件系统中，除了主机外，还必须配备相应的外围设备，计算机系统才能正常与用户交互。外围设备是人和计算机系统进行信息交换的装置，将外界的信息输入计算机并读取计算机要输出的信息，存储需要保存的信息以便输入计算机。

计算机的外围设备分为输入设备、输出设备和外存储器等。常见的计算机外围设备，如图1—2所示。

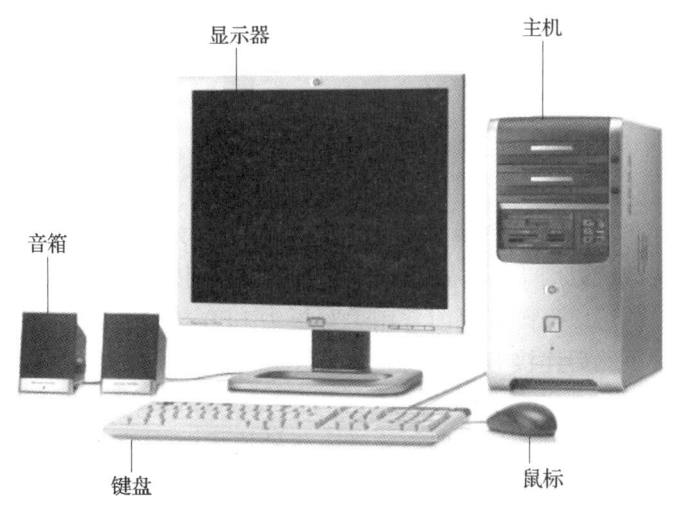

图1—2　计算机外围设备连接

一、输入设备连接与应用

输入设备是向计算机输入数据和信息的设备，常用的输入设备有键盘、鼠标、摄像头、扫描仪、手写板和数码相机等。键盘、鼠标的连接在初级中已介绍，在此不再赘述。

1. 摄像头

与计算机相连的摄像头大致可以分为两种，一种是笔记本内置的摄像头，另外一种是单独的摄像头，如图1—3所示。单独的摄像头一般都为USB接口。第一次安装独立 USB 摄像头时,要先将摄像头通过 USB 线连接到计算机主机的 USB 接口上,然后根据计算机"发现新硬件"的提示,安装摄像头驱动程序,直到计算机识别新硬件安装成功。

2. 扫描仪

扫描仪(见图 1—4),是利用光电技术和数字处理技术,以扫描方式将图形或图像信息转换为数字信号的装置。常用的扫描仪有 EPP 扫描仪、USB 接口扫描仪和 SCSI 接口扫描仪。现在最常用的是 USB 接口扫描仪。安装扫描仪时,先安装随扫描仪附带的扫描仪驱动程序,然后重新启动计算机。重新开机后,再用 USB 线连接扫描仪与计算机,此时计算机上会出现找到新硬件的提示,并会自行寻找对应的安装程序。安装完成后即可正常使用。

图 1—3　USB 摄像头

图 1—4　扫描仪

3. 手写板

手写板(见图 1—5)的出现主要是为了满足输入中文的需要,使用者不需要再学习其他的输入方法就可以用手写方式通过配套的手写识别软件输入中文。同时手写笔还具有鼠标的作用,并可以作画。目前常用手写板为 USB 接口。连接时,先安装相应驱动程序和相应软件,然后连接 USB 线即可。

4. 数码相机

数码相机是一种利用电子传感器把光学影像转换成电子数据的照相机,如图 1—6 所示。数码相机按类别分为单反相机、微单相机、卡片相机、长焦相机等。数码相机与普通相机在胶卷上靠溴化银的化学变化来记录图像的原理不同,数码相机的感光元件是一种光感应式的电荷耦合器件(CCD)或互补金属氧化物半导体(CMOS)。

图 1—5　手写板

图 1—6　数码相机

计算机安装连接、调试

数码相机操作简单、携带轻便，拍摄照片可以即时看到效果，照片易于存储，方便调节、处理。但是由于通过成像元件和影像处理芯片的转换，成像质量相比光学相机缺乏层次感。

数码相机一般通过 USB 接口和计算机连接。连接时用数据线的 USB 接口连接计算机，另外一接口连接数码照相机。一般情况下不需要安装驱动程序，计算机可以自动识别。如果不能识别，还需要手工安装驱动程序。

二、输出设备连接、使用要求

输出设备用于将计算机处理的结果、用户文档、程序及数据等信息用人所能识别的形式表示出来。这些信息可以通过打印机打印在纸上或显示在显示器屏幕上，也可以输出到磁盘上保存起来。常用的输出设备有显示器、打印机、绘图仪、音响系统、投影仪和 USB 存储器等设备。在这里介绍部分设备的连接与使用注意事项。

1. 打印机

打印机是计算机的基本输出设备之一，主要用于将计算机中创建的文稿、数据信息打印出来。打印机的主要接口有并行接口、串口、USB 接口和网络接口。下面以 HP（惠普）普通打印机为例介绍 USB 接口打印机与计算机的连接。

第一步，把 HP M1005 打印机和计算机通过 USB 数据线进行连接。

第二步，打开"控制面板→硬件和声音→设备和打印机"选项，单击"添加打印机"选项，如图 1—7 所示。

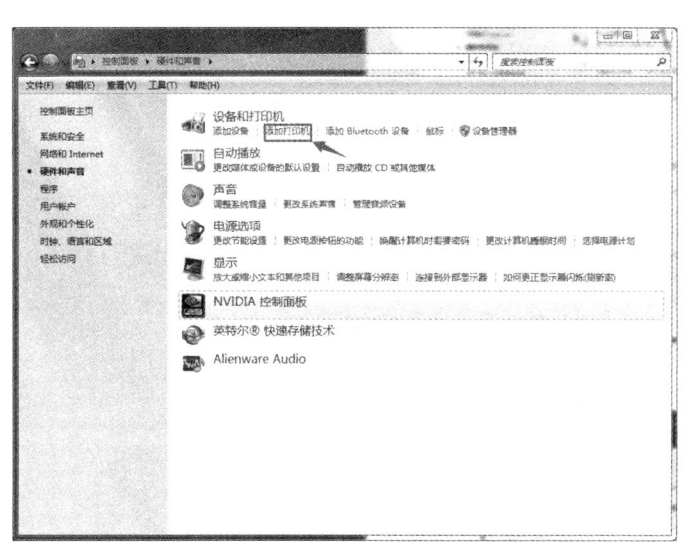

图 1—7　添加打印机示意图

第三步，安装驱动程序，如果驱动程序已经下载到本地，可以直接选择"从磁盘安装"即可，如图 1—8 所示。

第四步，驱动程序安装后，打印机就和计算机成功连接（在"控制面板→设备和打印机"即可看到），如图 1—9 所示。

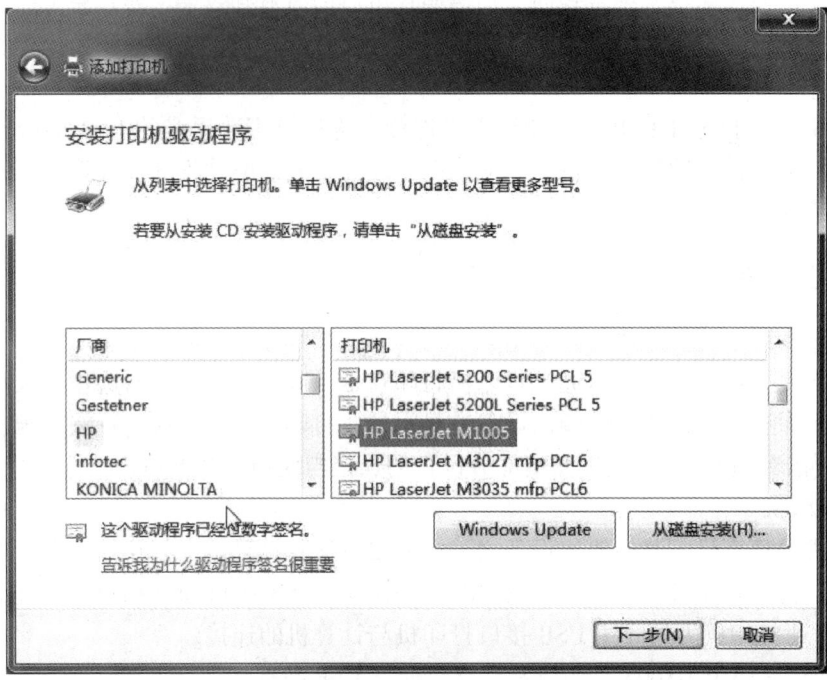

图1—8　安装打印机驱动

图1—9　安装好的打印机

第五步，启动打印机，可通过打印机测试页来测试打印机是否正常工作。

2．绘图仪

绘图仪（见图1—10）是按照人们的要求自动绘制图形的设备，可绘制各种管理图表和统计图、大地测量图、建筑设计图、电路布线图、各种机械图与计算机辅助设计图等。从原理上分类，绘图仪分为笔式、喷墨式、热敏式、静电式等；而从结构上分类，又可以分为平台式和滚筒式两种。平台式

图1—10 绘图仪

绘图仪的工作原理是，在计算机信号的控制下，笔或喷墨头沿X、Y方向移动，而纸固定不动，从而绘出图来；滚筒式绘图仪的工作原理是，笔或喷墨头沿X方向移动，纸沿Y方向移动，这样可以绘出较长的图片。绘图仪一般通过并行接口或USB接口与计算机连接。

连接时，先在计算机上安装绘图仪驱动程序，然后重新启动计算机，用USB连接线连接绘图仪，最后安装专用绘图软件。绘图仪就可以使用了。

3．投影仪

投影仪是一种可以将计算机显示信号或其他视频设备信号投射到幕布上的设备，如图1—11所示。投影仪可以通过不同的接口同计算机、影碟机、游戏机、手持数字摄像机等相连接，播放相应的视频信号。投影仪具有课堂教学、开会演示、家庭影院以及移动办公多种用途。

（1）投影仪的接口。投影仪的接口类型很多，与计算机连接时主要是VGA接口、DVI接口和HDMI接口，如图1—12所示。

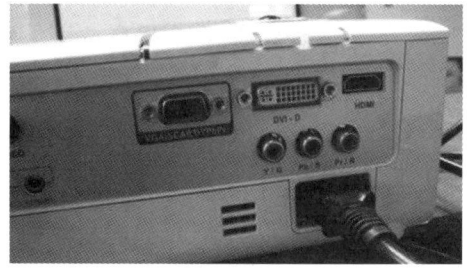

图1—11 投影仪　　　　　　　　　图1—12 投影仪背部接口

1）VGA接口。连接主机的15针VGA输入接口。

2）DVI接口。24针接口，支持两组TMDS信号传输，最高支持$2\,048 \times 1\,536@75\,Hz$格式。DVI在投影机和等离子显示器上得到了较广泛的应用。

3）HDMI接口。HDMI接口是在DVI接口的基础上，增加了数字音频输入，从而成为专用的多媒体信息接口，而且支持$1\,920 \times 1\,080$ DPI高清晰的数字信号，HDMI可望成为未来的视频设备的标准接口。

（2）投影仪的连接。投影仪与计算机连接时，用连接信号线将投影仪与计算机连

接即可。如果连接的是笔记本计算机的话,笔记本计算机一般提供三种输出模式,即仅液晶屏幕输出、仅 VGA 端口输出、液晶屏幕与 VGA 端口同时输出。

投影仪在使用过程中一定要注意爱护,不要强行断电,要用正确的关机方法关机后,等散热扇停止后再切断电源,以免影响使用寿命。

4. USB 存储器

外存储设备是计算机常用的外围设备,可存放计算机中的大量数据,常见的是通过 USB 接口与计算机相连接,可以方便地在两者之间传输文件,常用的有移动硬盘、U 盘等。图 1—13 所示为 USB 接口移动硬盘与计算机相连接。

图 1—13　USB 接口移动硬盘与计算机连接图

5. 音箱

计算机音箱是将计算机的声音信号转换成人耳可以听到的实际声音的设备,用户可以通过音箱产生的声音,来辨识计算机状态或享受多媒体影音。计算机音箱分为连体式便携音箱和分体式音箱。图 1—14 所示为带有低音炮的音箱。

图 1—14　2.1 声道重低音箱

一般先连接音箱设备电源,然后将音箱设备的音频线连接至计算机声卡的端口上,如图 1—15 所示。一般计算机声卡有如下端口:

(1) Line Out 接口(淡绿色,外接音箱输出)。通过音频线连接音箱的接口,输出计算机可以处理的各种音频信号。

(2) Line in 接口(淡蓝色,音频输入)。需和其他音频专业设备相连,家庭用户一般闲置无用。

图1—15 主机背部声卡接口

(3) Mic 接口（粉红色，传声器输入）。Mic 接口与麦克风连接。

三、连接、使用网络设备

计算机网络是指将分布在不同地理位置且具有独立功能的多台计算机及其外部设备，通过通信设备和通信线路互相连接起来，并按照网络协议进行通信，实现资源共享的一个系统。

1. 计算机网络的功能

计算机网络主要具有如下4个功能：

（1）资源共享。"资源"指的是网络中所有的软件、硬件和数据资源。"共享"指的是网络中的用户都能够部分或全部地使用这些资源。

1）硬件资源。包括各种类型的计算机、大容量存储设备、计算机外部设备，如彩色打印机、静电绘图仪等。

2）软件资源。包括各种应用软件、工具软件、系统开发所用的支撑软件、语言处理程序、数据库管理系统等。

3）数据资源。包括数据库文件、数据库、办公文档资料、企业生产报表等。

（2）数据通信。数据通信是计算机网络最基本的功能。用来快速传送计算机与终端、计算机与计算机之间的各种信息，包括文字信件、新闻消息、图片资料、报纸版面、电子公告牌（BBS）、远程登录和浏览等数据通信服务，以及数据信息和图形、图像、声音、视频流等各种多媒体信息。利用这一特点，可实现将分散在各个地区的单位或部门用计算机网络联系起来，进行统一的调配、控制和管理。

（3）提高计算机的可靠性和可用性。网络中的每台计算机都可通过网络相互成为后备机。一旦某台计算机出现故障，它的任务就可由其他的计算机代为完成，这样可以避免在单机情况下，一台计算机发生故障引起整个系统瘫痪的现象，从而提高系统的可靠性。而当网络中的某台计算机负担过重时，网络又可以将新的任务交给较为空闲的计算机完成，均衡负载，从而提高了每台计算机的可用性。

（4）分布式处理。对大型综合性问题，可将问题各部分交给不同的计算机分头处理，充分利用网络资源，扩大计算机的处理能力，即增强实用性。对解决复杂问题来讲，多台计算机联合使用并构成高性能的计算机体系，这种协同工作、并行处理要比单独购置高性能的大型计算机便宜得多。

2. 网络通信设备

在计算机网络中，网络设备起着至关重要的作用。因特网（Internet）是由多个网络互连而成的网络的集合。组成家用或办公室常见的网络通信设备有 ADSL 调制解调器、网卡、无线路由器等。

（1）ADSL 调制解调器。调制解调器，是在发送端通过调制将数字信号转换为模拟信号，而在接收端通过解调再将模拟信号转换为数字信号的一种装置。ADSL（Asymmetric Digital Subscriber Line，非对称数字用户线路）是一种能够通过普通电话线提供宽带数据业务的技术，综合网络传输速度、价格等因素，目前在家庭用户中占有很高的使用比例。

（2）无线路由器。无线路由器是一种带无线功能的路由器，在家庭及小企业中广泛使用，如图1—16所示。无线路由器除了具备无线接入和安全加密等功能，还支持 DHCP（Dynamic Host Configuration Protocol，动态主机配置协议）、网络地址转换（NAT）、防火墙等功能，能够实现无线接入和跨网段数据的无线传输，例如实现多台设备通过无线由家庭局域网接入 ADSL 或小区宽带。

无线路由器通常有若干端口，可以连接若干台使用有线网卡的计算机，从而实现有线和无线网络的连接。

（3）网卡。网卡是局域网中连接计算机和传输介质的接口，不仅能实现与局域网传输介质之间的物理连接和电信号匹配，还涉及帧的发送与接收，可分为有线网卡和无线网卡。

1）有线网卡（见图1—17）。有线网卡插在计算机主板的插槽上或者在主板上集成，按网卡的总线接口类型一般可分为早期的 ISA 接口网卡、PCI 接口网卡、笔记本计算机所使用的 PCMCIA 接口网卡等。目前较常见的有集成在计算机主板上的网卡、单独的 PCI 接口网卡。不同的网络接口适用于不同的网络类型，如：以太网的 RJ-45 接口、细同轴电缆的 BNC 接口和粗同轴电缆的 AUI 接口、FDDI 接口、ATM 接口等。目前常见的主要为 RJ-45 接口的以太网卡。

图1—16　无线路由器

图1—17　RJ-45 接口网卡

2）无线网卡。使用无线网络接入技术的网卡可以统称为无线网卡，是操作系统与天线之间的接口，用来创建透明的网络连接，如图1—18所示。其接口一般有 USB 接口、PCMCIA 接口、PCI 接口等形式。

计算机安装连接、调试

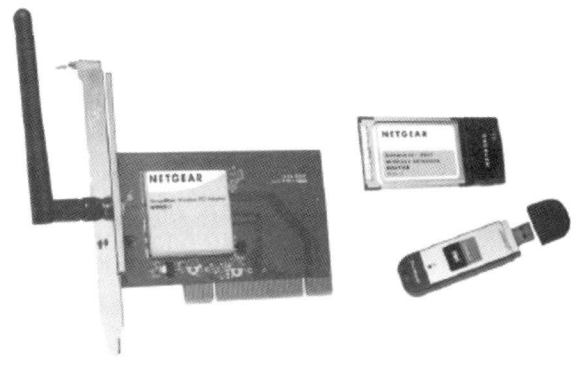

图1—18　无线网卡

3. 常用网络设备的连接和使用

随着因特网迅速融入人们的日常生活，因特网已经成为人们生活中的一个组成部分，很多家庭都已经普及宽带。用户向宽带连接的提供商申请宽带连接服务后会获得一个上网账号和密码，同时服务商会附送一台宽带接入的ADSL调制解调器。这里主要介绍ADSL调制解调器与主机网卡的连接方法。

ADSL调制解调器上主要有电源开关、复位键（用于恢复出厂设置）、电话线或光纤接入端口（用于连接电话线、光纤线）、网线输出接口（用于连接计算机）和电源接入口，如图1—19所示。

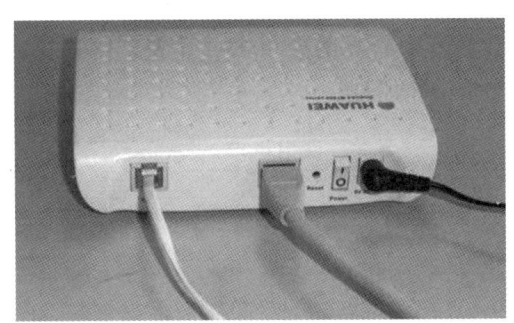

图1—19　ADSL调制解调器接口示意图

首先将计算机网卡、电话机以及ADSL调制解调器按照图1—20所示连接正确。

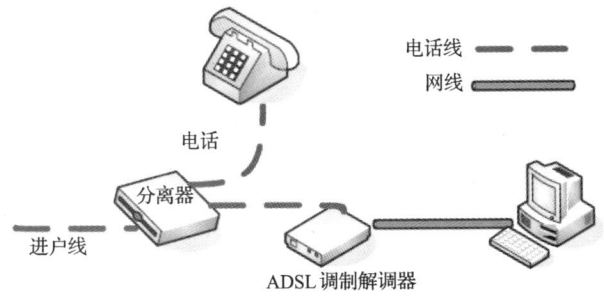

图1—20　宽带连接示意图

然后设置上网服务账号。

步骤1　依次单击"开始→控制面板→网络和 Internet→查看网络状态和任务",如图1—21所示。

图1—21　步骤1

步骤2　进入网络和共享中心界面后单击"设置新的连接或网络",如图1—22所示。弹出如图1—23所示的对话框。

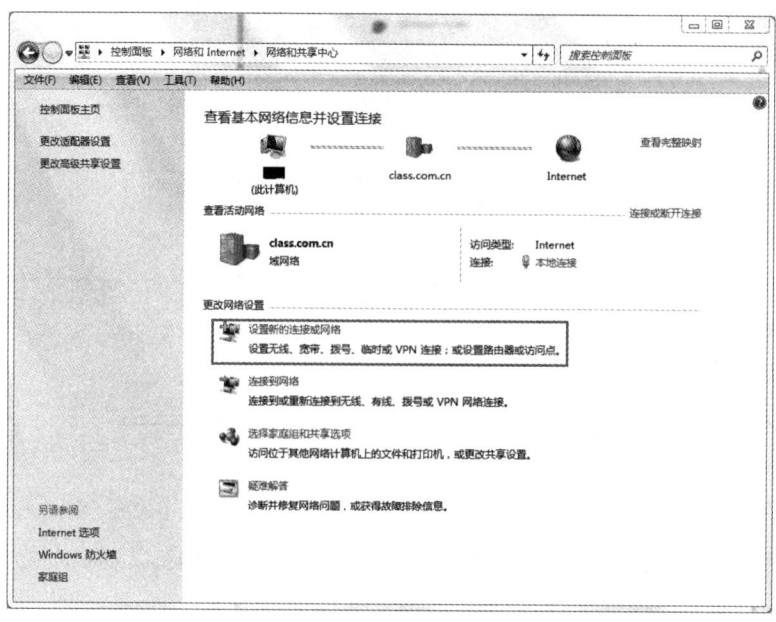

图1—22　步骤2

计算机安装连接、调试

图 1—23　步骤 3

步骤 3　在图 1—23 所示的对话框中单击"连接到 Internet",单击"下一步"按钮,弹出如图 1—24 所示的对话框。

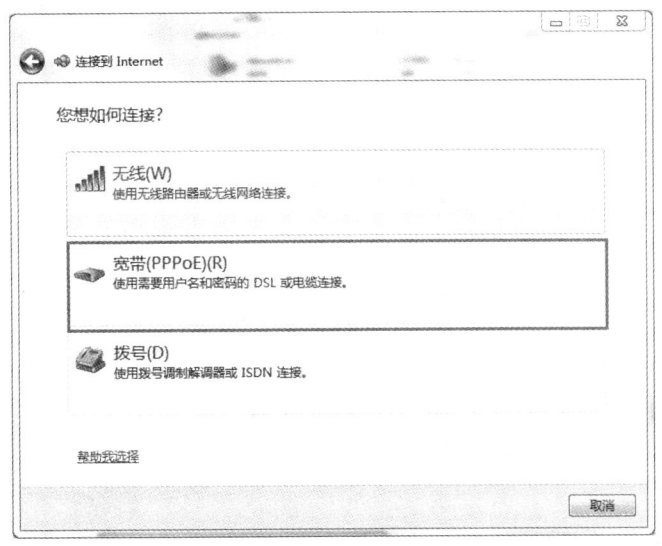

图 1—24　步骤 4

步骤 4　在图 1—24 所示的对话框中单击"宽带（PPPoE）（R）",弹出如图 1—25 所示的对话框。

步骤 5　在图 1—25 所示的对话框中输入网络运营商提供的用户名和密码。建议勾选"记住此密码"复选框,这样下次连接的时候就不需要重新输入密码。

步骤 6　单击图 1—25 所示对话框中的"连接"按钮后就可以连接到网络了。新建宽带连接成功后会在"网络连接"中显示一个宽带连接,如图 1—26 所示。

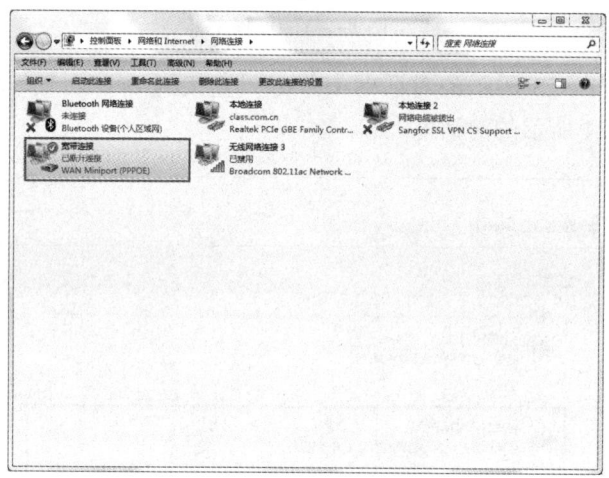

图 1—25　步骤 5

图 1—26　步骤 6

第三节　操作系统安装

学习目标
→ 掌握操作系统的功能
→ 能够安装操作系统
→ 掌握添加输入法的方法

一、安装操作系统

操作系统（Operating System，简称 OS）是管理和控制计算机硬件与软件资源的计算机程序，是直接运行在裸机（裸机，Bare Machine，指没有操作系统的计算机）上的最基本的系统软件，任何其他软件都必须在操作系统的支持下才能运行。下面主要介绍使用光盘安装 Windows 7 旗舰版（32 位）操作系统。

1. 安装方法

（1）将 Windows 7 安装光盘放入光驱，在计算机启动时按"Del"键进入 BIOS（Basic Input Output System，基本输入输出系统）。把第一启动设备设置为光驱（CD-ROM），按"F10"键保存设置并退出 BIOS，如图 1—27 所示。

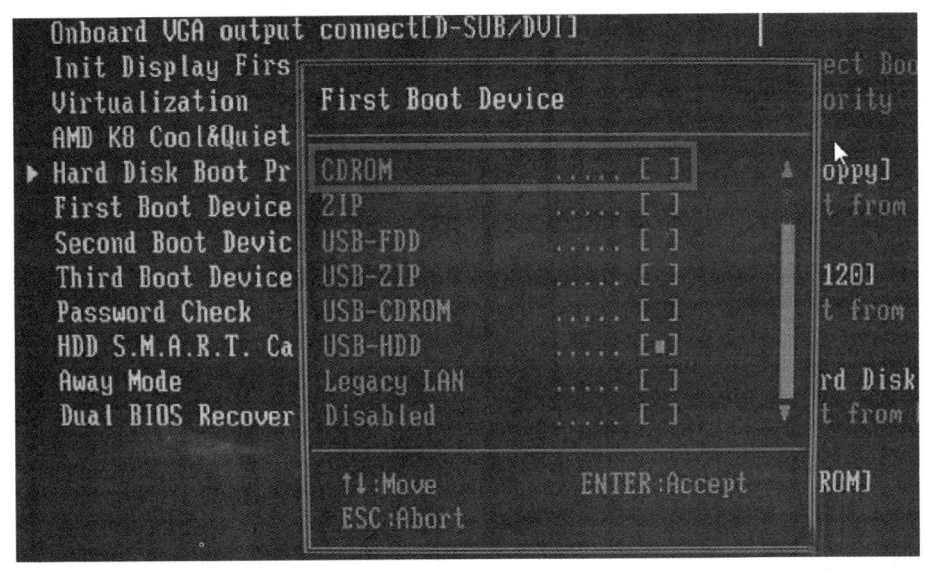

图 1—27 在 BIOS 中设置第一启动盘

（2）计算机自动重启后出现提示，请按键盘任意键从光驱启动计算机，计算机从光驱启动后开始加载安装程序文件，如图 1—28 所示。

图 1—28 加载安装程序文件

（3）安装程序文件加载完成后安装程序启动，出现 Windows 7 安装启动界面，如图 1—29 所示。

（4）进入分区界面，规划硬盘分区（如果系统已有合理的分区，则跳过此步骤，以避免分区数据受损）。在"安装 Windows"对话框（见图 1—30），单击"驱动器选项（高级）"选项，弹出如图 1—31 所示的对话框，新建硬盘主分区并设置分区大小，选择好后单击"应用"按钮；选中新建的主分区，单击"下一步"按钮，弹出如图 1—32 所示对话框。

图1—29 安装启动界面

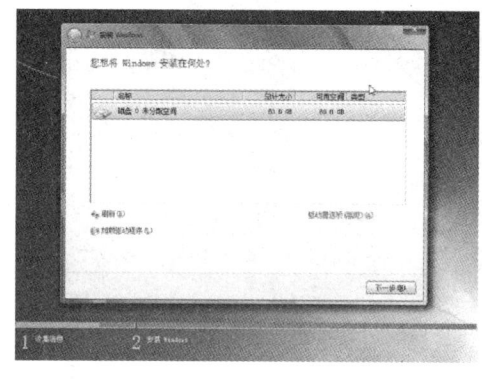

图1—30 "安装Windows"对话框

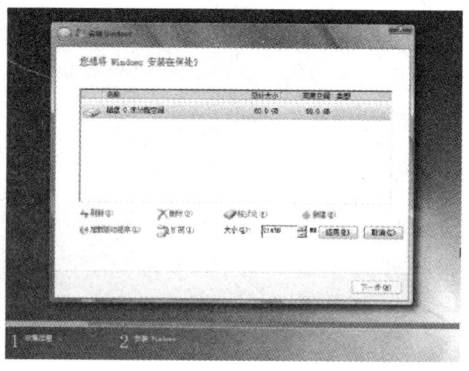

图1—31 新建主分区

（5）格式化系统分区后，开始复制和安装 Windows 7 系统文件，如图 1—33 所示。在安装过程中，系统可能会有几次重启，但所有过程都是自动的，并不需要用户进行任何操作，整个安装过程大概需要十几分钟（跟计算机性能也有关系）。

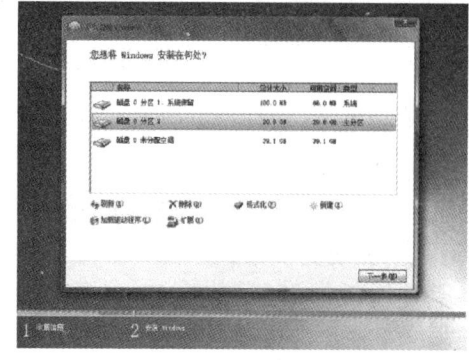

图1—32 选中主分区

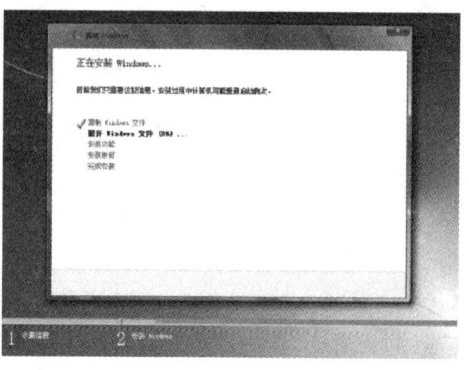

图1—33 复制安装文件

（6）安装的最后一步是设置Windows，在"设置Windows"对话框中输入用户名和计算机名称，如图1—34所示，单击"下一步"按钮，弹出如图1—35所示的"为账户设置密码"对话框，为账号设置密码，如果不输入密码可以直接单击"下一步"按钮。

图1—34　输入用户名　　　　　　　　图1—35　输入密码

提示：

如果这里留空不设置密码，以后计算机启动时不会出现输入密码的提示，并且直接进入操作系统。

（7）完成设置后，进入用户登录界面，如图1—36所示；单击一个用户登入，出现"正在准备桌面"界面，开始登录操作系统，如图1—37所示。

图1—36　用户登录界面　　　　　　　　图1—37　准备桌面

（8）进入系统界面，重启系统完成激活，如图1—38所示；最后完成桌面图标的配置和网络设置，如图1—39所示。

2. 安装注意事项

在整个安装过程中，有以下几个方面需要注意：

（1）在BIOS中设置引导顺序时，不同主板的BIOS界面和操作可能有所不同。

图1—38　系统激活界面　　　　　　　　图1—39　用户完成设置界面

（2）在安装系统前要清楚安装计算机的硬盘分区情况，是在原系统基础上重新安装，还是新硬盘未划分分区安装。

提示：

安装过程中，选择分区前必须确定要安装系统硬盘（分区）没有重要数据，如有则要在所有操作前先行备份。

（3）自动安装过程中，一定注意不能随意断电，否则将导致安装失败。

二、添加字体

新安装的Windows 7系统自带的字体可能不能满足使用需要，在使用时就需要添加字体。其操作方法如下：

步骤1　打开"控制面板→外观和个性化→字体"，弹出如图1—40所示界面，可以看到系统自带的字体。

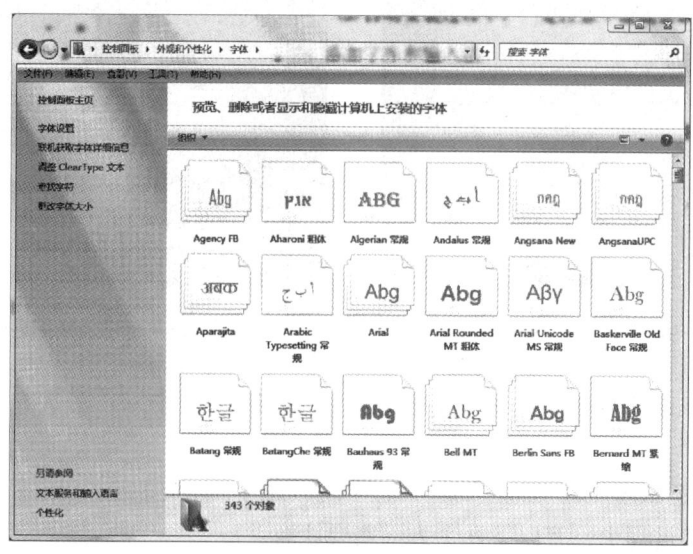

图1—40　字体列表

步骤2 添加字体前需要先从网上下载所需要的字体，下载后将解压的字体文件复制粘贴到如图1—40所示的字体库中即可。

三、添加或删除输入法

1. 添加输入法

目前输入法的种类很多，如果系统里没有需要的输入法，可以添加系统自带的输入法，操作步骤如下：

（1）右键单击右下角输入法图标，弹出如图1—41所示菜单，选择"设置"选项，弹出"文本服务和输入语言"对话框，如图1—42所示。

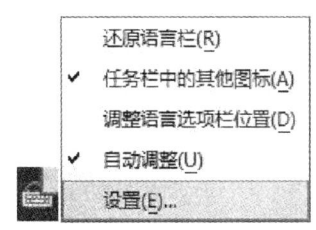

图1—41 语言栏选项

（2）在"文本服务和输入语言"对话框中，选择"常规"选项卡，单击"添加"按钮，弹出"添加输入语言"对话框，如图1—43所示。

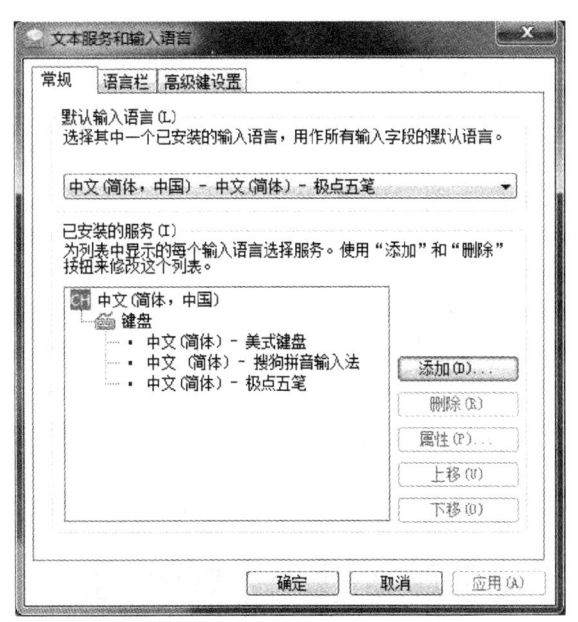

图1—42 "文本服务和输入语言"对话框

（3）在弹出的"添加输入语言"对话框中，选择"中文（简体）"选项，勾选要添加的输入法，如"微软拼音ABC输入风格"复选框，单击"确定"按钮，即可添加系统自带的输入法，如图1—43所示。

如果系统自带的输入法不能满足需要，还可以从网络上下载第三方的输入法，直接运行安装加载到输入法中，如图1—44所示。目前常用的拼音输入法如搜狗、QQ拼音、谷歌等都属于第三方拼音输入法。另外还有王码五笔、极点五笔等第三方五笔输入法。

2. 删除输入法

系统安装好的有些输入法是多余的，或者是不习惯使用的，会影响输入速度，可以选择删除这些不常用的输入法，操作方法如下：

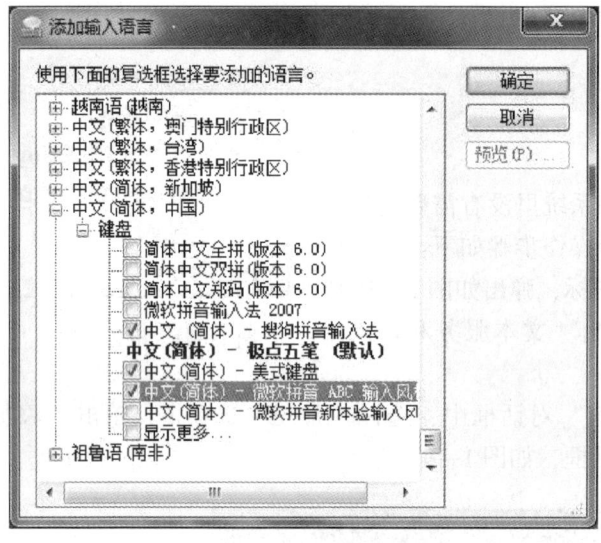
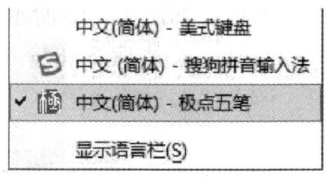

图1—43 "添加输入语言"对话框　　　图1—44 安装的第三方输入法

（1）右键单击屏幕右下角输入法图标，弹出如图1—41所示对话框，单击"设置"选项。

（2）在弹出的"文本服务和输入语言"对话框中选择"常规"选项卡，在其中选择不需要的输入法，单击右侧"删除"按钮，然后单击"确定"按钮，即可删除不需要的输入法，如图1—45所示。

输入法有很多种，而频繁切换输入法可能会影响人们日常使用，在此可以把某种输入法设为默认输入法，即在"文本服务和输入语言"对话框中，选择"默认输入语言"组里的下拉列表，选择需要设置为默认输入法的输入法即可，如图1—46所示。

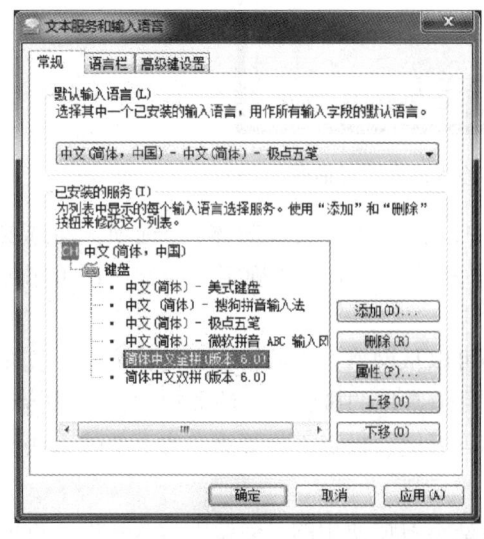 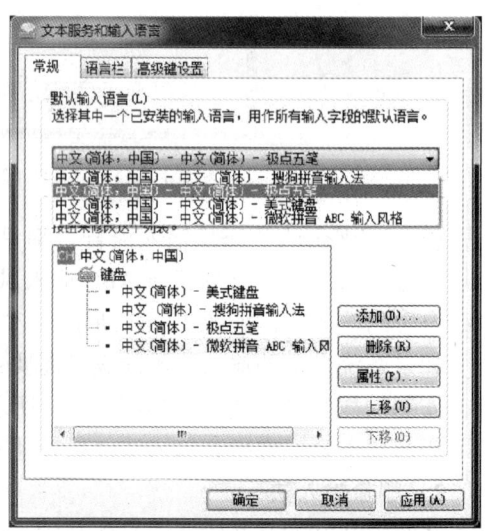

图1—45 删除输入法　　　　　　　图1—46 默认输入语言设置

第四节 磁盘分区与整理

→ 能够进行磁盘分区
→ 掌握磁盘复制与整理的操作方法

一、磁盘分区

计算机中存放信息的主要存储设备是硬盘,但是硬盘不能直接使用,必须对硬盘进行逻辑分割,分割成的一块一块的硬盘区域就是磁盘分区。在传统的磁盘管理中,将一个硬盘分为两大类分区,即主分区和扩展分区。主分区是硬盘的第一个分区,在 Windows 系统内一般定义为 C 盘,是能够安装操作系统并能够进行 Windows 启动的分区,这个分区可以直接格式化,然后安装操作系统和直接存放文件。剩下的空间一般全被划分为扩展分区,但扩展分区是不能直接使用的,必须是以逻辑分区的方式来使用,就是平时使用的 D 盘、E 盘等。所有的逻辑分区都是扩展分区的一部分。

1. 磁盘属性

磁盘的属性通常包括磁盘的类型、文件系统、空间大小、卷标信息等常规信息。同时,磁盘属性的对话框中还有磁盘的查错、碎片整理等工具。查看磁盘的常规属性可通过以下操作:

(1) 在计算机桌面上双击"计算机"图标,弹出"计算机"窗口。

(2) 右键单击要查看属性的磁盘图标,在弹出的右键菜单中选择"属性"选项。

(3) 弹出"本地磁盘(D:)磁盘属性"对话框,选择"常规"选项卡,如图1—47所示。在该选项卡中,用户可以在上面的文本框中键入该磁盘的卷标;在选项卡的中部显示了该磁盘的类型、文件系统等信息;在该选项卡的下部显示了该磁盘的已用空间及可用空间,并用饼图的形式显示了比例信息。单击"磁盘清理"按钮,可启动磁盘清理程序,对磁盘进行清理。

2. 磁盘分区格式

用户需要使用操作系统所提供的磁盘工具进行硬盘"分区"和"格式化"。Windows 常用的分区格式有两种,分别是 FAT32 和 NTFS。

(1) FAT32。FAT(File Allocation Table)是文件分配表,FAT32 是 Windows 系统硬盘分区格式的一种。这种格式采用 32 位的文件分配表,使其对磁盘的管理能力大大增强,突破了 FAT16 对每一个分区的容量只有 2 GB 的限制。由于现在的硬盘生产成本下降,其容量越来越大,运用 FAT32 的分区格式后,可以将一个大硬盘定义成一个分区而不必分为几个分区使用,大大方便了对磁盘的管理。

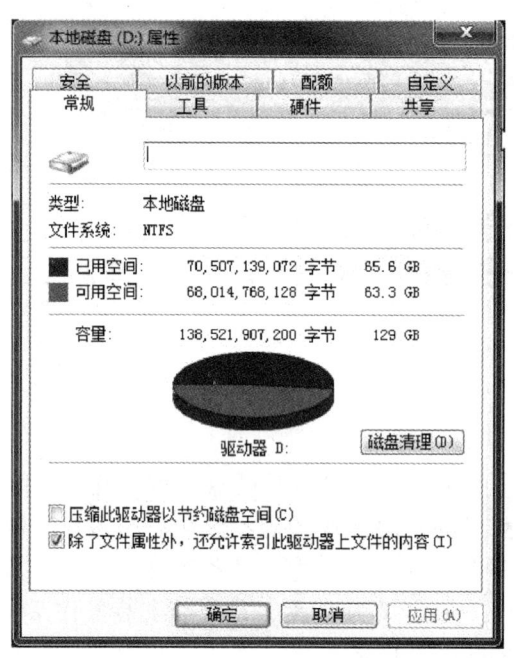

图1—47 "本地磁盘（D:）属性"对话框"常规"选项卡

（2）NTFS。NTFS（New Technology File System）是一种新兴的磁盘分区格式，是一个可恢复的文件系统。在 NTFS 分区上用户很少需要运行磁盘修复程序。NTFS 通过使用标准的事务处理日志和恢复技术来保证分区的一致性。NTFS 支持对分区、文件夹和文件的压缩。NTFS 采用了更小的簇，可以更有效率地管理磁盘空间。支持这一磁盘分区格式的操作系统有 Windows 2000/XP/Vista/7/8 等。

它的优点是安全性和稳定性极其出色，在使用中不易产生文件碎片。它能对用户的操作进行记录，通过对用户权限进行非常严格的限制，使每个用户只能按照系统赋予的权限进行操作，充分保护了系统与数据的安全。在 NTFS 中，单个文件可以超过 4 G，同时，在利用硬盘空间及软件运行速度方面都有优势。

3. 磁盘分区操作

磁盘分区是使用分区编辑器（partition editor）在磁盘上划分几个逻辑部分，盘片一旦划分成数个分区（Partition），不同类型的目录与文件可以存储在不同的分区以方便使用。现在购买的新计算机中大多已经预装有 Windows 操作系统，如果计算机上 500 GB 的硬盘只有一个 C 盘分区，就可以根据需要更改分区数量及大小。操作步骤如下：

（1）右键单击"计算机"图标，在弹出的右键菜单中选择"管理"选项，如图1—48 所示。

（2）在弹出的"计算机管理"窗口中，用鼠标

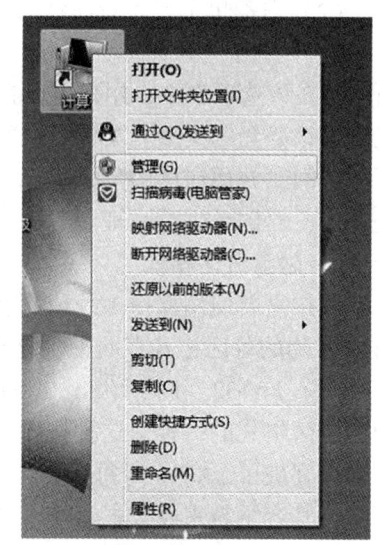

图1—48 选择"管理"选项

左键选择"磁盘管理"选项,用右键单击 C 盘,在快捷菜单中选择"压缩卷"选项,如图 1—49 所示。

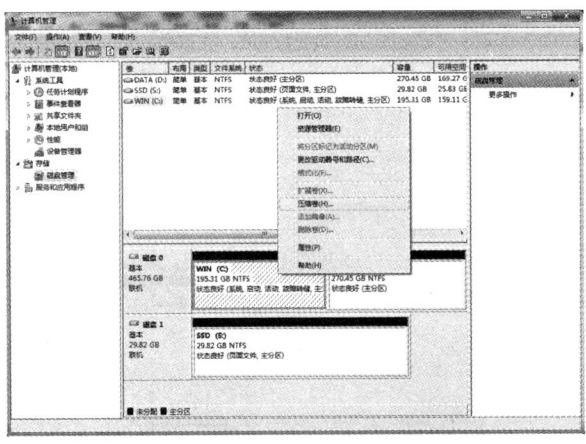

图 1—49 "计算机管理"窗口

(3)在弹出的"压缩(C:)"对话框中,最下一行是 C 盘压缩后的大小,在"输入压缩空间量"框中输入剩余空间大小,单击"压缩"按钮,C 盘压缩成功,如图 1—50 和图 1—51 所示。

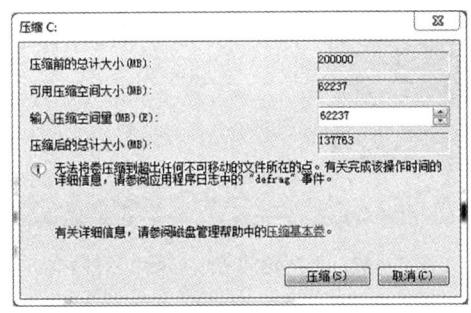

图 1—50 "压缩 C:"对话框

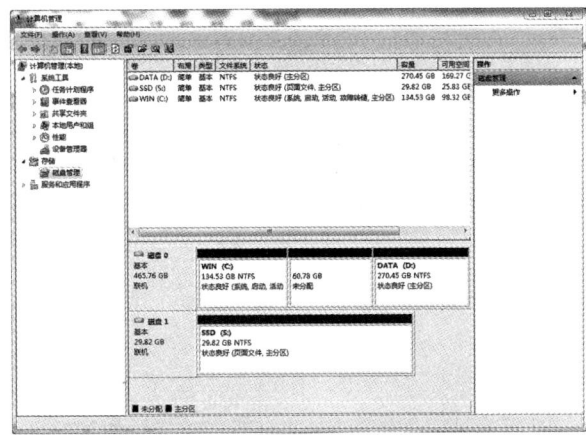

图 1—51 压缩后的剩余空间

(4) 在未分配的空间处右键单击,在弹出的快捷菜单中选择"新建简单卷",弹出"新建简单卷向导"对话框,如图1—52所示,单击"下一步"按钮。

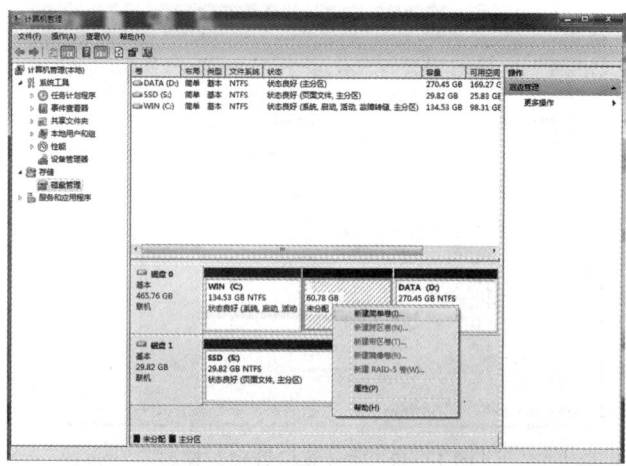

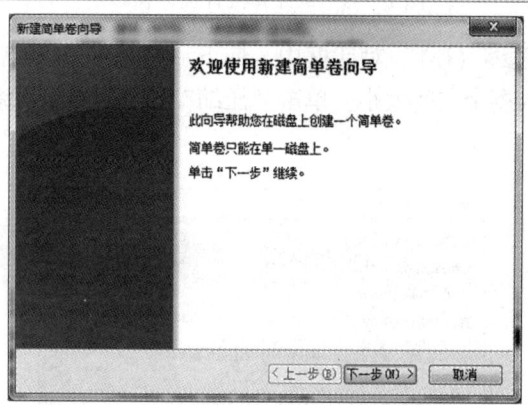

图1—52 "新建简单卷向导"对话框

(5) 在弹出的如图1—53所示的对话框中"简单卷大小"输入栏中输入想要的分区大小。单击"下一步"按钮。

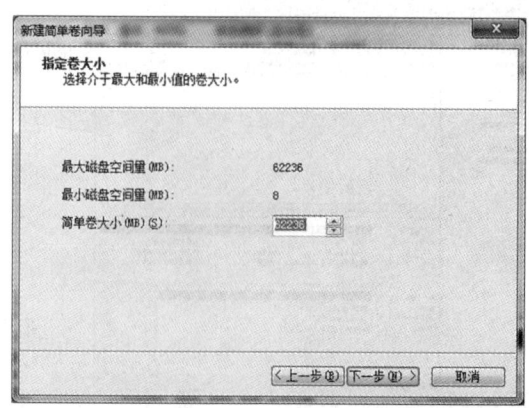

图1—53 输入分区大小

（6）对新分区的盘符进行选择，如图1—54所示。然后单击"下一步"按钮，设置格式化分区选项，如图1—55所示，单击"下一步"按钮。

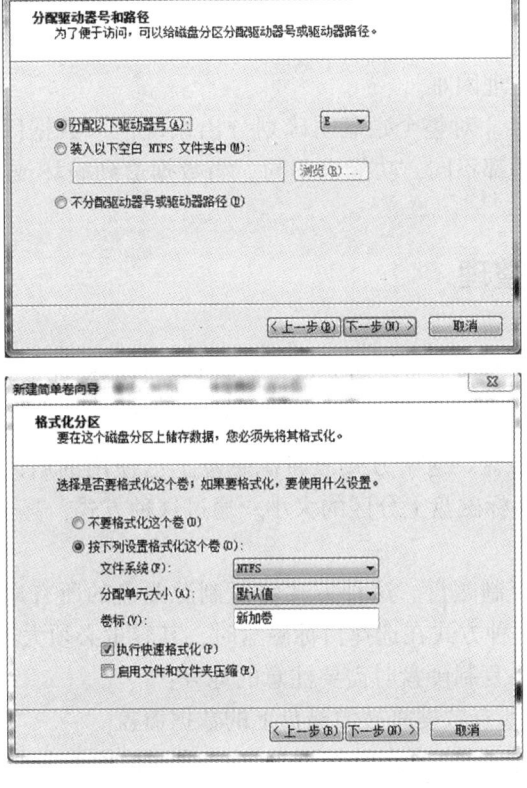

图1—54　选择磁盘驱动器号和格式化分区

（7）单击"完成"按钮，完成分区操作，如图1—55所示。

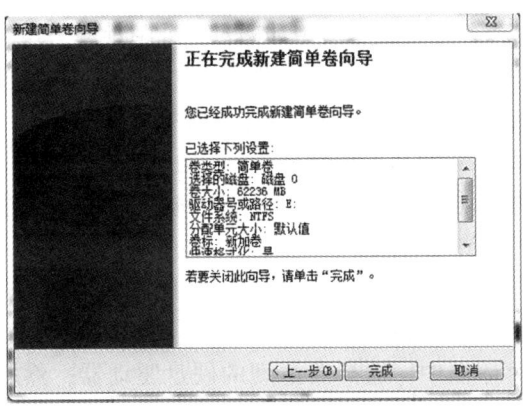

图1—55　完成新建简单卷

4. 分区注意事项

在安装操作系统时，一般来说，都会将操作系统安装在硬盘主分区C盘中，该分区的磁盘空间根据整个磁盘容量，建议最小为30 G，最大为100 G，太小会导致C盘容量不足，影响易用性，太大会造成磁盘空间的浪费。因此，分区时遵循以下原则：

（1）分区实用性。每个人使用的计算机中硬盘容量需求是不相同的，在分区时应该结合自己的需要，选择到底该划分多少个分区，每个分区应划分多大的容量等。

（2）分区合理性。为了方便磁盘管理，分区的数目要合理，不能太多、太细，否则会造成空间浪费和管理困难。

（3）数据的安全性。对整个磁盘明确划分出系统区、数据区、数据备份区等磁盘分区，每个分区的大小都不同，功能也不同，当数据遭到破坏或者丢失时，能更快速、更有效地处理。

二、磁盘复制与整理

1. 磁盘复制

当磁盘更换时，可能会需要将原有磁盘所有数据复制到新磁盘中，实现此功能的方法有很多，比如，可以采用"分区助手"来解决，操作方法如下：

（1）快速地复制磁盘。这个方式只将源磁盘上已使用的扇区复制到其他磁盘，同时在复制时支持调整目标磁盘上分区的大小。通过这种方式，甚至可以将大磁盘复制到小磁盘上。

（2）扇区到扇区复制磁盘。这种方式将复制源磁盘的所有扇区到目标磁盘，而不管扇区是否被使用，这种方式在选择目标磁盘时，其容量必须大于等于源磁盘。

（3）使用分区助手复制硬盘时需要注意的地方：

1）目标磁盘上的所有数据将被源磁盘上的数据覆盖。

2）系统分区所在的磁盘、动态磁盘、GPT磁盘和脱机状态的磁盘不能作为目标磁盘。

3）在源磁盘上已被删除或丢失的文件只能通过"扇区到扇区复制"方式才能被复制到目标磁盘。

2. 磁盘整理

系统自带的磁盘整理程序有磁盘清理和磁盘碎片整理两个功能。

（1）磁盘清理。磁盘清理是删除计算机上不常用的文件，目的是清理磁盘中的垃圾文件，释放磁盘空间。磁盘清理的操作方法通常有以下两种：

1）方法一。右键单击计算机的磁盘驱动器，在弹出的右键菜单中选择"属性"选项，在弹出的"本地磁盘（C:）属性"对话框中选择"常规"选项卡，单击"磁盘清理"按钮，即可完成磁盘清理的操作，如图1—56所示。

2）方法二。在Windows 7桌面上，选择"开始→所有程序→附件→系统工具"，弹出"系统工具"菜单，如图1—57所示。单击"磁盘清理"选项。在弹出的"磁盘清理：驱动器选择"对话框中，选择要清理的硬盘驱动器，然后单击"确定"按钮，如图1—58所示。

在弹出的"（C:）的磁盘清理"对话框中，选中"要删除的文件"的复选框，如图1—59所示。单击"确定"按钮，然后在弹出的"磁盘清理"对话框中单击"删除文件"按钮以确认此操作。

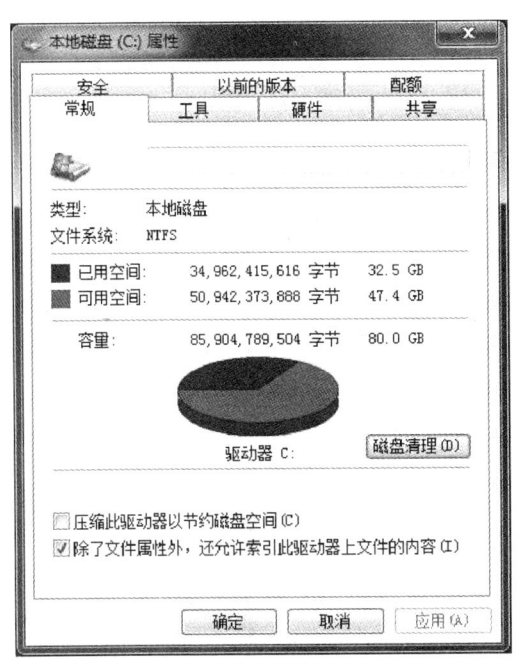

图1—56 "本地磁盘（C:)属性""常规"选项卡　　图1—57 "系统工具"菜单

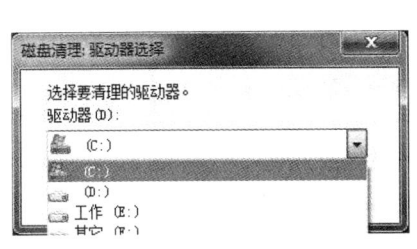
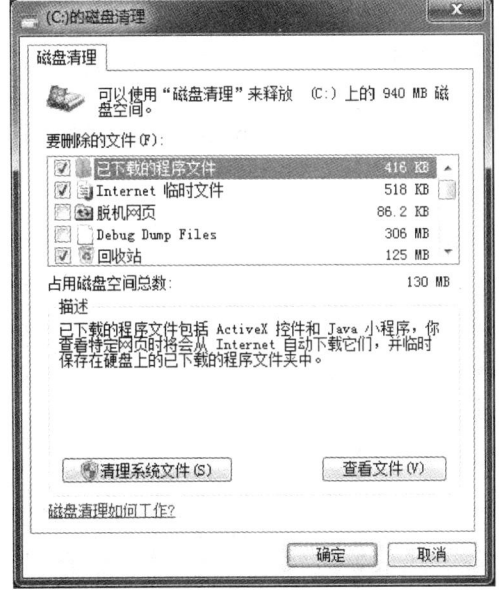

图1—58 选择驱动器　　图1—59 "（C:)的磁盘清理"对话框

（2）磁盘碎片整理。磁盘碎片整理是通过系统软件或者专业的磁盘碎片整理软件对计算机磁盘在长期使用过程中产生的碎片和凌乱文件重新整理，可提高计算机的整体性能和运行速度。磁盘碎片整理的方法通常有以下两种：

1）方法一。右键单击计算机的磁盘驱动器，在弹出的右键菜单中选择"属性"选项，在弹出的"本地磁盘（D:）属性"对话框中选择"工具"选项卡，在"碎片整理"选项区中单击"立即进行碎片整理…"按钮，如图1—60所示。弹出1—61所示的"磁盘碎片整理程序"对话框，然后可以进行碎片整理。

图1—60　"本地磁盘（D:）属性"对话框"工具"选项卡

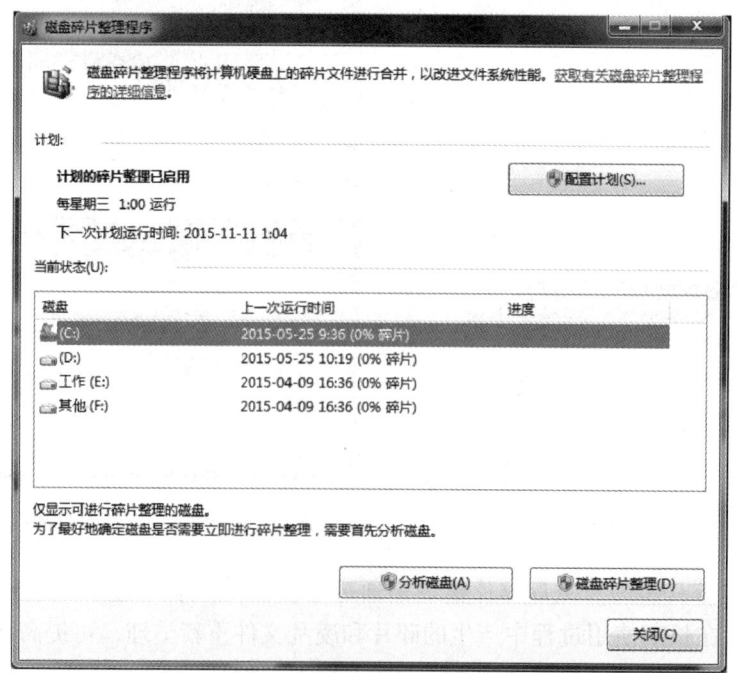

图1—61　"磁盘碎片整理程序"对话框

2）方法二。选择"开始→所有程序→附件→系统工具"选项，弹出如图1—57所示菜单，单击"磁盘碎片整理程序"选项。在弹出的"磁盘碎片整理程序"对话框中选择要进行整理的磁盘，单击"分析磁盘"按钮，如图1—61所示。

最后根据磁盘分析的结果进行磁盘碎片整理，单击"磁盘碎片整理"按钮，则开始对磁盘进行碎片整理。磁盘碎片整理结束后，关闭相应的对话框。

在进行磁盘碎片整理的时候注意以下几点：

①不要在磁盘碎片整理的时候突然断电关机，这样很容易损坏硬盘。

②在磁盘碎片整理时应关闭其他正在执行的程序。

③进行磁盘碎片整理是个很漫长的工作，不少朋友喜欢在整理的同时听歌、打游戏来节省时间，但这种做法却会导致磁盘整理速度降低，甚至反复，并不会节省时间。

④不宜频繁进行磁盘碎片整理。磁盘碎片整理时硬盘会连续高速旋转，如果频繁整理磁盘碎片，可能导致硬盘寿命下降，建议参考磁盘碎片分析报告的建议进行整理。

第五节　应用程序综合操作

→ 掌握常用办公软件的使用及安装方法
→ 掌握多媒体软件的使用及安装方法
→ 掌握网络通信软件的使用及安装方法

在通常使用的计算机里，除了系统软件外，还会安装一些必要的应用程序来满足日常的办公和学习需要。安装应用程序时，用户可以根据自己的情况来选择。常用的应用软件有办公软件及各类工具软件等。常见的软件安装方法有标准安装和自定义安装。标准安装不需要用户选择安装组件，而是按照默认设置安装指定的组件。自定义安装是由用户自己根据需要选择需要的组件进行安装。

一、常用应用程序介绍

1. 文件压缩软件

随着计算机技术的不断发展，文件占用的空间越来越大，使得数据传输耗时过长。通过对文件的压缩和解压缩处理来解决这个问题就显得十分必要。常用的压缩软件有WinZip、WinRAR、7 Zip等。

2. 办公软件

（1）微软的Office系列。微软的Office系列是目前使用广泛的办公软件，包括了文字处理（Word）、表格制作（Excel）、幻灯片制作（PowerPoint）、简单数据库（Access）等方面，完全可以满足日常办公需要。

（2）WPS Office。WPS Office是由金山软件股份有限公司自主研发的一款办公软件，可以实现办公时最常用的文字、表格、演示等多种功能，具有内存占用小、运行速度快、体积小巧等特点，同时，金山公司提供强大插件平台、海量在线存储空间及文档模板。该软件适用于 Windows、Linux、Android、ios 等多个平台。

3．图片浏览软件

常用的图片浏览软件有 ACDSee、美图看看等。

（1）ACDSee。ACDSee 是一款简单易用的图片浏览软件，可以帮助人们将数量日益增长的照片做成照片集等。

（2）美图看看。美图看看是目前常见的多功能看图软件，其采用自主研发的图像引擎，兼容主流图片格式。

4．影音播放类软件

（1）Windows Media Player。微软 Windows 7 系统自带的 Windows Media Player 12，可以播放和组织计算机及因特网上的数字媒体文件。此外，Windows Media Player 可以使用播放、翻录和刻录 CD，播放 DVD 和 VCD12，并将音乐、视频和录制的电视节目同步到便携设备中。Windows Media Player 主界面如图 1—62 所示。

图 1—62　Windows Media Player12 主界面

（2）暴风影音。暴风影音播放器，具有独特的视频解码能力，是支持视频格式最多的播放器，并可通过切换视频解码器和音频解码器，实现视频的最佳三种解码方式切换。

5．语音聊天类软件

QQ 软件是腾讯推出的即时通信工具，用户使用 QQ 不仅可以在各类通信终端上聊天交友，还能进行语音通话，或者随时随地收发重要文件。

二、常用应用程序安装

1．暴风影音的安装

步骤 1　通过暴风影音官方网站，下载暴风影音软件，保存至本地磁盘，如图 1—63 所示。

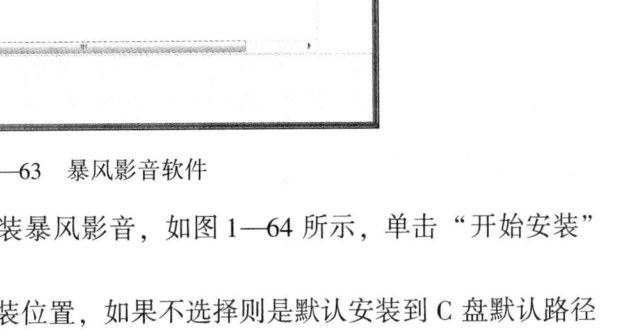

图1—63 暴风影音软件

步骤2 双击应用程序，开始安装暴风影音，如图1—64所示，单击"开始安装"按钮。

步骤3 在弹出的窗口中选择安装位置，如果不选择则是默认安装到C盘默认路径下。如果选择其他位置，可单击"浏览"按钮选择目标文件夹，单击"下一步"按钮开始安装，如图1—65所示（安装过程中不需要的功能需要取消勾选）。

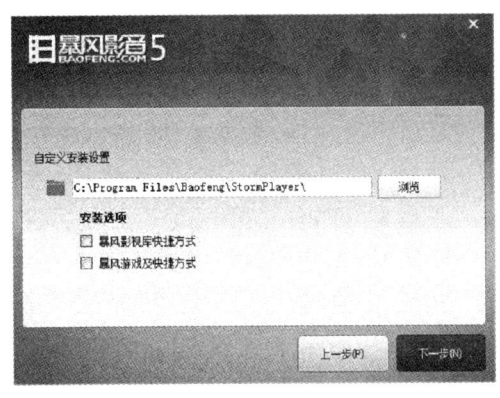

图1—64 开始安装暴风影音　　　　图1—65 选择安装路径

步骤4 单击"立即体检"选项，安装完毕。弹出"暴风影音"窗口，可以实现本地视频和网络视频的在线播放，如图1—66所示。

2. QQ软件的安装

以下以QQ2016官方最新版为例来介绍一下安装过程及注意事项。

步骤1 从官方网站直接下载QQ2016，然后双击其安装文件进行安装。

步骤2 弹出"安装向导"对话框，开始进行安装设置，如图1—67所示。单击"自定义选项"按钮，弹出如图1—68所示对话框。

步骤3 在图1—68所示的对话框中选择安装位置。在选择安装位置时尽量不要选择安装在C盘上，可以选择在除C盘以外的其他磁盘中进行安装，这样避免以后重新

图1—66　暴风影音界面

图1—67　QQ安装界面

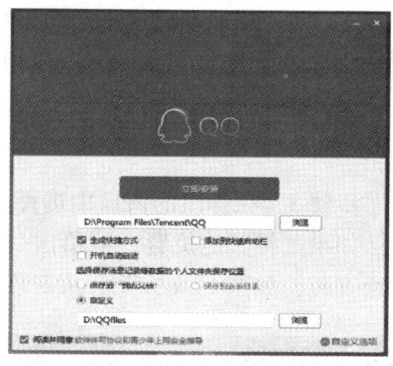

图1—68　选择安装路径

安装操作系统时QQ数据或聊天记录被清除。

注意：建议个人数据信息不要保存在C盘上，可以安装在QQ相应的文件夹中。

步骤4　单击"立即安装"按钮，进行QQ2016的安装，等待安装完成。

步骤5　安装完成后，弹出如图1—69所示对话框。建议不要直接单击"完成安装"按钮，那样会自动安装很多腾讯的附加产品。可先把图1—69所示对话框中的所有复选框取消，再单击"完成安装"按钮，如图1—70所示。

步骤6　安装完成之后即可打开QQ2016程序进入登录界面，如图1—71所示。

图1—69　完成安装界面（默认）

图1—70　取消安装附加产品选项

图1—71 QQ登录界面

三、常用应用程序操作

1. Outlook 设置

Microsoft Outlook 是微软办公软件套装的组件之一，是 Microsoft 提供的个人电子邮件客户端软件。Outlook 的功能很多，可以用它来收发电子邮件、管理联系人信息、记日记、安排日程、分配任务等。

这里主要以 163 邮箱账户为例介绍 Outlook 设置，其他邮件服务器的添加方法基本一致。在设置之前，需要用户先进入网页邮箱确认开启 POP3/SMTP 服务（如果使用 IMAP 协议，则需要开启 IMAP 和 SMTP 服务），如图 1—72 所示。开启以后具体的设置步骤如下。

图1—72 开启网页邮箱 POP3/SMTP 服务

步骤1　单击"开始→所有程序→Microsoft Office",单击"Microsoft Outlook 2010"菜单项,打开 Microsoft Outlook 2010,弹出如图 1—73 所示"Microsoft Outlook 2010 启动"对话框,单击"下一步"按钮。

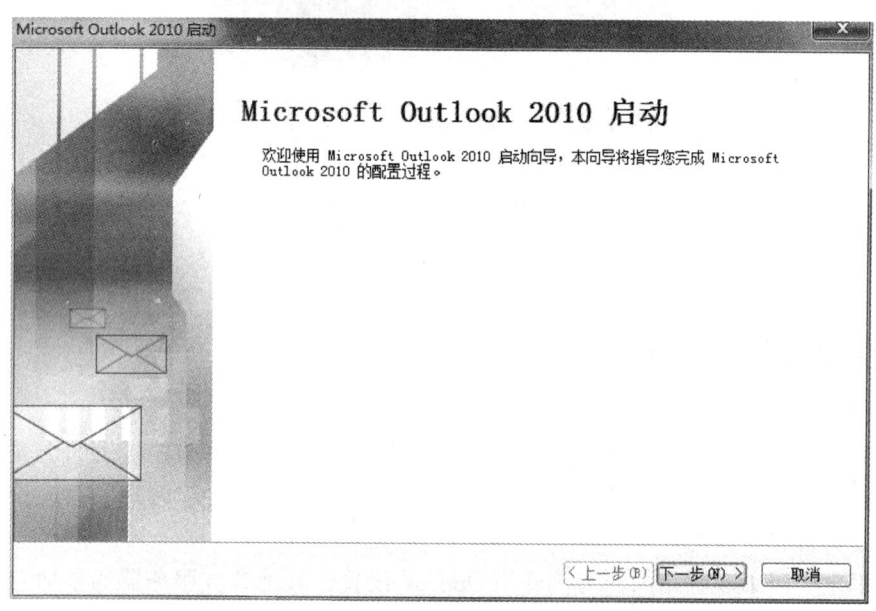

图 1—73　"Microsoft Outlook 2010 启动"对话框

步骤2　弹出如图 1—74 所示的"添加新账户"对话框,选择"电子邮件账户",单击"下一步"按钮。

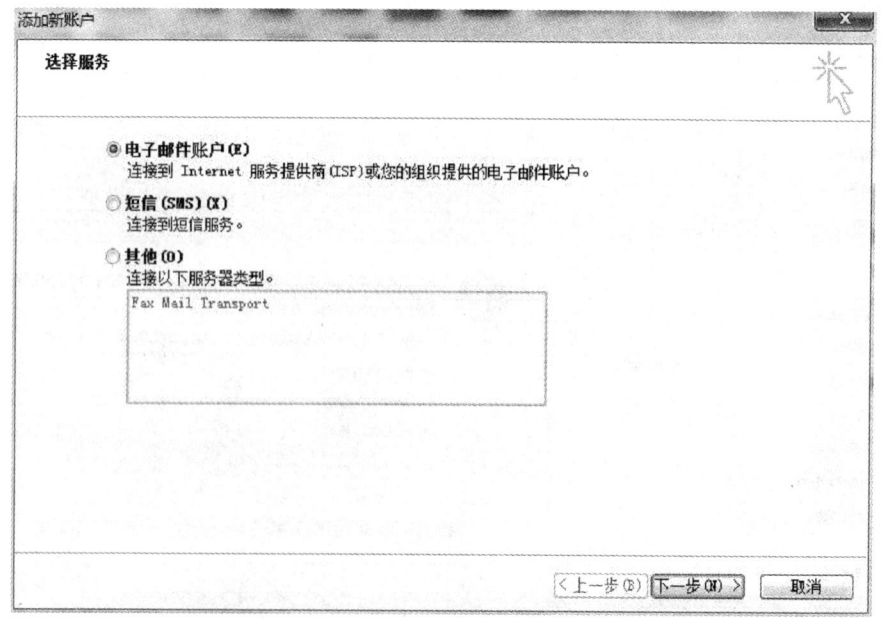

图 1—74　添加"电子邮件账户"

步骤3 在图1—75所示对话框中选择"手动配置服务器设置或其他服务器类型(M)"单选项，单击"下一步"按钮。

图1—75 手动配置服务器设置或其他服务器类型

步骤4 在图1—76所示"添加新账户"对话框中选择"Internet 电子邮件"单选项，单击"下一步"按钮。

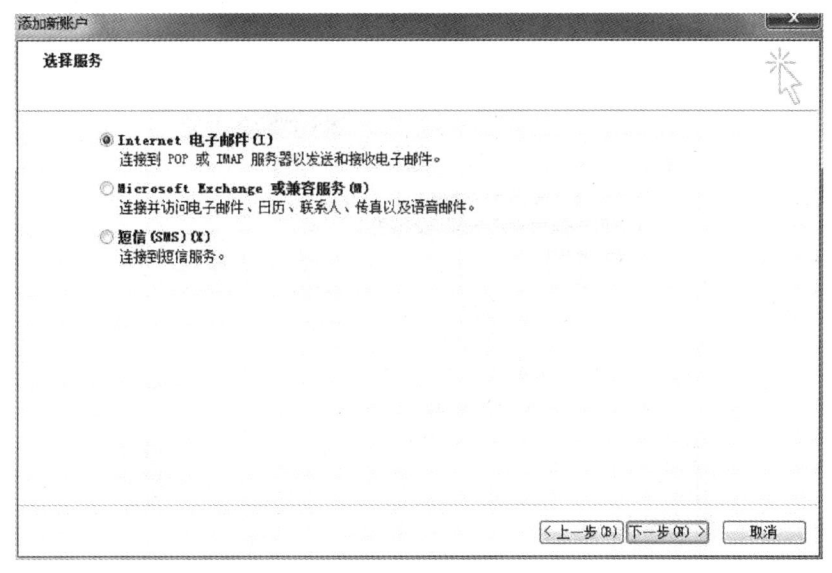

图1—76 "添加新账户"对话框

步骤5 在图1—77所示对话框中填写电子邮件账户信息，如图1—77所示。

如果"账户类型"选项区选择"POP3"，则在"接收邮件服务器"文本框中输入"pop.163.com"，在"发送邮件服务器（SMTP）"文本框中输入"smtp.163.com"。

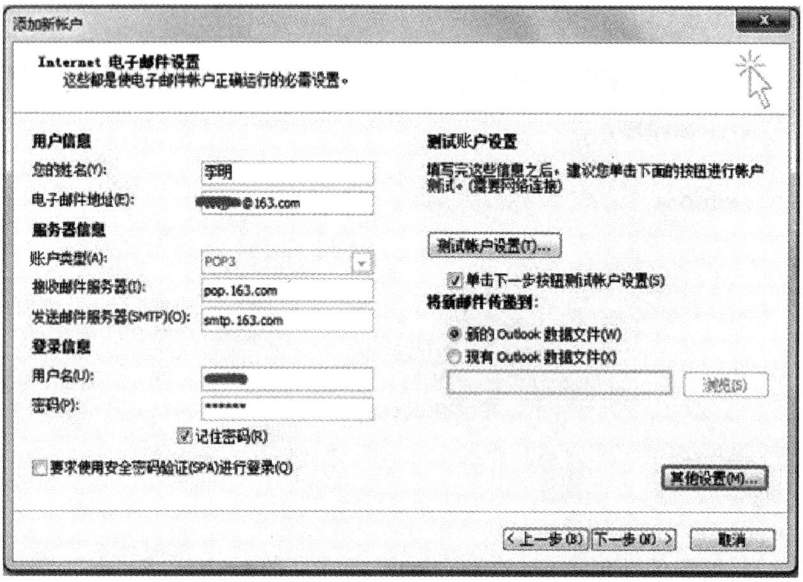

图1—77　Internet电子邮件设置

如果"账户类型"选项区选择"IMAP",则在"接收邮件服务器"文本框中输入"imap.163.com",在"发送邮件服务器(SMTP)"文本框中输入"smtp.163.com"。

步骤6　单击"其他设置"后会弹出如图1—78所示对话框,选择"发送服务器"选项卡,勾选"我的发送服务器(SMTP)要求验证",并单击"确定"按钮。返回到如图1—77所示的对话框,单击"下一步"按钮。

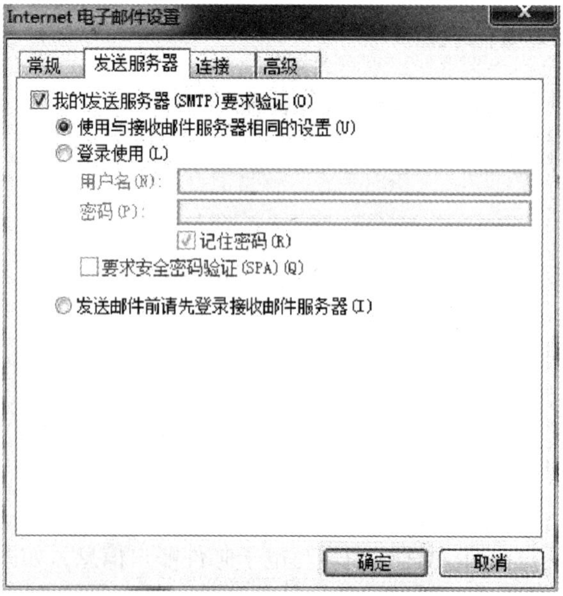

图1—78　发送服务器设置

步骤7　在弹出的"测试账户设置"对话框中，如出现图1—79情况，说明设置成功，单击"关闭"按钮。

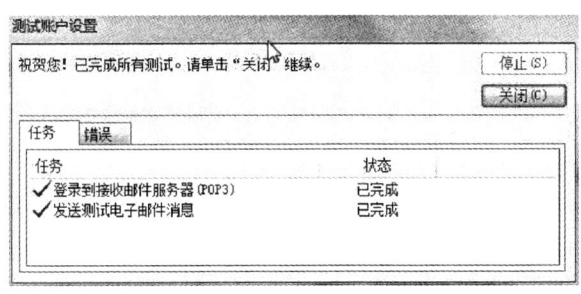

图1—79　新账户设置测试成功

步骤8　弹出如图1—80所示对话框，单击"完成"按钮，完成设置。

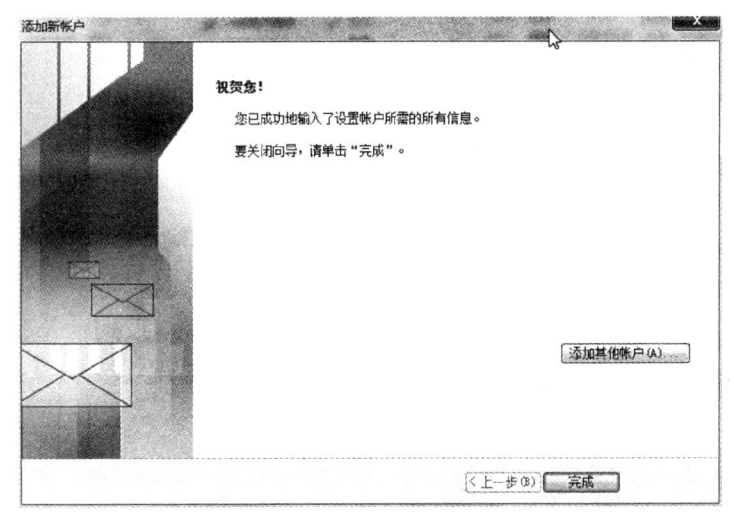

图1—80　完成添加电子邮件账户设置

步骤9　打开Outlook 2010界面，如图1—81所示，这时就可以收发邮件了。

如果还要添加新用户，可以单击"文件"选择"信息"，单击"添加账户"按钮，如图1—82所示，重复以上步骤可以添加新的邮箱用户。

2. 浏览器设置

很多人都会遇到这种情况，当打开某一网页时提示"找不到服务器或DNS错误"，要求检查浏览器设置，而打开其他网页是正常的；或者是网页打开了，一些视频或flash文件打不开；再有就是打开一些网页发现部分控件无法使用，如网银登录时只出现账号录入，却没看到密码输入框等，这些可能和浏览器的设置相关。这里以Internet Explore为例，介绍浏览器设置。

（1）常规设置。首先在浏览器的工具菜单下面单击"Internet选项"，弹出"Internet选项"对话框，在"常规"选项卡里，设置浏览器默认主页、启动选项、选项卡以及外观，同时可以管理浏览历史记录，如图1—83所示。

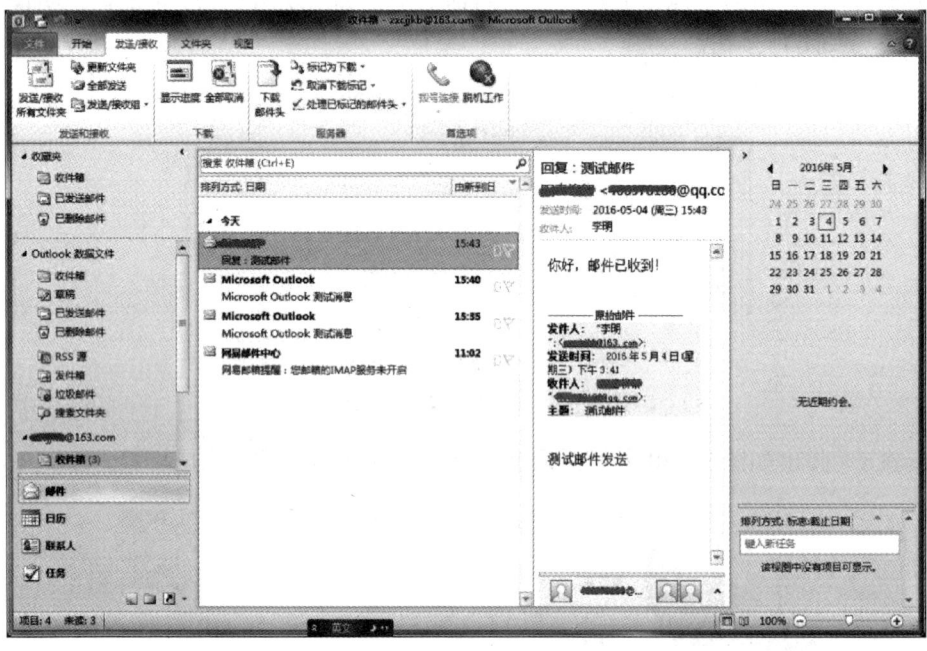

图1—81　Outlook 2010设置新账户成功界面

图1—82　添加新账户界面

计算机安装连接、调试

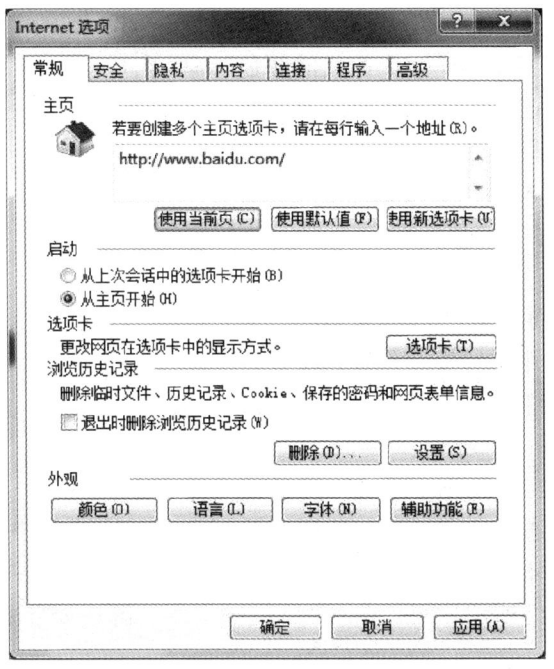

图1—83 "Internet 选项"对话框

应用"选项卡"按钮可以设置网页在选项卡中的显示方式。单击"选项卡"按钮，弹出如图1—84所示的"选项卡浏览设置"对话框。这里多是有关用户使用习惯的选项，如关闭多个选项卡时是否提示等，用户可以根据自己的习惯选择。

单元 1

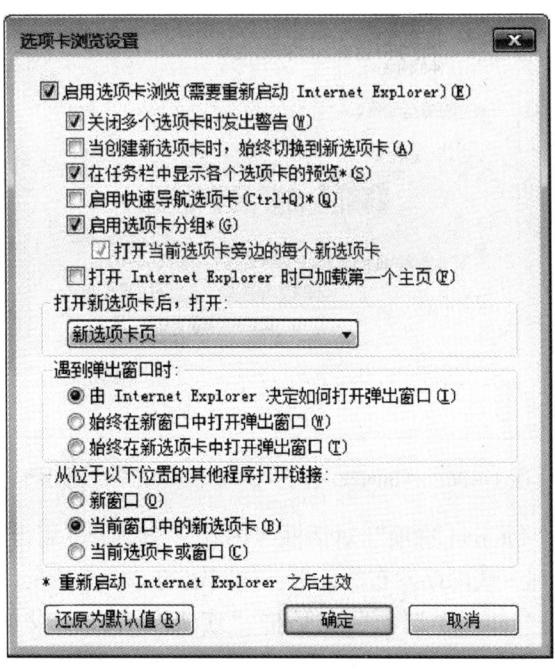

图1—84 "选项卡浏览设置"对话框

"外观"选项主要用于设置浏览器外观，比如为老年人放大的字体，设置个性化的颜色等。用户可以根据自己的需求，对浏览器的颜色、语言、字体等进行设置。单击"颜色"按钮，弹出如图1—85所示的"颜色"对话框，可对浏览器显示的文字、超链接颜色进行设置。

（2）安全设置。可以在"Internet 选项"对话框"安全"选项卡中进行安全设置，设置时可以采用浏览器默认的设置策略，如图1—86所示。

（3）隐私设置。"Internet 选项"对话框"隐私"选项卡可以通过定义策略，让浏览器对不同级别网站采取不同措施，来实现用户隐私的保护，如图1—87所示。

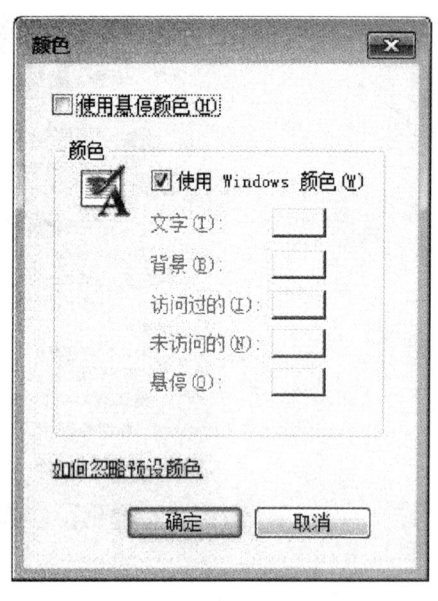

图1—85 浏览器颜色设置

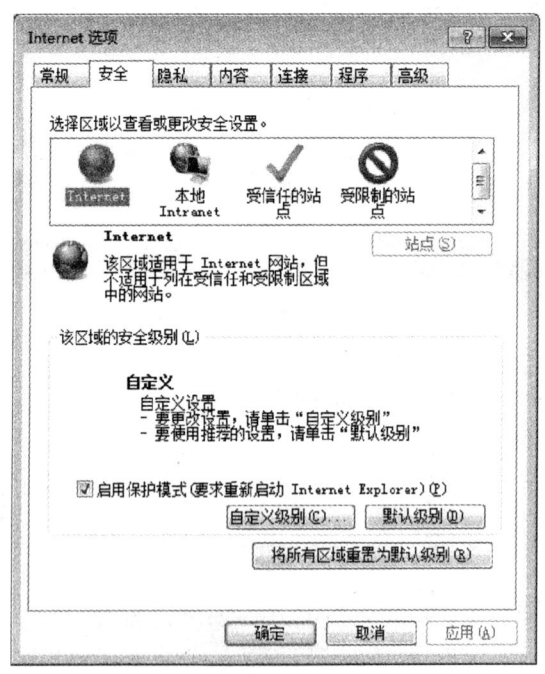

图1—86 "Internet 选项"对话框"安全"选项卡

（4）内容设置。"Internet 选项"对话框"内容"选项卡里用得比较多的是证书管理，在证书管理中可以管理一些网站发布的证书，如网银的CA证书等，如图1—88所示。

（5）连接设置。"Internet 选项"对话框"连接"选项卡设置浏览器的连接方式，如图1—89所示。如拨号或局域网连接，由于目前家庭一般通过无线路由器实现此处的功能，而企业内也会自动提供相关配置和策略，因此，这里面的选项一般不需要设置。

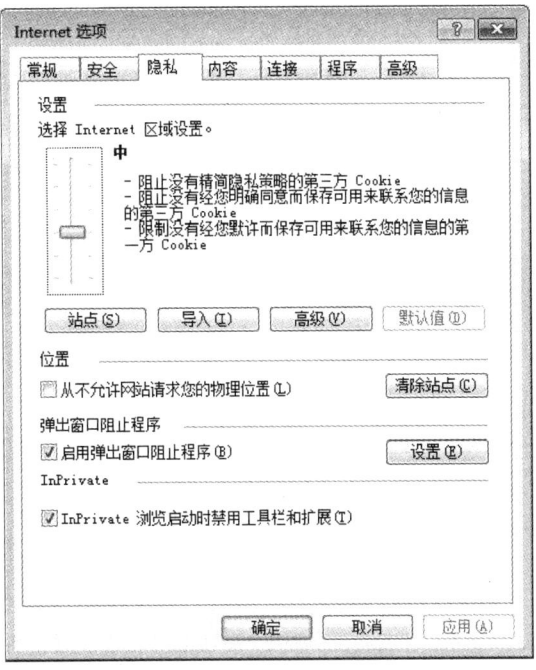

图 1—87 "Internet 选项"对话框"隐私"选项卡

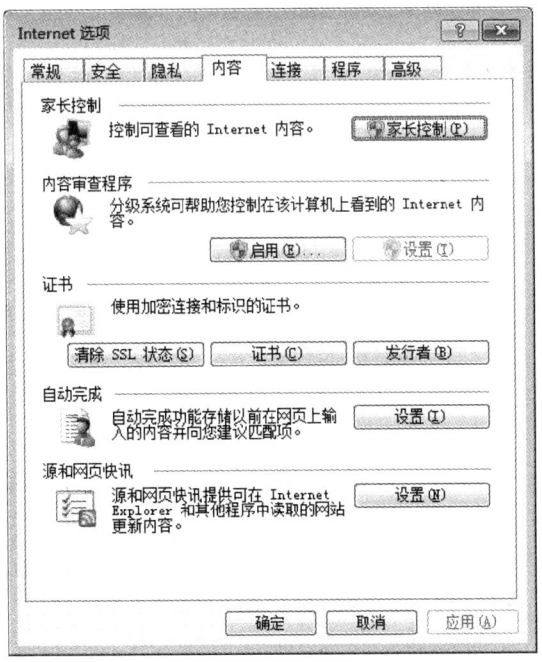

图 1—88 "Internet 选项"对话框"内容"选项卡

（6）程序设置。"Internet 选项"对话框"程序"选项卡可以设置是否把 Internet Explore 设置成默认浏览器，同时可以管理加载项等，如图 1—90 所示。

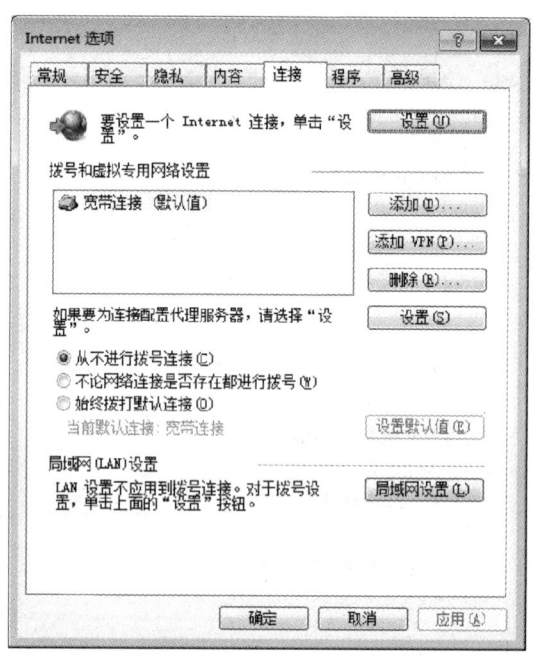

图1—89 "Internet 选项"对话框"连接"选项卡

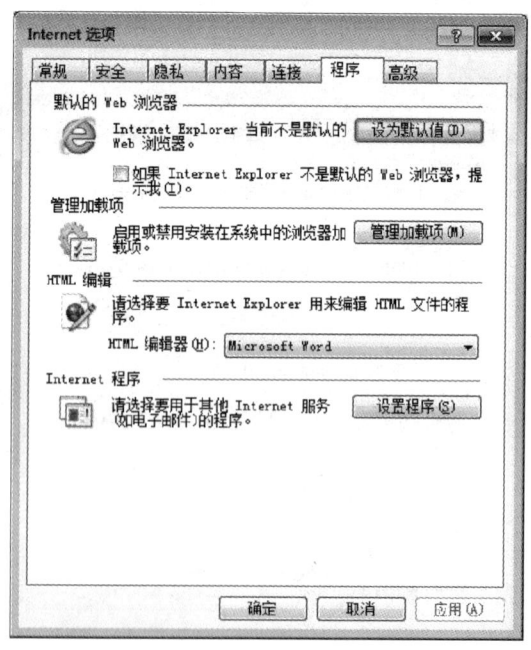

图1—90 "Internet 选项"对话框"程序"选项卡

（7）高级设置。"Internet 选项"对话框"高级"选项卡设置浏览器的所有常规选项，也可以针对浏览器的高级选项做相应的设置，如图1—91所示。这里一般情况下不需要设置，但某些网站会提供说明，要求修改相关设置，遇到此种情况时，在确认安全的情况下，可以根据说明进行设置。

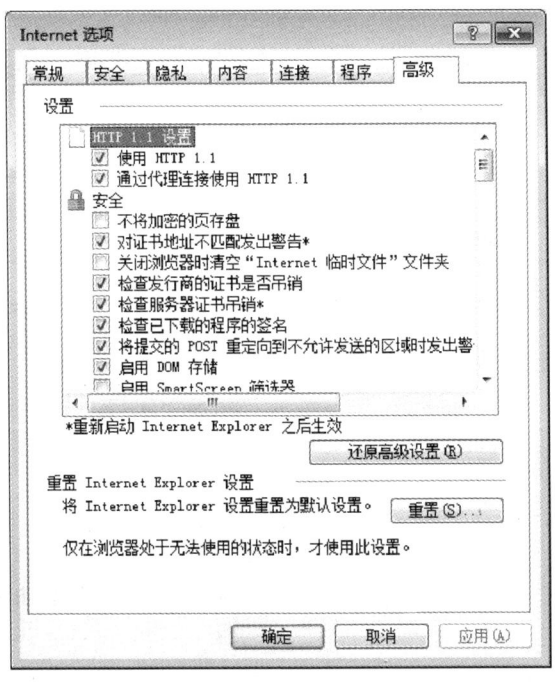

图 1—91 "Internet 选项" 对话框 "高级" 选项卡

日常办公用计算机的应用程序不宜安装得太多，否则可能造成计算机运行缓慢，影响计算机整体性能。在进行网上下载或在安装程序的过程中，要注意安装的选项，像嵌入的插件等可以取消选中而不安装。若将插件安装到计算机上，将影响整个系统的运行，造成计算机感染病毒或性能降低。

单元考核要点

考核类型	考核范围	考核点
理论知识	电源系统连接与检测	不间断电源的特点
		不间断电源连接
		不间断电源工作状态检测和问题处理
	外围设备连接与应用	外围设备作用
		输入设备连接、使用特点
		输出设备连接、使用要求
	操作系统安装	Windows 7 安装方法
		添加字体
		添加或删除输入法
	设备综合应用	磁盘分区的操作
		磁盘复制与整理操作
	应用程序综合操作	常用应用程序的介绍

续表

考核类型	考核范围	考核点
操作技能	电源系统连接与检测	不间断电源连接
	外围设备连接与应用	安装设置设备驱动程序
		连接、使用网络设备
	操作系统安装	Windows 7 安装
	设备综合应用	磁盘分区的具体操作
		磁盘整理的过程
	应用程序综合安装	常用应用程序的安装
	应用程序操作	调试电子邮件和浏览器程序

单元测试题

一、单项选择题（下列每题有4个选项，其中只有一个是正确的，请将正确答案的代号填在括号内）

1. （   ）是一种含有储能装置、以逆变器为主要组成部分的恒压恒频的电源设备。
   A. 不间断电源   B. 直流电源   C. 稳压电源   D. 交流电源
2. （   ）的作用是在外界中断供电的情况下，及时给计算机等设备供电。
   A. WPS   B. USB   C. UBS   D. UPS
3. 使用UPS可以避免通信的中断、（   ）和硬件的损坏。
   A. 重要数据的丢失   B. 重要数据的保存
   C. 重要数据的复制   D. 重要数据的备份
4. 常见的UPS电源主要有在线式、（   ）和在线互动式三种。
   A. 无线式   B. 有线式   C. 后备式   D. 广播式
5. 连接后备式UPS电源时，应将UPS电源输入端接（   ）市电。
   A. 交流110 V   B. 交流220 V   C. 直流110 V   D. 直流220 V
6. 连接后备式UPS电源时，UPS电源输出端接（   ）等设备。
   A. 主机和显示器   B. 市电
   C. 主机和内存   D. 主机和硬盘
7. 在线式UPS电源的特点是（   ）一直处于工作状态。
   A. 变压器   B. 逆变器   C. 稳压器   D. 协调器
8. 在线式UPS电源的另一特点是输出的（   ）稳定。
   A. 电流和频率   B. 电压和频率   C. 电压和电流   D. 信号和电压
9. 在线式UPS电源由于（   ），使用起来可靠。
   A. 无切换时间   B. 切换时间短   C. 切换时间长   D. 供电电流不稳
10. 后备式UPS电源的供电方式是市电输入UPS电源后分为两路运行，一路为设备直接供电，另一路通过UPS电源将市电转换为（   ）为电池充电。

A. 直流电　　B. 交流电　　C. 三相电　　D. 四相电

11. 大多数后备式 UPS 电源的切换时间为（　　）。
    A. 1～2 ms　　B. 4～8 ms　　C. 2～4 ms　　D. 8～16 ms

12. 以下关于后备式 UPS 电源说法正确的是（　　）。
    A. 结构简单，价格昂贵　　　　B. 结构简单，价格便宜
    C. 结构复杂，价格便宜　　　　D. 结构复杂，价格昂贵

13. UPS 电源的电力来源是其所配（　　）。
    A. 生物电源　　B. 化学电源　　C. 植物电源　　D. 后备电源

14. UPS 电源工作的质量高低主要依赖其化学电源的（　　）。
    A. 性能　　B. 数量　　C. 大小　　D. 容量

15. 将计算机上所有系统格式化后再安装 Windows 7，这种安装方式是（　　）。
    A. 多系统共存安装　　　　B. 升级安装
    C. 全新安装　　　　　　　D. 格式化安装

16. 在保留现有系统的基础上安装 Windows 7，这种安装方式是（　　）。
    A. 多系统共存安装　　　　B. 升级安装
    C. 全新安装　　　　　　　D. 格式化安装

17. （　　）电源的供电方式是市电输入 UPS 后，被其转换成直流电，并为电池充电，输出的电流通过逆变器转换为交流电为设备供电。
    A. 后备式 UPS　　　　B. 在线式 UPS
    C. 无线式 UPS　　　　D. 转换 UPS

18. 计算机的外围设备可以分成（　　）两类。
    A. 输入设备和处理设备　　B. 输出设备和存储设备
    C. 输入设备和运算设备　　D. 输入设备和输出设备

19. （　　）是向计算机输入数据的设备，是计算机与用户或其他设备通信的桥梁。
    A. 输出设备　　B. 输入设备　　C. 储存设备　　D. 处理设备

20. 扫描仪属于（　　）。
    A. 字符输入设备　　　　B. 光学阅读设备
    C. 图形输入设备　　　　D. 图像输入设备

21. 下列设备中属于打印输出的设备是（　　）。
    A. 扬声器　　B. 音响　　C. 绘图仪　　D. 显示器

22. 安装扫描仪的程序，一般来说都是先行安装（　　）。
    A. 随机所附的应用软件　　B. 扫描仪的驱动程序
    C. 硬件　　　　　　　　　D. 电源

23. 安装扫描仪的程序时，EPP 扫描仪使用（　　）接口。
    A. USB　　B. Parallel Port　　C. SCSI　　D. RJ-45

24. 一般计算机声卡的 Line Out 接口通过音频线连接音箱的（　　）。
    A. Line in　　B. Mic　　C. Line Out　　D. Line

25. 一个硬盘可以划分（　　）主分区。
    A. 若干个　　B. 四个　　C. 两个　　D. 三个
26. 在硬盘上安装操作系统，该硬盘至少有一个（　　）。
    A. 主分区　　B. 扩展分区　　C. 逻辑分区　　D. 以上都对
27. 硬盘分区过程中，正确的步骤是（　　）。
    A. 建立主分区/建立扩展分区/建立逻辑分区/激活主分区/格式化所有分区
    B. 建立逻辑分区/建立扩展分区/建立主分区/激活主分区/格式化所有分区
    C. 建立主分区/建立逻辑分区/建立扩展分区/激活主分区/格式化所有分区
    D. 建立扩展分区/建立主分区/建立逻辑分区/激活主分区/格式化所有分区
28. Windows 的（　　），可以删除磁盘中不要的文件。
    A. 系统还原程序　　　　B. 磁盘清理程序
    C. 磁盘碎片整理程序　　D. 系统备份程序
29. 为了获得更多的磁盘空间，可以使用（　　）。
    A. 系统还原程序　　　　B. 磁盘碎片整理程序
    C. 系统更新程序　　　　D. 系统备份程序
30. 常见的应用程序安装方式主要有标准安装和（　　）。
    A. 自定义安装　　　　B. 全新安装
    C. 格式化安装　　　　D. 覆盖安装
31. （　　）可以根据需要，由用户自己选择需要安装的组件。
    A. 自定义安装　　　　B. 全新安装
    C. 标准安装　　　　　D. 覆盖安装
32. 硬盘分区就是把硬盘划分为若干个区域，在每个区域里建立（　　）逻辑驱动器。
    A. 两个　　B. 三个　　C. 若干个　　D. 一个

二、**判断题**（下列判断正确的请打"√"，错误的请打"×"）

1. 不间断电源是一种以储存装置、变压器为主要组成部分的恒压恒频的电源设备。（　　）
2. 在线式 UPS 电源的供电方式是市电输入 UPS 电源后，被其转换成交流电，交流电为电池充电。（　　）
3. 后备式 UPS 电源的供电方式是市电输入 UPS 电源后分为两路运行，且两路一起为设备直接供电。（　　）
4. 使用 UPS 电源可以避免通信的中断、重要数据的丢失和硬件的损坏。（　　）
5. 在线式 UPS 电源无切换时间。（　　）
6. 后备式 UPS 电源结构简单，价格便宜。（　　）
7. UPS 电源的电力来源是其所配的化学电源。（　　）
8. UPS 电源分在线式和离线式 2 种。（　　）
9. 连接后备式 UPS 电源时应将 UPS 电源输入端接交流 220 V 市电。（　　）
10. 计算机的外围设备可以分成三类。（　　）

11. 键盘属于字符输入设备。 （ ）
12. 数码相机属于输出设备。 （ ）
13. Mic 接口与音箱的 Line 连接。 （ ）
14. 一个硬盘不可以直接划分为逻辑驱动器。 （ ）
15. 打印机的串口接口为双向 24 针插座。 （ ）
16. 打印机属于字符输入设备。 （ ）
17. 绘图仪属于显示输出设备。 （ ）
18. EPP 扫描仪使用 USB 接口。 （ ）
19. ADSL 是一种能够通过光纤专线提供宽带数据业务的技术。 （ ）
20. 一个硬盘可以划分若干个逻辑驱动器。 （ ）
21. 主分区之外的硬盘空间就是逻辑分区，而扩展驱动器是对逻辑分区另行划分得到的。 （ ）
22. FAT32 分区采用 32 位的文件分配表。 （ ）
23. 给硬盘分区不需要遵循一定的顺序。 （ ）
24. Windows 的磁盘碎片整理程序可以删除磁盘中不要的文件。 （ ）
25. 自定义安装时，用户可以自己选择需要安装的组件。 （ ）
26. 安装光盘放入光驱后重启就可以引导光盘安装操作系统。 （ ）
27. Microsoft Outlook 可以添加多个邮箱账户。 （ ）
28. 磁盘碎片整理过程不会占用大量的资源，可以经常进行磁盘碎片整理。 （ ）

单元测试题答案

一、单项选择题

1. A 2. D 3. A 4. C 5. B 6. A 7. B 8. B
9. A 10. A 11. B 12. B 13. B 14. A 15. C 16. A
17. B 18. D 19. B 20. D 21. C 22. B 23. B 24. D
25. C 26. A 27. A 28. B 29. B 30. A 31. A 32. D

二、判断题

1. × 2. × 3. × 4. √ 5. √ 6. √ 7. √ 8. √
9. √ 10. × 11. √ 12. × 13. × 14. √ 15. × 16. ×
17. × 18. × 19. × 20. √ 21. √ 22. √ 23. × 24. ×
25. √ 26. × 27. √ 28. ×

第2单元

文件管理

- 第一节 文件操作/52
- 第二节 文件高级管理/65

计算机中的数据大部分以文件的形式存储在磁盘上。因此，很有必要了解文件系统是如何进行文件管理的。Windows 7 操作系统拥有强大的文件管理系统，使文件管理更加安全和可靠。

第一节 文件操作

→ 能够设置文件及文件夹属性
→ 能够备份文件及文件夹
→ 能够查找文件和文件夹
→ 能够管理回收站

一、文件和文件夹的属性设置

1. 文件属性设置

（1）文件属性。在计算机里存储着各种数据，如图片、文档、音频、视频等。这些数据一般都存储在相应的"文件"中，如图2—1所示。如右键单击"合影.jpg"文件，在弹出的右键菜单中选择"属性"选项，则弹出如图2—2所示的"合影　属性"对话框。

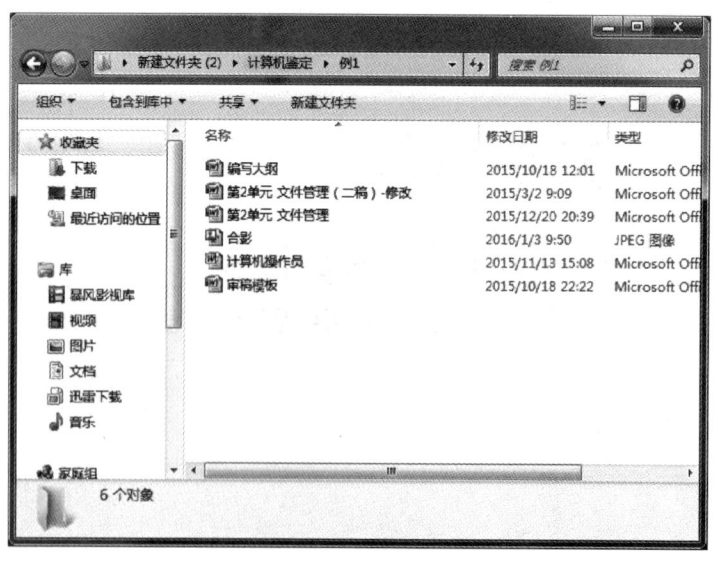

图2—1　文件示例

1)"常规"选项卡。在此对话框的"常规"选项卡中可以看到该文件的相应属性。

①文件名称。文件的名称。

②文件类型。显示该文件的类型。

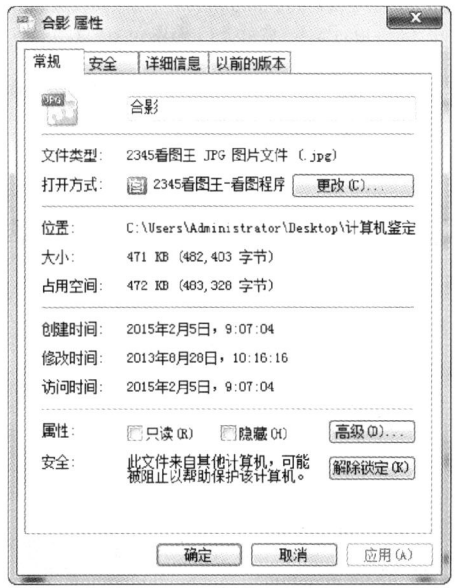

图2—2 "合影 属性"对话框"常规"选项卡

③打开方式。显示文件打开使用的默认程序。单击"更改…"按钮,弹出"打开方式"对话框,如图2—3所示。可从中选择其他程序并设置为打开此文件的默认程序。

图2—3 "打开方式"对话框

④位置。该文件在磁盘上的存储路径。
⑤大小。该文件的实际大小。
⑥占用空间。该文件在磁盘上占据的存储空间大小。
⑦创建时间。该文件在计算机上第一次被创建的时间。
⑧修改时间。该文件最后一次被修改的时间。

⑨访问时间。该文件最后一次被访问的时间。

⑩属性。选中"只读"复选框后，文件只可以进行读操作，不可以改变其内容；选择"隐藏"复选框文件在缺省状态下不会显示出来，除非用户设置文件夹显示隐藏内容。

2)"安全"选项卡。在"合影 属性"对话框中选择"安全"选项卡，如图2—4所示。有如下属性：

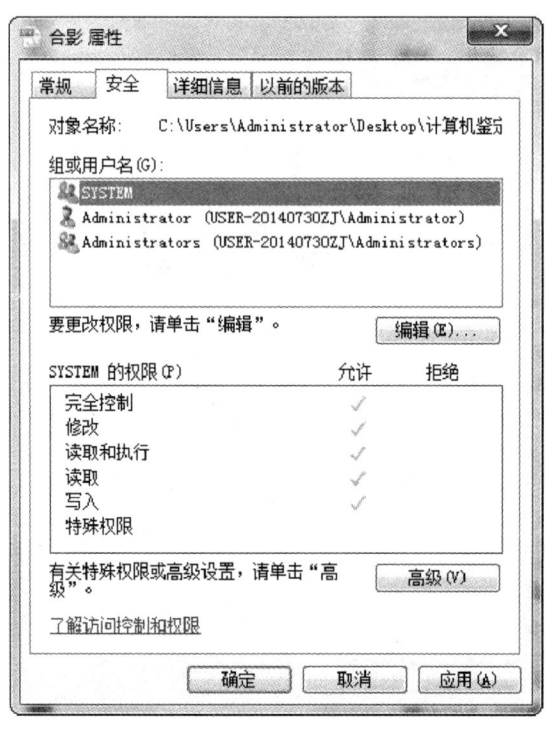

图2—4 "合影 属性"对话框"安全"选项卡

①"组或用户名"列表。列出对应权限的用户或组的名称列表。

②SYSTEM的权限。列出SYSTEM组对于该文件的主要权限列表。

3)"详细信息"选项卡。"详细信息"选项卡主要记录了文件的一些内容情况等详细信息，如图2—5所示。

（2）文件属性设置。在上面介绍的文件属性中，有些是可以进行修改的。

1) 修改文件名称。右键单击"合影.jpg"文件，在弹出的右键菜单中选择"属性"选项，弹出"合影 属性"对话框，如图2—2所示，在文件图标后的文本框中输入想要修改的文件名称，然后单击"确定"按钮，则文件名即被修改。

2) 设置文件"只读"属性。在弹出的"属性"对话框"常规"选项卡的"属性"选项区中，勾选其中的"只读"复选框，单击"确定"按钮，则该文件被设置为"只读"属性。

2. 文件夹属性设置

文件夹（也称为目录）是一种可以包含其他文件的分类结构，是存放文件或其他文件夹的一个集合。

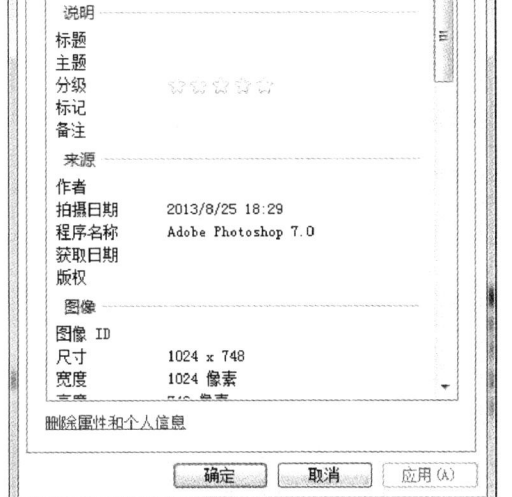

图 2—5 "合影 属性"对话框"详细信息"选项卡

（1）文件夹属性

1)"常规"选项卡。右键单击"例1"文件夹，在弹出的右键菜单中选择"属性"选项，弹出"例1属性"对话框，如图2—6所示。"常规"选项卡中包含以下属性：

①文件夹名称。

②类型。作为文件夹，类型均会显示"文件夹"。

③位置。指该文件夹在磁盘上的存储路径。

④大小。指该文件夹内文件的实际大小的总和。

⑤占用空间。指文件夹内文件在磁盘上占据的存储空间的总和。

⑥包含。显示该文件夹中包含文件和子文件夹的个数。

⑦创建时间。指该文件夹创建的时间。

⑧属性。选中"只读"复选框后，文件夹中的文件只可以进行读操作，不可以修改；选择"隐藏"复选框后该文件夹被隐藏。

2)"共享"选项卡。选择"共享"选项卡，如图2—7所示。在"共享"选项卡中可以选择该文件夹共享的相关参数，具体操作在后面介绍。

3)"安全"选项卡。选择"安全"选项卡，如图2—8所示。可以看到以下选项区：

①"组或用户名"列表。列出对应权限的用户或组的名称列表。

②SYSTEM 的权限。列出 SYSTEM 对于该文件夹的主要权限列表。

4)"自定义"选项卡（见图2—9）。该选项卡可以设置以下属性：

①选择文件夹图片。选择文件夹图标上显示的文件夹内部某个图片文件。

图2—6 "例1属性"对话框"常规"选项卡　　图2—7 "例1属性"对话框"共享"选项卡

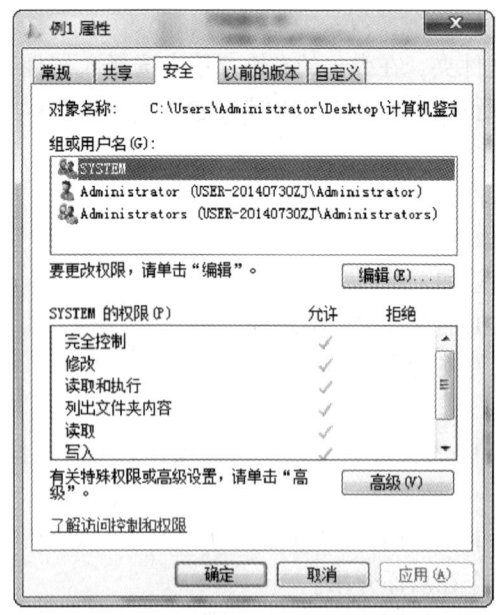
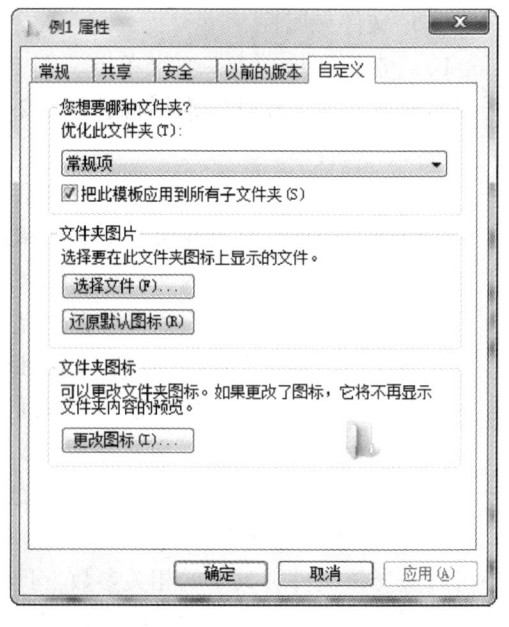

图2—8 "例1属性"对话框
"安全"选项卡

图2—9 "例1属性"对话框
"自定义"选项卡

②更改图标。可以更改文件夹图标类型。

(2) 文件夹属性设置

1) 修改文件夹为"隐藏"。右键单击"例1"文件夹，在弹出的右键快捷菜单中选择"属性"选项。弹出"例1属性"对话框,选择"常规"选项卡,如图2—6所示,在"属性"栏中勾选"隐藏"复选框。单击"确定"按钮,弹出"确认属性更改"对话框,单击"确定"按钮,关闭"例1属性"对话框。可以使文件夹"例1"变"虚"。然后在"组织"菜单中选择"文件夹和搜索选项",弹出"文件夹选项"对话框,如图2—10所示。

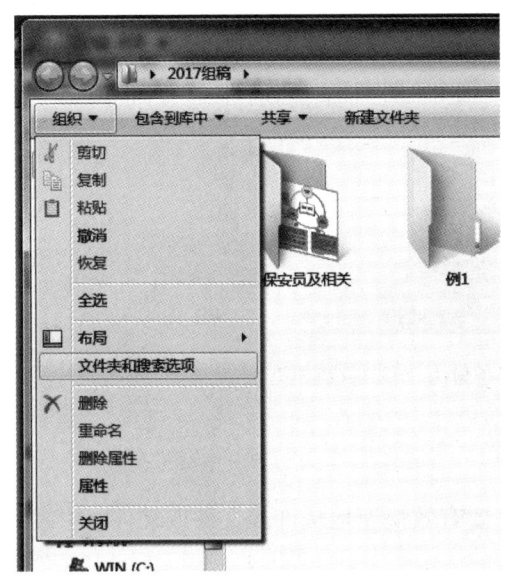
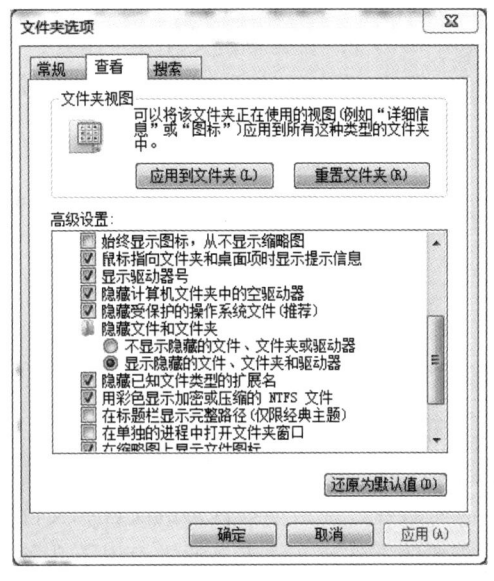

图2—10 "文件夹选项"对话框"查看"选项卡

在"查看"选项卡"高级设置"栏中点选"不显示隐藏的文件、文件夹或驱动器"单选按钮。单击"确定"按钮,关闭"文件夹选项"对话框,则"例1"文件夹被隐藏。

2)修改文件夹图标。右键单击"例1"文件夹,在弹出的右键菜单中选择"属性"命令,弹出"例1属性"对话框,选择"自定义"选项卡,如图2—9所示。

单击"更改图标"按钮,弹出"为文件夹例1更改图标"对话框,如图2—11所示。在列表中选择一个图标,单击"确定"按钮,返回到"文件夹选项"对话框,再单击"确定"按钮。可以看到,文件夹"例1"的图标已修改成选择的图标。

图2—11 "为文件夹例1更改图标"对话框

二、文件和文件夹基本操作

为了避免计算机上的数据丢失给使用者造成损失，经常会对计算机上的数据进行备份。文件与文件夹的备份通常使用以下方法。

右键单击"例1"文件夹，在弹出的右键菜单中选择"复制"选项（快捷键为<Ctrl+C>），右键单击文件夹空白处，在弹出的右键菜单中选择"粘贴"选项（快捷键为<Ctrl+V>）。"例1"文件夹将备份为"例1-副本"，如图2—12所示。

   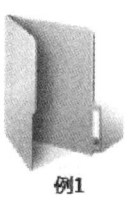

图2—12　"例1"文件夹备份为"例1-副本"

三、查找文件和文件夹

一般在计算机中有许多的文件和文件夹，要有效快速地从许多文件或文件夹中搜索到需要的文件或文件夹，通常有以下几种方法：

1. 使用"开始"菜单搜索文件或文件夹

单击"开始"按钮，在弹出的"开始"菜单"搜索程序和文件"文本框中输入"例1"，如图2—13所示。即可搜索出"例1"文件夹和"例1"文件夹中的文件。

2. 用文件夹或库中的搜索框搜索文件或文件夹

（1）打开任意文件夹，例如在左侧菜单中选择"计算机"，如图2—14所示。

（2）在右上角的"搜索计算机"文本框中，输入"例1"，即可显示出所搜索的文件夹"例1"，如图2—15所示。

3. 添加搜索筛选器

除了按照名称搜索文件以及文件夹外，还可以按日期和文件大小搜索。

（1）打开"例1"文件夹，单击"搜索例1"文本框，在弹出的下拉菜单中选择"修改日期："选项，如图2—16所示。

图2—13　使用"开始"菜单搜索"例1"文件夹

文件管理

图 2—14　左侧菜单中选择"计算机"

图 2—15　在计算机中搜索"例1"文件夹

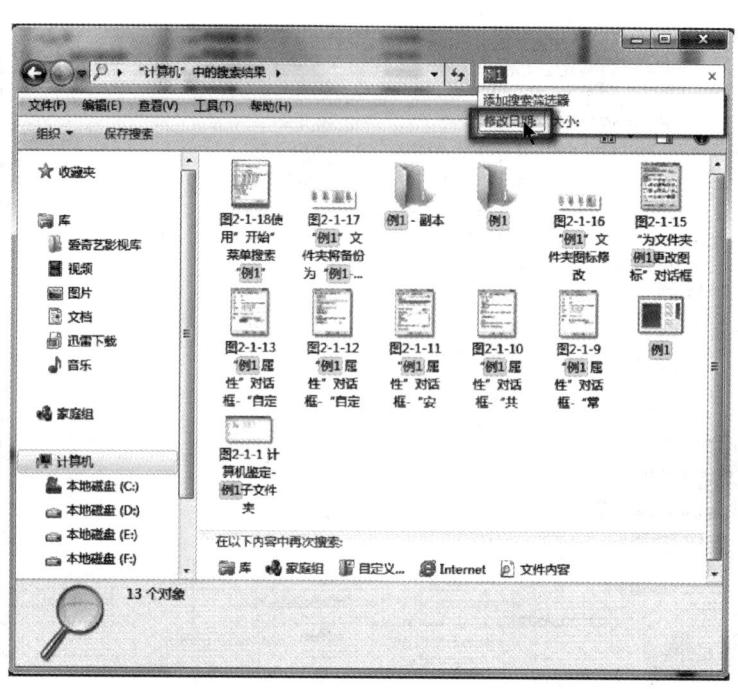

图2—16 选择"修改日期:"选项

(2)弹出"选择日期或日期范围:"下拉菜单,如在日历中选择2015年2月5日,则"例1"文件夹中所有在2015年2月5日修改的文件都能够搜索到,如图2—17所示。

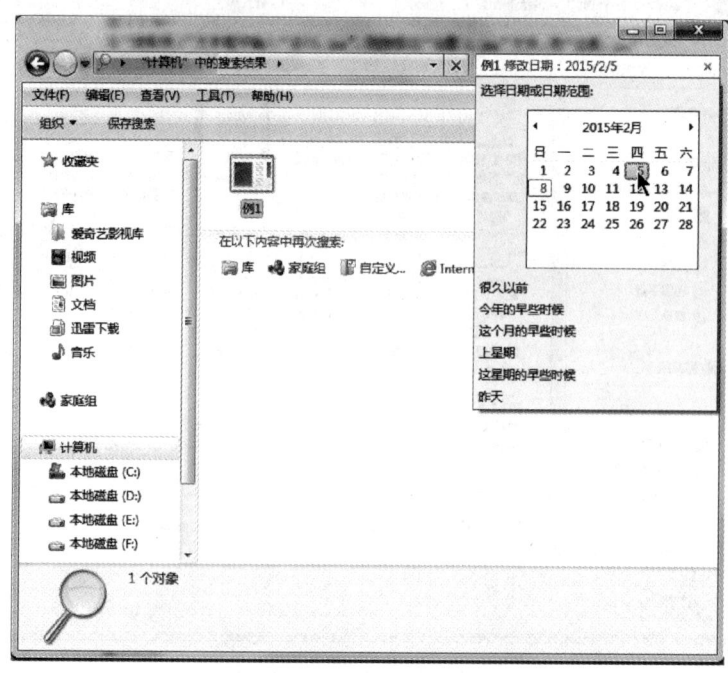

图2—17 "选择日期或日期范围:"下拉菜单

(3) 单击"搜索例1"文本框,在弹出的下拉菜单中选择"大小:"选项,如图2—18所示。

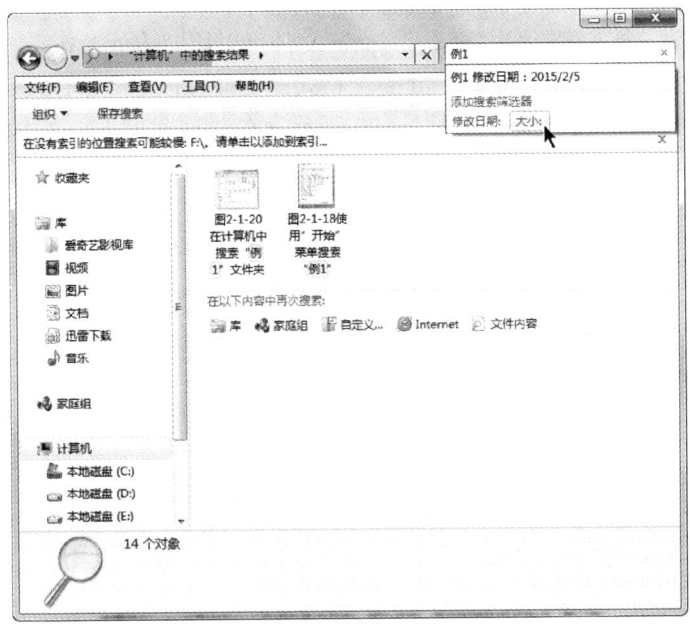

图2—18 按"大小:"搜索

(4) 在弹出的下拉菜单中选择"中(100KB－1MB)"选项,则搜索出2015年2月5日修改的大小范围是100KB－1MB的文件,如图2—19所示。

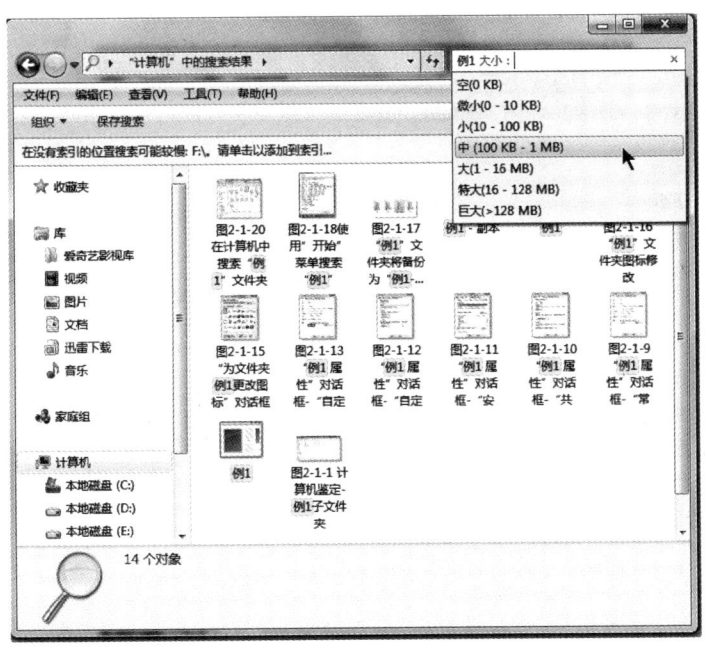

图2—19 选择搜索文件大小

4. 使用关键字细化搜索

如果只知道要搜索的文件或文件夹名中的一部分，或只知道文件的格式，则可以使用通配符进行关键字搜索。常用的通配符有以下两个：

"？"可代表一个字符，如"合影2.jpg"文件可以用"合？2.jpg"表示。

"＊"可代表0个或多个字符，如docx格式的文件可以用"＊.docx"表示。

如：打开"例1"文件夹，如图2—20所示。在"搜索例1"文本框中输入"合？2.jpg"，则搜索出"合影2.jpg"文件，而"合影.jpg"和"合家欢影像.jpg"不会被搜索到，如图2—21所示。

名称	修改日期	类型	大小
发现	2011/7/2 14:22	媒体文件(.wmv)	627 KB
合家欢影像	2013/8/28 10:16	2345看图王 JPG ...	472 KB
合影	2013/8/28 10:16	2345看图王 JPG ...	472 KB
合影2	2013/8/28 10:16	2345看图王 JPG ...	472 KB
时光 许微	2012/12/24 13:18	MP3 文件	1,485 KB
图片	2011/9/2 16:39	2345看图王 GIF ...	1 KB
文件夹和文件的管理	2015/2/5 9:00	DOCX 文件	10 KB
文件夹和文件的属性管理	2015/2/5 8:59	Microsoft Office...	560 KB
文件夹和文件的属性管理2	2015/2/5 8:59	Microsoft Office...	29 KB

图2—20　搜索前文件夹内容

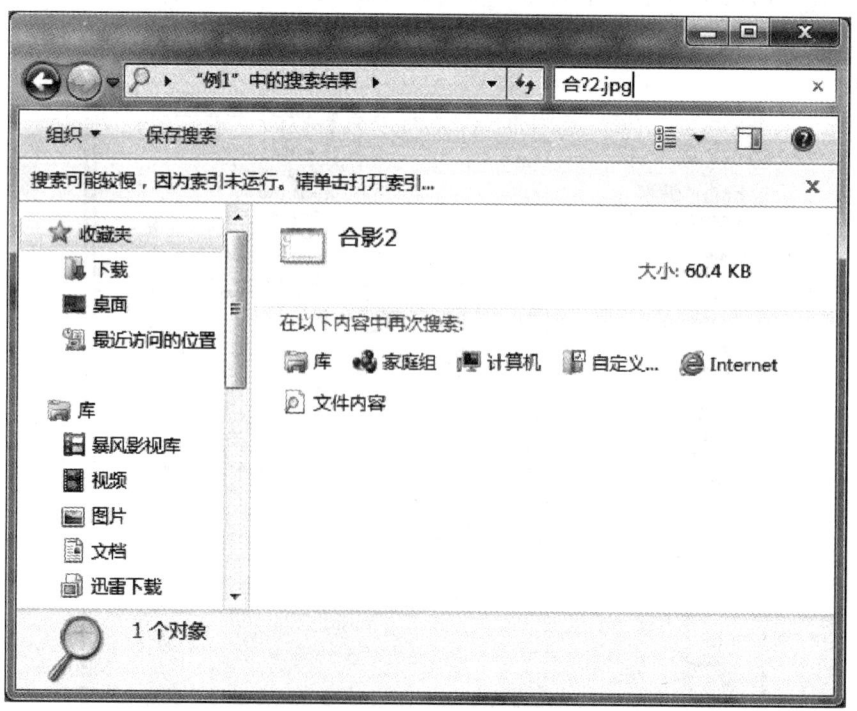

图2—21　搜索结果

四、回收站管理

用户删除的文件或文件夹，通常情况下没有从计算机中彻底删除，而是被移动到了"回收站"。当把"回收站"中的文件删除掉才认为是从计算机中彻底被删除。如果想直接彻底删除计算机中的文件或文件夹，可以直接按 <Shift + Delete> 组合键。

1. 删除"回收站"中的文件

回收站占用各分区空间，每隔一段时间就需要清理一下回收站，以增大各分区可使用的空间。

（1）删除"回收站"中的个别文件或文件夹。在桌面上双击打开"回收站"，右键单击要彻底删除的文件或文件夹。如"例1"，在弹出的右键菜单中选择"删除"选项。弹出"删除文件夹"提示框，提示"确实要永久地删除此文件夹吗?"，单击"是"按钮，则永久性删除该文件夹"例1"。

（2）清空"回收站"。即删除"回收站"中所有的文件和文件夹。右键单击桌面上的"回收站"图标，在弹出的右键菜单中选择"清空回收站"选项，如图2—22所示。弹出"删除多个项目"提示框，如提示"确实要永久删除这73项吗?"，从提示中可以看出当前回收站中有73项文件或文件夹要永久被删除，若单击"是"按钮则会清空回收站，否则不清空回收站。

2. 还原文件

文件或文件夹被删除后，暂时被存放在"回收站"中，如果想要找回被删除的文件或文件夹，需要在"回收站"中还原文件或文件夹。

在桌面上双击"回收站"图标，打开"回收站"窗口。右键单击想要还原的文件或文件夹。如"例1"，在弹出的右键菜单中选择"还原"选项，如图2—23所示，则文件或文件夹及其包含的文件都会被还原到删除前的位置。

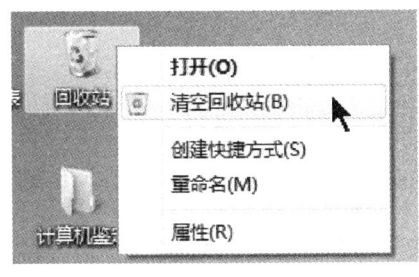
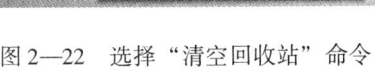
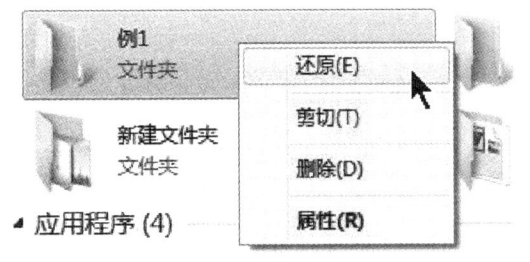

图2—22　选择"清空回收站"命令　　　　图2—23　"还原"文件或文件夹

直接在回收站拖拽选中的文件或文件夹到某一驱动器或文件夹窗口中也可以恢复文件或文件夹。

3. 属性设置

（1）修改"回收站"位置

1）右键单击"回收站"图标，在弹出的右键菜单中选择"属性"选项，弹出"回收站　属性"对话框，如图2—24所示。

2）单击"本地磁盘（D:）"，单击"确定"按钮，则 D 盘回收站被设置在 D 盘，如图 2—25 所示。

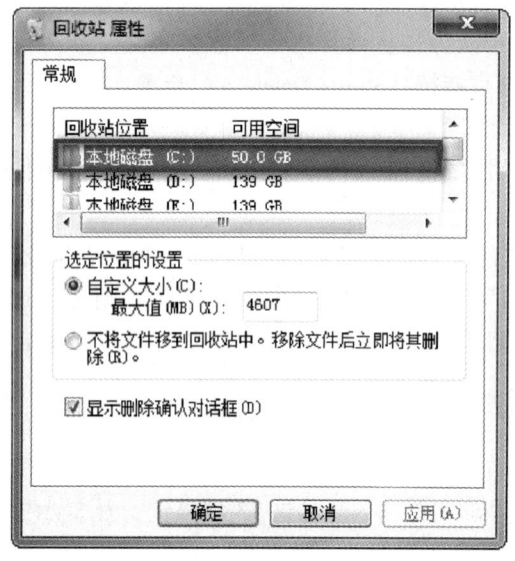 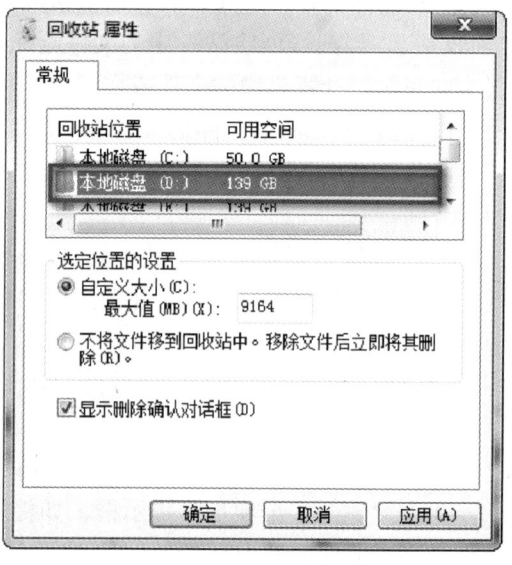

图 2—24　"回收站属性"对话框　　　　图 2—25　将"回收站"为（D:）位置

（2）自定义"回收站"大小。"回收站"默认空间大小是分区空间的一定比例，如图 2—26 所示。可根据需要对其大小进行设置。可单击"最大值"文本框输入需要的回收站大小数值，单击"确定"按钮则完成修改"回收站"所占空间的最大值。

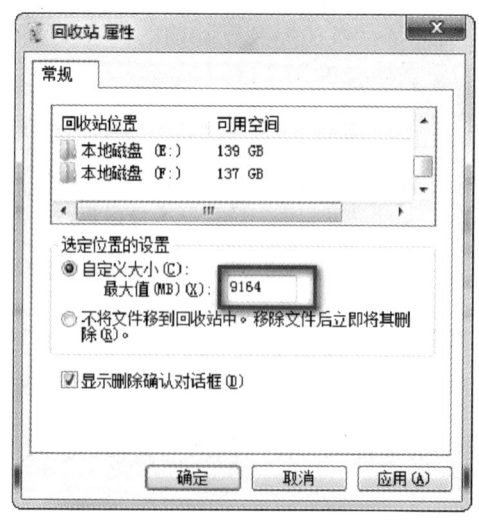

图 2—26　自定义"回收站"大小

（3）不将文件移到回收站中。在图 2—26 中，"选定位置的设置"选区中点选"不将文件移到回收站中。移除文件后立即将其删除"单选项，则删除文件或文件夹时不再存放在"回收站"中，而是直接从计算机中彻底删除。

（4）取消"显示删除确认对话框"。删除文件或文件夹时，会弹出"删除确认"对话框即显示提示文字"您确实要把此文件夹放入回收站吗？"。若在图2—26中不勾选"显示删除确认对话框"复选框，则删除文件或文件夹时"删除确认"对话框不再出现。

第二节 文件高级管理

→ 掌握文件权限管理的特点及方法
→ 掌握文件共享操作
→ 掌握文件或文件的加/解密操作
→ 学会文件归档管理方法

在计算机管理文件的过程中，除了上一节讲到的一些基本文件操作外，还需要掌握文件和文件夹的其他管理，比如文件的权限管理、文件夹的共享和加密等。

一、文件权限管理

在计算机系统中，文件和文件夹是可以设置用户权限的。在默认情况下，操作系统的管理员用户（例如Windows系统的Administrator）对文件或文件夹具有完全控制的权限，如图2—27所示。用户可以根据需要，对文件或者文件夹的权限进行修改。系统文件夹Windows的默认权限如图2—28所示。

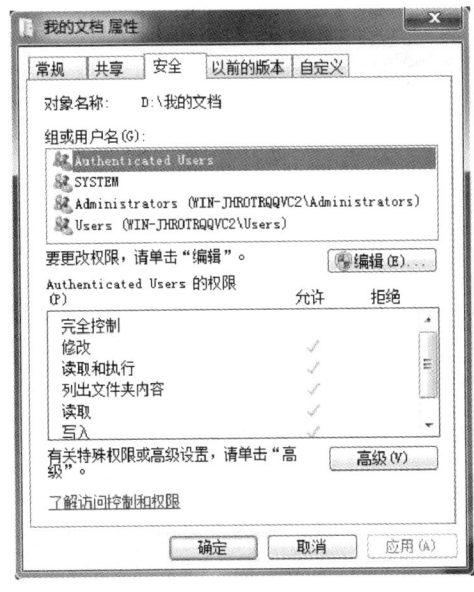

图2—27 "我的文档 属性"对话框
"安全"选项卡

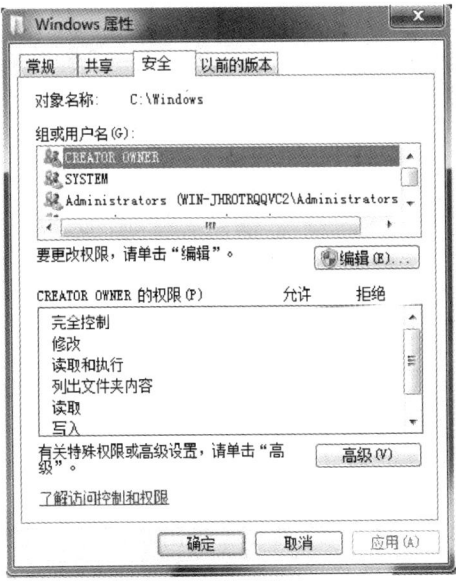

图2—28 "Windows 属性"对话框
"安全"选项卡

以对"论文"这个文件夹给予新用户相关权限为例，操作步骤如下：

步骤1　找到"论文"这个文件夹，右键单击，在弹出的右键菜单中选择"属性"选项，弹出"论文属性"对话框，选择"安全"选项卡，单击"编辑"按钮，如图2—29所示。

步骤2　在弹出的"论文的权限"对话框中，单击"添加"按钮，如图2—30所示。弹出"选择用户或组"对话框，单击"高级"按钮，如图2—31所示。

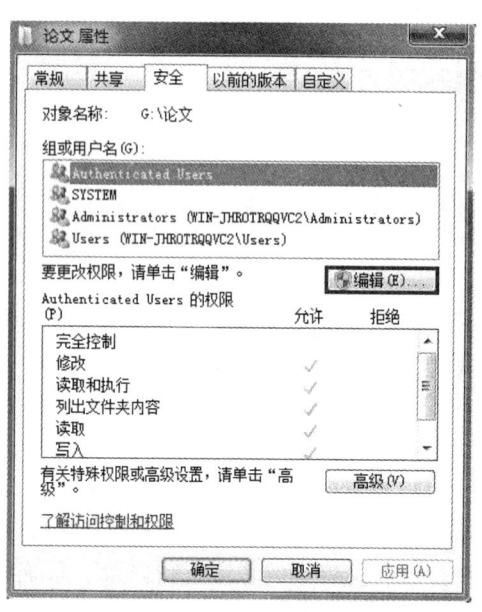
图2—29　"安全"选项卡

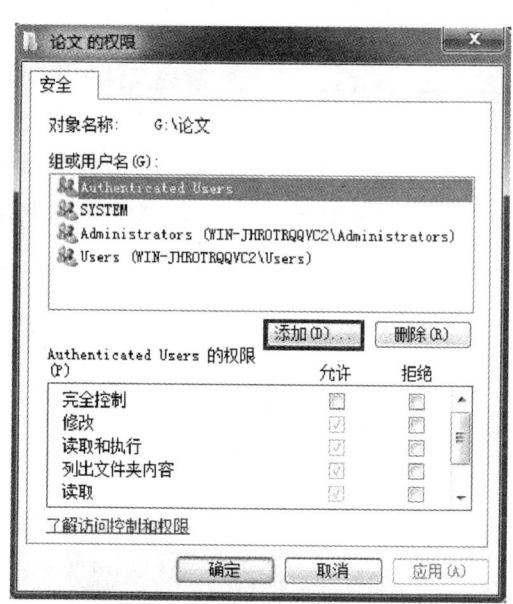
图2—30　"论文的权限"对话框

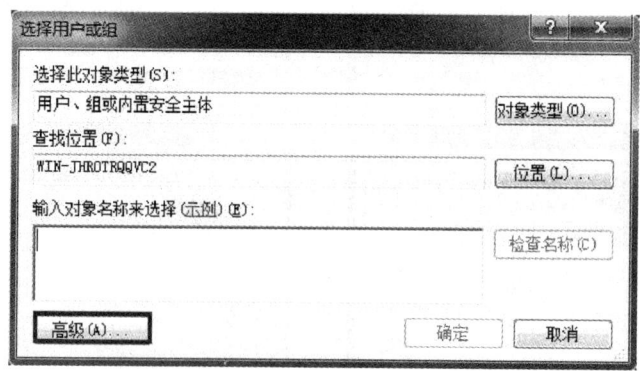
图2—31　"选择用户或组"对话框－高级

步骤3　在弹出的"选择用户或组"对话框中单击"立即查找"按钮，找到用户zcx，如图2—32所示，单击"确定"按钮，返回如图2—31所示对话框，在"输入对象名称来选择"文本区域增加了用户"zcx"，单击"确定"按钮，弹出如图2—33所示对话框。

步骤4　在图2—33所示对话框中选中新添加的用户zcx，这时就可以修改该用户对文件夹的权限，操作时勾选所需要的权限即可，最后单击"确定"按钮。至此，用户对文件夹的基本管理权限已修改完成。对文件权限的管理也是如此，在此不再赘述。

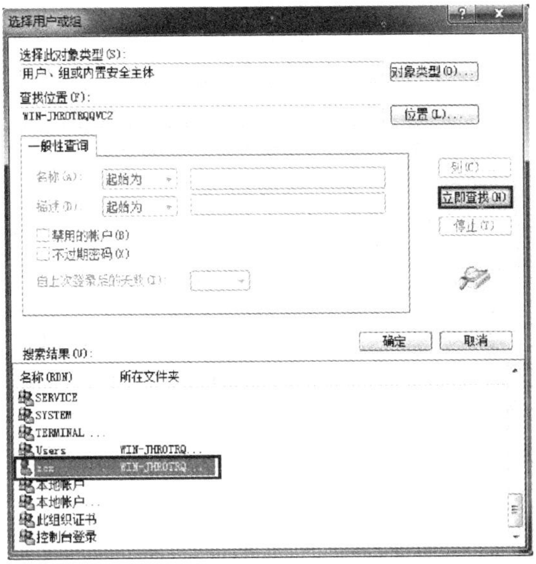

图 2—32 "选择用户或组"对话框 – 立即查找

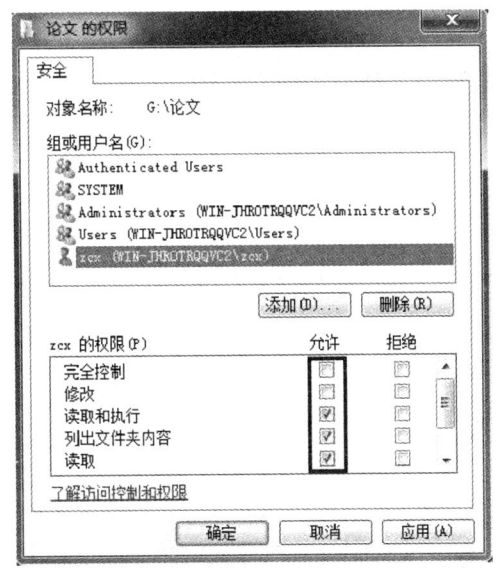

图 2—33 修改新用户 zcx 的权限对话框

二、文件夹共享

共享文件夹就是指某个计算机用来和其他计算机间相互分享的文件夹。共享功能支持文件夹、打印机等特定对象，文件不能直接共享。如果要对一个或多个文件共享，需要将共享的文件放入一个文件夹中，然后再对该文件夹设置共享。

假如有几张图片需要共享给其他计算机，要将这几张图片放入文件夹"图片"中。现对"图片"文件夹进行共享设置，操作步骤如下：

步骤1　找到需要共享的"图片"文件夹并右键单击，在弹出右键菜单中选择"属性"选项，在弹出的"图片属性"对话框中选择"共享"选项卡。在"网络文件和文件夹共享"选区中单击"共享"按钮，如图2—34所示。

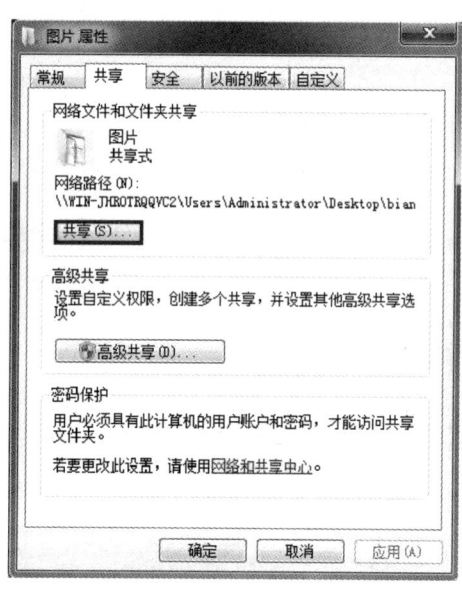

图2—34　"图片属性"对话框 – "共享"选项卡

步骤2　在弹出的"文件共享"对话框中选择要与其共享的用户，这里默认为所有者"Administrator"管理员，单击"共享"按钮，如图2—35所示。弹出"文件共享"对话框，提示"您的文件夹已共享"，单击"完成"按钮。此文件夹已经设置为共享文件夹。

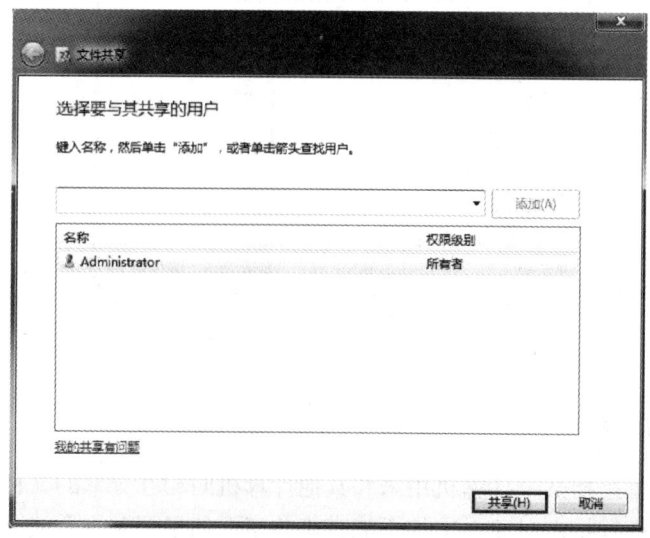

图2—35　"文件共享"对话框

步骤3　共享文件夹图标跟没有共享前是不一样的，如图2—36所示。返回桌面，双击"网络"图标，再双击当前的计算机名，可以看到计算机有一个共享的文件夹"图片"，如图2—37所示。

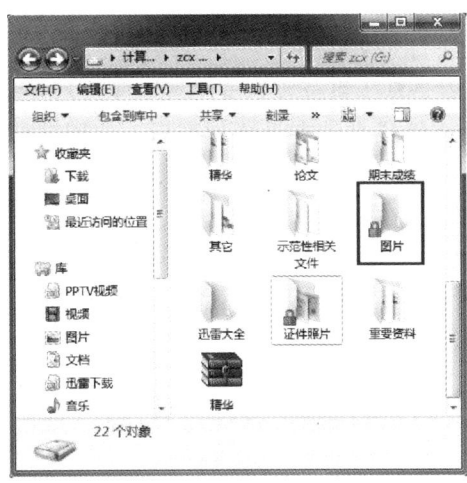

图2—36　共享文件夹图标1

图2—37　共享文件夹图标2

三、文件和文件夹的加密

用户在使用操作系统管理文件和文件夹时，常采用一些加密的方法来保护重要的文件或文件夹。其方法较多，在此主要介绍系统自带的加密方法。

1. 隐藏文件和文件夹方法

对于相当重要的文件会有专业的加密软件进行加密或用专用的计算机存放，对于普通的文件完全可以使用计算机系统自带的功能隐藏这些文件或文件夹。本单元第一节，讲到了文件夹和文件的隐藏属性，利用该属性，可以隐藏文件或文件夹。这种方法的优点是操作简单，易掌握，适合于临时需要隐藏但又不太重要的文件或文件夹；缺点是没有密码保护，他人也同样知道取消隐藏的方法。

2. 高级属性加密法

从 Win 2000 开始的商用版本的 Windows 系统，都支持对 NTFS 分区格式上的 EFS（Encrypting File System，加密文件系统）功能，可以帮助用户为文件和文件夹执行加密操作。利用这种方法加密文件所在的介质（如硬盘）即便被别人拿到，若不能以文件授权的用户访问，也是无法打开文件的。

简单来说，EFS 加密就是基于系统登录身份来实现的。在多账户的计算机中，一个账户通过 EFS 加密方法为文件或文件夹设置加密后，使用其他未授权账户无法读取这个文件或文件夹。以文件夹"个人资料"为例，使用高级属性加密法进行操作，步骤如下：

（1）鼠标右键单击"个人资料"文件夹，在弹出菜单中选择"属性"。在弹出的"个人资料属性"对话框中（见图2—38），单击"高级"按钮，弹出"高级属性"对话框。

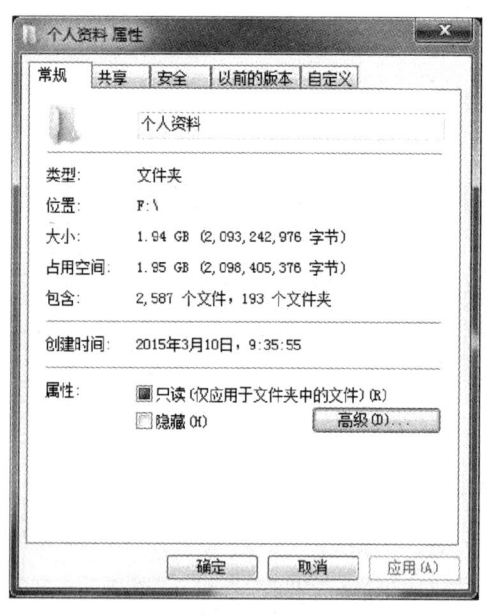

图2—38 "个人资料属性"对话框

（2）在"高级属性"对话框中勾选"压缩或加密属性"组中的"加密内容以便保护数据"复选框，然后单击"确定"按钮，如图2—39所示。

（3）在弹出的"确认属性更改"对话框中勾选"将更改应用于此文件夹、子文件夹和文件"，单击"确定"按钮，如图2—40所示。确定保存设置并关闭"高级属性"和"属性"对话框。加密后的文件或文件夹，名称会变为绿色，如图2—41所示。

（4）使用给文件加密时登录的账户及授权用户访问加密文件，可以对加密文件进行授权的操作；而使用其他账户进行不同操作时，会有不同的提示。如其他账户对加密文件进行访问时，系统会提示"用户没有访问权限"，如图2—42所示。对加密文件进行复制或剪切操作时，系统会提示"您需要提供管理员权限才能复制此文件"。修改加密文件的高级属性时，系统会提示"需要提供管理员权限来更改这些属性"。

文件管理

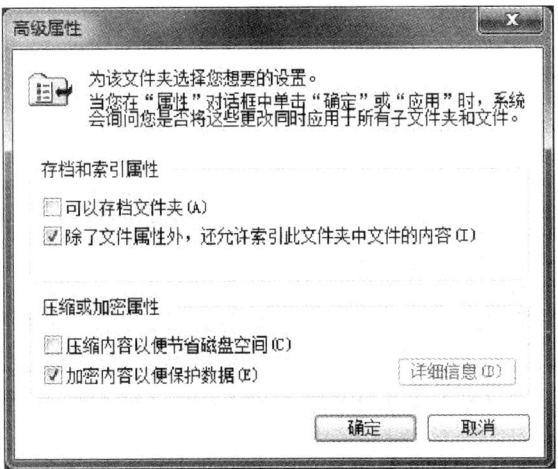

图 2—39 "高级属性"对话框

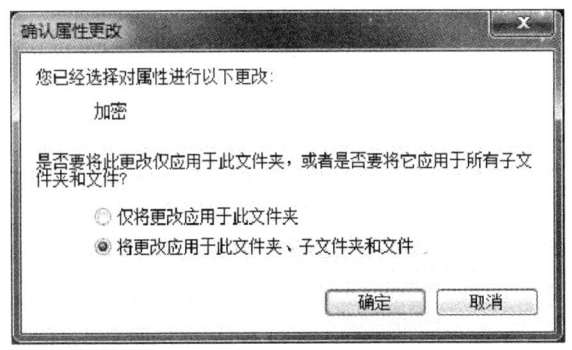

图 2—40 "确认属性更改"对话框

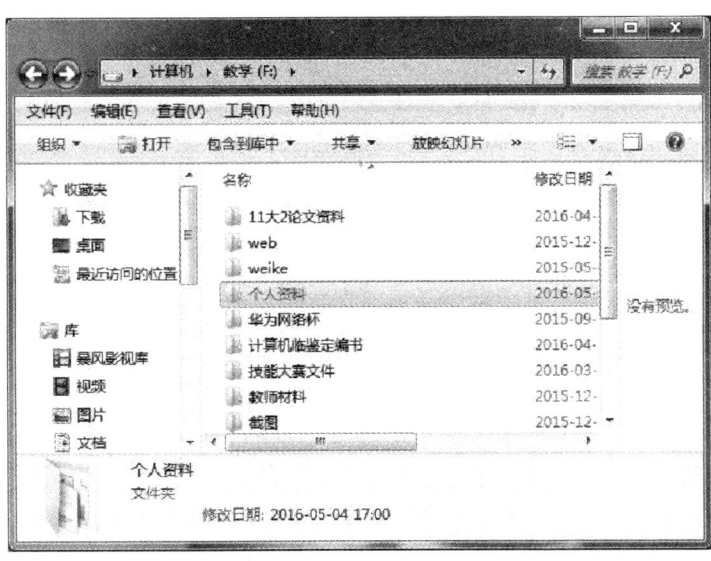

图 2—41 加密后文件夹显示

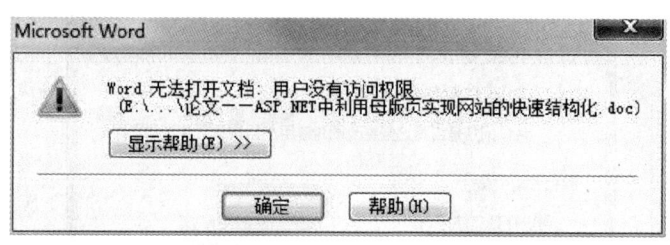

图2—42　没有访问权限提示

这种文件加密方法的优点是操作简单，与用户身份绑定，但有特定的适用场景。原系统的管理员administartor，有权解密加密文件。这种方法只能提供数据机密性、完整性需求，不能满足数据可用性需求，比如，其他账户虽然不能访问、更改文件内容，却可以删除加密文件。

3. 共享文件夹"加密"

共享文件夹并没有加密功能，如果只进行简单共享，共享内容之后就会在全部网络范围共享，但是可以对共享文件夹设置权限控制，实现"加密"需求。设置方法如下：

（1）首先需要创建一个用户作为共享用户，右键单击"计算机→管理→本地用户和组→用户"，进入如图2—43所示的"计算机管理"窗口，然后在中间空白处单击右键，在右键菜单中单击"新用户"来添加一个新的用户。

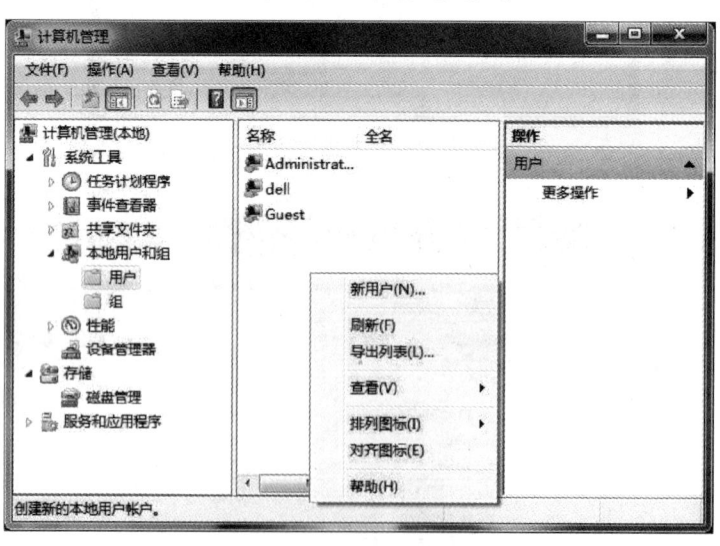

图2—43　"计算机管理"窗口

（2）弹出如图2—44所示的"新用户"对话框后，输入用户名和密码，然后在下面的4个选项中根据需求选择，单击"创建"按钮就成功创建了新的用户，如图2—44所示。

（3）找到所需要共享的文件夹，右键单击在弹出的右键菜单中选择"属性→共享"选项，弹出如图2—45所示的对话框。

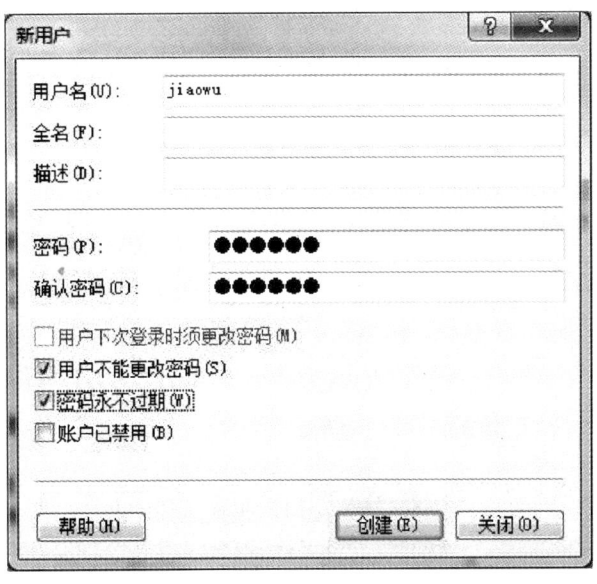

图 2—44 "新用户"对话框

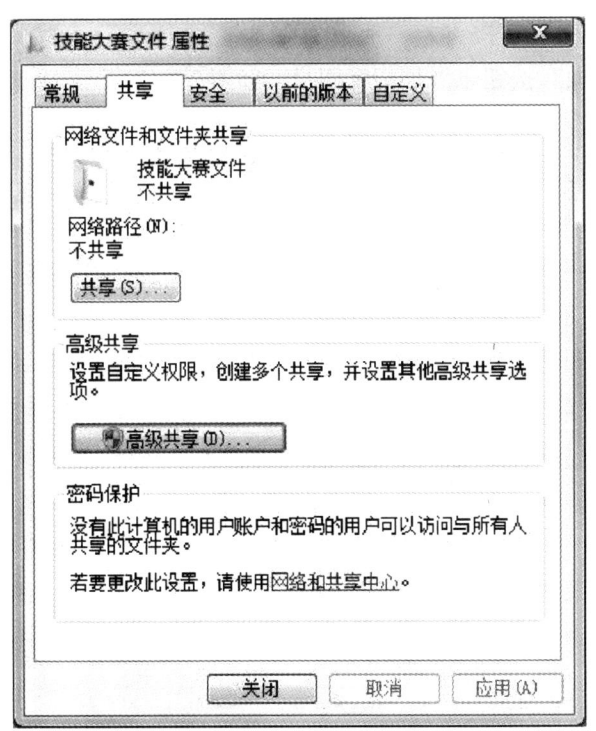

图 2—45 "技能大赛文件 属性"对话框

（4）单击"高级共享"按钮，弹出如图 2—46 所示的"高级共享"对话框。首先要勾选中"共享此文件夹"的复选框，然后单击"权限"按钮来设置权限。此外，在 Windows 7 系统中也可以设置同时使用共享的连接数，如图 2—46 所示。

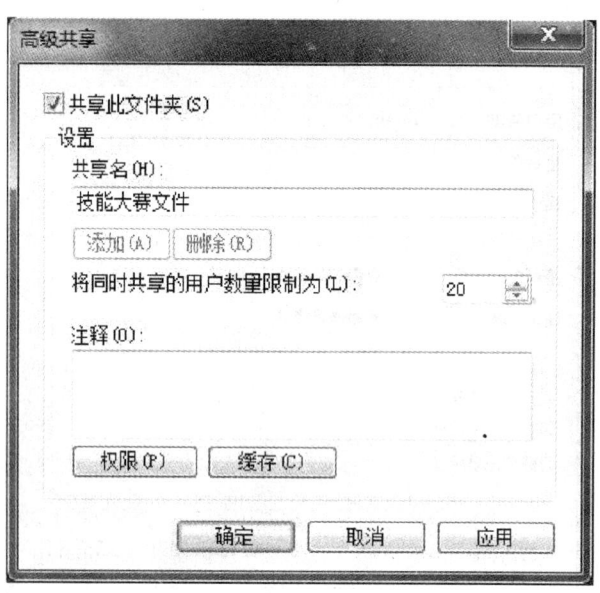

图 2—46　高级共享属性设置

（5）在弹出的"技能大赛文件的权限"对话框中，可看到有一个默认的权限用户 Everyone，就是每个人都可以查看，选中"Everyone"单击"删除"按钮把 Everyone 删除。然后单击"添加"按钮来添加指定用户，如图 2—47 所示。

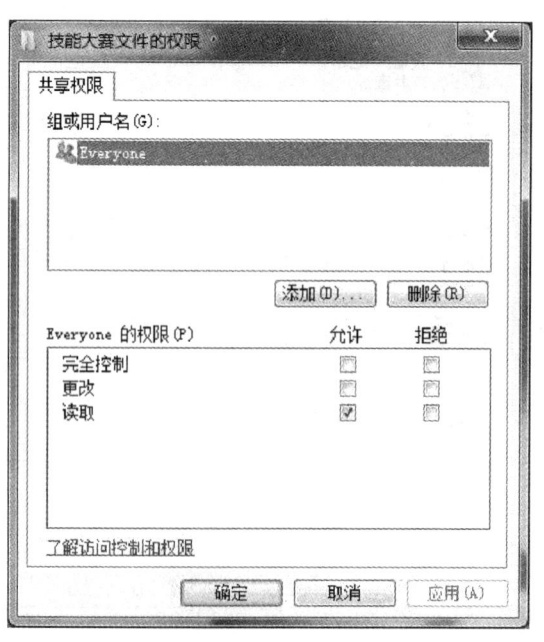

图 2—47　删除"技能大赛文件的权限"用户

（6）在弹出的"选择用户或组"对话框，单击"高级"按钮，在弹出的对话框中单击"立即查找"按钮，在搜索结果中找到"jiaowu"，选中它然后单击"确定"按钮，如图 2—48 所示。

图 2—48 添加新用户

（7）返回到如图 2—49 所示的"技能大赛文件 的权限"对话框，可以根据需要给该用户设置权限，设置好后要单击"应用"按钮，再单击"确定"按钮。

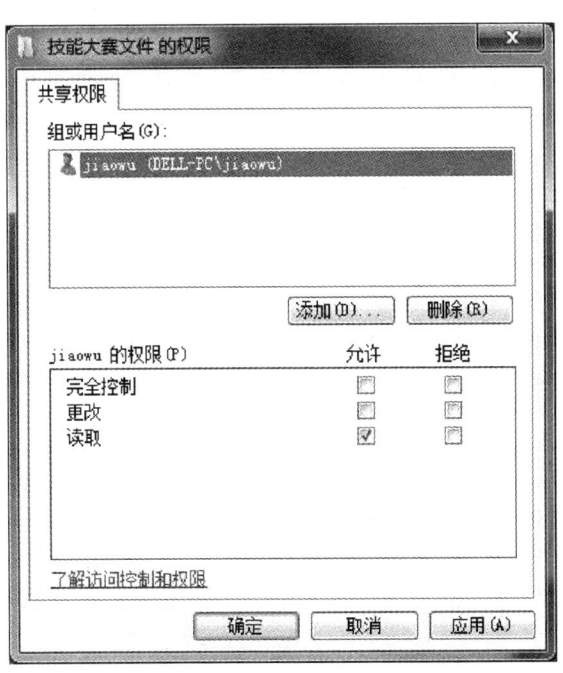

图 2—49 "技能大赛文件的权限"对话框 – 新用户权限

(8)将前面打开的对话框都单击"确定"按钮后,会在"技能大赛文件 属性"对话框"共享"选项卡中看到共享的网络路径等属性,如图2—50所示。

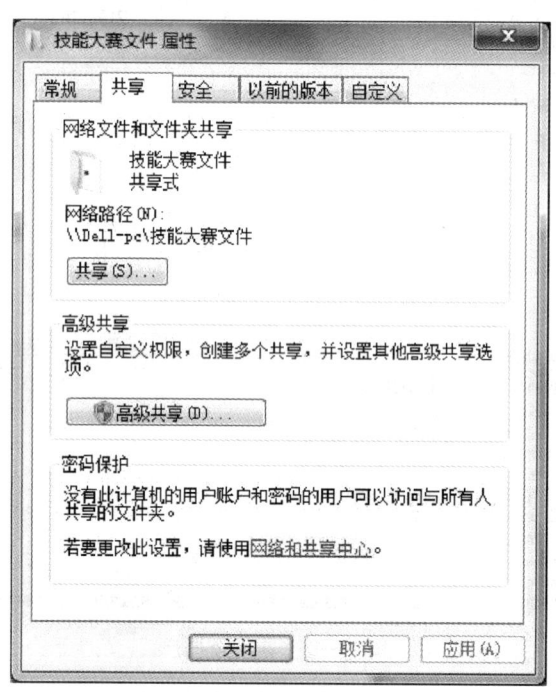

图2—50 "技能大赛文件 属性"对话框 – "共享"选项卡

至此设置完成,如果局域网中的其他计算机用户想要查看共享的内容,只有输入jiaowu 的账号和密码才可以访问,这样就解决了共享文件夹的"加密"问题。

四、文件和文件夹排序

在计算机的文件夹中存储着多种类型的文件,为了方便查找文件,可以让文件分门别类地排放。

1. 查看

在文件夹中查看文件或文件夹时,有多种视图方式。若更改视图方式,可在打开的窗口右上部单击"更改您的视图"右边的下拉按钮,在弹出的"更改您的视图"下拉列表中选择需要的视图,如图2—51所示。

2. 排序方式

文件在文件夹中的排列顺序是可以改变的。方法是在要排序的文件夹空白处单击右键,在弹出的右键菜单中选择"排序方式"选项,可以在弹出的二级菜单中选择按"名称""修改日期""类型""大小""递增""递减"或"更多…"排序的选项,如图2—52所示。选择后,文件夹中的文件或文件夹就会按照不同的选择要求重新排序。

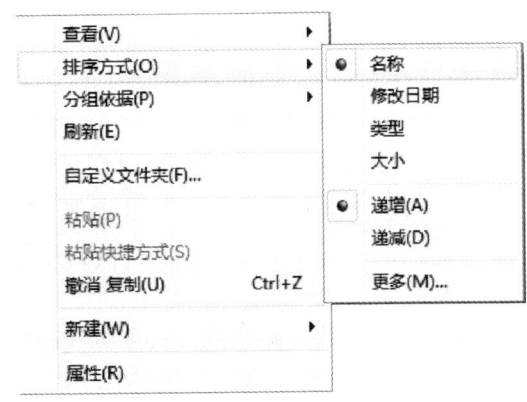

图 2—51 "更改您的视图"下拉列表　　图 2—52 "排序方式"二级菜单

单元考核要点

考核类型	考核范围	考核点
理论知识	文件操作	文件和文件夹属性管理操作要点
		文件和文件夹备份
		查找文件和文件夹的要点
		回收站管理特点
	文件高级管理	文件权限管理特点
		文件夹共享操作要点
		文件和文件夹加密要求
		文件和文件夹排序
操作技能	文件操作	文件和文件夹的属性管理
		文件基本备份
		查找文件和文件夹
		回收站管理
	文件高级管理	文件夹权限管理
		文件夹共享
		文件和文件夹加密
		文件和文件夹归档管理

单元测试题

一、单项选择题（下列每题有 4 个选项，其中只有一个是正确的，请将正确答案的代号填在括号内）

1. 在文件的"属性"对话框中，可以更改文件的（　　）。

A. 文件名　　B. 大小　　　　C. 修改时间　　　D. 创建时间

2. 为了防止某些重要的文件被误删可以将文件设置为（　　）属性。

A. 加密　　　B. 存档　　　　C. 只读　　　　　D. 隐藏

3. 在文件"属性"对话框中，以下说法正确的是（　　）。

A. 占用空间指的是该文件在磁盘中实际占用的物理空间

B. 大小指的是该文件占用的物理空间

C. 以压缩的方式存放的文件所占用的空间大于文件实际大小

D. 以上都不对

4. （　　）决定了用户能够对该文件进行何种动作。

A. 文件类型　B. 文件大小　　C. 文件图标　　　D. 文件位置

5. 备份的存档副本用于（　　）。

A. 恢复数据　B. 更新数据　　C. 加密数据　　　D. 压缩数据

6. （　　）用来存放被用户删除的文件。

A. 回收站　　B. 我的计算机　C. 网上邻居　　　D. 我的文档

7. 以下（　　）不是查找文件时使用的通配符。

A. 星号　　　B. 星号和问号　C. 波浪号　　　　D. 问号

8. 星号可以代替文件或文件夹名中的（　　）字符。

A. 一个　　　B. 一个或多个　C. 两个　　　　　D. 三个

9. 回收站中的文件（　　）恢复。

A. 不可以　　B. 都可以　　　C. 有的可以　　　D. 有的不可以

10. 直接在回收站拖拽选中的文件或文件夹到某一驱动器或文件夹窗口中可以（　　）文件或文件夹。

A. 删除　　　B. 备份　　　　C. 恢复　　　　　D. 彻底删除

11. 查找文件时，可以根据文件的名称、类型、大小、（　　）等进行查找。

A. 属性　　　B. 所属用户　　C. 时间　　　　　D. 打开方式

12. 在文件"属性"对话框中，除了可以更改文件的文件名外，还可以更改（　　）。

A. 大小　　　B. 修改时间　　C. 创建时间　　　D. 默认打开方式

13. 文件的（　　）属性指的是该文件的图标不显示出来，但该文件仍然是存在的。

A. 隐藏　　　B. 存档　　　　C. 读取　　　　　D. 隐蔽

14. 要选择非连续的若干个文件或文件夹，按住（　　）键，再用鼠标单击要选择的文件或文件夹。

A. <Alt>　　B. <Shift>　　C. <Enter>　　　D. <Ctrl>

15. 如果想直接彻底删除计算机中的文件或文件夹，可以直接按（　　）组合键。

A. <Shift + Delete>　　　　B. <Shift + Alt>

C. <Delete + Ctrl>　　　　　D. <Alt + Delete>

二、判断题（下列判断正确的请打"√"，错误的请打"×"）

1. 把一个文件的属性改为隐藏后，该文件会自动隐藏不见了。　　　　（　　）

2. 设置为只读属性的文件不能够被读取。　　　　　　　　　　　　　（　　）

3. 文件和文件夹都能直接设置共享。（　　）
4. 一个文件夹只能对一个用户设置权限。（　　）
5. 在同一驱动器内复制文件或文件夹，则需在按住"Alt"键的同时将文件或文件夹拖动到目标位置上。（　　）
6. 操作系统的管理员用户（Administrator）对文件或文件夹具有完全控制的权限。（　　）
7. 设置文件夹隐藏，需要先将文件夹的属性设置为"隐藏"。（　　）

单元测试题答案

一、单项选择题
1．A　2．C　3．A　4．A　5．A　6．A　7．C　8．B
9．B　10．C　11．C　12．D　13．A　14．D　15．A
二、判断题
1．×　2．×　3．×　4．×　5．×　6．√　7．√

文字录入

- 第一节 英文录入/82
- 第二节 中文录入/87
- 第三节 数字符号录入/89
- 第四节 中英文混合录入/91

第一节 英文录入

→ 掌握提高英文输入速度的方法
→ 掌握英文页面版式的特点

一、提高英文输入速度的方法

1. 分工明确

各个手指必须严格遵守"包产到户"的规定，两手的各个手指分别管控哪几个键要严格遵守规定，分工明确，各守岗位，不能"串岗"或管控不到位。

2. 手指击键

击键时，手指应灵活运动，轻重合适，用力均匀，不能敲键或按键。

3. 形成盲打习惯

形成盲打的习惯，熟记各个键位的字母，达到不看键盘即能快速输入的要求。

4. 步进式练习

在练习英文字母录入的时候，可以借助一些练习软件，比如金山打字通。首先可以从练习键盘键位入手，这样对练习盲打很有帮助，当键盘键位都熟练以后，再录入字母及文章就非常容易了。

5. 集中练习法

集中时间反复练习输入同一段文字，如可针对一篇 200 字的英文短文，反复进行打字练习，在把键盘熟练之后即能达到快速输入的目的。

6. 熟练掌握大小写字母的输入转换

如在小写输入状态时，用左手或右手小拇指按下 <Shift> 键的同时按下字母键即可输入大写字母，放开 <Shift> 键后则又回到小写字母输入状态。若要录入大批量的大写字母时，可以按下键盘上的大写锁定键（CapsLock），当输入完毕后，再按一次大写锁定键即可回到小写状态。

二、英文页面版式的特点

1. 英文大、小写字母的使用

一般情况下，英文字母常用小写表示，但在下列情况下应该大写：

（1）每个段落的段首字母、每句话的句首字母均用大写字母表示，人称代词"I"永远是大写。例如：That is the best song that I have ever heard（那是我所听到的最好的一首歌）。

（2）人名中的姓、名、父名的首字母应大写（其中复姓应连写，其首字母大写，双名可连写或用连字符连接,其第一个字的首字母大写)。例如:Hongbing Li(李红兵)。

(3)地名、建筑物名称、朝代名称中属专有名词部分,其实词的首字母应大写。例如:Shanghai(上海)。

(4)国家、国际组织、国际会议、条例、文件、机关、党派、团体以及学校等名称中,其首字母应大写。例如:The People's Republic of China(中华人民共和国)。

(5)参考文献表中篇名的首词首字母应大写,其余字母一律小写(但其中的专有名词的首字母应大写)。例如:R·A·Ulichney Digital Halftone The MIT Press。

(6)报纸、书刊名称中的实词首字母应大写(缩写词亦同)。例如:《The People's Daily》(《人民日报》)。

(7)为了突出主题,书刊的标题、章节名称等也可全部用大写字母表示。

(8)缩写字母一般用大写,例如:ISO = International Standardization Organization(国际标准化组织)。

(9)月份的首字母应大写,例如:October(十月),May(五月)。

(10)在外文书籍中,一些短小标题或作者姓名经常用大写字母表示。例如:VOCABULARY(词汇表),QING ZHANG(张青)。

2. 外文字体的应用

(1)白正体的应用

1)化学元素符号应排成正体,并注意大小写的区分。例如 H_2O,CO,Fe。

2)温度符号应排成大写正体。例如℃,K,℉。

3)用拉丁字母表示的物理量单位。例如 m,dm,cm,kg。

4)代表形状的符号应用大写正体。例如 T 形、U 形、V 形。

5)计算机程序和指令。例如:If value = 0 Then。

6)国际标准代号 ISO、国家标准代号 GB、国家专业标准代号 ZB、部颁(行业)标准代号、企业标准代号 QB 等,如 ISO 9002。

7)国名、地名、人名,例如:China(中国)、New York(纽约)、Einstein(爱因斯坦)等。

8)仪器、元件、样品等的型号,例如 X - Y 记录仪,8mmGUNN 振荡器,1LSM - 15 催化剂等;实验编号、试样编号,例如Ⅰ-1,Ⅱ-2 等。

9)外文书名、篇名。例如:Digital halftone。

(2)白斜体的应用

1)用外文字母代表的物理量,例如:m(质量)、F(力)、p(压力)、W(功)、v(速度)、Q(热量)、E(电场强度)等。

2)无量纲参数,例如:Ma(马赫数)、Re(雷诺数)等。

3)正文中的重点句用斜体。

(3)黑正体的应用

1)用于书名或突出主题时。

2）在没有等线体（即 Arial 字体，微软公司的产品的标准默认字体）的情况下，也有用黑正体代表张量的（但属于非规范情形）。

（4）黑斜体的应用

1）矢量的印刷形式用黑斜体，手写的原稿一般在字母上方加上一个箭头。

2）张量的印刷形式用方头黑斜体（即一种等粗笔画且没有棱角的黑斜体）表示，手写原稿一般在字母上方加两个箭头。

3. 英文回行的基本规则

一个外文单词在上行末尾排不下，需分拆一部分移至下一行行头，叫外文回行，或称"断词"。而掌握以下外文的元辅音基础知识是准确地进行断词的必要条件。

- 外文中有 5 个元音：a, e, i, o, u，有 1 个半元音 y。
- 辅音共 20 个：b, c, d, f, g, h, j, k, l, m, n, p, q, r, s, t, v, w, x, z。
- 双元音：au, ou, io, oy, ee, oo。
- 双辅音：ch, ck, dr, ds, gh, gk, ng, nk, ph, sh, sp, st, tr, ts, ss。

回行的基本规则如下：

（1）两个元音中有一个辅音，把辅音分到后边。例如：pupil 可分成 Pu-pil, peking 可分成 pe-king 等。

（2）两个元音中间有两个辅音，要从两个辅音中间分开。例如：office 可分成 of-fice，morning 可分成 mor-ning 等。

（3）两个元音在一起，不要分开。例如：book，door 等。

（4）两个相同的辅音相连时，移行一般应分开。例如：tallow 可分成 tal-low，success 可分成 suc-cess 等。

（5）双辅音两个字母不能分开。例如：ch, th, sh, ng, nk 等。

（6）元音的 e 不发音，不能作一个音节来移行。

（7）对于合成词，只能在两词交接处转行。例如：classroom 只能转排成 class-room。

4. 英文书信的结构和版式特点

（1）英文书信的结构。英文书信一般由六部分组成，即信头、信内地址、称呼、正文、结尾、签名。

1）信头。信头是指发信人的地址和日期，通常写在第一页的右上角。行首可以齐头写，也可以逐行缩进写。地址的书写顺序由小到大：门牌号、街道、城市、省（区）、邮编、国名，最后写发信日期。私人信件一般只写寄信日期即可。例如：

123 Tianhe Road

Tianhe District

Guangzhou 510620

Guangdong Province

P. R. C.

Jan. 8, 2010

2）信内地址。信内地址要写收信人的姓名和地址。在公务信件中要写明这一项，在私人信件中这一项常常省略。该项写在写信日期下一行的左上角，格式与寄信人地址一样。

3）称呼。称呼是对收信人的称谓，应与左边线对齐，写在收信人姓名、地址下面1~2行处。在称呼后，英国人常用逗号，美国人则常用冒号。在私人信件中可直呼收信人的名字，但公务信件中一定要写收信人的姓。大部分信件在称呼前加"Dear"。如：

Dear Professor/Prof. Bergen：

Dear Dr. Johnson，

对不相识的人可按性别称呼：

Dear Sir：

Dear Madam：

Dear Ladies

如果不知收信人的性别则可用

Dear Sir or Madam：

4）正文。正文是书信的主体。

5）结尾礼词。公务信件的结尾礼词包含两部分：发信人的结尾套语与署名。结尾套语写在签名上面一行，第一个字母要大写，套语结尾后面要加逗号。在公务信件中，发信人常用的结尾套语有：Yours truly, Yours sincerely, Respectfully yours, Cordially yours, Yours cordially 等。私人信件中，发信人常用的结尾套语有：Sincerely yours, Lovely yours, Your lovely, Your loving son/daughter 等。

6）签名（Signature）。写信人的签名常位于结尾礼词正下方一两行。除非是给很熟悉的人写信，其他情况下签名一般须写出全名。签名常常较潦草，不易辨认，因此在签名的正下方须打印出全名。

（2）英文书信的格式。现在国际商业书信通用的排列格式主要有三种：齐列式、缩行式、混合式。

1）齐列式。除信笺上部已印好的信头外，凡用打印机打出的各行左缘起始处完全排齐，开头不空格，采用单倍行距，各段之间空一行，因而称为齐列式。采取这种格式既便于打字，又整齐美观，是现今最通用、最流行的英文书信格式。

2）缩行式。指用缩行式排列的信函。其主要特点是：日期排在信笺的右上方；封内地址按习惯，下一行要比上一行往右缩进2~3个字母，但现代书信也常按齐列式沿左线边缘排齐；信的正文，每段开头大约向后缩进3~5个字母，一般与称呼行Dear后称呼排齐，段落之间不空行。

3）混合式。混合式兼有齐列式和缩行式的特点，大部分项目按齐列式格式排列，但日期和结束礼词的排列同缩行式，日期可置于信笺右上方，结束礼词放在正文下的右边或居中。

(3) 英文便函的版式要求。信的开头不用加"Mr, Mrs"等个人尊称。信的结尾不用加敬语。书写人姓名应写缩写，与正文最后一行间隔一行，写在左下方。信头与正文间一般空两行。正文单倍行距，各段间空一行。正文采用齐列式。较短正文各段第一行空五格，如图3—1所示。

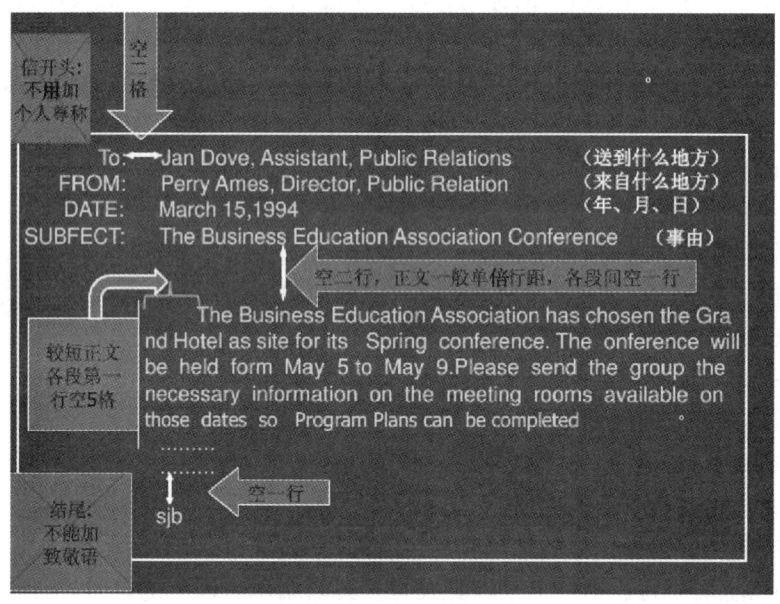

图3—1　英文便函版式要求

(4) 英文便函信封的版式要求。在信封的右上角要用大写字母写收信人的公司名称。收信人的尊称和姓名应写在从信封顶端向下14行与信封左边向右10厘米的交界处。姓名和尊称向下空一行，再输入收信人的头衔和部门，如图3—2所示。

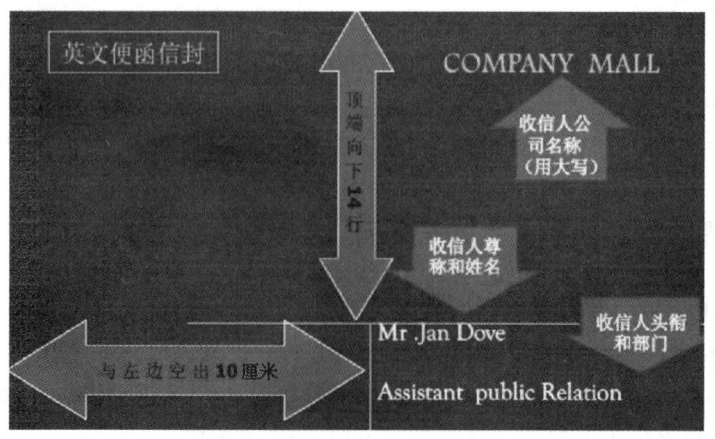

图3—2　英文便函信封版式要求

第二节 中文录入

→ 了解常用的中文输入法
→ 掌握提高中文输入速度的方法

一、中文输入法

汉字输入法主要有五笔字型输入法、智能 ABC 输入法、全拼输入法、微软拼音输入法、双拼输入法、紫光拼音输入法、搜狐拼音输入法、郑码输入法和自然码输入法等。这些输入法按照其编码规则的不同，可分为形码、音码、音形结合码等几种。下面简要介绍智能 ABC 输入法和五笔字型输入法的使用。

1. 输入法的选择

用鼠标单击任务栏中语言栏的输入法图标 EN，在弹出的输入法菜单中列出了已经安装的中文输入法，如图 3—3 所示。用户要选择某一输入法，只需单击选择即可。例如单击智能 ABC 输入法，则屏幕上显示该输入法的工具栏，如图 3—4 所示。

图 3—3 输入法菜单　　　　　　　　图 3—4 智能 ABC 输入法工具栏

2. 智能 ABC 输入法

智能 ABC 输入法提供全拼输入和双拼输入两种输入方式。其中在双拼输入方式下，只输入汉字的拼音开头，就能智能识别整个汉字，并且能够自动记录用户输入过的词组以方便用户使用。

（1）智能 ABC 输入工具栏。 标准 按钮用于切换全拼输入状态和双拼输入状态。单击 标准 按钮可以切换到双拼输入状态，再单击该按钮又会切换至全拼输入状态。为中英文标点切换按钮。按下 < Shift + Space > 组合键用于切换全角/半角。按钮 用于打开或关闭软键盘，右击该按钮弹出快捷菜单，用户可选择输入特殊符号的软键盘，如图 3—5 所示。

（2）全拼输入。全拼输入法输入时，需输入汉字的完整拼音，输入时按照汉字的标准发音依次输入各个拼音字母。例如：输入"中"字，根据其发音可依次按下"z" "h""o""n""g"各键,这时屏幕上显示如图 3—6 所示。此时在候选窗口中显示了和"中"同音的汉字,找到要输入的汉字,按下其对应的数字键即可。如在候选窗口中未显示要输入的汉字,则可通过单击候选窗口中的翻页按钮或使用键盘上的"-"和"="键进行翻页选择。

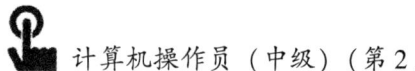

图 3—5 智能 ABC 快捷菜单　　　　　图 3—6 全拼示例

（3）词组的输入。为了加快汉字的输入速度,应尽量使用词组输入,输入词组时可将该词组的所有拼音全部输入后,然后再按空格键,这时候选窗口中会出现相应的词组列表,选择需要的词组即可。例如:输入词组"汉字"时可键入 hanzi,输入词组"中国"时可键入 zhongguo。

智能 ABC 输入法输入词组时,也可以使用简拼,即只需输入词组每个汉字的声母或第一个字母,就可以完成词组的输入。例如,输入"zhhrmghg",按回车键即可输入"中华人民共和国",输入"jsj"按回车键即可输入"计算机"。

3. 五笔字型输入法

五笔字型是一种纯字形的编码方案,它由 130 个字根组成字或词,重码率很低,键盘布局经过精心设计,有较强的规律性。

每个汉字都是由横、竖、撇、捺、折五种笔画组合而成,但是构成汉字最重要的单位是字根而不是笔画,例如"李"字是由"木"和"子"构成,这里的"木"和"子"就是字根,字根按一定顺序组合就组合成了汉字。可见,汉字由字根组成,字根由笔画构成。

使用五笔字型输入法,无论是单个汉字、二字词组,还是多字词组,都只需按照编码在键盘上敲击四下即可输入,重码率低,成为部分文字录入工作者常用的输入法。

二、提高中文输入速度的方法

在练习中文录入的时候,首先要与英文输入一样,保证良好的输入习惯,坐姿正确,坚持盲打。当然也可以像练习英文录入一样,借助一定的文字录入软件,比如金山打字通,进行练习。如果使用五笔输入法练习录入文字,可以按照字根、字、词、词组、句子的顺序练习。在熟练掌握了这些基本技巧后,再录入一些比较熟悉的文章,这样能够熟悉键盘并形成一定的输入习惯,然后再录入一些不同类型的文章,通过不断积累和反复练习,很快就能提高中文录入的速度。

第三节 数字符号录入

→ 掌握输入常用数字符号的方法
→ 掌握输入特殊符号的方法

一、输入常用数字序号

1. 常用数字序号(见表3—1)

表3—1　　　　　　　　　　常用数字序号

序号说明	举例
汉字序号	一 二 三 四 五 六 七 八 九 十
阿拉伯数字序号	1 2 3 4 5 6 7 8 9 10 1. 2. 3. 4. 5. 6. 7. 8. 9. 10. 11. 12. 13. 14. 15. 16. 17. 18. 19. 20. (1) (2) (3) (4) (5) (6) (7) (8) (9) (10) (11) (12) (13) (14) (15) (16) (17) (18) (19) (20) ① ② ③ ④ ⑤ ⑥ ⑦ ⑧ ⑨ ⑩ ⑪ ⑫ ⑬ ⑭ ⑮
罗马数字序号	Ⅰ Ⅱ Ⅲ Ⅳ Ⅴ Ⅵ Ⅶ Ⅷ Ⅸ Ⅹ ⅰ ⅱ ⅲ ⅳ ⅴ ⅵ ⅶ ⅷ ⅸ ⅹ

2. 数字序号输入方法

(1)把光标放在要插入数字序号的地方,单击键盘上的数字键即可输入相应的数字序号。也可使用输入法的软键盘输入,方法是右键单击输入法工具栏上的按钮▦,打开软键盘,选择"数字序号"选项,出现数字序号软键盘,单击所需符号对应的键位即可,如图3—7所示。

(2)如需输入软键盘键上档位置的字符,则要先单击"Shift"键后再单击该键位,例如输入"⑧",如图3—8所示。

(3)软键盘使用完毕后,应再次单击输入法工具栏上的按钮▦退出软键盘。

二、输入其他特殊符号

由图3—7中可以看出,右键单击输入法工具栏上的软键盘按钮后,除了数字序号外,还有数学符号、标点符号、希腊字母、单位符号等多种符号可输入,如图3—9所示。

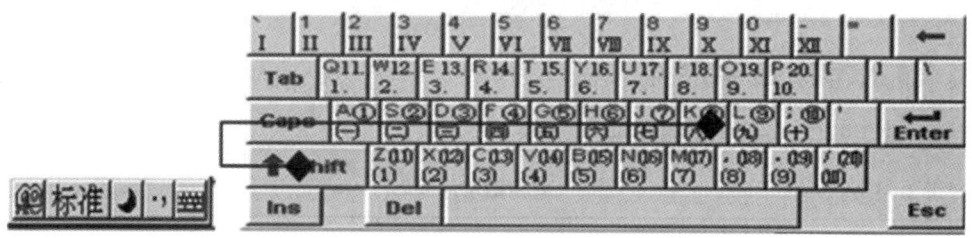

图 3—7 数字序号软键盘

图 3—8 输入带圈字符

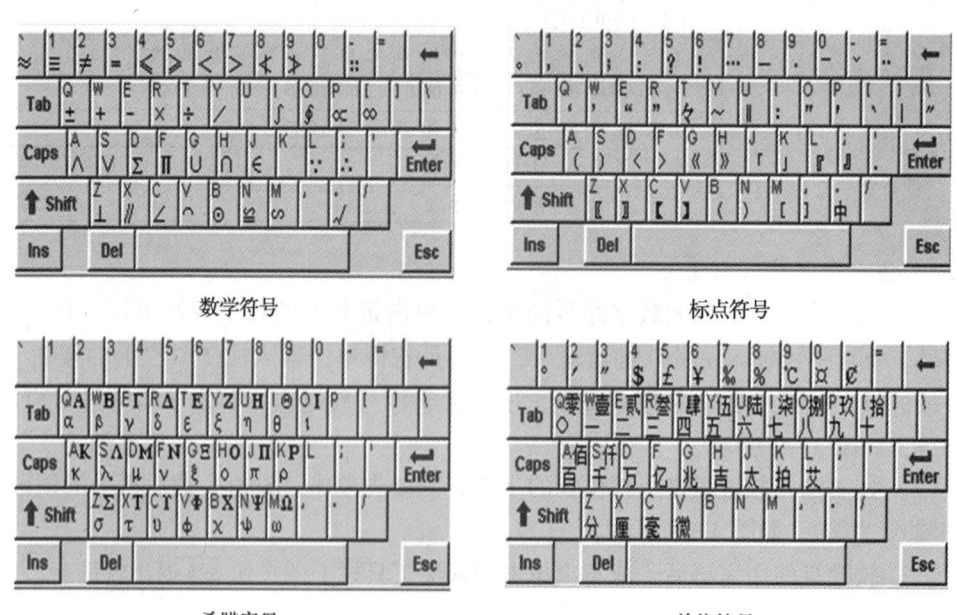

数学符号　　　　　　　　标点符号

希腊字母　　　　　　　　单位符号

图 3—9 软键盘的其他几种形式一

有时还需要输入一些特殊符号，如制表符、汉语拼音、特殊符号、俄文字母等特殊符号，如图 3—10 所示。

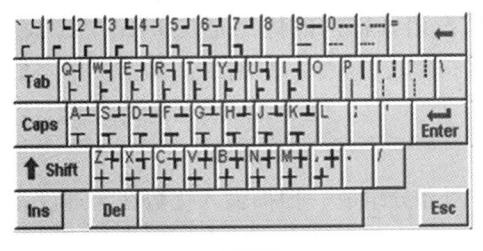
制表符

汉语拼音

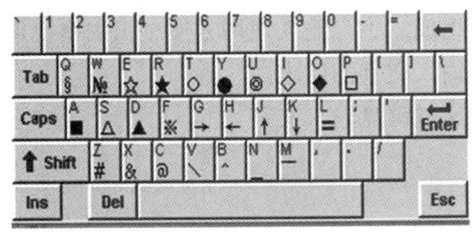
特殊符号

俄文字母

图3—10 软键盘的其他几种形式二

这些符号的输入方法和数字序号相似,注意每次输入完成后须及时退出软键盘输入状态。

第四节 中英文混合录入

→ 了解常用的输入方式
→ 掌握提高中英文混合录入速度的方法

随着社会信息化的逐步深入发展,中英文文字混合录入技术也成为许多专业从业人员需掌握的一项必备技能,因此提高中英文混合录入的准确率和速度是十分必要的。

一、常用输入方式

随着计算机技术的飞速发展,文字输入已由过去的单纯通过键盘录入发展到了多种输入方法并存的局面。目前计算机的文字输入除了键盘输入以外,常见的还包括扫描输入、手写输入、语音输入等。

1. 键盘输入

键盘是每台计算机必备的输入设备。键盘输入的特点是设备需求少,输入方便、快捷,但熟练地通过键盘输入需要用户经过一段时间的学习和训练。

2. 语音输入

语音输入系统由声卡、麦克风和语音识别软件三部分组成。在普通话日益普及的今天，语音输入已成为比较高效的文字录入方式。语音输入的优点是几乎不动手只动口（会朗读文字）即可，但它受到用户发音标准与否以及同音字的制约，其错误率一般比键盘输入高，也不便于多语言混合输入。

3. 扫描输入

扫描输入系统是由扫描仪和文字识别软件两部分组成。扫描输入优势在于速度，而不足是需要清晰的文字资料（印刷品）原稿。

4. 手写输入

手写输入由书写板和手写识别软件两部分组成。手写输入使用方便、识别率也比较高，但目前只能逐字进行输入，不能满足高效输入文字的要求。

就目前实际应用而言，使用最广泛的还是通过键盘输入文字。

二、输入法之间的切换

1. 输入法切换

（1）按下＜Ctrl + Shift＞键，可以在已装入的输入法之间进行切换。另一种切换输入法的操作是通过鼠标单击任务栏右下角的输入法按钮，再选择所需要的输入法，屏幕下方会出现所选输入法的工具栏。

（2）中文输入法与英文输入法之间的切换可通过同时按下＜Ctrl + Space＞键进行。

2. 英文大小写之间的转换

（1）在英文小写输入状态时，按下＜Shift＞键的同时按字母键即为大写状态，放开＜Shift＞键时又回到小写输入状态。反之也一样。

（2）在中文输入状态时，按下＜Shift＞键的同时按下字母键即为大写字母输入状态。

三、提高中英文输入准确率的操作要点

1. 录入时要坚持正确的坐姿与指法，坚持盲打，不能急于求成。
2. 控制重码率，选择录入准确率高、重码率低的输入法。
3. 熟练掌握文字录入时中英文输入法的切换及英文大小写字母之间的切换。
4. 要处理好眼睛余光、思维及手指三者之间的关系。
5. 在中英文混合录入过程中，当要输入英文片段时，要及时按＜Ctrl + .＞转换为英文标点，否则会造成英文文章使用中文标点的错误。
6. 确保文字输入状态为"插入"，若状态为"改写"将出现输入的文字会覆盖之前已输入文字的结果。如果出现了这种情况，可以鼠标单击"改写"或者按下键盘上的＜Insert＞键即可。

总之，文字录入是一个熟能生巧的过程，只有养成正确的录入习惯，保持正确的坐姿与指法，才能在手指与身体不易疲劳下达到事半功倍的效果。作为初学者应该选择适合自己的输入法，减少重码率，锻炼中英文转换的熟练程度，这样在反复练习之下就会提高文字录入的速度。

单元考核要点

考核类型	考核范围	考核点
理论知识	英文录入	指法要求
		提高英文输入的方法
		英文页面版式的特点
	中文录入	中文常用输入法
		典型音码、形码输入法
		提高中文输入速度的方法
	数字符号录入	数字符号分类
		数字符号输入的注意事项
		输入其他特殊符号
	中英文混合录入	合理选用输入方式
		输入法之间的切换
		提高输入准确率的操作要点
操作技能	英文录入	指法要求
		提高英文输入的方法
		英文页面版式的特点
	中文录入	中文常用输入法
		典型音码、形码输入法
		提高中文输入速度的方法
	数字符号录入	数字符号各类
		数字符号输入的注意事项
		输入类似数字的符号
	中英文混合录入	合理选用输入法
		输入法之间的切换
		提高输入准确率的操作要点

单元测试题

一、单项选择题（下列每题有4个选项，其中只有一个是正确的，请将正确答案的代号填在括号内）

1. 打字时，（　　）放在空格键上。
   A. 左手拇指，右手食指　　　B. 右手拇指，左手食指
   C. 左右手大拇指　　　　　　D. 左右手食指
2. 键盘上的基准键位有（　　）个。

A. 6　　　　　B. 7　　　　　C. 8　　　　　D. 9
3. 在键盘的指法分区中，左手食指管以下的（　　）键。
   A. T G B　　　B. R F V　　　C. E D C　　　D. T G B R F V
4. 为了便于手指的分工，键盘上称为定位键的是（　　）键。
   A. T 和 G　　　B. F 和 J　　　C. G 和 J　　　D. G 和 H
5. 在英文输入小写字母状态下，按（　　）键同时按字母键可输入大写字母。
   A. ＜Ctrl＞　　B. ＜Shift＞　　C. ＜Alt＞　　D. ＜Space＞
6. 在英文版式下，关于人称代词"I"，下列说法正确的是（　　）。
   A. 处于句首时大写　　　　　　B. 处于句子当中时不用大写
   C. 无论什么时候都大写　　　　D. 组成词组时不用大写
7. 在英文版式下，下列表述不是必须大写的情况是（　　）。
   A. 缩写字母　　　　　　　　　B. 句首或实词的首字母
   C. 月份单词的首字母　　　　　D. 表示月份的单词全拼
8. 计算机程序指令在输入时一般采用（　　）字体。
   A. 白正体　　　B. 白斜体　　　C. 黑正体　　　D. 黑斜体
9. 用外文字母代表的物理量，如 m（质量）、f（力）、v（速度）等，在输入时应该选用（　　）字体。
   A. 白正体　　　B. 白斜体　　　C. 黑正体　　　D. 黑斜体
10. 下列有关英文回行的说法不正确的是（　　）。
    A. 两个元音中有一个辅音，把辅音分到后边
    B. 两个元音在一起，要从两个元音中间分开
    C. 两个元音中间有两个辅音，要从两个辅音中间分开
    D. 双辅音字母一般不能分开
11. 下列（　　）不是英文书信的公务信件。
    A. 推荐信　　　B. 求职信　　　C. 入学申请书　　D. Tom 写给父母的信
12. 英文书信一般由六部分组成，下面不属于这六部分的是（　　）。
    A. 信头和信内地址　　　　　　B. 称呼正文
    C. 敬词日期　　　　　　　　　D. 结尾签名
13. 英文书信信头地址的书写顺序（　　）。
    A. 地址由小到大，再写上日期
    B. 地址由大到小，再写上日期
    C. 先写上日期，再写地址由小到大
    D. 先写上日期，再写地址由大到小
14. 英文私人信件中，常常可以省略掉的是（　　）。
    A. 信头　　　B. 信内地址　　　C. 结尾　　　D. 签名
15. 对于英文便函的版式要求，下列说法不正确的是（　　）。
    A. 信的开头不能加个人尊称，结尾不能加敬语
    B. 书写人姓名应缩写，写在正文最后一行的隔一行的左下方

C. 信头与正文间空两行

D. 正文采用齐列式，正文采用双倍行距

16. 英文便函信封上收信人的公司名称的版式要求是（　　）。
    A. 写在信封的右上角，公司全称首字母大写
    B. 写在信封的右上角，公司全称字母全部大写
    C. 写在信封的左上角，公司全称首字母大写
    D. 写在信封的左上角，公司全称字母全部大写

17. 英文合成词"schoolbag"在一行的末尾，整个单词写不下需要回行，按照回行的规则下面正确的是（　　）。
    A. school-bag   B. scho-olbag
    C. sc-hoolbag   D. 可随意在单词的两个字母间断开

18. 英文信件的信头一般写在（　　）。
    A. 第一页的左上角   B. 第一页的右上角
    C. 第一页的左下角   D. 第一页的右下角

19. 在现代的英文页面版式中，齐列式的特点是段与段之间采用（　　）行距。
    A. 四倍   B. 三倍   C. 双倍   D. 单倍

20. 按（　　）划分，信函的版式可以分为齐列式、斜列式、混合式。
    A. 中文页面版式   B. 英文页面版式
    C. 法文页面版式   D. 德文页面版式

21. 从智能 ABC 输入法切换到英文输入法，可以按（　　）组合键。
    A. ＜Tab + Shift＞   B. ＜Alt + Shift＞
    C. ＜CapsLock + Shift＞ D. ＜Ctrl + Space＞

22. 在智能 ABC 输入法中，切换中英文标点的快捷键是（　　）。
    A. ＜Ctrl + Alt＞ B. ＜Alt + Shift＞ C. ＜Shift + .＞ D. ＜Ctrl + .＞

23. 提高英文输入速度的方法中不包括（　　）。
    A. 手指分工明确   B. 手指用力按键或敲键
    C. 形成盲打习惯   D. 集中时间反复练习

24. 按照编码规则来分，五笔字型输入法属于（　　）。
    A. 音码   B. 形码   C. 音形码   D. 三者都不是

25. 五笔字型输入法中，一级简码汉字共有（　　）个。
    A. 20   B. 24   C. 25   D. 26

26. 下列（　　）输入法对使用者普通话及拼音水平要求较高。
    A. 紫光拼音   B. 陈桥五笔
    C. 极点五笔   D. 手写

27. 下列适合作家、记者等对打字速度有一定要求的输入法是（　　）。
    A. 音码   B. 形码   C. 音形码   D. ASCII 码

28. 当智能 ABC 输入法工具栏上第三个图标显示为"月牙"形时，表示此时是（　　）输入状态。

A．全角　　　　B．半角　　　　C．中文标点　　D．西文标点

29. 智能ABC输入法在输入汉字时，需要翻页查找汉字可以按键盘上的（　　）键。

A．＜＋＞和＜－＞　　　　　　B．小键盘上向上箭头
C．小键盘上向下箭头　　　　　D．空格键

30. 在五笔字型输入法中，构成汉字的最基本单位是（　　）。

A．笔画　　　　B．字根　　　　C．部首　　　　D．偏旁

31. 使用五笔打字输入多字词组，下面说法不正确的是（　　）。

A．输入两字词组，分别输入每个字的前两个字根
B．输入三字词组，分别输入第一个字的前两个字根和后两个字的第一个字根
C．输入三字词组，分别输入前两个字的第一个字根和最后一个字的前两个字根
D．输入四字词组，分别输入每个字的第一个字根

32. 使用五笔字型输入法，无论是汉字、词组，还是笔画非常多的难写字，只用击（　　）下键盘上相应的字根即可。

A．2　　　　　B．3　　　　　C．4　　　　　D．5

33. 通过软键盘输入人民币符号"￥"时，需要右键单击输入法工具栏上的软键盘后再选择（　　）。

A．数学符号　　B．单位符号　　C．特殊符号　　D．标点符号

34. 如需输入软键盘键面上档位置的字符，需要单击该键名的同时按下（　　）键。

A．＜Ctrl＞　　B．＜Shift＞　　C．＜Alt＞　　　D．＜Space＞

35. 使用软键盘输入符号完成后，要（　　）输入法工具栏上的软键盘，退出软键盘输入状态。

A．单击　　　　B．双击　　　　C．右键单击　　D．右键双击

36. 下列不是语音输入系统组成的是（　　）。

A．声卡　　　　　　　　　　　B．麦克风
C．语音识别软件　　　　　　　D．文字翻译软件

37. 下列四种输入方式中，能够满足计算机录入人员要求高效准确的是（　　）。

A．键盘输入　　B．语音输入　　C．扫描输入　　D．手写输入

38. 在中英文混合录入的过程中，需要输入批量的大写字母时，可以按下键盘下的（　　）键。

A．＜CapsLock＞　B．＜Tab＞　　C．＜Insert＞　　D．＜PauseBreak＞

39. 在英文录入时，需要输入平方或立方的时候，要使用（　　）工具。

A．幂的字号变小　B．底数字号变大　C．下标　　D．上标

40. 下面（　　）不是五笔字型的基本结构。

A．上下形　　　B．左右形　　　C．杂合形　　　D．半包围

41. 使用Word软件进行文字录入时，若出现输入的文字覆盖了先前的文字时，可以按一下键盘上的（　　）键。

A. <Shift>　　B. <Insert>　　C. <Delete>　　D. <PrintScreen>

42. 中文标点和英文标点的不同之处是（　　）。
   A. 中文标点大，英文标点小
   B. 中文标点占两个字节，英文标点占一个字节
   C. 中文标点是全角，英文标点是半角
   D. 中文标点中国使用，英文标点英国使用

43. 以下关于手写输入方式的说法不正确的是（　　）。
   A. 手写输入由书写板和手写识别软件两部分组成
   B. 手写输入已在掌上计算机和台式计算机等平台上使用
   C. 手写输入使用方便，识别率高
   D. 手写输入是一种可以和键盘输入相提并论的高效输入方式

44. 下列输入方式中，最简单高效，但受个人因素的制约，错误率也较别的输入方式高的是（　　）。
   A. 键盘输入　　B. 语音输入　　C. 扫描输入　　D. 手写输入

45. 下面关于扫描输入方式说法正确的是（　　）。
   A. 直接扫描各种图片和文字即可实现输入
   B. 不需要清晰的文字印刷品底稿
   C. 需要清晰的文字印刷品底稿
   D. 是各种输入方式中正确率最低的

46. 下面输入方式中速度最高的是（　　）。
   A. 键盘输入　　B. 语音输入　　C. 扫描输入　　D. 手写输入

47. 练习中英文文字录入常用的练习软件是（　　）。
   A. WPS 金山打字　　　　　B. OfficeWord
   C. Windows 附件中的记事本　　D. 金山打字通

48. 关于盲打，下面说法不正确的是（　　）。
   A. 盲打是提高文字录入速度的关键因素
   B. 盲打即不看键盘，手指自动移至需要的字母键上完成文字的录入
   C. 盲打就是闭着眼睛不看键盘打字
   D. 练习盲打的软件可以选择金山打字通

二、判断题（下列判断正确的请打"√"，错误的请打"×"）

1. 键盘操作指法，就是找到并敲击字母键输入字母数字或汉字。（　　）
2. 键盘上的定位键是 <F> 键和 <J> 键。（　　）
3. 键盘上有八个基准键位，并且每个键都是定位键。（　　）
4. 在文字录入过程中，大拇指不包括在手指分工的范围内。（　　）
5. 提高英文输入速度需要手指分工明确，合适击键，盲打、反复练习和掌握大小写字母的转换技巧。（　　）
6. 输入小写字母时，同时按下 <Alt> 键的同时按字母可输入大写字母。（　　）
7. 中文输入法之间切换的快捷键是 <Ctrl + Shift> 组合键。（　　）

8. 在英文版式下，输入人名中的姓、名、父名时，首字母要大写。 （   ）
9. 在英文版式下，地名、建筑物等专有名词，其每个字的首字母均要大写。（   ）
10. 在英文版式下，月份的首字母应大写。 （   ）
11. 英文信件可以分为公务信件和私人信件两大类。 （   ）
12. 英文书信由信头、称呼、正文、结尾和签名组成。 （   ）
13. 在英文排版时，计算机程序和指令应该使用的字体是白正体。 （   ）
14. 在英文版面下，正文中用于表示重点句的时候要用白正体。 （   ）
15. 英文书信的信头包括发信人的地址和日期，一般写在第一页的右上角。（   ）
16. 英文信件的信内地址是指写信人的姓名和地址，常常可以省略不写。（   ）
17. 英文书信的正文是书信的主体，和中文信件的写法大致相同，都是先写一些问候语，再阐明写信的目的，以示礼貌。 （   ）
18. 英文书信的第一段或第一句话叫起首语。 （   ）
19. 现代英文商业书信通用的排列格式有齐列式、缩行式和混合式三种。（   ）
20. 在写英文便函时，信的结尾要加上敬语。 （   ）
21. 在写英文信封时，收信人的尊称和姓名应写在信封页面的正当中。（   ）
22. 语音录入不等同于文字录入，所以不是文字录入的方法。 （   ）
23. 常见的文字录入方式有键盘录入、扫描录入、手写录入和语音录入。（   ）
24. 常见的音码录入输入法有智能 ABC 拼音输入法。 （   ）
25. 常见的输入法按照其编码规则的不同，可分为音码、形码和音形结合码等三种。 （   ）
26. 如果不会汉语拼音，选择输入法时，应该首选形码输入法。 （   ）
27. 拼音输入法和五笔输入法一样，在输入过程中都存在重码问题。 （   ）
28. 音形码包括了音码和形码的优点，相对来说使用比较广泛。 （   ）
29. 智能 ABC 输入法包括全拼输入和双拼输入两种方式。 （   ）
30. 在智能 ABC 输入法中，同时按下 < Shift + . > 可以切换中/英文标点输入状态。 （   ）
31. 在智能 ABC 输入法中，同时按下 < Shift + Space > 可以切换全角/半角输入状态。 （   ）
32. 在智能 ABC 输入法输入词组时，把每个字的拼音全部输入按回车键即可。 （   ）
33. 在提高中文输入速度的方法中，养成良好的输入习惯很重要。 （   ）
34. 在五笔字型输入法中，把汉字分为左右型、上下型和杂合型三种结构。 （   ）
35. 在五笔字型输入法中，每个汉字都是由横、竖、撇、捺、折五种笔画组合而成，所以笔画是构成汉字的基本单位。 （   ）
36. 在五笔字型输入法中，任何一个汉字只需在键盘上敲击四下即可。 （   ）
37. 提高中英文输入准确率要坚持盲打和选用合适的输入法以及熟练掌握输入法的切换。 （   ）

文字录入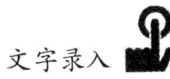

38. 利用软键盘输入数字符号后，不用退出软键盘可直接进行文字输入。（　　）
39. 如需输入软键盘键面的上档位置的字符时，直接单击该符号即可。（　　）
40. 在中文输入的方法中，语音输入几乎不动手只动口即可，是最受欢迎和高效的输入方式。（　　）
41. 在英文输入状态下，大小写字母的转换是同时按下＜Shift＞键和该字母。（　　）
42. 在文字录入过程中，盲打并不太重要，只要能把字打出来即可。（　　）
43. 专业的打字员一般都选择重码率低的五笔输入法来提高输入速度。（　　）
44. 中英文输入法转换的快捷键是＜Ctrl＋Alt＞。（　　）
45. 在把已录入的批量小写字母转换为大写字母时，可以选择这些字母，同时按下＜Shift＋F3＞组合键。（　　）
46. 键盘输入与语音输入、扫描输入相比，准确率比较高。（　　）
47. 语音输入系统由声卡、麦克风和语音识别软件、文字转换软件四部分组成。（　　）

三、技能题

第一题　英文录入练习

在 10 分钟内，以每分钟不低于 140 个英文字符的速度，输入下列文稿，错误率不高于 5‰。

I have a dream

I have a dream that one day this nation will rise up and live out the true meaning of its creed："We hold these truths to be self-evident：that all men are created equal." I have a dream that one day on the red hills of Georgia the sons of former slaves and the sons of former slave owners will be able to sit down together at a table of brotherhood. I have a dream that one day even the state of Mississippi, a desert state, sweltering with the heat of injustice and oppression, will be transformed into an oasis of freedom and justice. I have a dream that my four children will one day live in a nation where they will not be judged by the color of their skin but by the content of their character. I have a dream today.

This will be the day when all of God's children will be able to sing with a new meaning, "My country, 'tis of thee, sweet land of liberty, of thee I sing. Land where my fathers died, land of the pilgrim's pride, from every mountainside, let freedom ring." And if America is to be a great nation, this must become true. So let freedom ring from the prodigious hilltops of New Hampshire. Let freedom ring from the mighty mountains of New York. Let freedom ring from the heightening Alleghenies of Pennsylvania！Let freedom ring from every hill and every molehill of Mississippi. From every mountainside, let freedom ring.

When we let freedom ring, when we let it ring from every village and every hamlet from every state and every city, we will be able to speed up that day when all of God's children, black men and white men, Jews and Gentiles, Protestants and Catholics, will be able to join hands and sing in the words of the old Negro spiritual, "Free at last！free at last！thank God

Almighty, we are free at last!"

第二题 中英文混合录入练习

在 10 分钟内,以每分钟不低于 80 个汉字的速度,输入下列文稿,错误率不高于 5‰。

中文打字练习程序报告

CTT 中文打字练习系统界面设计:本意为纯文本主界面,后因效果不好,改为图形界面,内部仍为文本界面。图形主界面为蓝底、黄色外框,中上部为标识,下左部为主菜单,下右部为说明。

图形界面须调用文件——UCDOS 的 hzk16 以调用汉字,以便在界面上显示汉字。显示汉字函数有两个,即 puthz16 与 puthz24,因为 hzk16 中没有 24 点阵汉字,故后来舍弃了 puthz24 函数。puthz16 有 9 个参数,即显示位置参数 x 和 y、间隔参数 z、字色参数 color、字符串参数 p、水平/垂直显示参数 d、0 度/90 度显示参数 angle、竖直放大参数 m、水平放大参数 n。此外还需读取汉字内码函数 getbit,打开汉字库函数 openhzk。使用者必须注意一个问题:程序中 hzk16 的打开是需要路径的,即 openhzk 函数中含有 hzk16 的路径,系统默认为当前路径,且打字范文的打开是通过打开文本文件形式,系统默认文本文件的路径为当前路径。

在设计过程中本想把一系列的范文作为数组形式保存在主程序中,考虑到程序的冗余,文件不易改动,所以采用了读取文本文件的方式来实现范文选取。如要改动范文只要改动文本文件即可。共有范文 25 篇,分 5 个等级,每一个等级 5 篇。

为实现对键盘的控制,包括扩充键,采用了函数 bioskey。由于 bioskey 在输入字符后光标仍然留在原处,所以对输入字符而言,要有一个打印该字符的过程,而对扩充键则没有必要。用 bioskey 得到的变量占两个字节,应将保存变量定义为 int 类型。在其后程序中用 ch&0xFF 来判断其是否为 ASCII 码或扩充码,如 ch = ch&0xFF 则可判定其为 ASCII 码,而文中的字符比较多时,必须在 ch 前面加一个(char)才能正确。

在计算速度时调用时间函数 time,在打字开始时截取此时时间,然后在打结束时又截取此时时间,用 difftime 算出时间间隔,再除以输入的汉字数,得出打字速度。

本程序计算正确率的方法与其他打字系统不同,用户进入打字系统后,只要打过错字,系统都将计错,无论以后是否改正,故要求较严。

用户应用本程序可自定义输入法及输入文本,只要修改相应的 ctt.bat 文件及文本文件即可。

单元测试题答案

一、单项选择题

1. C 2. C 3. D 4. B 5. B 6. C 7. D 8. A
9. B 10. B 11. D 12. C 13. A 14. B 15. D 16. B
17. A 18. B 19. D 20. B 21. D 22. C 23. B 24. B
25. C 26. A 27. C 28. B 29. A 30. B 31. B 32. C
33. B 34. B 35. A 36. D 37. A 38. A 39. D 40. D

41．B 42．B 43．D 44．B 45．C 46．C 47．D 48．C

二、判断题

1．√ 2．√ 3．× 4．× 5．√ 6．× 7．√ 8．√
9．× 10．√ 11．√ 12．× 13．√ 14．× 15．√ 16．×
17．× 18．√ 19．√ 20．× 21．× 22．× 23．√ 24．√
25．√ 26．√ 27．× 28．× 29．√ 30．× 31．√ 32．×
33．√ 34．√ 35．× 36．√ 37．√ 38．× 39．× 40．×
41．√ 42．× 43．√ 44．× 45．√ 46．√ 47．×

三、技能题

答案略。

通用文档处理

- 第一节　文档内容高级编辑/104
- 第二节　内容查找与替换/120
- 第三节　文档格式化处理/127
- 第四节　邮件合并/136
- 第五节　表格高级处理/149
- 第六节　对象高级处理/163

第一节 文档内容高级编辑

→ 掌握设置注释和域的方法
→ 掌握中文版式的制作方法
→ 掌握长文档的编辑操作

一、注释设置和域的使用

1. 注释

在处理文档的过程中,会对一些专有名词或缩写字、词或图片等进行说明,有时还要表达自己的意见或想法,这时就要用到注释。注释一般分为脚注、尾注、题注和批注。

(1) 脚注与尾注。脚注是对文档的进一步解释,或者用来说明文档所使用的资料或解释说明,它经常放在被脚注内容的同一个页面的底端。尾注的作用和脚注基本相同,不同的是尾注只放在文档的结束部分。若在文档某一项的右上角有一个小小的数字符号,就可以知道它有一个脚注或尾注,当鼠标停留在这个数字符号上时,会出现一个提示框,显示脚注或尾注的内容。

在 Word 2010 文档中,脚注或尾注由两个互相链接的部分组成,即注释引用标记和与其对应的注释文本。注释引用标记用于指明脚注或尾注中已包含附加信息的数字、字符或字符的组合。在注释中可以使用任意长度的文本,并像处理任意其他文本一样来设置注释文本的格式。

1) 插入脚注或尾注

①选定文档中要插入注释引用标记的位置。

②单击"引用"选项卡的"脚注"组中的"插入脚注"选项,Word 2010 会自动在引用标记的位置加注编号,同时在本页面最下端加上一条脚注,输入注释文本即可,如图 4—1 所示。

③若要插入尾注,则要单击"插入尾注"选项。与脚注不同的是,尾注位于文章的末尾,如图 4—2 所示。

无论用户是在整篇文档中使用单一编号方案,还是在文档中使用不同的编号方案,Word 2010 均会自动为脚注和尾注进行编号。每当用户在文档或节中插入一个脚注或尾注后,随后的脚注和尾注会自动按顺序进行编号。

2) 设置脚注或尾注

①将插入点置于需要设置脚注或尾注的文本位置,单击"引用"选项卡中"脚注"组对话框启动器,弹出"脚注和尾注"对话框,如图 4—3 所示。

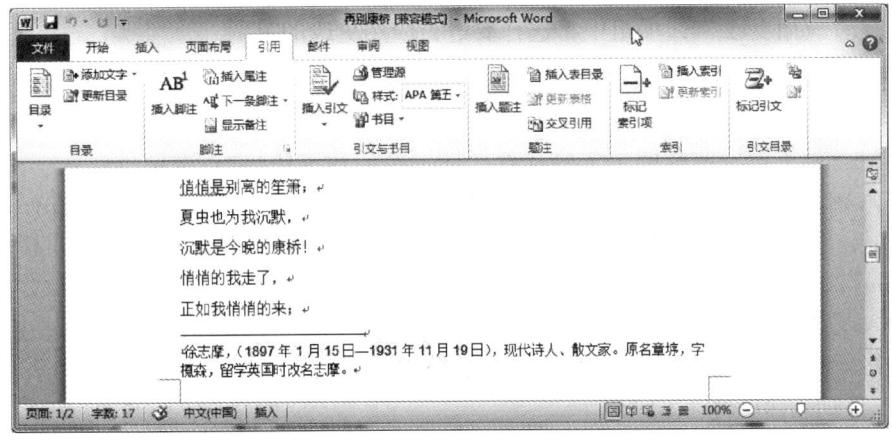

图 4—1　插入脚注

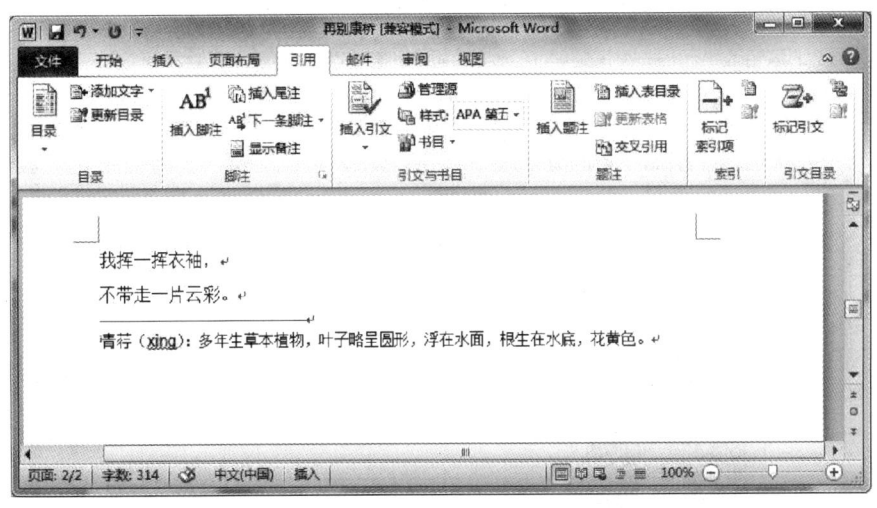

图 4—2　插入尾注

②若插入脚注，可以在"位置"选项组中选择"脚注"单选按钮，若插入尾注，则选择"尾注"单选按钮。默认情况下，Word 2010 会把脚注放在每页结尾处，而"尾注"有"节的结尾"和"文档结尾"两个选项可以选择。

③"脚注和尾注"对话框"格式"选项组用于设置编号格式。在"编号格式"中可选用于脚注的编号格式。若需使用用户自定义的注释引用标记，可以在"自定义标记"文本框中输入注释引用标记，也可单击"符号"按钮，在弹出的"符号"对话框中选择所需符号。在"起始编号"和"编号"列表框内可以设置起始编号和编号的方式。

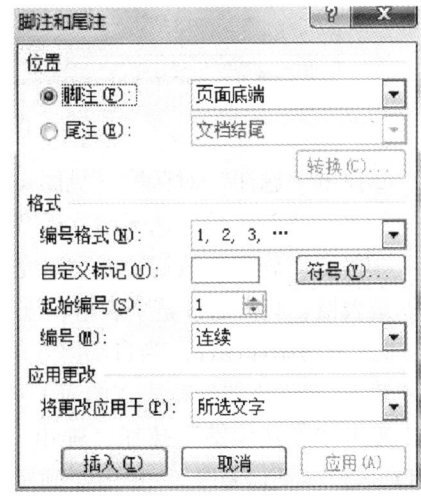

图 4—3　"脚注和尾注"对话框

④在"应用更改"选项组中,选择要进行应用更改的范围。

3) 删除脚注或尾注。若要删除脚注或尾注,需要删除文档中的注释引用标记,而不是删除注释文字。当删除了一个注释引用标记后,Word 2010 会自动对注释进行重新编号。选定需要删除的单个脚注或尾注,然后按 <Delete> 键即可。

(2) 题注。题注是可以添加到表格、图表、公式或其他项目上的编号标签,如"图表1",用户可为不同类型的项目设置不同的题注标签。若添加、删除或移动了题注,Word 2010 还可以更新所有题注的编号。

插入题注有两种方法:在插入表格、图表、公式或其他项目时自动添加题注,为已有的表格、图表、公式或其他项目手动添加题注。

1) 自动添加题注

①选择要添加题注的项目,比如一幅图片,在图片上单击鼠标右键,在弹出的快捷菜单中选择"插入题注"选项,如图4—4所示。

图4—4 添加题注

②弹出"题注"对话框(见图4—5),在"题注"文本框中显示的是题注的内容。在"标签"下拉菜单中选择题注类型,如插入的若是图片,可以选择"图表"。

③单击"确定"按钮,就可以完成对题注的输入,如图4—6所示。若需要插入题注的是表格,只需选择整个表格,进行相同的操作即可。

2) 手动添加题注。当自动添加的题注不符合要求时,还可以手动添加题注。例如上述图4—6上添加的题注"图表1"不能清楚说明图片的内容,可以在"题注"对话框中单击"新建标签"按钮,弹出"新建标签"对话框,在"标签"文本框内输入"再别康桥时期徐志摩",单击"确定"按钮,返回如图4—7所示的对话框,单击"确定"按钮即可出现如图4—8所示的效果。

通用文档处理

图 4—5 "题注"对话框

图 4—6 添加题注

图 4—7 "题注"对话框

图4—8 手动添加题注

（3）批注。批注是文章的作者或审阅者在文档中添加的注释。对于多个用户协作编辑和审阅的文档，批注功能很方便。

1）添加批注。选中文档中需要修订的文本，选择"审阅"选项卡，在"批注"组中单击"新建批注"选项。然后在增加的红色批注框里输入批注文字，如图4—9所示。

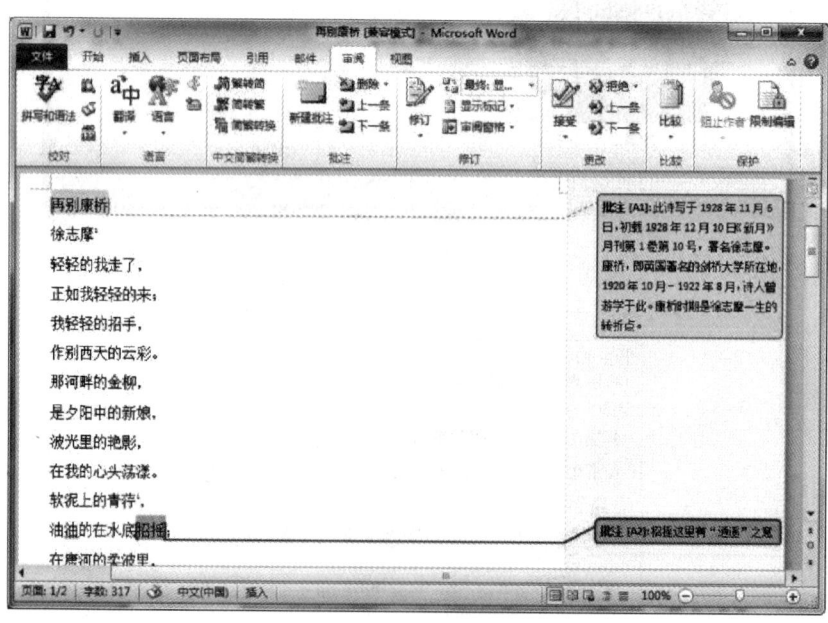

图4—9 添加批注

2）删除批注。用鼠标右键单击需要删除的批注，在弹出的快捷菜单中选择"删除批注"选项，如图4—10所示。

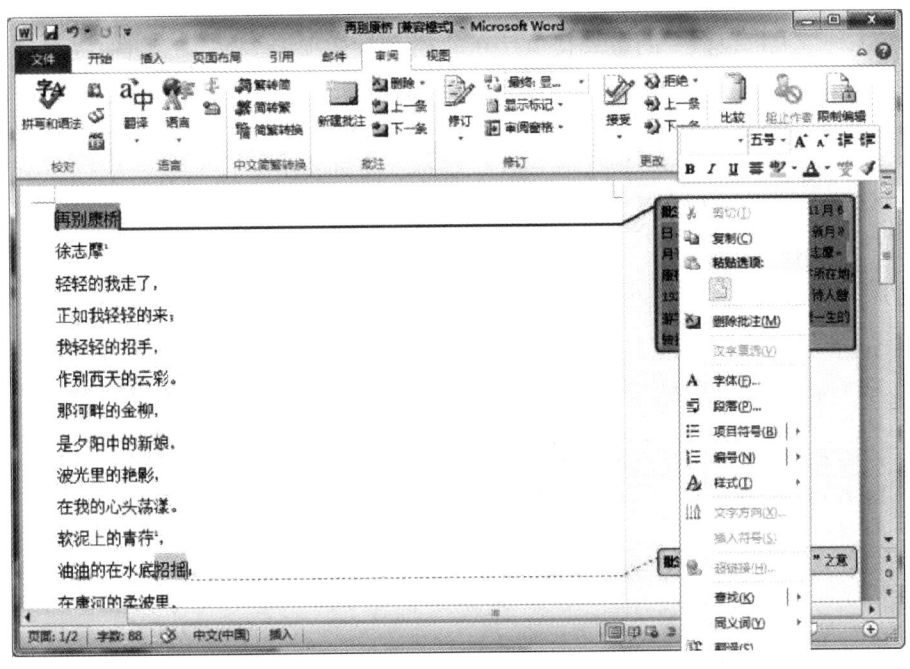

图4—10 删除批注

3）若要删除所有的批注，在"批注"组中，单击"删除"选项右侧的下拉箭头按钮，在弹出的下拉菜单中选择"删除文档中的所有批注"选项即可。

2. 域

域是插入到文档中的一些特殊的控制代码，用于指明在文档中插入的信息。例如，使用域可插入日期、时间、页码到文档中，并使 Word 自动更新。域可分为域代码和域结果两种展现形式，域代码是域的一些控制符号，而域结果则为控制符号得到的值。具体地说，域代码类似于公式，域结果类似于公式计算得到的值。但域代码通常不直接显示在文档中，而只是显示域的结果。

域代码由域字符、域类型和域指令三部分组成。域字符用于定义一个域的开始和结束，在插入域时自动插入；域类型用于定义域的功能，如显示页码、日期等；域指令用于定义域要执行的动作。例如，日期域代码{Date\@ "yyyy 年 m 月 d 日 \ * MergeFormat " }中，"{ }"是域字符，"Date"是域类型，"\@ "yyyy 年 m 月 d 日""是域指令。

域结果是域的显示结果，类似于 Excel 函数运算以后得到的值。例如在文档中输入域代码"{Date \@ "yyyy 年 m 月 d 日" \ * MergeFormat}"，其域结果是当前系统日期。域可以在无须人工干预的条件下自动完成任务，例如：编排文档页码并统计总页数，按不同格式插入日期和时间并更新，通过链接与引用在活动文档中插入其他文档，自动编制目录、关键词索引、图表目录，实现邮件的自动合并与打印，创建标准格式分数、为汉字加注拼音等。

（1）在文档中插入域

1）使用命令插入域。在 Word 2010 操作中，高级的复杂域功能很难手动控制，如"自动编号""邮件合并""题注""交叉引用""索引和目录"等。为了方便用户，9 大类共 74 种域大都以命令的方式提供。在"插入"选项卡"文本"组中提供有"域"命令，Word 2010 提供的域都可以使用这种方法插入，适合一般用户使用。使用时只需将光标放置到准备插入域的位置，单击"插入"选项卡"文字"组中"文档部件"选项，然后在弹出的下拉菜单中选择"域"命令，即可弹出"域"对话框。如图 4—11 所示。

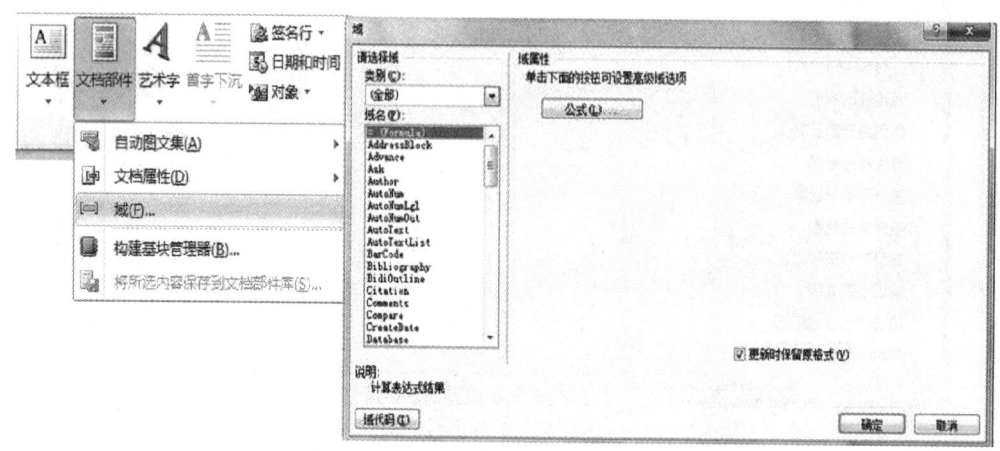

图 4—11　添加域代码

在"域"对话框"类别"下拉列表中选择希望插入域的类别，如"编号""等式和公式"等。选中需要的域所在的类别后，"域名"列表框会显示该类中的所有域的名称，例如，选中域名"AutoNum"，则"说明"框中就会显示"插入自动编号"，由此可以得知这个域的功能。对 AutoNum 域来说，只要在"格式"列表中选中需要的格式后，单击"确定"按钮即可把特定格式的自动编号插入到页面中。也可以选中已经输入的域代码，单击鼠标右键，在弹出的快捷菜单中选择"更新域""编辑域"或"切换域代码"命令，对域进行操作。

2）使用键盘插入。如果对域代码比较熟悉，或者需要引用他人设计的域代码，使用键盘直接输入会更加快捷，其操作方法如下：

①把光标放置到需要插入域的位置，按下 <Ctrl+F9> 组合键插入域，出现特征字符"{ }"。

②将光标移动到域特征代码中间，按从左向右的顺序输入域类型、域指令等。结束后按键盘上的 <F9> 键更新域，或者按下 <Shift+F9> 组合键显示域结果。

如果显示的域结果不正确，可以再次按下 <Shift+F9> 组合键切换到显示域代码状态，重新对域代码进行修改，直至显示的域结果正确为止。

3）使用功能命令插入。由于许多域的域指令和开关非常多，采用上面两种方法很难控制和使用。为此，Word 2010 把经常用到的一些功能以命令的形式集成在系统中，例如"拼音指南""纵横混排""带圈文字"等。用户可以像操作普通 Word 2010 命令那样使用它们，在后续的章节中会具体进行介绍。

（2）域的管理

1）快速删除域。插入文档中的"域"被更新以后，其样式和普通文本相同。如果打算删除某个或全部域，查找起来有一定困难（特别是隐藏编辑标记以后）。此时按下 < Alt + F9 > 组合键可以显示文档中所有的域代码（反复按下 < Alt + F9 > 组合键可在显示和更新域代码之间切换）。然后在"开始"选项卡"编辑"组中单击"查找"命令的向下箭头，在弹出的如图 4—12 所示的"查找和替换"对话框中单击"查找"选项卡，将光标停留在"查找内容"框中，单击"特殊格式"按钮并从弹出的列表中选择"域"（"^d"自动填入"查找内容"框），单击"查找下一处"按钮就可以找到文档中的域，找到之后将其选中再按下 < Delete > 键即可删除。

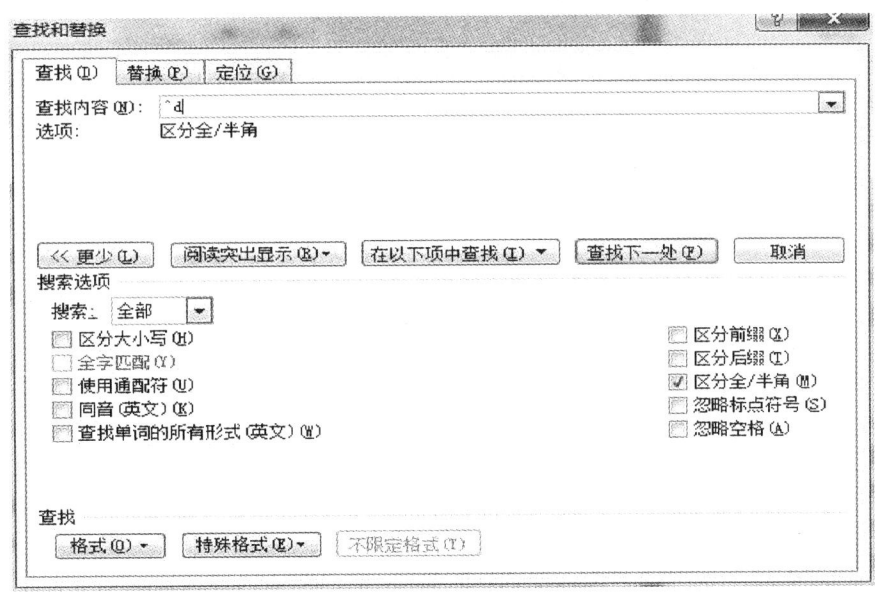

图 4—12 快速查找域对话框

2）修改域。修改域和编辑域的方法是一样的，若对域的结果不满意可以直接编辑域代码，从而改变域结果。按下 < Alt + F9 > 组合键（对整个文档生效）或 < Shift + F9 >（对所选中的域生效）组合键，可在显示域代码或显示域结果之间切换。当切换到显示域代码时，就可以直接对域代码进行编辑，完成后再次按下 < Shift + F9 > 组合键查看域结果。

3）取消域底纹。在默认情况下，Word 2010 文档中被选中的域（或域代码）采用灰色底纹显示，但打印时这些灰色底纹是不会被打印的。如果不希望看到这种效果，可以单击"文件"选项卡，在弹出的下拉菜单中选择"选项"命令，在弹出的"Word 选项"对话框左侧中选择"高级"选项，在右侧"显示文档内容"组中单击"域底纹"下拉菜单，在弹出的下拉菜单中选择"不显示"即可，如图 4—13 所示。

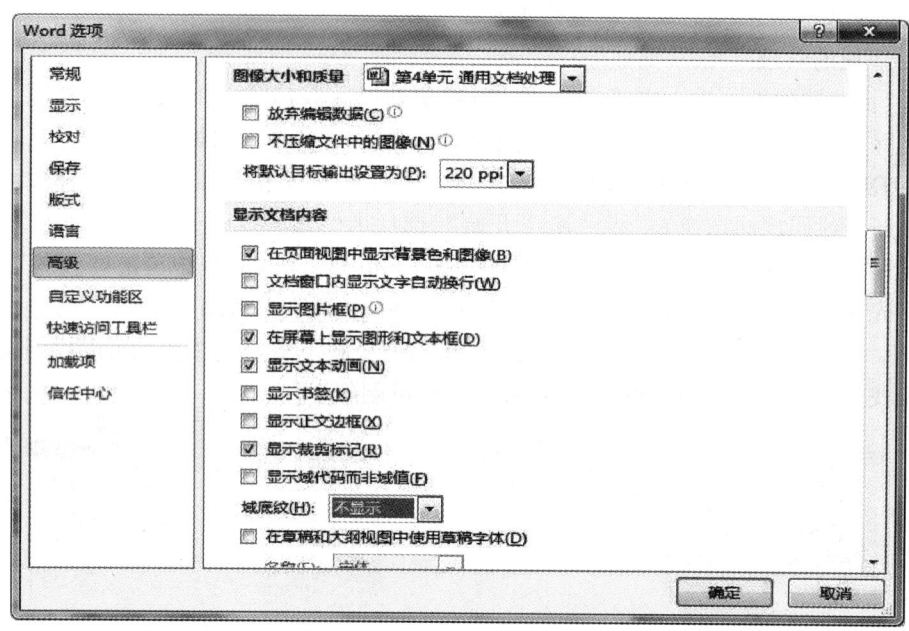

图4—13 设置域底纹"不显示"

4）锁定和解除域。如果不希望当前域的结果被更新，可以将它锁定。操作方法是：鼠标左键单击该域，然后按下＜Ctrl + F11＞组合键即可。如果想解除对域的锁定，以便对该域进行更新，只要单击该域，然后按下＜Ctrl + Shift + F11＞组合键即可。

5）解除域链接。如果一个域插入文档之后不再需要更新，可以解除域的链接，用域结果代替域代码即可。只需选中需要解除链接的域，按下＜Ctrl + Shift + F9＞组合键即可。

二、中文版式设置和长文档编辑

1. 中文版式设置

Word 2010 中文版式是指在文档处理中可以对字符进行以下格式化处理包括拼音指南、带圈字符、纵横混排、合并字符、双行合一、调整宽度及字符缩放等功能。常用的几种中文版式操作方法如下：

（1）拼音指南。选定需要添加拼音的文字，选择"开始"选项卡，再单击"字体"组里"拼音指南"按钮，弹出"拼音指南"对话框，在这里可设置拼音的对齐方式、偏移量、字体、字号等。例如，给"再别康桥"加上拼音，如图4—14所示。

（2）带圈字符。选定需要添加带圈的文字，选择"开始"选项卡，再单击"字体"组"带圈字符"按钮，弹出"带圈字符"对话框，在这里可以设置带圈字符的样式、文字和圈号，还可以根据自己的要求进行选择。例如，给"徐志摩"加上不同的圈号，如图4—15所示。

设置完中文版式后，文档的效果如图4—16所示。

通用文档处理

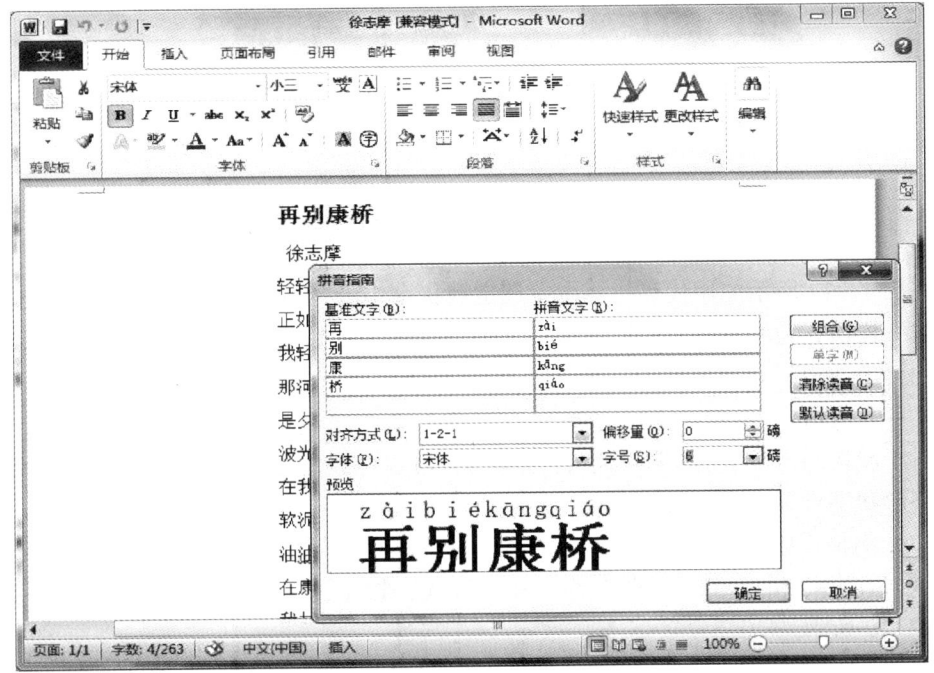

图 4—14 拼音指南

图 4—15 带圈字符

如果想改变拼音或所加文字圈的颜色，需要用到前面讲到的域的知识。例如，若想把图 4—16 上的"徐"字上加的圈改为红色，则需要选定"徐"字，单击鼠标右键，在弹出的下拉列表中选择"切换域代码"命令，则出现图 4—17 所示的效果。

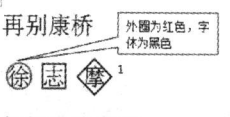

图4—16 "拼音指南"和"带圈字符"效果图　　图4—17 显示域代码

在图4—17所示的域代码指令中,选定域指令中的"○",把它的颜色像设置字体的格式一样设置为红色即可,然后再选定整条域指令,右键单击该指令,在弹出的下拉列表中再次选择"切换域代码"命令,可以看到"徐"字上加的圈已经变成红色了,如图4—18所示。

对于域代码指令中的文字和字符型项目,可以像设置字体格式一样设置它们的字体、字形和字号等。

(3) 纵横混排。在普通横向排版的文章中选定需要设置为纵向排版的文字,选择"开始"选项卡,再单击"段落"组"中文版式"按钮,弹出"中文版式"下拉列表,如图4—19所示。

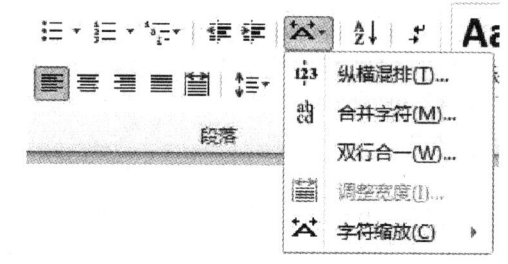

图4—18 域代码设置效果　　图4—19 中文版式下拉列表

在这里,可以给文字设置"纵横混排""合并字符""双行合一""调整宽度""字符缩放"等效果。例如:把图4—18中"再别康桥"四个字合并字符,"轻轻的我走了"一句中的"我走"两字纵向排列,把"我轻轻的招手,作别西天的云彩"双行合一,把"正如我轻轻的来"文字宽度由原来的8调整到10,把"那河畔的金柳"一句字符缩放至150%,效果如图4—20所示。

2. 长文档编辑操作

在编辑一篇包含多个章节的长文档时,如何组织和维护长文档是非常重要的问题。对于一篇长文档,若用普通的组织方法,在其中查看特定的内容或对某一部分内容做修改,都将是非常费力的。因此有一个良好的文档组织结构对于文档的管理是必不可少的。常用于长文档管理操作的有大纲视图与

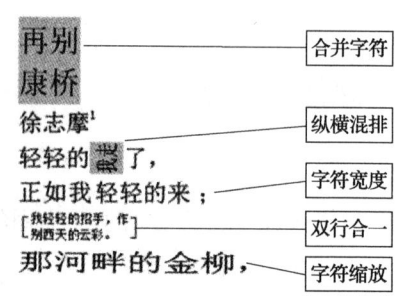

图4—20 中文版式效果图

主控文档、目录与索引等。

（1）大纲视图与主控文档。大纲视图是一种以缩进文档标题的形式来代表标题在文档结构中级别的页面浏览方式。在 Word 2010 中，大纲就是文档中的分层结构。有了大纲，用户可以方便快捷地浏览整个文档框架，快速找到自己感兴趣的内容，简化了文本格式的设置，以方便用户组织文档结构，从而更好地编辑长文档。

1）使用大纲视图。在"视图"选项卡"文档视图"组中单击"大纲视图"按钮，或者单击文档窗口中状态栏右下角的"大纲视图"按钮，也可以使用 < Ctrl + Alt + O > 组合键进入大纲视图。

在大纲视图下，用户可以编辑、查看、修改文档的大纲，从大纲中找出自己感兴趣的部分以方便阅读。在"视图"选项卡"显示"组中，勾选"导航窗格"复选框，则在文档的左侧根据文档的标题生成文档的大纲导航图，如图 4—21 所示。用户单击大纲中自己感兴趣的标题，即可浏览该标题下的内容。

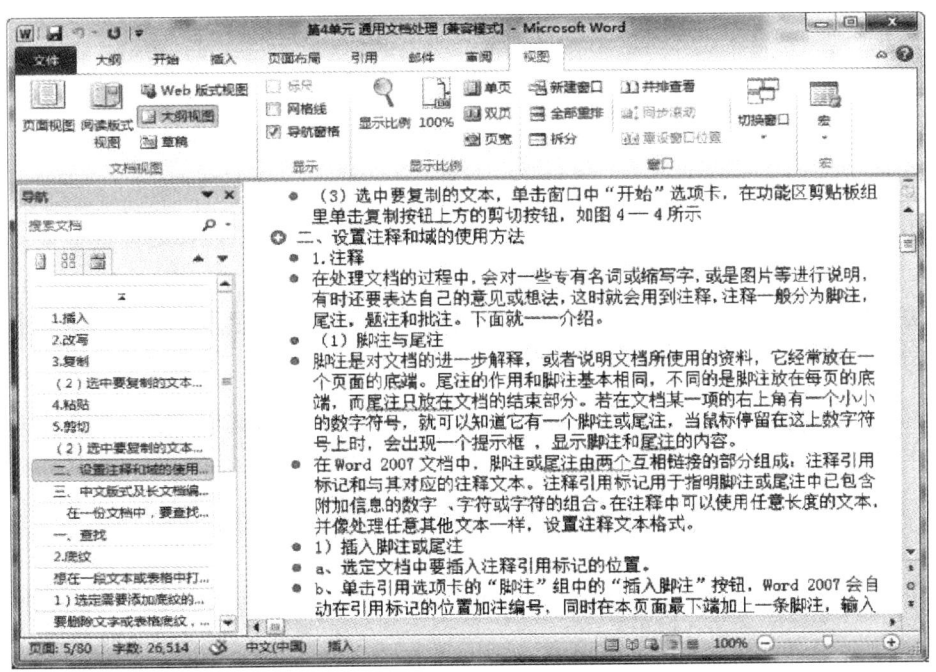

图 4—21　文档导航图

2）使用 Word 2010 的主控文档。这是制作长文档最合适的方法。主控文档包含几篇独立的子文档，可以用主控文档控制整篇文章或整本书，而把书的各个章节作为主控文档的子文档。这样，在主控文档中，所有的子文档可以当作是一个整体，对其进行查看、重新组织、设置格式、校对、打印和创建目录等操作。对于每一篇子文档，又可以对其进行独立的操作。此外，还可以在网络地址上建立主控文档，与别人同时在各自的子文档上编辑。

①创建主控文档。创建一篇新的 Word 2010 文档，单击"视图"选项卡中"文档视图"组中的"大纲视图"按钮，将文档以大纲视图显示，在文档的每行输入标题，

并在"大纲工具"组中单击"显示级别"下拉按钮,在弹出的下拉列表框中选择"1级"标题,如图4—22所示。

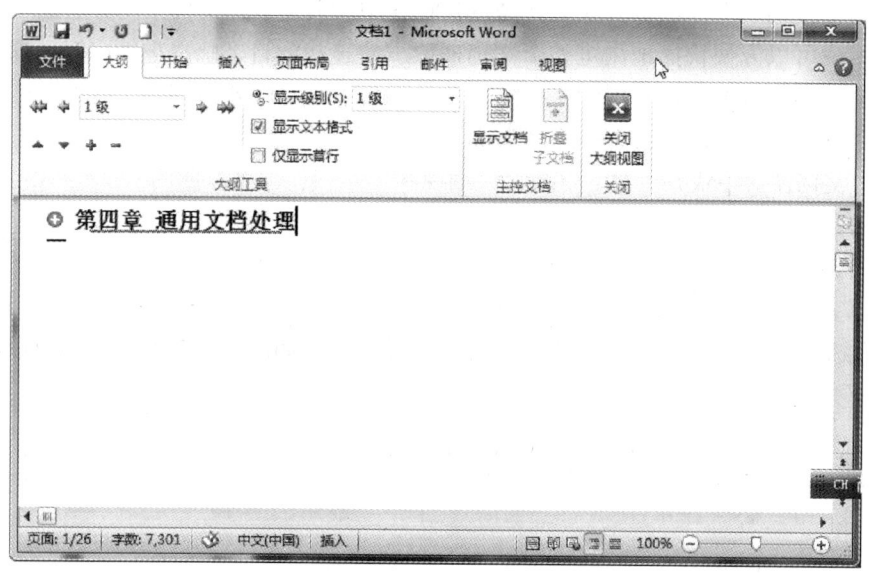

图4—22 设置1级标题

②在第二行中输入相应的内容,将其设置为"2级"标题。选择要设置子文档的标题,单击"主控文档"组"显示文档"选项,则在右侧出现"创建"按钮,单击"创建"按钮创建子文档。此时Word 2010用一个虚线框来标示这个子文档,以区别主文档中的内容和其他子文档,如图4—23所示。

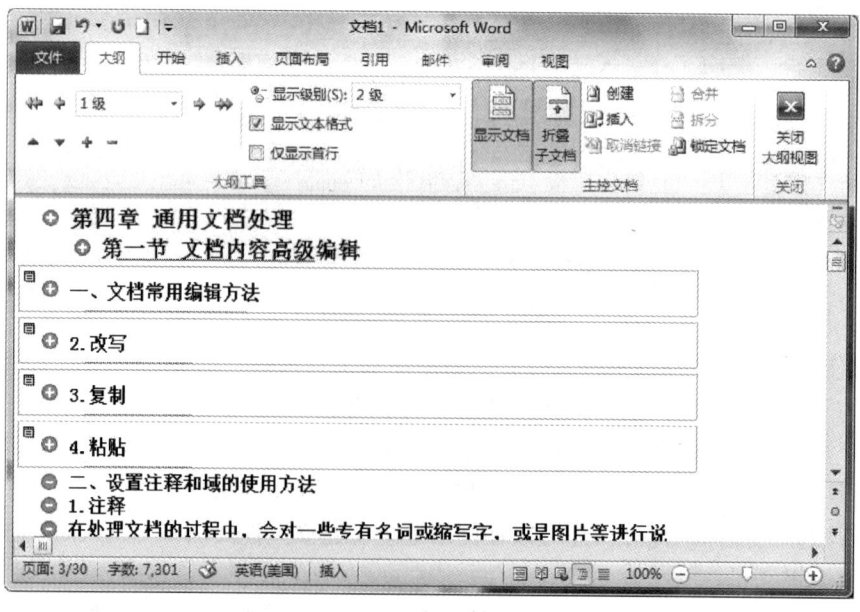

图4—23 创建子文档

③在子文档中输入相应的内容，用相同的方法创建相应的子文档和相应的标题级别，完成后文档内容就成为主控文档，单击"保存"按钮即可保存文档。

（2）目录。目录是长文档不可缺少的部分。有了目录，读者就能很容易地知道文档中有什么内容，并能快速查找相应内容。Word 2010 提供了一个样式库，其中有多种目录样式可供选择。在目录中包含了标题和页码，在创建目录之前，首先要标记目录项，再从选项库中选择所需的目录样式。然后 Word 2010 会自动根据标记的标题创建目录。

创建目录最简单的方法就是使用内置的标题样式。标题样式就是应用于标题的格式设置。也可以创建基于已应用的自定义样式的目录，或将目录级别指定给各个文本项。创建目录的方法主要有以下两种：

1）先在大纲视图下设置各个标题的大纲级别，如图 4—24 所示。

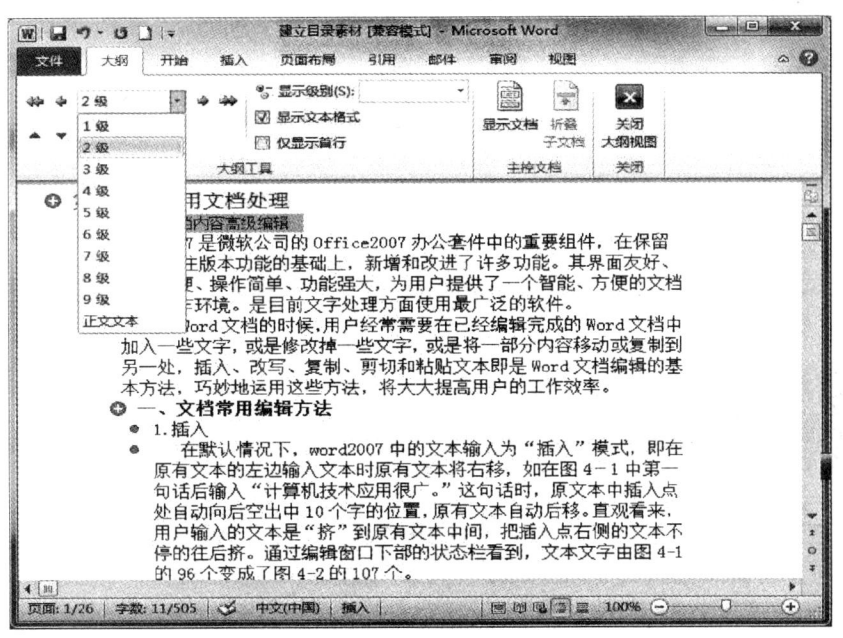

图 4—24　设置标题级别

然后返回页面视图，在"引用"选项卡的"目录"组中单击"目录"按钮，在弹出的下拉菜单中选择所需的目录样式即可，如图 4—25 所示。

2）选择要应用标题样式的标题，在"开始"选项卡"样式"组中，单击所需的样式。例如，要将选定文本定为一级标题，可单击快速样式库中名为"标题 1"的样式，如图 4—26 所示。

将所有的标题级别设置完成后，将插入点定位到要插入目录的位置，单击"引用"选项卡"目录"组中的"目录"按钮，单击选择所需要的目录样式。还可以单击下拉菜单中的"插入目录"菜单项，弹出"目录"对话框，如图 4—27 所示。在"常规"组"格式"下拉列表中选择目录的风格，所选结果可以通过"打印预览"框和"Web 预览"框来查看，左边"打印预览"框中显示目录在打印文档中的外观，右边"Web 预览"框中显示目录在 Web 文档中的外观。建成后的目录如图 4—28 所示。

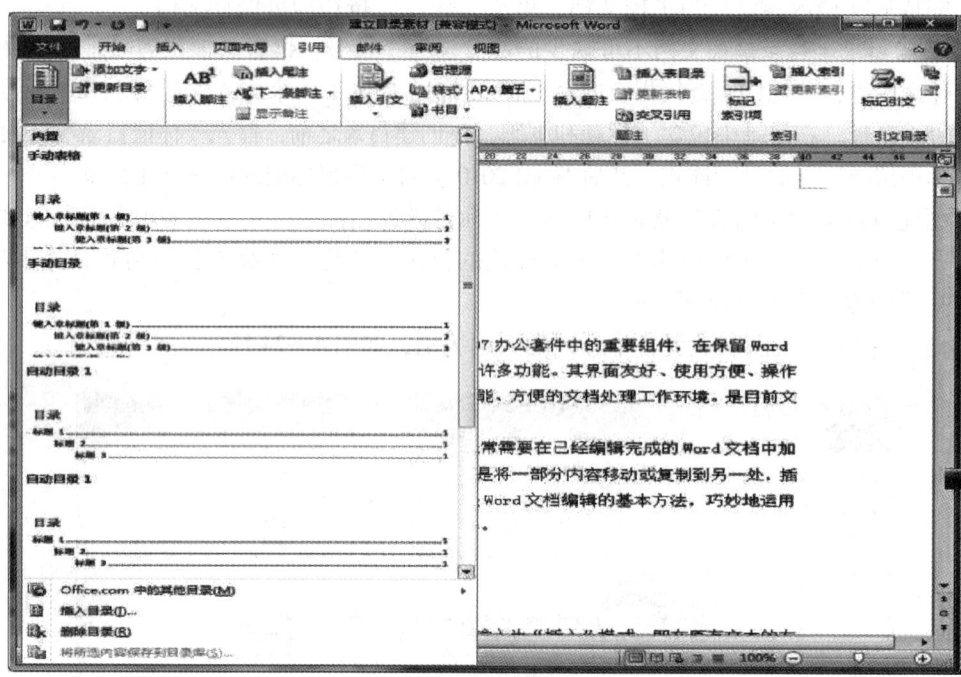

图 4—25　选择目录样式

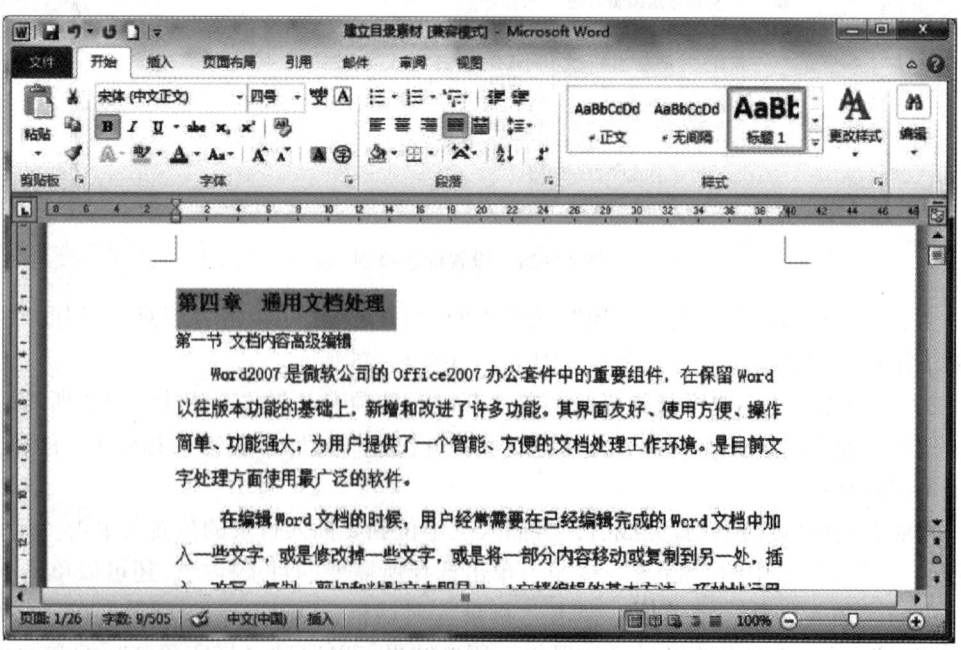

图 4—26　设置快速样式

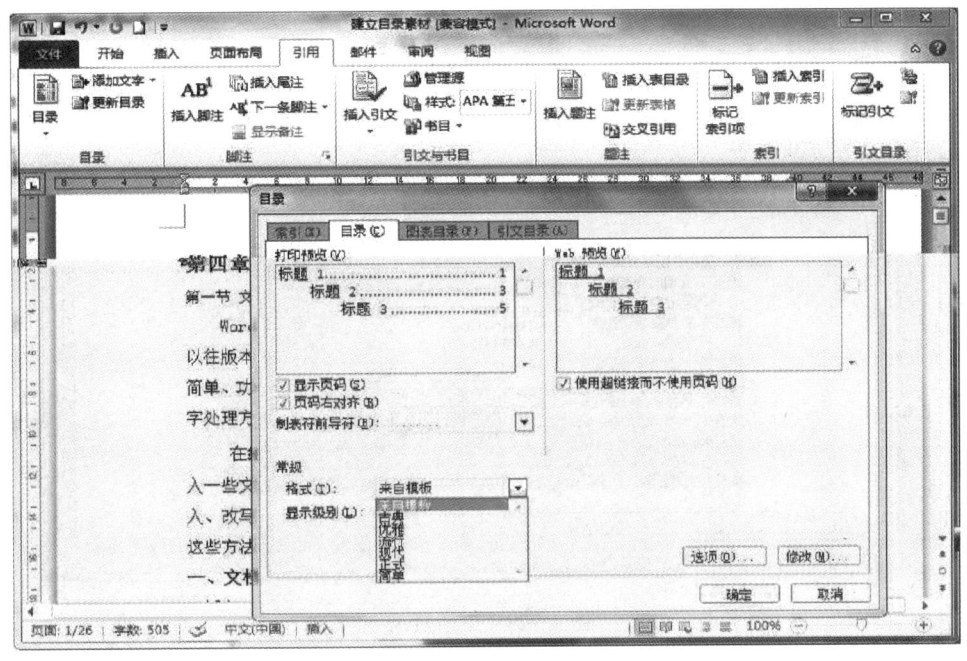

图 4—27 "目录"对话框

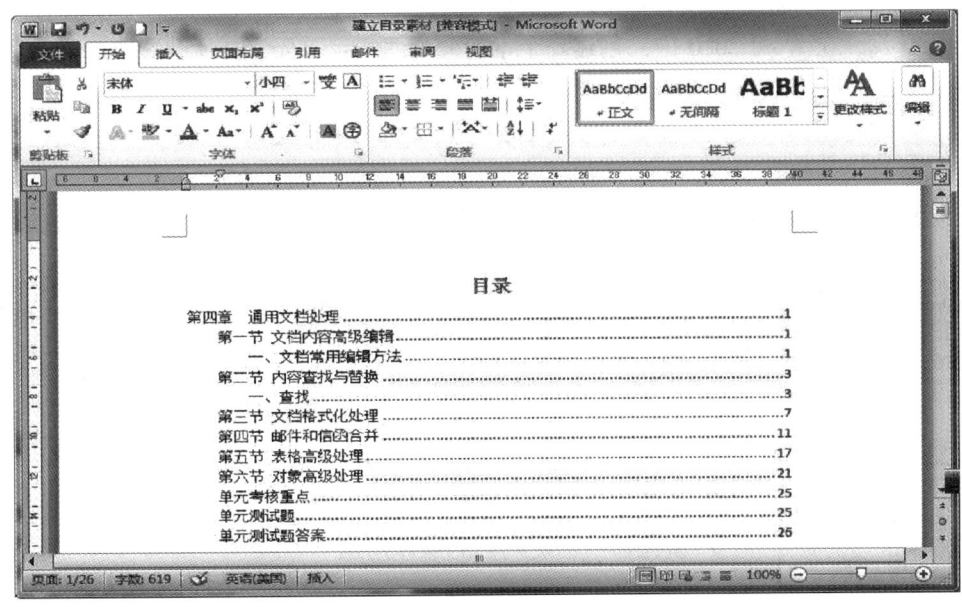

图 4—28 创建目录

当文章内容发生变化时，单击"引用"选项卡"目录"组中的"更新目录"按钮，在弹出的"更新目录"对话框中选择要更新的范围，如图4—29所示。

当不需要目录时，可以单击"引用"选项卡"目录"组中"目录"按钮，在弹出的下拉菜单中选择"删除目录"选项即可。

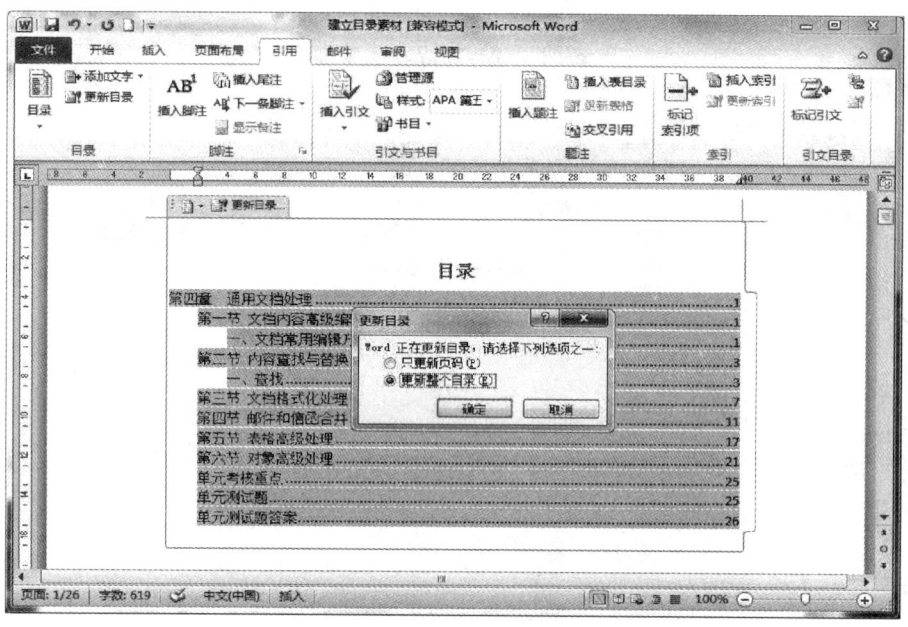

图4—29 更新目录

(3) 索引。索引是针对文档中出现的单词和短语的列表。索引用于列出一篇文章中讨论的术语和标题,以及它们出现的页码。建立索引是为了方便用户对文档中某些信息进行查找。在 Word 2010 中,创建一个索引分为两步:首先,在所选文档中标记出用户想要索引的所有条目,称为标记索引项。标记索引项由文档中的关键词、短语或名字组成,可以通过提供文档中主索引项的名称和交叉引用来标记索引项。其次,根据文档标记的条目来创建其索引。

标记索引项后,Word 2010 会在文档中添加特殊的域,用户可以为单个的词、词组或符号创建索引项,既可以为包含多页的主题创建索引项,也可以引用另外的项。

第二节 内容查找与替换

→ 掌握查找与定位内容的方法
→ 掌握替换指定内容的操作方法

在一篇文档中,要查找某个单词或特殊标记,可以使用移动鼠标的方法进行前后的浏览。但在大篇幅的文档中,用这种方法人工查找某些词语或句子工作量非常大,既费时费力,又容易出错。Word 2010 在"开始"选项卡"编辑"组中提供了"查找"与"替换"的相关功能,使用户可以轻松、快捷地完成特定内容的查找与替换。

一、查找

1. 查找操作

查找即在文档中搜索相关的内容。用户使用 Word 2010 提供的查找功能，不用滚动文本，就可以在文档中查找指定的任意内容，包括：中文、英文、全角或半角字符等，甚至可以查找英文单词的各种形式。常规查找操作步骤如下：

（1）将插入点设置在文档的起始位置，选择"开始"选项卡"编辑"组，单击"查找"按钮，在文档的左侧出现导航任务窗格，输入符合搜索条件的对象后，将会显示符合条件的匹配项的个数，查找出来的匹配项以黄色底纹在正文中显示。例如：在搜索框内输入"Word"单词后，单击搜索框右端的放大镜按钮，在搜索栏下方显示已查到 93 个匹配项，所查找到的"Word"单词以黄色底纹显示在正文中，如图 4—30 所示。

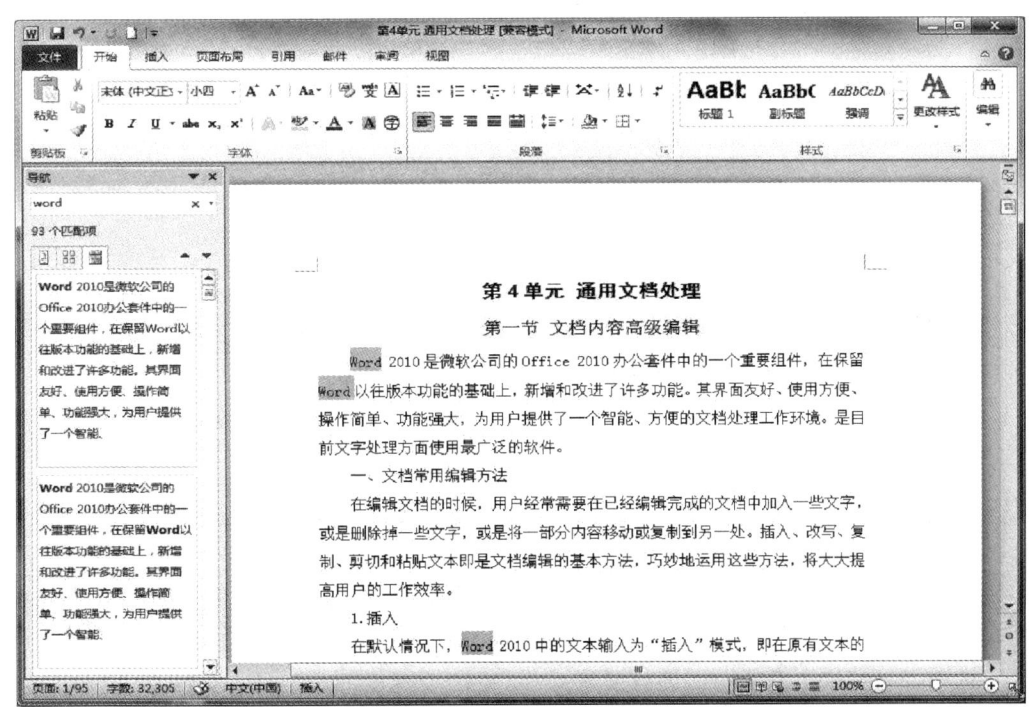

图 4—30 "导航"任务窗格

（2）在导航任务栏搜索框的下方有 3 个图标，从左到右分别是"标题""页面"和"结果"，可根据需要选择不同的选项。如图 4—31 所示，这时选择的是第 2 个图标"页面"选项，显示当前查找的"Word"单词处于整篇文档中的第 22 页，是 95 个匹配项中的第 32 个匹配项。单击"向上"和"向下"箭头，即可从第 32 个匹配项向上或向下选择匹配项。

（3）如果要结束查找，可以单击搜索栏右端的按钮 ❌ ，即可退出查找状态，单击导航任务窗格标题栏右端的 ❌ 按钮，即关闭导航任务窗格。

2. 查找指定内容

如果在查找的时候需要控制搜索的范围、区分大小写、使用通配符、设置格式或者希望使用某些特殊字符等，则可借助高级查找功能。单击"开始"选项卡"编辑"组中"查找"按钮的向下箭头，在弹出的下拉列表中选择"高级查找"按钮，打开"查找和替换"对话框，单击"查找"选项卡左下角的"更多"按钮，展开具有高级设置功能的对话框，可以看到多个选项，如图4—32所示。

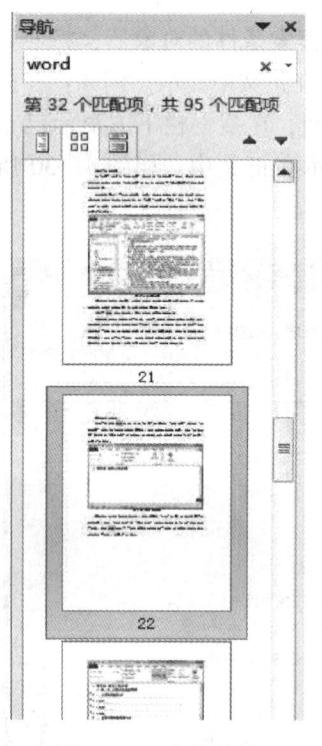

图4—31 查找结果

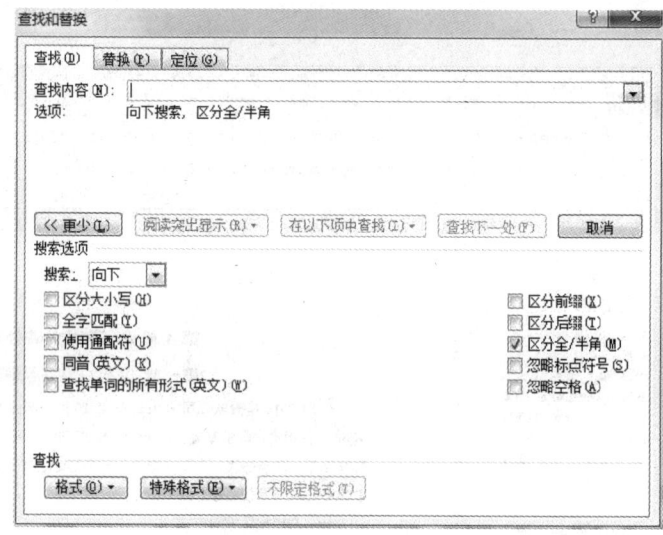

图4—32 高级查找功能

（1）"搜索"下拉列表框。设置文档的搜索范围。若选择"全部"选项，将在整个文档中进行搜索；若选择"向下"选项，将从插入点处向下进行搜索；若选择"向上"选项，将从插入点处向上进行搜索。

（2）"区分大小写"复选框。选中该复选框，可在搜索时区分字母的大小写。

（3）"全字匹配"复选框。选中该复选框，可在文档中搜索符合条件的完整单词，而不是搜索单词的一部分。

（4）"使用通配符"复选框。选中该复选框，可以搜索"查找内容"文本框中的通配符、特殊字符或特殊搜索操作符。

（5）"同音（英文）"复选框。主要用于英文的查找。选中该复选框后，会搜索所有与"查找内容"文本框中内容读音相同的单词。此功能是Word 2010的新增功能。

（6）"查找单词的所有形式（英文）"复选框。主要用于英文的查找。选中该复选框，会搜索"查找内容"文本框中内容的所有形式，如现在分词、过去式、过去分词等。此功能也是 Word 2010 的新增功能。

（7）"区分前缀"复选框。选中该复选框，可以防止出现断意取词的情况。例如，只希望查找"什么"，选中该复选框后，文档中的"为什么"一词就不会因为包含"什么"二字被标注出来，使得查找更加精确。

（8）"区分后缀"复选框。此复选框的功能也是为了防止断意取词。例如，想查找"替换"一词时，选中该复选框后，文档中所有"替换为"都不会被标注出来。当然，"区分前缀"和"区分后缀"在英文文档的查找中更容易发挥作用。

（9）"区分全/半角"复选框。选中该复选框可以在查找时区分全角和半角。

（10）"忽略标点符号"复选框。选中该复选框，在查找时忽略标点符号。一个词中间即使加入了标点符号，也会被找出。当然，也会发生标点前后的词虽然属于两句话，但因为可以组成所要查找的词组而被找出来的情况。如查找"西安"一词，却把"小西，安好"这个句子中的"西"和"安"二字找了出来。

（11）"忽略空格"复选框。选中该复选框，在查找时会忽略空格。

3. 查找操作要点

（1）光标置于文档起始位置时，单击"查找下一处"，默认向下依次查找。若想从某处开始在特定区域内查找，比如"向上"或"向下"查找的话，需单击"查找和替换"文本框左下角"更多"按钮里面的"搜索"下拉列表框，在其中选择自己需要的方向。

（2）在进行查找操作时，不要设置与文档中不一致的文本格式，否则查找无效。

（3）在进行查找操作时，根据需要可以查找通配符、空格、特殊符号等。

二、定位

1. 定位操作

"查找和替换"对话框中有一个"定位"选项卡。通过快捷键 <Ctrl + G> 或者在编辑状态下按 <F5> 键，都可以打开"定位"选项卡。"定位"选项卡可以在不关闭对话框的情况下编辑文档。"定位目标"列表中列出了可以定位的 13 种不同的文档元素，在这些不同的元素中，有些元素具有附加选项，这些选项使光标精确定位于 Word 文档中相应的位置，如图 4—33 所示。

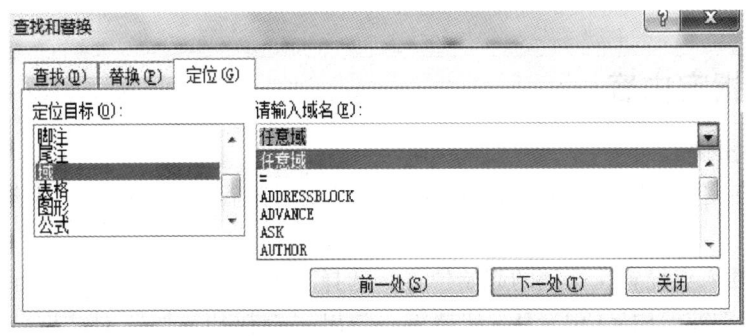

图 4—33 "查找和替换"对话框 – "定位"选项卡

2. 定位指定内容

按文档的页码、节号、行数、书签等内容来快速指定插入点的位置。选择"查找和替换"对话框的"定位"选项卡，在"定位目标"列表框中选定要定位的项目类型，并在输入框中输入对应的数字，其中的"下一处"按钮便会变成"定位"按钮，单击该按钮即可将插入点移至所指定的位置。

根据输入框中是否为空，"下一处"按钮与"定位"按钮会相互切换。当输入框为空时，单击"下一处"按钮将插入点移动到"定位目标"框中所选定项目的下一个出现位置；单击"前一处"按钮则移到选定项目的上一个出现位置；单击"关闭"按钮便可关闭该对话框。例如：要定位到指定的页数，把光标置于文档的某一页，由图4—34中可以看出当前是文档的第一页，按<Ctrl+G>组合键打开"查找和替换"对话框"定位"选项卡，在"输入页号"文本框中输入"+3"。

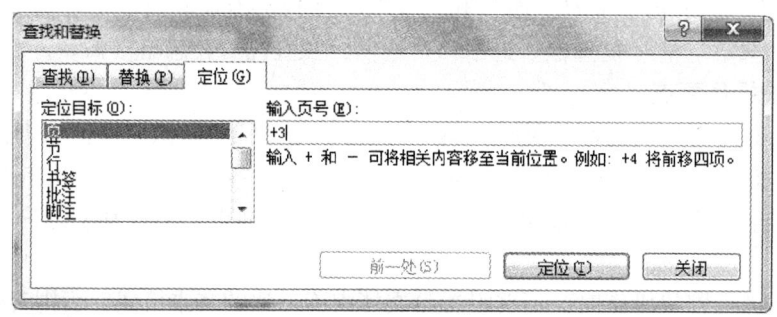

图4—34　页定位操作

单击"定位"按钮后，向后移动了3页。相反，如果文本框中输入的是"-3"，单击"定位"按钮后，页面会向回移动3页。

3. 定位操作要点

（1）进行定位操作时，在文本框里输入数字时，数字前是否带符号（"+"、"-"）的意思是不同的：数字前加符号时，定位到的位置是相对地址，即从当前页面起，向前或向后移动的数量；否则是绝对地址，即定位到所输入的数字的页、节或行处。

（2）对于具有附加选项元素的定位目标，比如域和书签，可以定位到多种借于此类的可定位部分。

三、替换指定内容

1. 替换操作

替换即在文档中搜索到相关的内容后，用户对其进行替换的操作，常规替换的操作步骤如下：

（1）将插入点设置在文档的起始位置，选择"开始"选项卡的"编辑"组，单击"替换"按钮，或使用<Ctrl+H>快捷键，弹出"查找和替换"对话框"替换"选项卡，如图4—35所示。

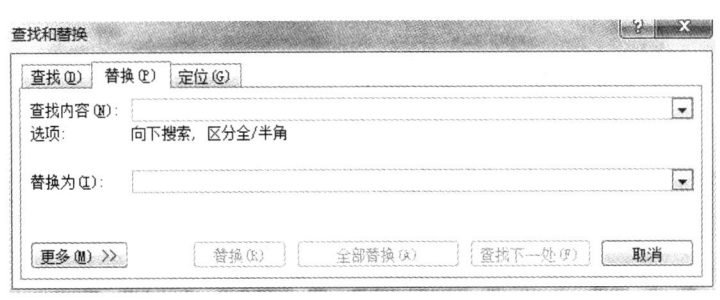

图4—35 "查找和替换"对话框 – "替换"选项卡

（2）在"查找内容"文本框中，输入要查找的内容，如单词"Excel"，在"替换为"文本框里输入要替换的内容为"EXCEL"，单击"替换"按钮，系统将从插入点所在位置向后查找，停留在第一个"Excel"处，并不替换，再次单击"替换"，则第一个"Excel"替换为"EXCEL"，再次点"替换"，会依次替换。若想把全文中所有查找框内内容全部替换，则单击"全部替换"按钮，系统将自动搜索全文中所有"Excel"并全部替换为"EXCEL"。最后弹出提示框（见图4—36）提示用户："Word 已达到文档的结尾处，共替换 4 处。是否继续从开始处搜索？"

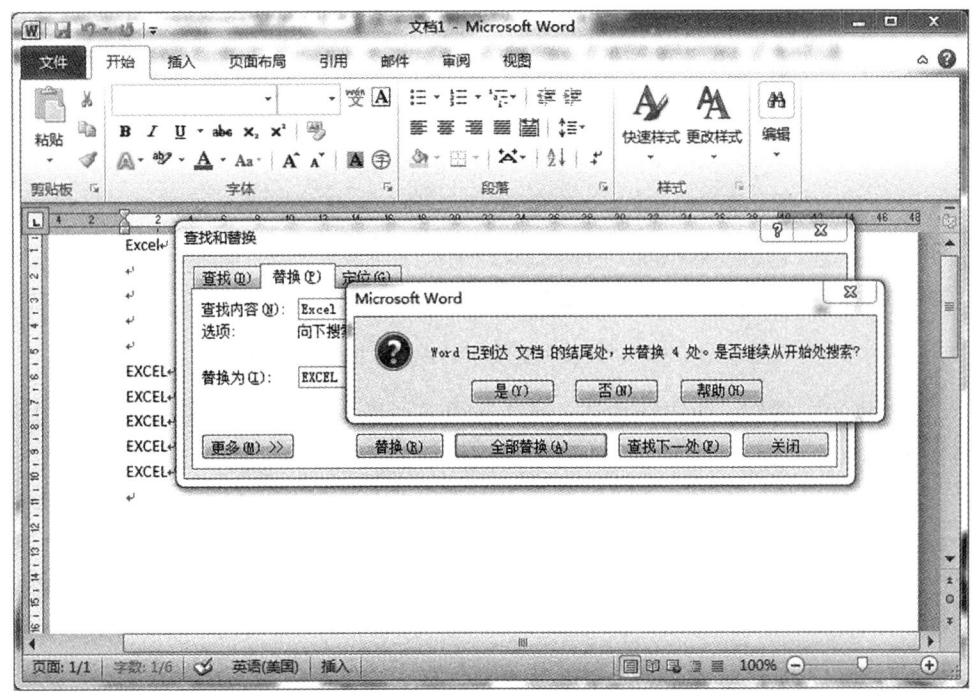

图4—36 "全部替换"文本提示框

（3）若用户决定从文档的开始处再搜索一遍，可以单击"是"按钮，将继续从开始处替换，并弹出提示框提示用户："Word 已完成对文档的搜索并已完成 6 处替换。"单击"否"按钮则将返回"查找和替换"对话框，可以选择进行下一步操作或者关闭对话框。

2. 替换指定内容

当需要替换成特殊的指定内容时，就要借助于高级替换功能了，单击"替换"选项卡左下角的"更多"按钮，展开高级设置"搜索选项"组，在这里可以对"查找内容"和"替换内容"设置格式，如图4—37所示。

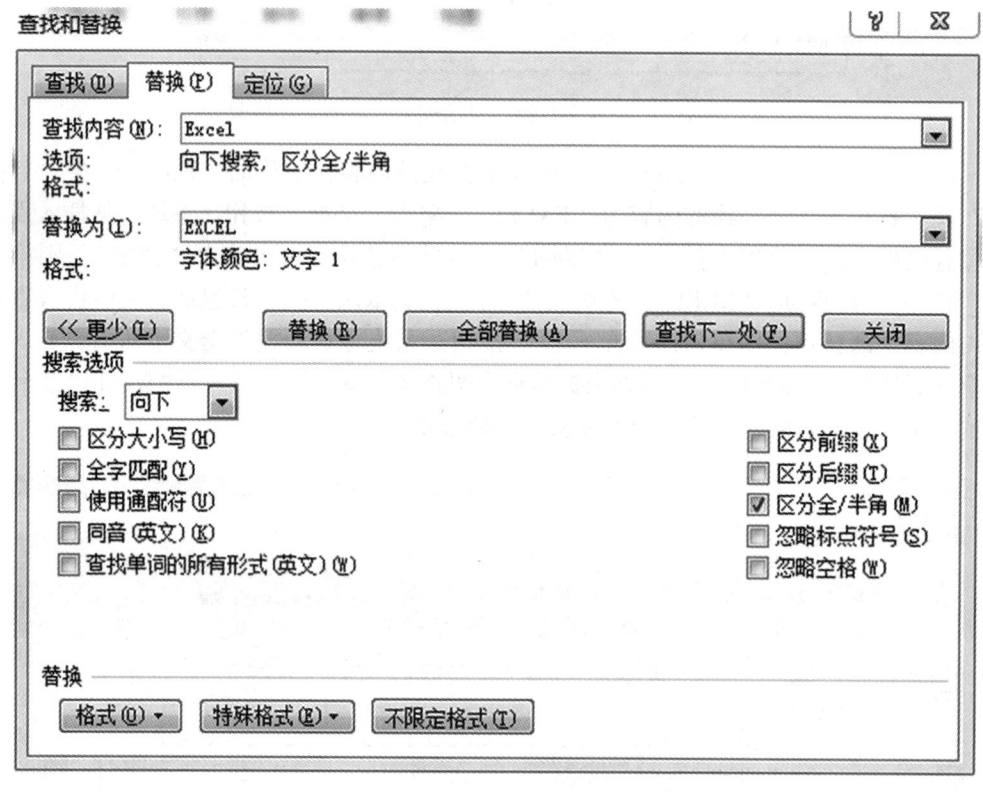

图4—37 "查找和替换"对话框"更多"选项

（1）"格式"按钮。单击该按钮，可以弹出下一级子菜单，在该子菜单中可以设置替换文本的格式，如字体、段落、制表位等。

（2）"特殊格式"按钮。单击该按钮可以弹出下一级菜单，在该菜单中可以选择要替换或替换为的特殊字符，如段落标记、省略号等。

（3）"不限定格式"按钮。设置了替换文本的格式后，单击该按钮可以取消替换文本的格式设置。

3. 替换操作要点

（1）进行替换时，必须先进行查找操作，只能替换查找到的内容。

（2）进行有选择性的替换时，可逐个词语进行替换，遇到不替换的词语时，单击"查找下一处"按钮，即可跳过该处进行下一处查找和替换。

（3）进行特殊替换时，要注意格式是否起作用。如果替换不成功，要撤销后，重新对查找内容或替换内容进行格式设置。

通用文档处理

第三节 文档格式化处理

学习目标
→ 掌握设置文档边框、底纹和背景的方法
→ 掌握设置文档特殊格式的方法

在处理文档时，除了可以对文档进行常规的字符格式化、段落格式化处理以外，还可以对文档进行特殊格式化处理。

一、文档常用格式化处理

边框和底纹是常用的文档格式化处理手段，用于美化文档，同时也可以起到突出和醒目的作用，增加读者对文档不同部分的阅读兴趣和注意程度。

1. 边框

边框可以分为对象边框和页面边框两类。用户为页面、文本、表格和表格的单元格、图形对象、图片等对象设置的边框，称为对象边框。而页面边框是给整个页面加上一个边框。

（1）设置对象边框

1）选中需要加边框的文本、表格或图形，单击"页面布局"选项卡"页面背景"组中的"页面边框"按钮，弹出"边框和底纹"对话框，选择"边框"选项卡，如图4—38所示。

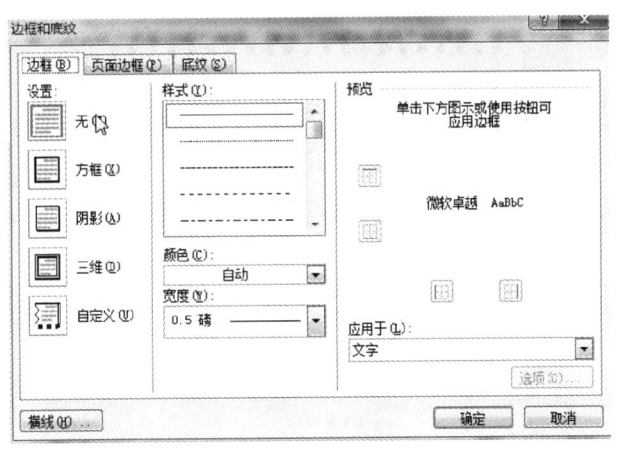

图4—38 "边框和底纹"对话框 – "边框"选项卡

2）从"设置"组的"无""方框""阴影""三维"和"自定义"五种类型中选择所需要的边框类型，在"样式"列表框中选择边框线的样式，从"颜色"下拉列表框中选择边框线的颜色,在"宽度"下拉列表框中选择边框的线宽,在"应用于"下拉列表框中设置文字应用的范围,在"预览"区设置要添加边框的位置,最后单击"确定"按钮完成设置。添加完边框的文字效果如图4—39所示。

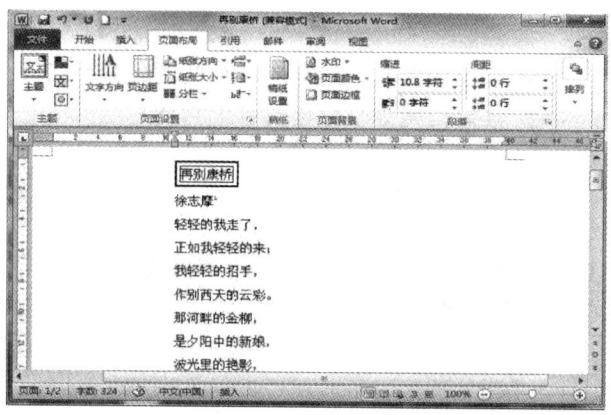

图4—39　添加边框效果

(2)设置页面边框

1)把光标置于要添加页面边框的页面内,单击"页面布局"选项卡"页面背景"组中的"页面边框"按钮,弹出"边框和底纹"对话框,选中"页面边框"选项卡。边框类型、样式、颜色和宽度等设置方法与对象和文本边框的设置方法基本相同,"应用于"下拉列表显示可以应用的不同范围,根据自己的需要进行设置。例如给素材"再别康桥"加上艺术型页面边框的效果如图4—40所示。

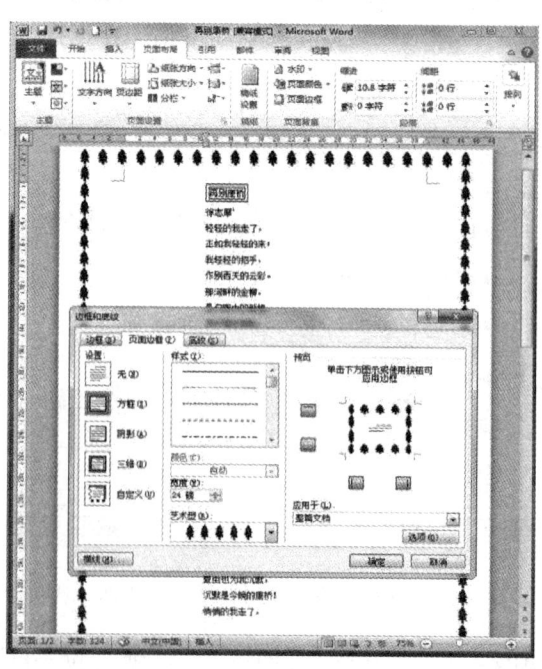

图4—40　页面边框效果

2）单击"边框和底纹"对话框"页面边框"选项卡"选项"按钮，打开"边框和底纹选项"对话框，如图4—41所示，在该对话框中设置页面边距正文上、下、左、右的距离。设置完成单击"确定"按钮。

（3）设置边框的注意事项

1）边框分为页面边框和对象边框，根据需要给不同的项目设置相应的边框。

2）在设置文字对象边框时，要注意区分应用于"文字"或"段落"的范围。

3）在设置表格对象边框时，可以自动套用系统自带的格式，也可以自己设置不同的格式。

4）在设置图形和艺术字边框时，可以设置不同的线条、阴影、三维效果等。

5）若要删除不需要的页面边框，把光标置于页面内，打开"边框和底纹"对话框，在"页面边框"选项卡中选择"无"即可。删除对象边框的方法与删除页面边框的方法相似。

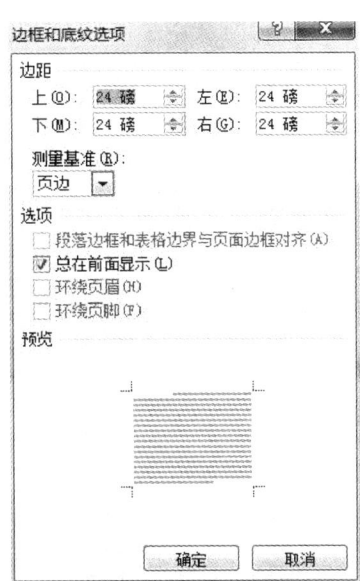

图4—41 页面边框选项

2. 底纹

如果需要在一段文本或表格中打印背景色，可以给文本添加底纹。底纹是给表格或一段文本加上的背景颜色，可应用于段落与个别文字。底纹既可以是标准色，也可以是系统设定带有图案样式的特定底纹。给文字或表格添加底纹的操作步骤如下：

（1）选定需要添加底纹的文字或表格，单击"页面布局"选项卡"页面背景"组中的"页面边框"按钮，在弹出的"边框和底纹"对话框中选择"底纹"选项卡，如图4—42所示。

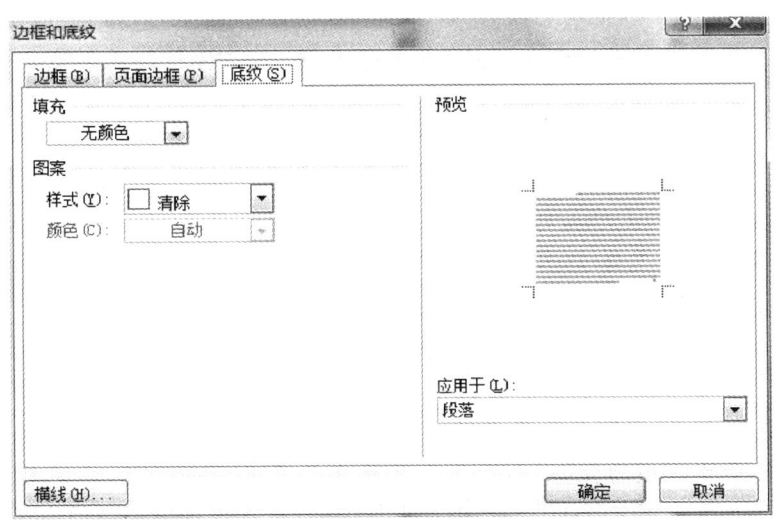

图4—42 "边框和底纹"对话框"底纹"选项卡

（2）在"填充"框中，可以为底纹选择添加填充色。在"预览"区的"应用于"下拉列表框中，选择底纹应用的范围。在"图案"组中，可以选择底纹的样式和颜色，在"样式"列表框中选择所需的图案样式。设置完毕后单击"确定"按钮，保存设置并退出，新设置的边框和底纹将应用于所选择的项目。例如在素材"再别康桥"中，为"再别康桥"设置"淡绿色"填充色，应用于"文字"，为下面的两句诗设置"橄榄绿，强调文字3"填充颜色，图案选项中样式为"15%"，颜色为"深蓝，文字2，淡色40%"，应用于"段落"，设置底纹效果如图4—43所示。

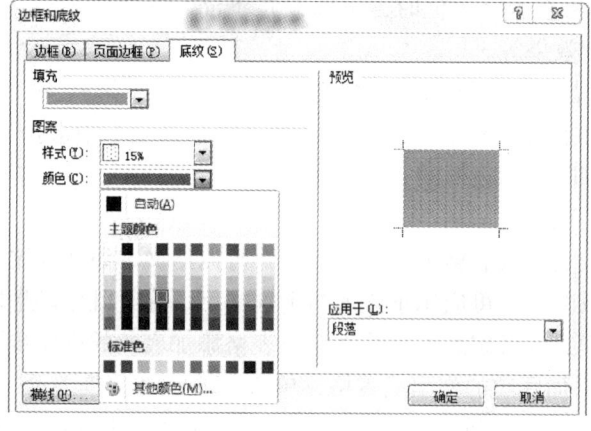

图4—43 设置底纹效果

要删除文字或表格底纹，先选定这些文字或表格，按照如前所述的方法在"边框和底纹"对话框的"底纹"选项卡中"填充"下拉列表中选择"无颜色"即可。

3. 背景

给文档添加丰富多彩的背景，可以使文档更加生动和美观，Word 2010提供了强大的背景功能，不仅可以使用预置的颜色做背景，还能用图片、织物状的底纹等做背景。在默认设置下，背景在打印文档的时候不会被打印出来，若需打印背景色和图像，单击左上角的"文件"选项卡，在弹出的菜单中单击"选项"，在弹出的"Word选项"对话框中选择"显示"选项卡，在"打印选项"中选择"打印背景色和图像"复选框即可。为文档设置背景包括背景和水印两种方式。

（1）背景

1）设置或删除文档背景。单击"页面布局"选项卡"页面背景"组中的"页面颜色"按钮，弹出"主题颜色"调色板。鼠标在各色块上悬停时，可以看到预览应用此颜色的效果。单击要作为背景的色块，即把该颜色作为纯色背景应用到文档上，如图4—44所示。

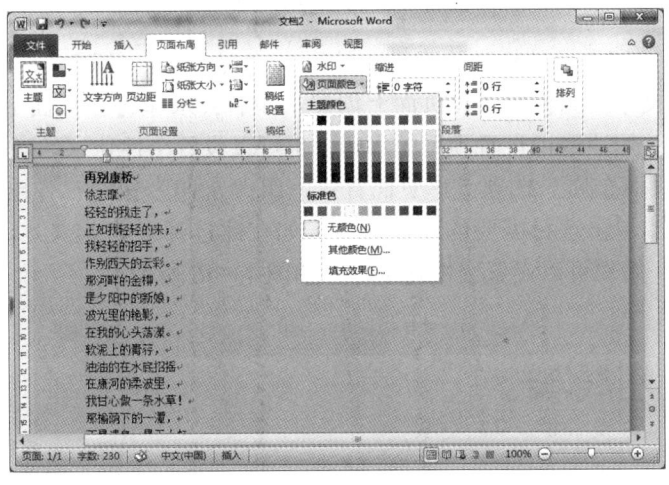

图 4—44 设置页面颜色

若需要选择其他颜色，还可以单击"其他颜色"选项，在弹出的"颜色"对话框中选择"标准"选项卡，在"颜色"区中单击选中的颜色即可。

若需删除文档的背景颜色，可单击"页面背景"组中"页面颜色"按钮，在弹出的下拉菜单中选择"无颜色"选项即可。

2）设置填充效果。单击"页面布局"选项卡"页面背景"组"页面颜色"按钮，在弹出的下拉菜单中选择"填充效果"选项，弹出"填充效果"对话框，如图4—45所示。这里提供了"渐变""纹理""图案""图片"4种背景填充效果，可根据需要选择。

在"渐变"选项卡中，点选"单色"或"双色"单选按钮来创建不同类型的渐变效果，然后在"底纹样式"组中选择渐变的样式。在"纹理"选项卡中，用户可以在"纹理"区中选择一种作为文档页面的背景纹理。在"图案"选项卡中，用户可以在该选项卡中选择需要的图案，并在"前景"和"背景"下拉列表框中选择图案的前景和背景。在"图片"选项卡中，可以为文档指定某幅图片作为背景。

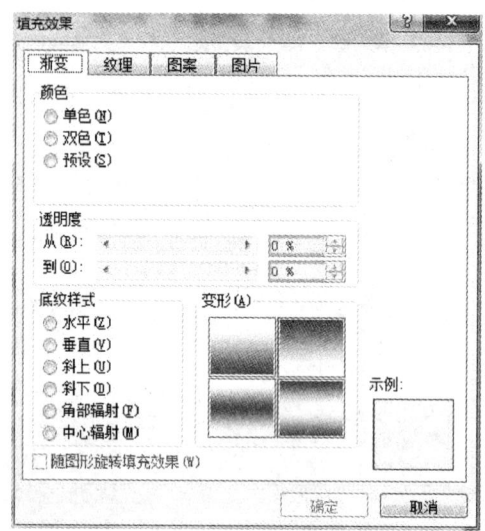

图 4—45 "填充效果"对话框

（2）水印。水印是一种特殊的背景，是指水印在页面上的透明花纹，它可以是一幅画，或是一段文字。当使用者在页面上创建水印后，水印将在页面上以半透明显示，成为正文的背景。用户既可设置预置的水印，也可以设置个性化水印。

1）单击"页面布局"选项卡"页面背景"组"水印"按钮，弹出预置的"机密"等菜单项，在其中单击选择需要的水印即可。如在此选择"自定义水印"选项，弹出"水印"对话框，用户可以设置个性化水印，如图4—46所示。

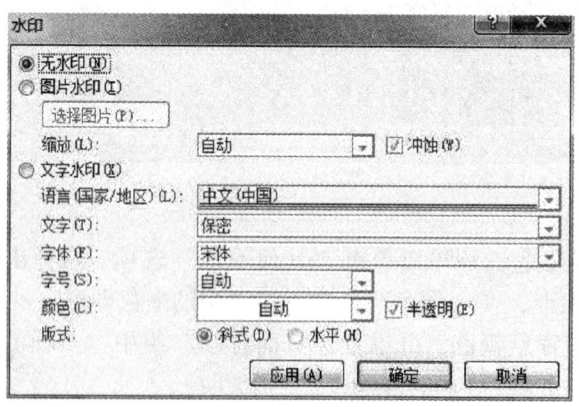

图 4—46 "水印"对话框

2）在文档中添加水印后，可以很方便地进行删除，单击"水印"按钮，在弹出的菜单中选择"删除水印"即可。

（3）背景的特点

1）Word 2010 既可以为文档设置单色的背景，也可以设置渐变、纹理、图案和图片格式的背景，还可以设置水印样式的背景。

2）背景不同于底纹，背景是整个页面的背景，若要设置局部背景，则需使用"边框和底纹"对话框中的"底纹"选项卡。

3）背景可以自由删除，还可自由设置所添加背景在打印时是否显示出来。

二、设置特殊格式

1. 文档的特殊格式

（1）首字下沉。首字下沉是文本编辑中常用的一种文本修饰方法，把文章开头的第一个字符设置得比文档中的其他字符大一些，或是字体不同，以显得醒目一点。设置首字下沉的操作方法如下：

1）选中要下沉的字符，选择"插入"选项卡"文本"组，单击"首字下沉"下拉菜单项，如图4—47所示。

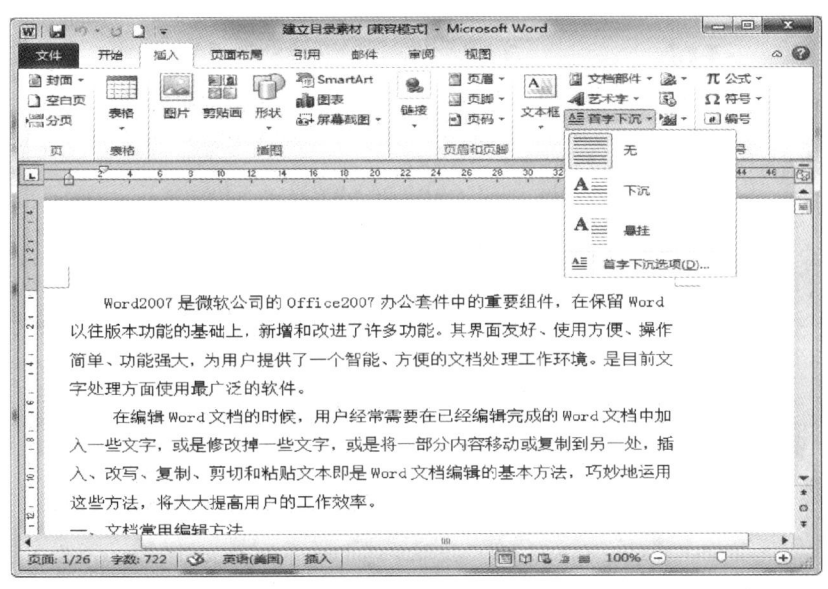

图4—47　首字下沉下拉菜单项

2）单击"首字下沉选项"选项，弹出"首字下沉"对话框，如图4—48所示。在"位置"组中，选择下沉方式；在"选项"组的"字体"下拉列表框中，选择下沉字符的字体；在"下沉行数"框中，设置首字下沉所占的行数；在"距正文"框中，设置首字与正文之间的距离；单击"确定"按钮完成设置，设置后效果如图4—49所示。

（2）页眉和页脚。页眉和页脚通常用于显示文件的附加信息，如页数、日期、作者名称、单位名称或章节名称等文字或图形。页眉位于页面的顶部，页脚位于页面的底部。既可以给每一页加上相同的页眉和页脚，也可以在文档的不同部分使用不同的页眉和页

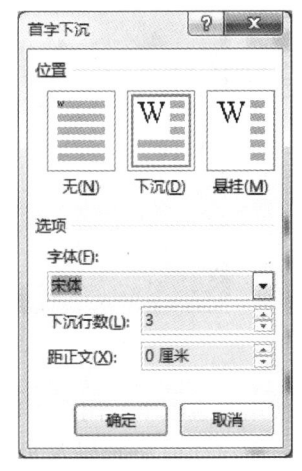

图4—48　"首字下沉"对话框

脚。为文档添加页眉和页脚的操作方法如下：

1）添加页眉和页脚。单击"插入"选项卡"页眉页脚"组中的"页眉"按钮，在弹出的下拉列表中选择一种所需的样式，此时功能区将显示出页眉页脚的"设计"选项卡，如图4—50所示。

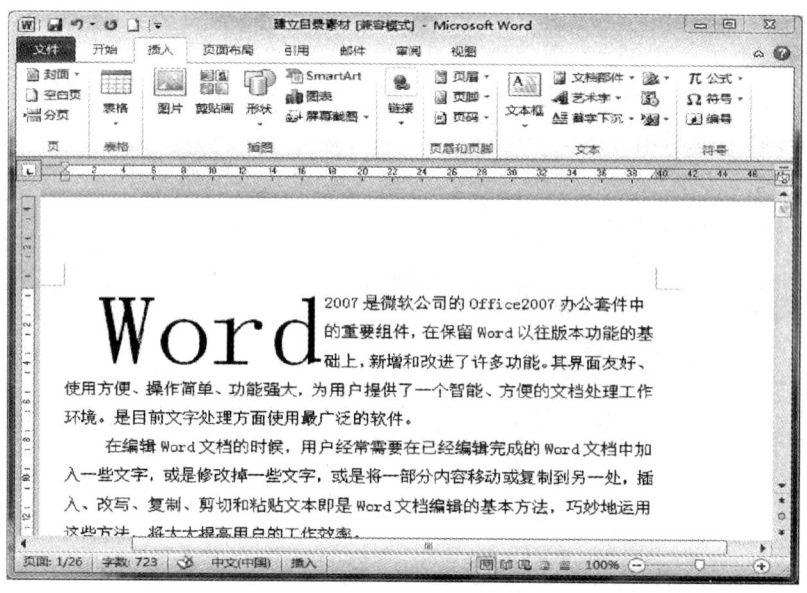

图4—49　设置首字下沉效果

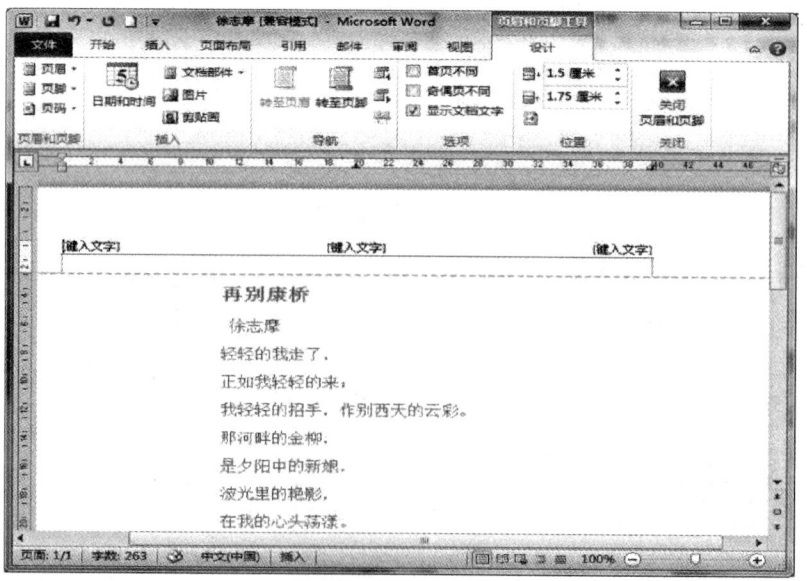

图4—50　插入页眉页脚

使用此选项卡，用户可以方便地编辑页眉和页脚，在此可以插入日期和时间、文档部件、图片和剪贴画以及页码。在编辑页眉时，单击"设计"选项卡"导航"组中"转至页脚"按钮，可转换至页脚进行编辑，页脚与页眉的编辑类似。可以像文本的编辑一样设定格式，设置完毕后单击"设计"选项卡"关闭"组中的"关闭页眉和页脚"按钮。

2）页眉和页脚的设置。在"设计"选项卡"选项"组中勾选"首页不同"复选项，可以设置第一页与其他页不相同的页眉和页脚；勾选"奇偶页不同"复选项可以分别设置奇数页和偶数页不同的页眉和页脚；调整"位置"组中的"页眉顶端距离"和"页脚底端距离"可以调整页眉和页脚距纸张边缘的距离。

3）页眉和页脚的删除。需要删除页眉和页脚时，选中页眉和页脚的内容，单击"插入"选项卡"页眉和页脚"组中的"页眉"或"页脚"按钮，在弹出的下拉菜单中选择"删除页眉"或"删除页脚"命令即可。

（3）分节与分栏。当一篇文档需要多种不同格式或版式时，需要用到分节命令。当在一页上分为多栏排版时，则需要用到分栏命令。

1）分节。将光标移动到需要分节的位置，单击"页面布局"选项卡"页面设置"组中的"分隔符"按钮，弹出"分页符/分节符"下拉菜单；然后单击选中需要添加的分节符即可，如图4—51所示。

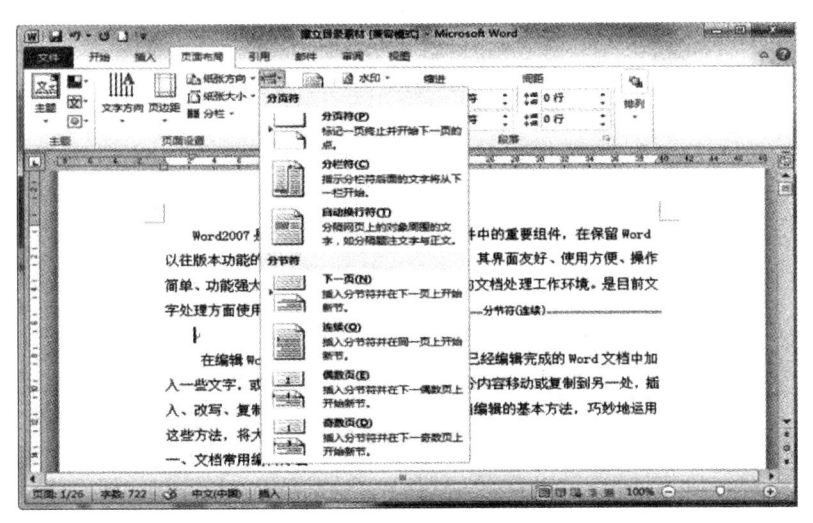

图4—51　分隔符下拉菜单

若要删除已设置的分节符，首先选中要删除的分节符，按下＜Delete＞键即可，需要注意的是，在删除分节符的同时，也将删除分节符前面的分节格式，该文本将变成原分节符后一节的一部分，并采用后一节的格式。

2）分栏。单击"页面布局"选项卡"页面设置"组"分栏"按钮，在弹出的"分栏"下拉菜单中选择所需的栏数，如图4—52所示。

选择"更多分栏"选项，可在弹出的"分栏"对话框中可设置更多的分栏的栏数，栏的数目在1~11之间有效。

2. 特殊格式设置要求

（1）首字下沉在一篇文档中可以多次使用，但要注意设置好字体下沉位置及大小，保证与全篇文档格式统一协调。

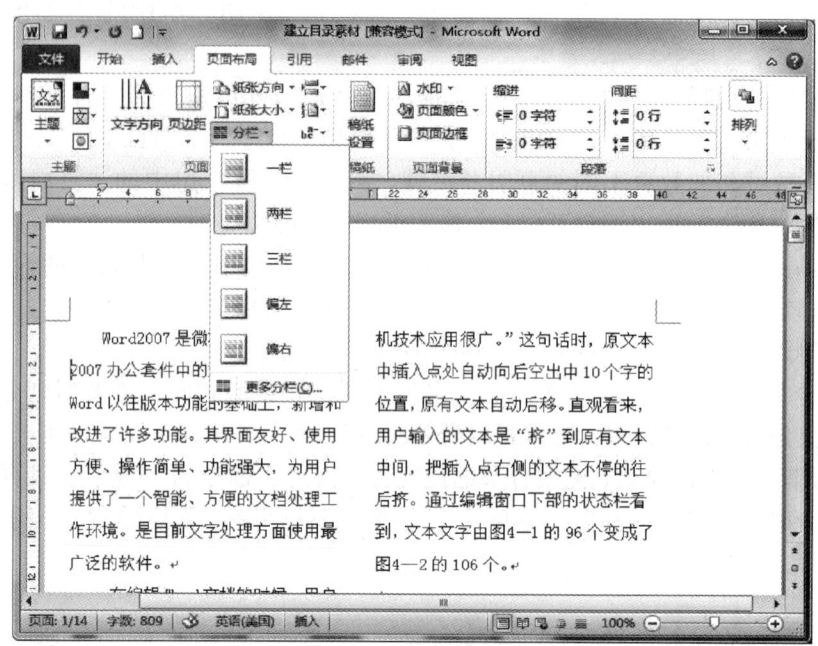

图4—52　设置分栏及效果

（2）合理使用页眉和页脚，可以方便地查看与管理长文档。页眉和页脚栏内可以插入页码、时间、编辑者信息，还可以插入图片及图形等信息，不需要时可以删除。

（3）分节可以把文档分成不同的小节，可以单独设置格式。分栏可以把文档分成若干栏，便于管理和查看文档。分节和分栏也是管理长文档的重要方法。

第四节　邮件合并

→ 掌握邮件合并操作
→ 掌握通过筛选和排序选择合并项的操作

邮件合并是 Word 2010 中实用的功能之一，邮件合并的目的旨在加速创建一个文档并且发送给多个人，它甚至还能够自定义名字、地址以及其他的一些详细信息。如果想要发送一个派对、一场婚礼的请帖，或是任何需要批量发送的邮件，这项功能能够大大地提高工作效率。

一、邮件合并的操作

1. 邮件合并的操作步骤

邮件合并的基本过程包括建立主文档、准备数据源、将数据源合并到主文档等步骤。使用"邮件"选项卡下的"创建""开始邮件合并""编写和插入域""预览结果"及"完成"等组即可实现邮件合并。

（1）建立主文档。主文档是指邮件合并内容中固定不变的部分，如信函中的通用部分、信封上的落款等。建立主文档的过程和平时新建一个 Word 文档一样，在进行邮件合并之前它只是一个普通的文档。唯一不同的是，如果为邮件合并创建一个主文档，要在合适的位置留下数据填充的空间。

（2）准备数据源。数据源就是数据记录表，其中相关的数据就包含在记录表中对应的字段和记录中。一般情况下，考虑使用邮件合并来提高效率正是因为已经有了相关的数据源，如 Excel 表格、Outlook 联系人或 Access 数据库。如果没有现成的，也可以建立一个数据源。

需要提醒的是，在实际工作中，Excel 表格中可能包含标题。如果要用来作为数据源，应该先将其删除，得到以标题行（字段名）开始的一张 Excel 表格，因为将使用这些字段名来引用数据表中的记录。

（3）将数据源合并到主文档中。利用邮件合并工具，可以将数据源合并到主文档中以得到目标文档。合并完成的文档的份数取决于数据表中记录的条数。

【例 4—1】批量打印奖状

（1）制作奖状模板。用 Word 2010 制作一个奖状模板，并保存为"奖状.docx"，将其中姓名、奖项、年级及奖励等级等编写到相应位置，确保打印输出后的格式与奖状纸相符，如图 4—53 所示。

```
____同学：
  你在学校举行的_""_活动中荣获_年级

              等奖

  特发此状，以资鼓励

              北京市实验中学
                2013 年 12 月
```

图 4—53　邮件合并主文档

（2）准备数据源。用 Excel 制作如图 4—54 所示的获奖学生名单并保存为"获奖学生名单.xlsx"。

（3）关联数据源。在 Word 2010 中打开"奖状.docx"，打开"邮件"选项卡，单击"开始邮件合并"组"选择收件人"选项，在下拉列表中选择"使用现有列表"，如图 4—55 所示。

（4）在弹出的"选择数据源"窗口中选择前面准备好的文件"获奖学生名单.xlsx"，然后在弹出的"选择表格"对话框中选择相应的工作表，此处为"获奖名单$"，要注意的是不要取消默认的"数据首行包括列标题"选项，如图 4—56 所示，单击"确定"按钮。

	A	B	C	D	E
1	姓名	年级	奖项	奖励等级	备注
2	李凯	七	数学竞赛	一	
3	刘丽丽	七	数学竞赛	二	
4	王小玉	八	数学竞赛	二	
5	张杰	九	数学竞赛	三	
6	马明洋	八	物理竞赛	一	
7	赵亮亮	七	物理竞赛	二	
8	李小路	七	物理竞赛	二	
9	张宇	九	化学竞赛	二	
10	程铭	九	化学竞赛	一	
11	吕小倩	九	化学竞赛	三	
12	孙伟	八	诗歌朗诵比赛	一	
13	李佩	七	诗歌朗诵比赛	二	

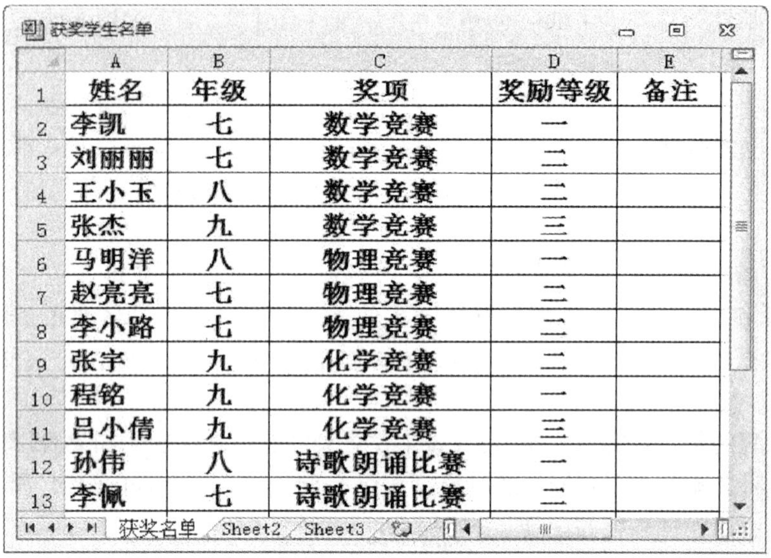

图 4—54　数据源表格

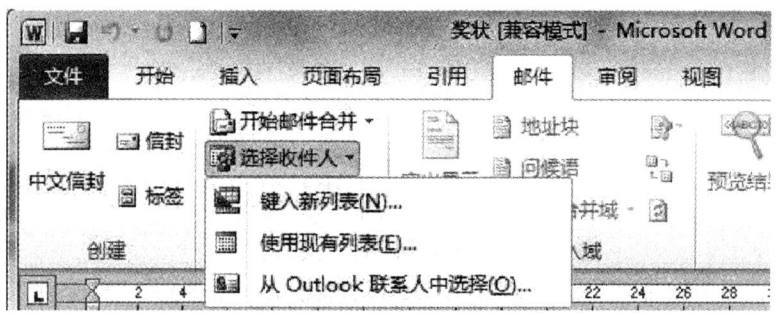

图 4—55　“选择收件人”下拉列表

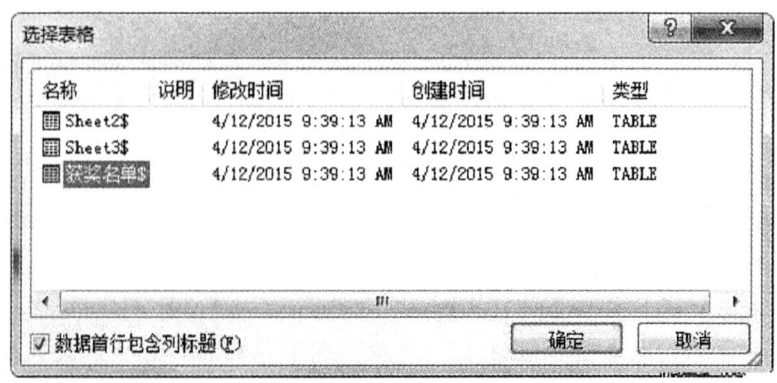

图 4—56　选择数据源表格

（5）将鼠标定位到需要插入姓名的地方，单击“插入合并域”右侧的箭头，在弹出的下拉列表中选择“姓名”。再用同样的方法完成奖项、年级等的插入，完成后的效果如图 4—57 所示。

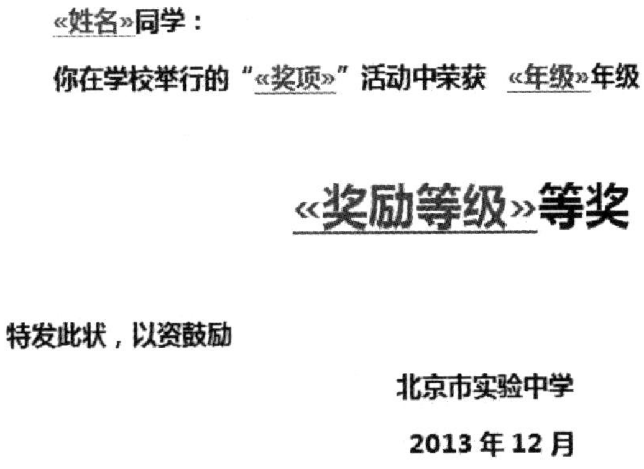

«姓名»同学：
你在学校举行的“«奖项»”活动中荣获 «年级»年级
«奖励等级»等奖
特发此状，以资鼓励
北京市实验中学
2013 年 12 月

图 4—57　插入合并域效果

（6）预览并打印。单击“预览结果”按钮，用前后箭头浏览合并数据后的效果，选择“完成并合并/编辑单个文档”可以生成一个包含所有奖状的 Word 文档，如图 4—58 所示。这时即可批量打印。

信函 1 [兼容模式] - Microsoft Word
文件
开始
插入
页面布局
引用
邮件
审阅
视图
李凯 同学：
你在学校举行的“数学竞赛”活动中荣获 七 年级
一等奖
特发此状，以资鼓励
北京市实验中学
2013 年 12 月
页面: 1/26
字数: 652
中文(中国)
插入
100%

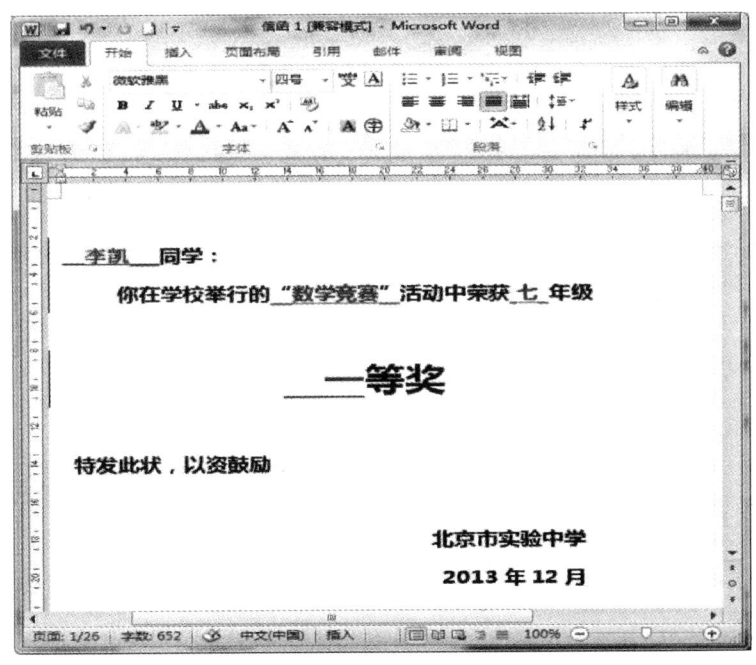

图 4—58　邮件合并预览打印

【例 4—2】 制作资产标签

行政人员工作上不可缺少的一部分便是制作资产标签，在数量少的情况下可以将每条记录粘贴到 Word 中再进行打印，如果资产数量众多，这样做就费时费力且容易出错，使用 Word 中“邮件合并”功能可以轻松完成资产标签制作。具体步骤如下：

（1）创建主文档。新建资产标签主文档，在文档中插入表格，在每个单元格中输入“资产名称”和“资产编号”项，如图 4—59 所示。

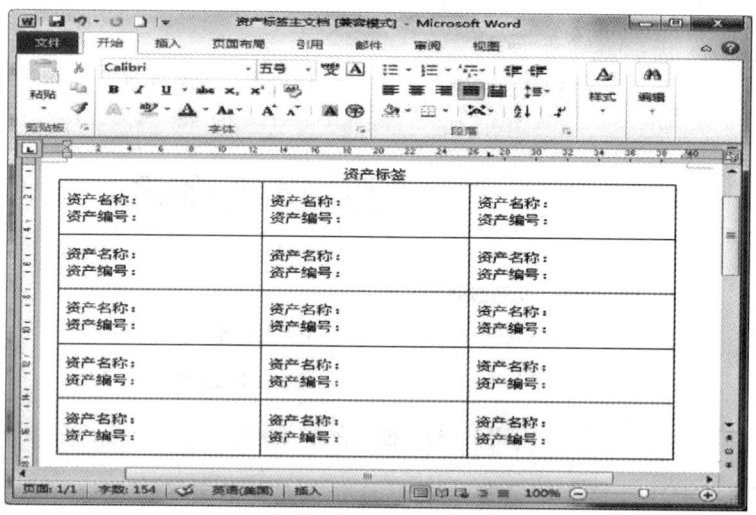

图4—59 资产标签主文档

（2）创建数据源。使用Excel创建资产标签数据源文件，如图4—60所示。

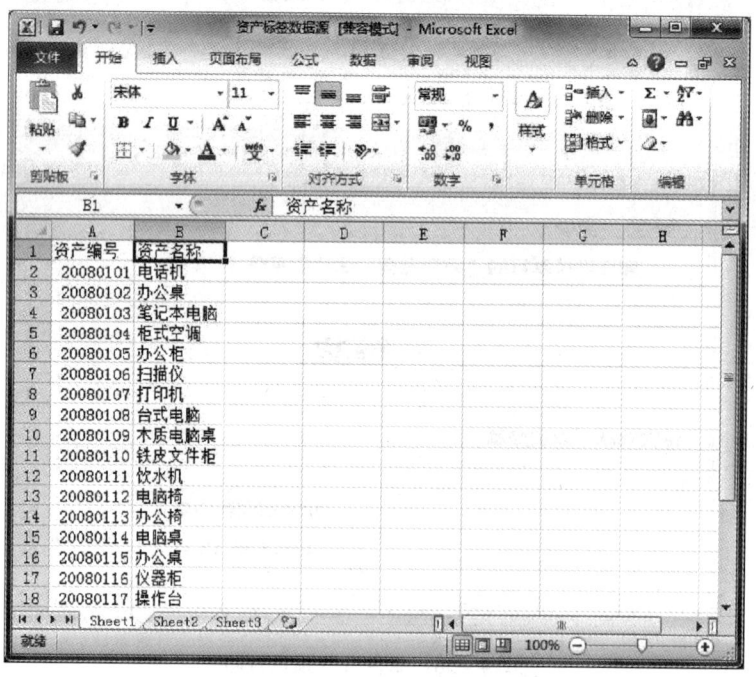

图4—60 资产标签数据源文件

（3）获取数据源。在Word 2010中打开"资产标签主文档.docx"打开"邮件"选项卡，单击"开始邮件合并"组"选择收件人"选项，在下拉列表中选择"使用现有列表"，在弹出的"选择数据源"窗口中选择前面准备好的Excel文件"资产标签数据源"，单击弹出"选择表格"对话框中"资产标签数据源"电子表格，再单击"确定"按钮即可。至此已成功链接数据源文件，如图4—61所示。

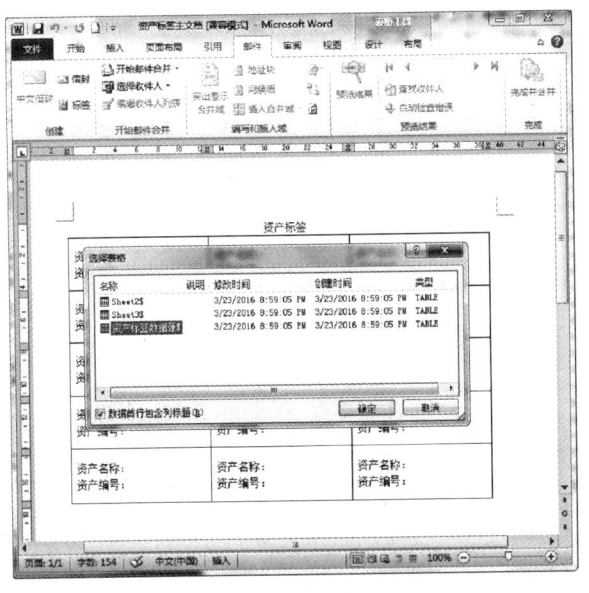

图4—61 插入数据源

(4) 插入合并域并更新域。打开"邮件"选项卡,单击"编写和插入域"组"插入合并域"选项,在下拉列表中分别选择"资产名称"和"资产编号",插入到第一个单元格中相应的"资产名称"和"资产编号"后面,如图4—62所示。

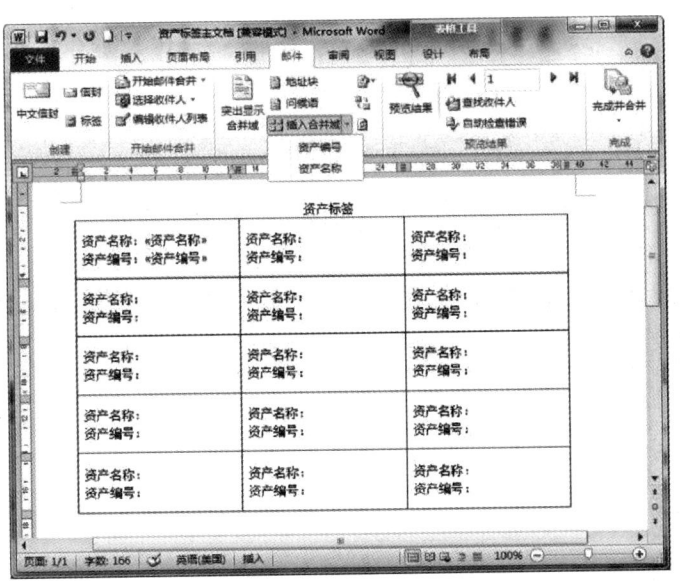

图4—62 插入合并域

打开"邮件"选项卡,单击"开始邮件合并"组"开始邮件合并"下拉菜单"标签"项,弹出"标签"对话框,单击"取消"按钮。然后,单击"编写和插入域"组"更新标签"选项,即可在"资产标签主文档"中的所有单元格中都插入合并域内容,如图4—63所示。

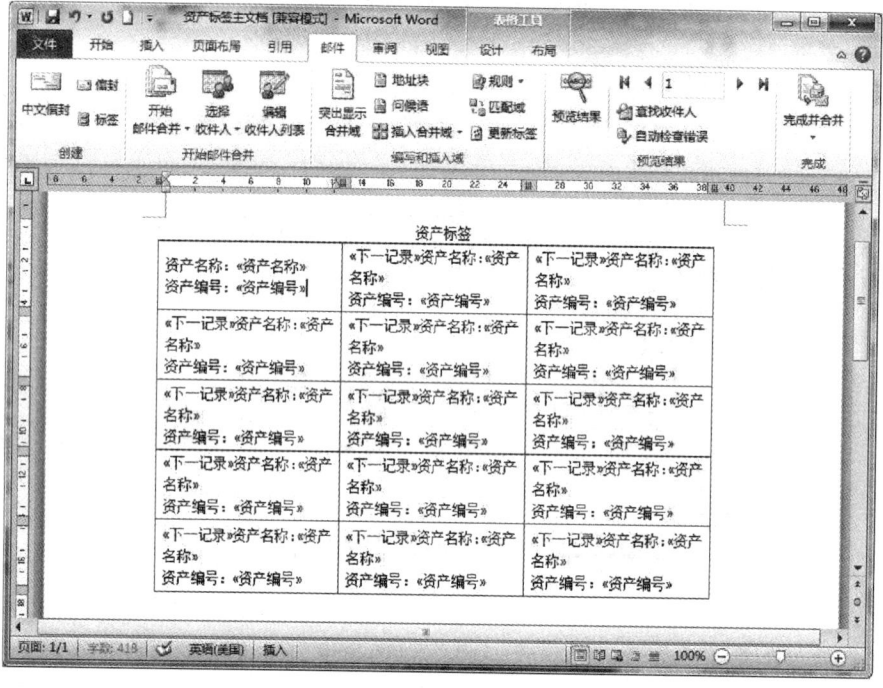

图4—63 更新标签

(5) 完成合并到新文档。打开"邮件"选项卡，单击"完成"组"完成并合并"选项，在下拉菜单中根据需要选择其中的"编辑单个文档""打印文档""发送电子邮件"，这里选择"编辑单个文档"效果如图4—64所示。

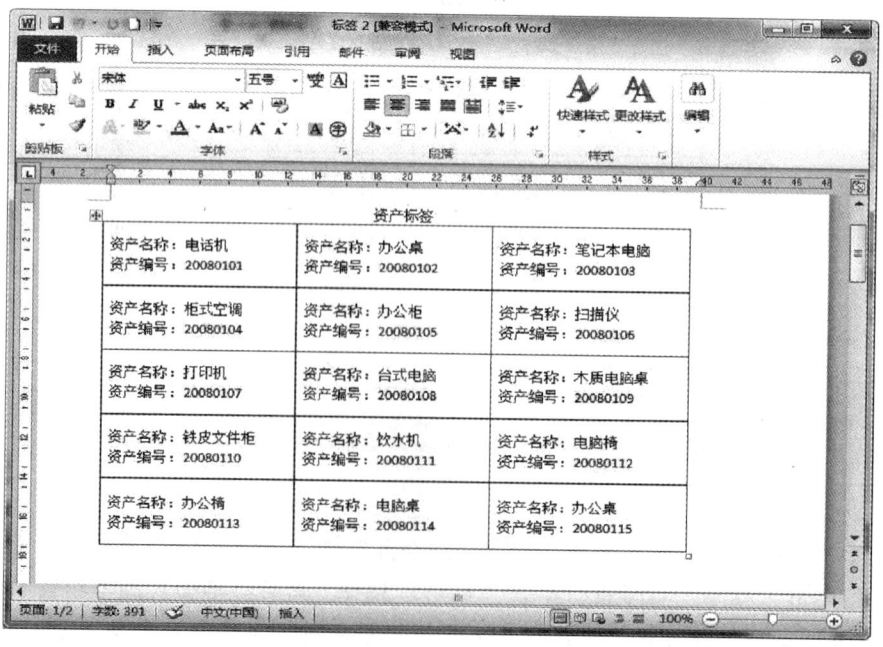

图4—64 完成合并效果图

2. 应用"邮件合并向导"完成邮件的合并

在 Word 2010 文档中，用户也可以使用"邮件合并向导"完成信函、电子邮件、信封、标签或目录的邮件合并工作，采用分步完成的方式进行。

(1) 通过"邮件合并分步向导"启动新文档。打开"邮件"选项卡单击"开始邮件合并"组"开始邮件合并"选项，在下拉菜单中单击"邮件合并分步向导"命令打开"邮件合并"任务窗格，在"选择文档类型"向导页中选中"信函"单选按钮，单击"下一步：正在启动文档"超链接，如图 4—65 所示。

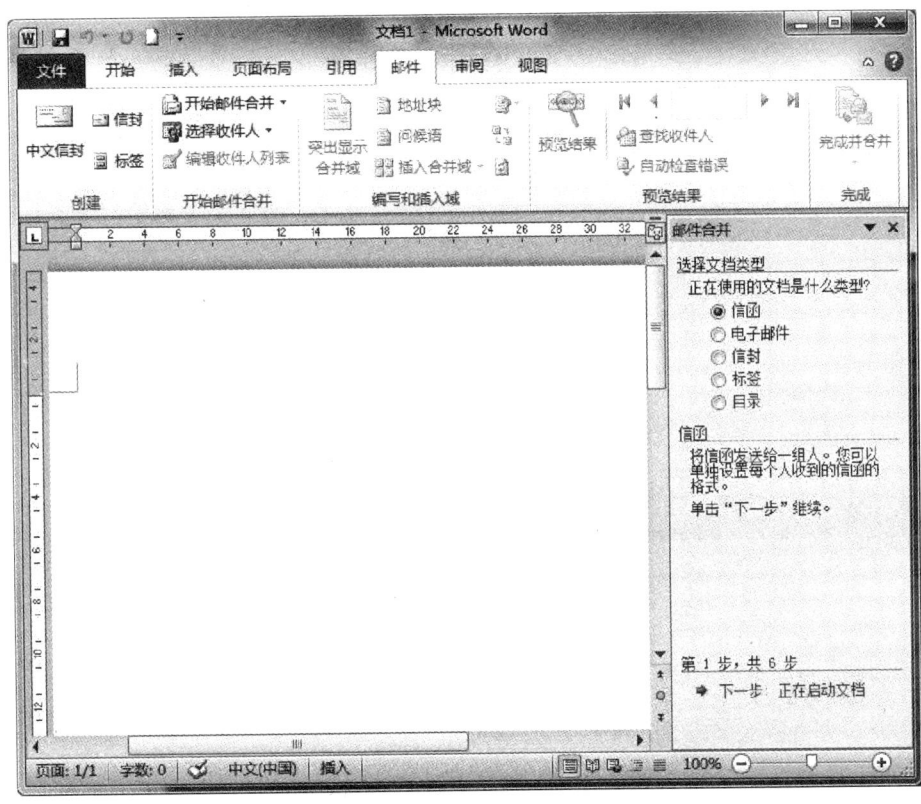

图 4—65　邮件合并分步向导对话框

(2) 通过 Outlook 选取收件人。在打开的"选择开始文档"向导页中，选中"使用当前文档"单选按钮，单击"下一步：选择收件人"超链接，在打开的"选择收件人"向导页中，选中"从 Outlook 联系人中选择"单选按钮，单击"选择'联系人'文件夹"超链接，如图 4—66 所示。

在打开的"选择配置文件"对话框中选择事先保存的 Outlook 配置文件"邮件合并测试"，然后单击"确定"按钮，如图 4—67a 所示。打开"选择联系人"对话框，选择要导入的联系人文件夹，单击"确定"按钮即可导入联系人数据源，如图 4—67b 所示。

(3) 筛选收件人。在打开的"邮件合并收件人"对话框中，根据需要取消选中联系人，如果需要合并所有收件人，直接单击"确定"按钮即可，如图 4—68 所示。

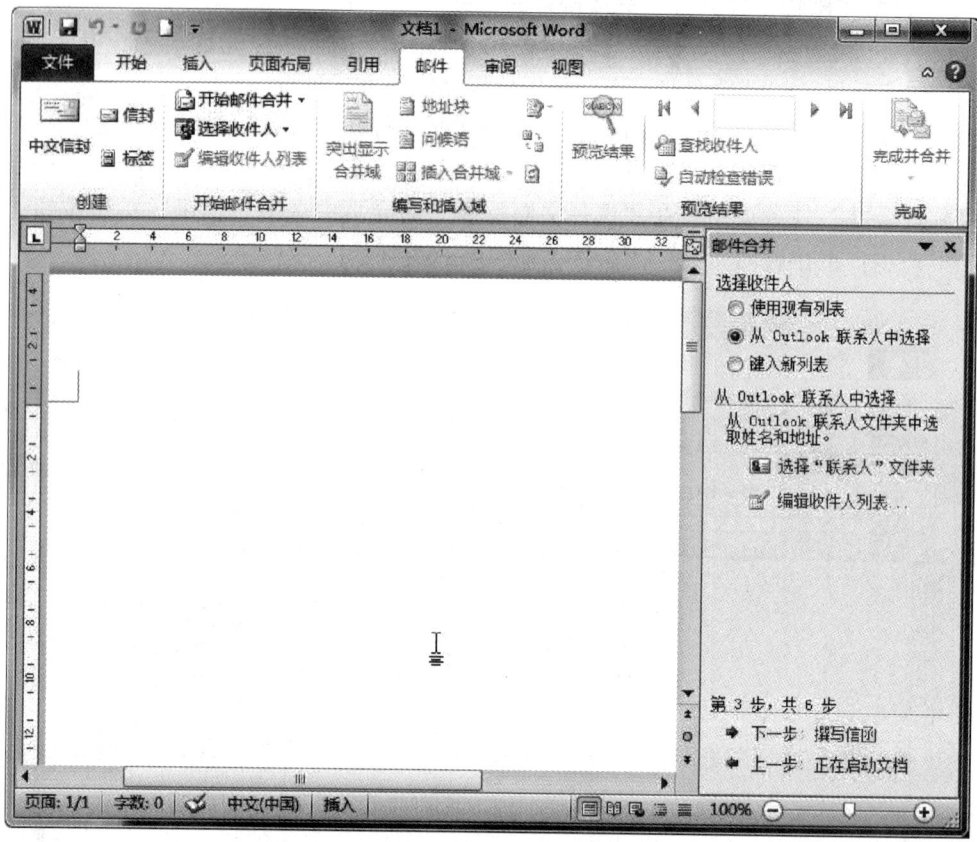

图4—66 "选择联系人"对话框

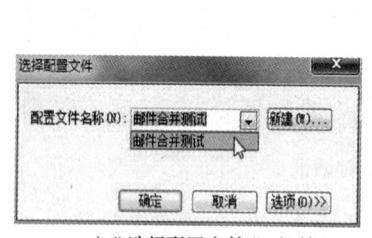

a)"选择配置文件"对话框

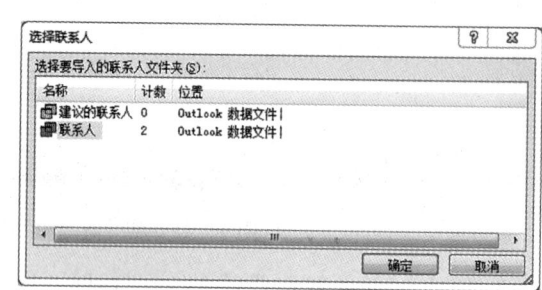

b)"选择联系人"对话框

图4—67 导入联系人

（4）撰写信函。返回Word 2010文档窗口，在"邮件合并"任务窗格"选择收件人"向导页中单击"下一步：撰写信函"超链接，打开"撰写信函"向导页，将插入点定位在文档顶部，根据需要单击"地址块"和"问候语"等超链接，并根据需要撰写信函内容，如图4—69所示。

撰写完成后，单击"下一步：预览信函"超链接，在打开的"预览信函"向导页中可以查看信函内容，如图4—70所示，单击上一个或下一个按钮可以预览其他联系人的信函，确认没有错误后单击"下一步：完成合并"超链接。

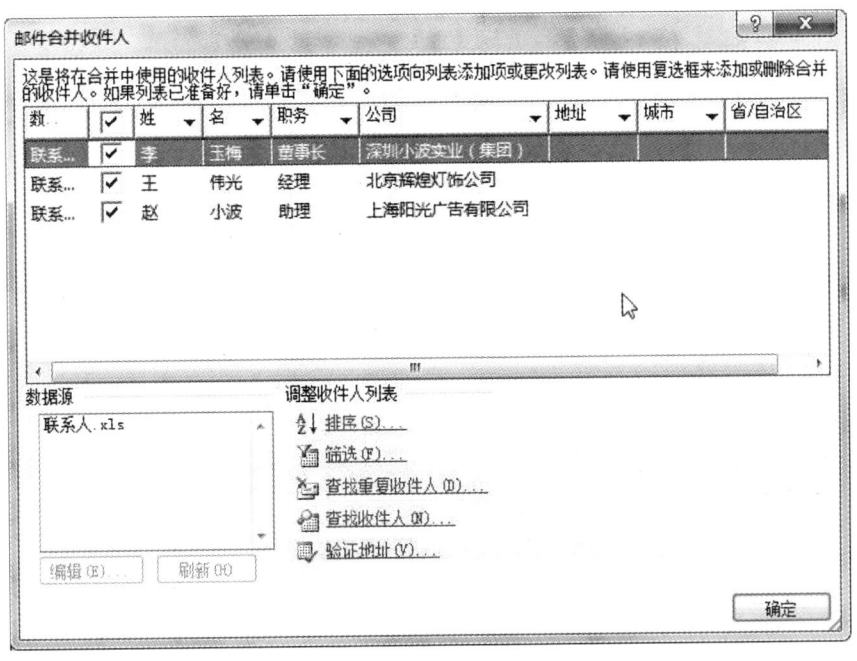

图4—68 "邮件合并收件人"对话框

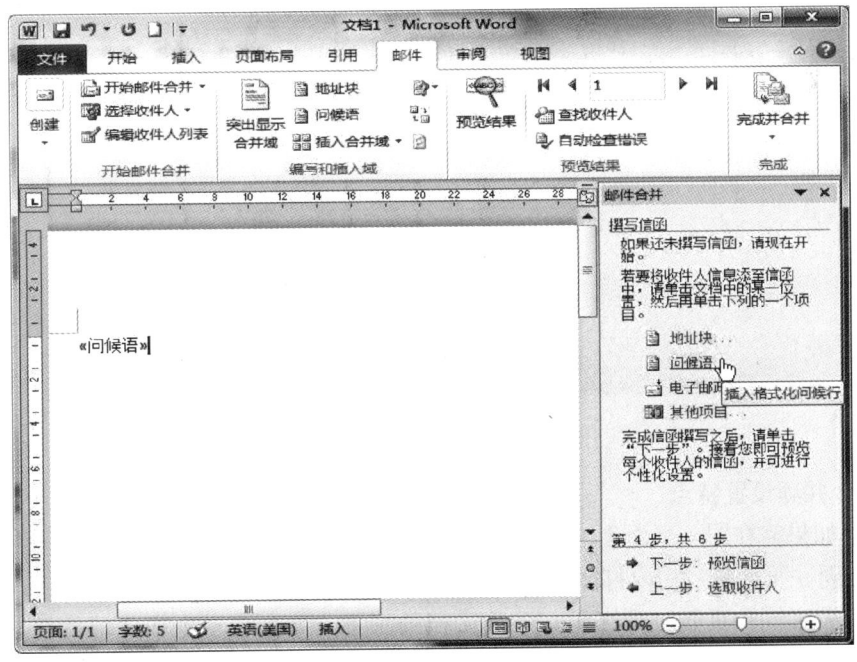

图4—69 撰写信函

(5)完成合并向导页。在打开的"完成合并"向导页中,用户既可以单击"打印"超链接开始打印信函,也可以单击"编辑单个信函"超链接针对个别信函进行再编辑,如图4—71所示。

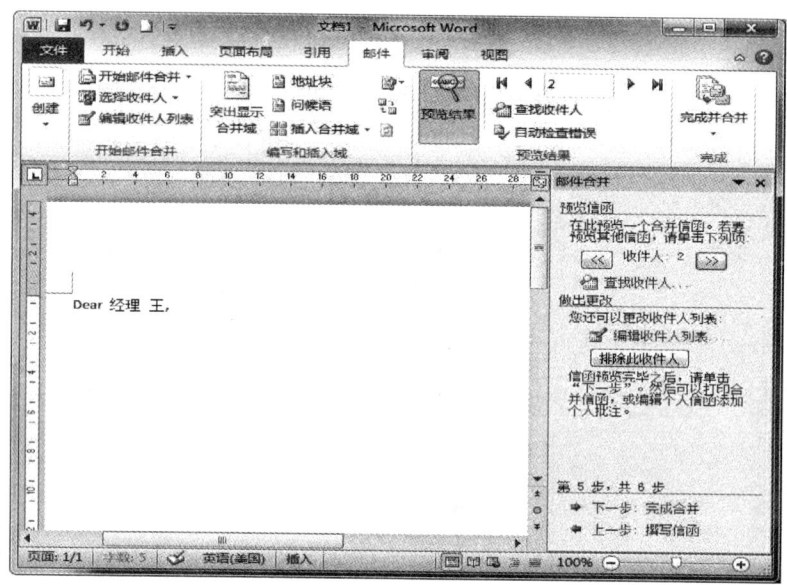

图4—70 预览信函

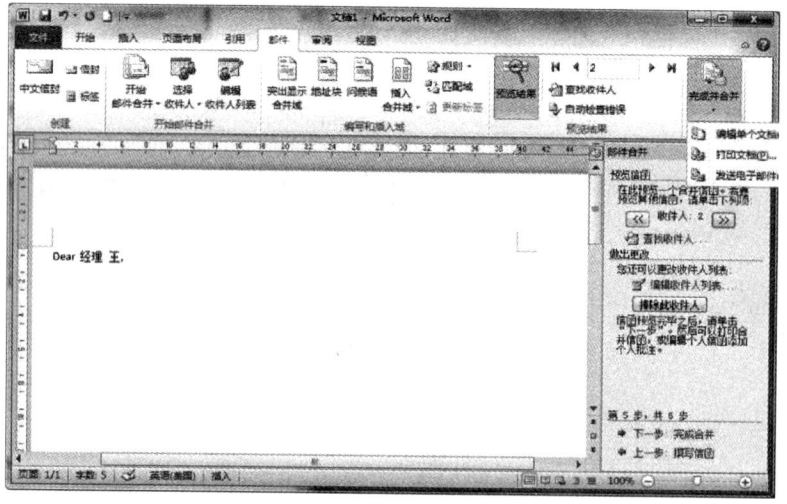

图4—71 完成合并向导页

3. 合并项设置特点

（1）如果需在同一页面创建多个主文档的副本，则应选择创建"目录"型主文档，它具有在同一页面每一栏内打印多个主文档副本的特点。

（2）若在同一页面内只打印一个主文档的副本，如全校学生毕业证的打印、各类奖状、期末学生成绩单等，则应创建"信函"型主文档，其余操作基本类同。

二、筛选及排序

1. 筛选操作

通过使用筛选功能，可以帮助用户在 Word 2010 邮件合并收件人列表中选择符合指定条件的收件人，操作步骤如下：

（1）在 Word 2010 合并邮件主文档窗口，选择"邮件"选项卡。在"开始邮件合并"组中单击"编辑收件人列表"按钮，弹出"邮件合并收件人"对话框，如图4—72所示，在其中的"调整收件人列表"区域单击"筛选"超链接。

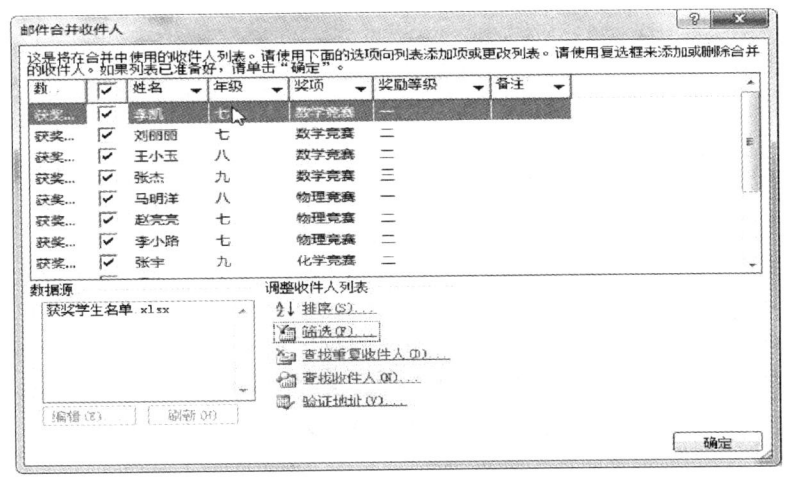

图4—72 "邮件合并收件人"对话框

需要注意的是：如果"编辑收件人列表"按钮不可用，则需要在"开始邮件合并"组单击"选择收件人"按钮，并选择合适的收件人列表。

（2）单击"筛选"超链接，在弹出的"筛选和排序"对话框，默认选择"筛选记录"选项卡，如图4—73所示。单击"域"下拉三角按钮选择筛选字段（如"奖励等级"），"比较关系"选择"等于"，在"比较对象"编辑框中输入具体筛选内容（如"二"）。完成第一个筛选规则的编辑后，如果需要的话，还可以编辑第二个筛选规则。编辑第二个筛选规则时，可以选择"与"和"或"两个条件。完成筛选规则编辑后，单击"确定"按钮。

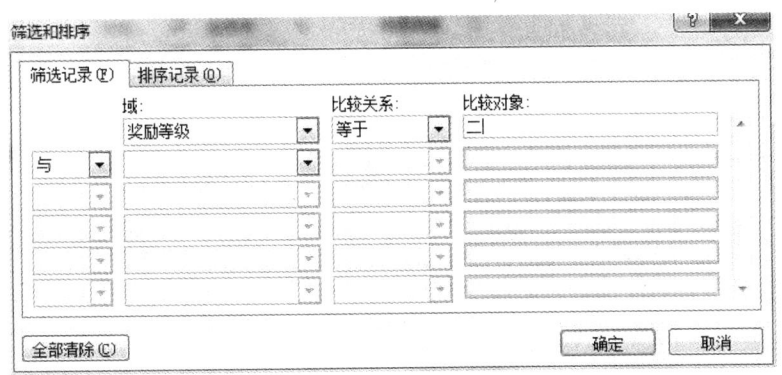

图4—73 "筛选和排序"对话框－"筛选记录"选项卡

（3）返回"邮件合并收件人"对话框，这时可以查看筛选后的收件人列表，如图4—74所示。然后，单击"确定"按钮。

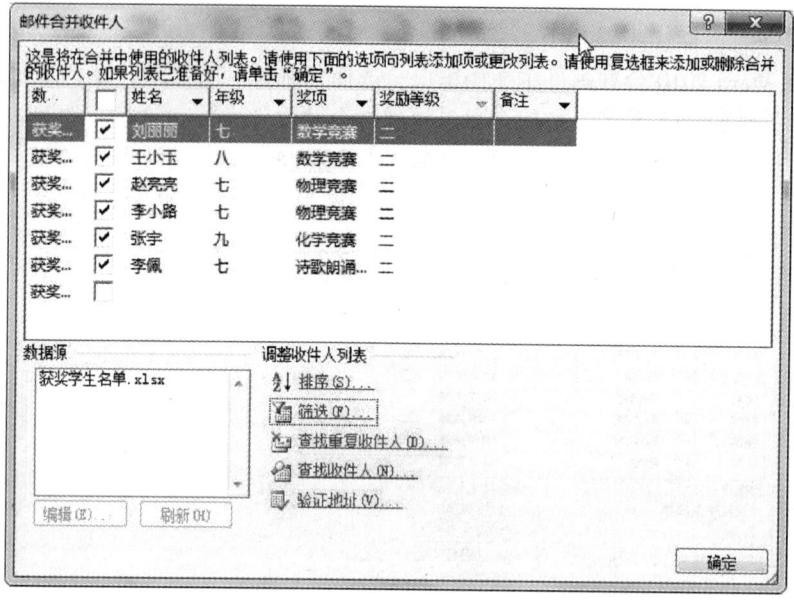

图 4—74 筛选效果

2．排序操作

通过对 Word 2010 文档中的邮件合并收件人进行排序，可以实现按照特定顺序打印信函。用户可以在"邮件合并收件人"对话框中直接单击字段名称实现简单排序，或者单击相应字段名称右侧的下拉按钮，在弹出的下拉菜单中选择"升序排序"或"降序排序"选项进行排序，如图 4—75 所示。

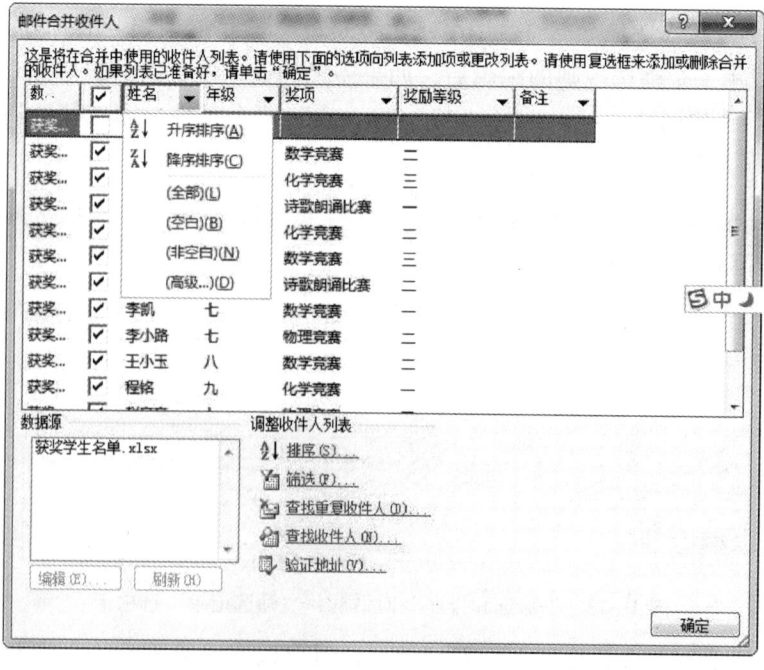

图 4—75 邮件合并排序

若要进行更高级的排序，则需单击图 4—75 上"排序"超链接，在弹出的"筛选和排序"对话框中选择"排序记录"选项卡，如图 4—76 所示。单击"排序依据"下拉按钮，在字段列表中选择合适的字段（例如选择"姓名"字段），并点选"升序"单选项，然后在"第二依据"下拉按钮选择"奖励等级"按钮并点选"升序"单选项。最后单击"确定"按钮完成排序。

图 4—76 "筛选和排序"对话框"排序记录"选项卡

需要注意的是：Word 2010 在对汉字或英文字段进行排序的时候，一般会按照英文字母顺序（汉字的拼音顺序）进行排序。

第五节 表格高级处理

→ 掌握表格工具的知识和基本用法
→ 掌握调整、转换表格属性的方法
→ 掌握设置、套用表格和表头格式的方法

一、表格工具介绍

表格作为显示成组数据的一种形式，用于显示数字和其他项，以便快速引用分析，具有条理清楚、说明性强、查找速度快等优点，因此使用非常广泛。Word 2010 中提供了非常完善的表格处理功能，可以迅速地创建和格式化表格。

1. 创建表格

在 Word 2010 中单击"插入"选项卡，再单击"表格"组中的"表格"命令下拉菜单，提供了六种创建表格的方法，即使用单元格选择板直接创建表格、使用"插入表格"命令创建表格、使用"绘制表格"命令创建表格、使用"文本转换成表格"命令创建表格、"使用 Excel 电子表格"命令创建表格和使用"快速表格"命令创建表格,如图 4—77 所示。

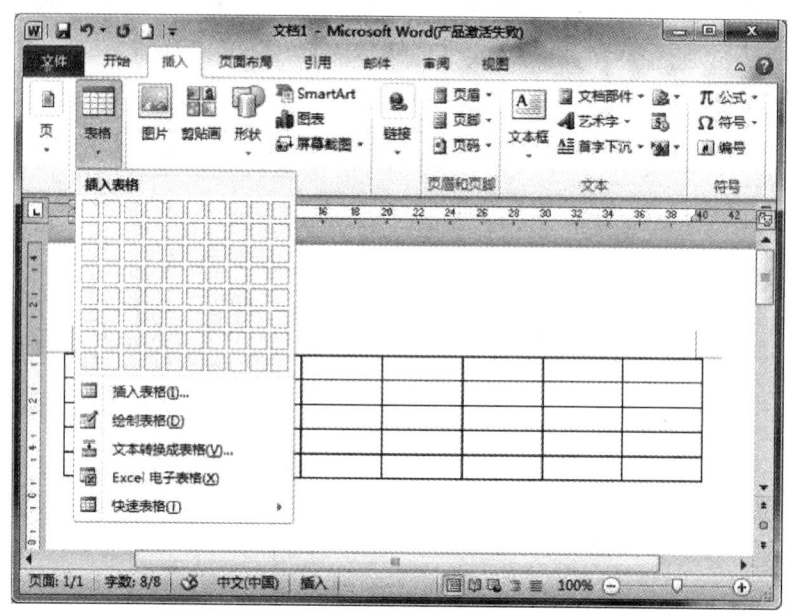

图 4—77 插入表格

2. 表格设计和布局工具

表格创建完成后,单击该表格,将出现"表格工具"组,其中包含"设计"和"布局"两个选项卡,使用这两个选项卡,可以对表格进行编辑操作,如图 4—78 所示。

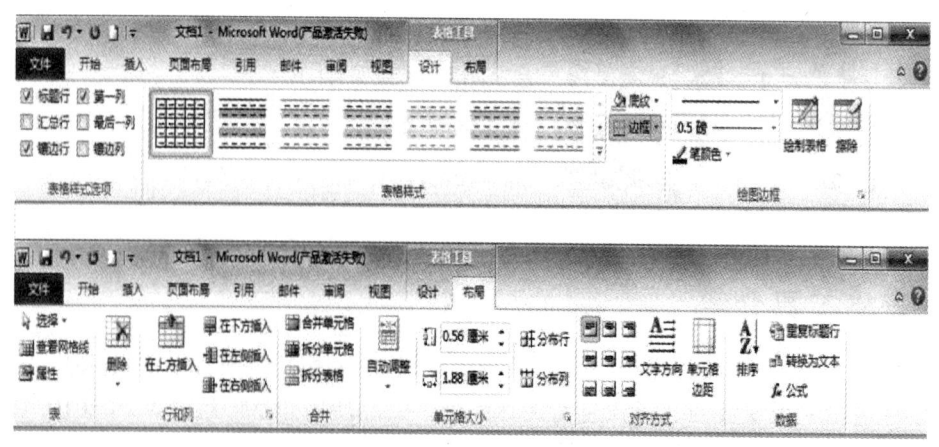

图 4—78 设计和布局选项卡

(1) "设计"选项卡。在"设计"选项卡中包含有"表格样式选项""表格样式"和"绘图边框"三个功能组。

1) 在"表格样式选项"组中,可以有选择地设置行和列的表格样式,如在套用格式时，是否带上标题行，通过是否选中"标题行"前面的复选框来决定。

2）在"表格样式"组中，可以为选定表格套用或取消系统自带的样式，也可以修改或新建表格样式。

3）在"绘图边框"组中，可为表格加上不同线形、磅值和颜色的边框以及不同颜色的底纹。"绘制表格"按钮和"擦除"按钮也在本组中，单击"绘制表格"按钮，可以绘制不规则表格，如图4—79所示。

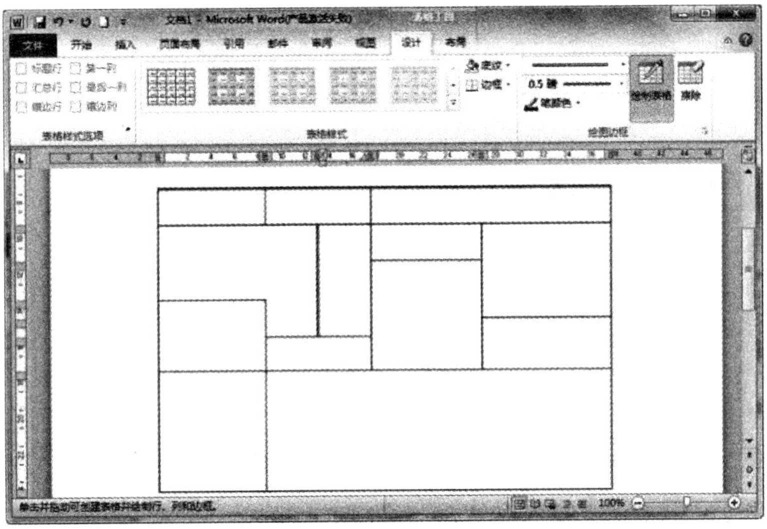

图4—79 绘制表格命令

(2)"布局"选项卡。在"布局"选项卡中包含有"表""行和列""合并""单元格大小""对齐方式"和"数据"六个功能组。

1）在"表"组中，有"选择""查看网格线"和"属性"按钮，可以实现选择单元格、行、列的功能，以及打开"表格属性"对话框，对表格进行一系列的设置。

2）在"行和列"组中，可以在单元格的水平或垂直方向添加整行或整列。单击"删除"按钮的下拉菜单，也可以选择删除单元格、行、列或是整个表格，如图4—80所示。

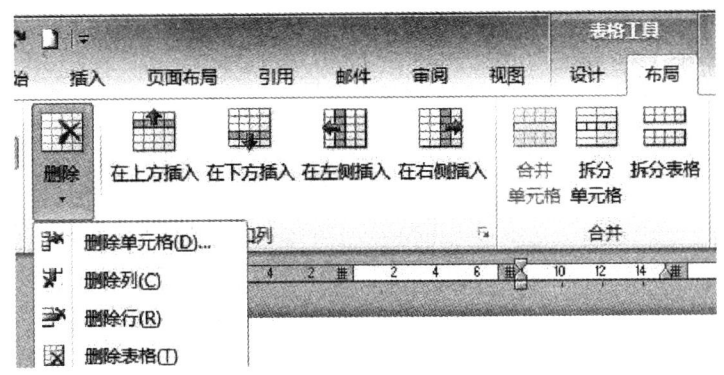

图4—80 行和列组中"删除"命令

3) 在"合并"组中，可以实现对单元格的拆分和合并（合并操作仅限选择多个同一行或同一列上的临近单元格后可用），也可实现对表格的拆分，即将一个表格分成若干个小表格。

4) 在"单元格大小"组中，可以实现根据内容或窗口大小自动调整表格，也可以自由设定单元格的高度和宽度，还可实现行和列的平均分布。

5) 在"对齐方式"组中，可以设置表格中数据在单元格中的具体位置及文字的方向，还可设置单元格的边距。

6) 在"数据"组中，可以对表格中的数据进行升序或降序排序，可以利用"公式"按钮对表格中的数据进行常规的数学计算，还可以设置是否重复标题行，以及把表格转换成文本。

二、调整、转换表格属性

1. "表格属性"对话框

表格制作完成后，需要精确设置表格的一系列属性时，就要用到"表格属性"命令，主要包括表格的宽度、对齐方式、文字环绕、行和列的宽度以及单元格的垂直对齐方式等。同时，该命令还可以实现表格和文本之间的相互转换。

设置表格属性时先选定表格，再选择"布局"选项卡，单击"表"组"属性"按钮，弹出"表格属性"对话框，如图4—81所示。也可以将光标置于表格内任意位置，单击右键，在弹出的快捷菜单中选择"表格属性"选项，弹出"表格属性"对话框，默认为"表格"选项卡。

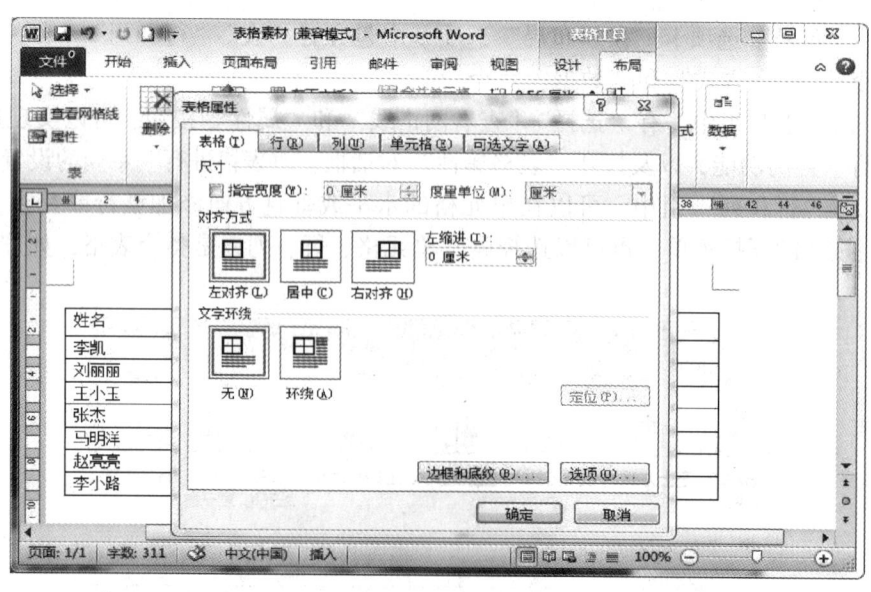

图4—81 "表格属性"对话框

2. 调整表格属性

（1）在"表格属性"对话框的"表格"选项卡里，可以对整个表格的宽度进行设置,勾选"尺寸"组"指定宽度"复选框,在左侧文本框中输入指定宽度值;可通过"度量单位"下拉菜单选择宽度的单位,如厘米或百分比(相对于左右页边距内的页面的百分比)。确定表格的宽度值后,不管表格里的内容变多或变少,都只会根据内容调整表格的高度,而对宽度不产生影响。

由于编辑的需要,若需要设置在整个页面上对齐表格,则可以选择"表格属性"对话框"表格"选项卡"对齐方式"组以及"文字环绕"组,如:设置"左对齐"和"环绕"效果如图4—82所示。

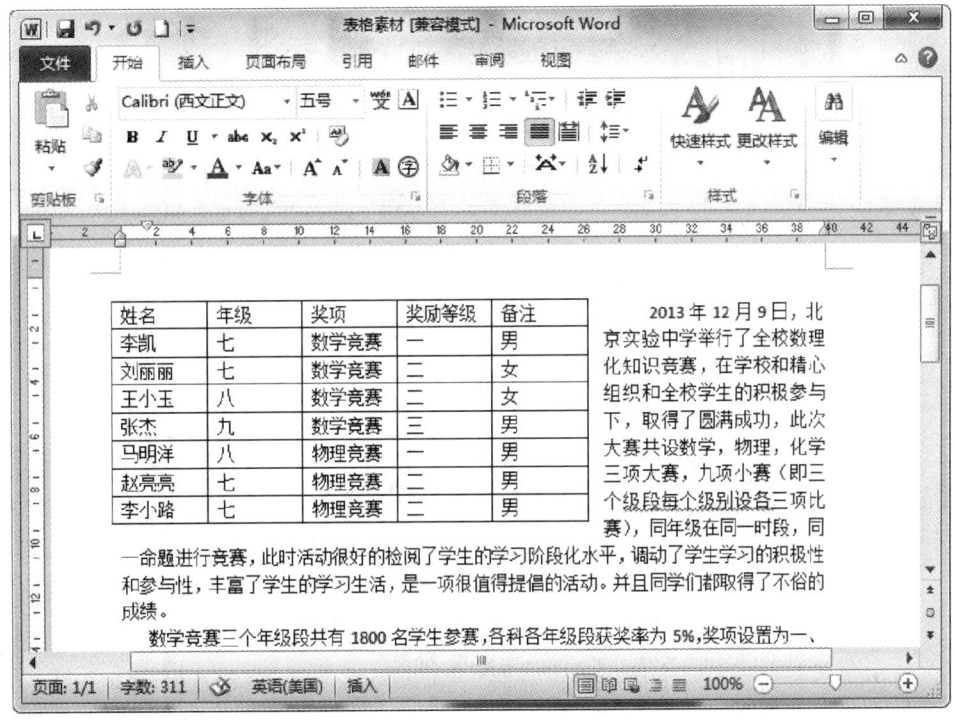

图4—82 设置表格的"左对齐"和"环绕"方式

在"表格"选项卡下,单击"边框和底纹"按钮,还可以弹出"边框和底纹"对话框,为表格设置不同的边框和底纹。单击"选项"按钮,在弹出的"表格选项"对话框中可以设置每一个单元格中内容与边框之间上、下、左、右的距离,如图4—83所示。

(2)在"表格属性"对话框中选择"行"选项卡"尺寸"组,可以根据需要对该行输入指定高度,单击"上一行"和"下一行"按钮可以对其他行进行设置,如图4—84所示。如果需要在表格中输入大量内容,而让表格行高进行自动调整时,可选择"行高值是"下拉按钮,在弹出的下拉菜单中选择"最小值"选项。这样,当输入内容高于指定高度时,行的高度会自动增加。如果不允许表格行高发生变化,选择"固定值"选项后,在"指定高度"文本框内输入指定高度,行高将不会因为内容的变化而发生变化。

(3)"列"选项卡与"行"选项卡的设置类似,此处不再详述。

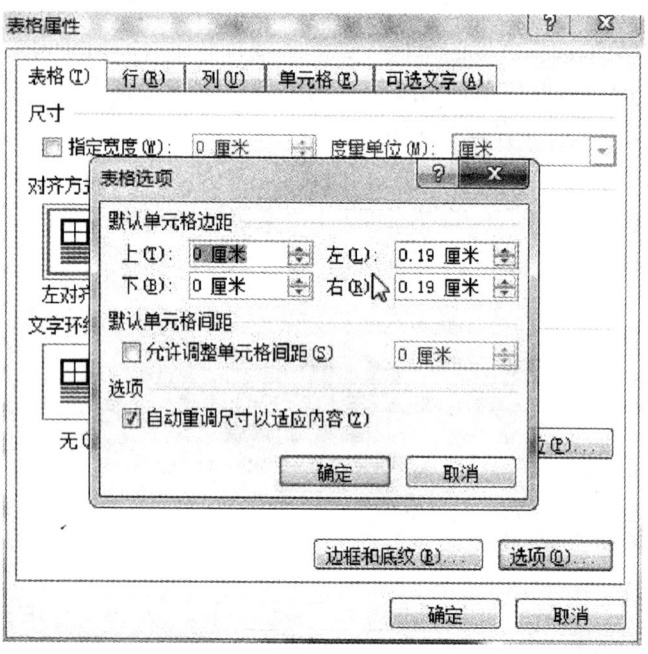

图 4—83　设置单元格中文字与边框的距离

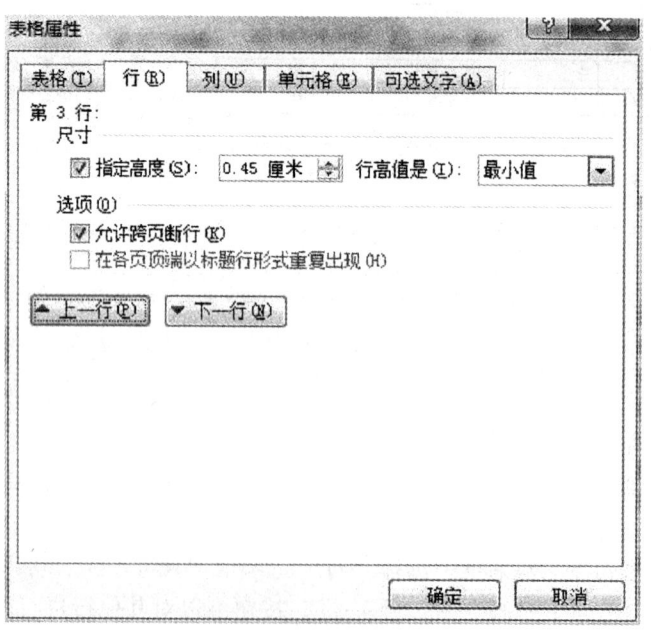

图 4—84　"表格属性"对话框 – "行"选项卡

（4）在"表格属性"对话框"单元格"选项卡中，可设置选中单元格的格式。单击"选项"按钮，在弹出的"单元格选项"对话框中首先取消"与整张表相同"复选框，再设置单元格中文字与边框的边距即可。在此选项卡中还可以设置所选单元格文字的垂直对齐方式，如"居中"，如图 4—85 所示。

通用文档处理

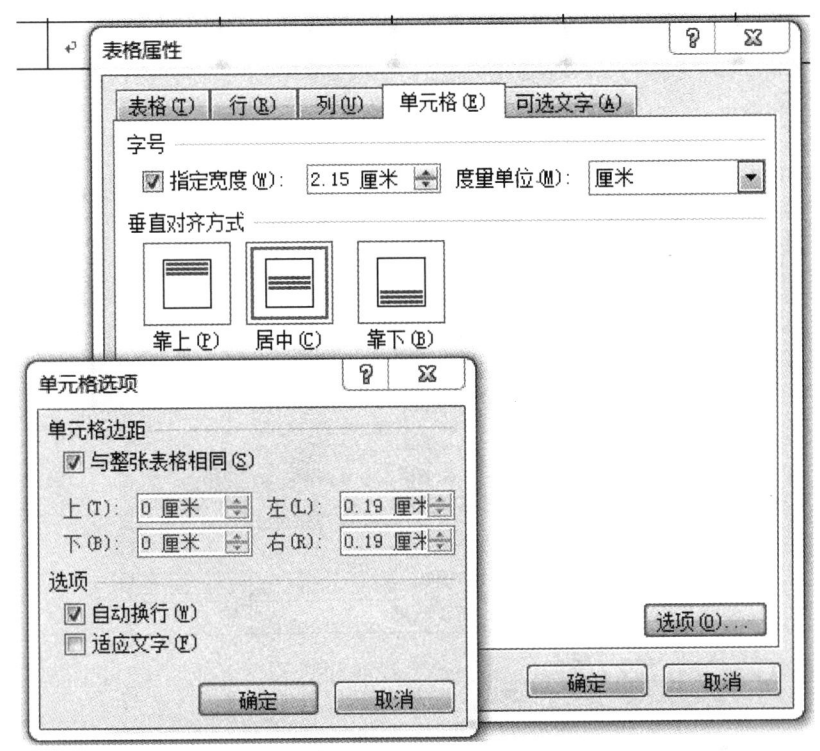

图 4—85　单元格设置垂直对齐效果

3．表格与文本的转换

在 Word 2010 中使用文本和表格之间的互相转换功能，可以大大提高用户的制表速度。将文本转换为表格的时候，需要使用逗号、制表符或其他分隔符标记出新的"列"开始的位置，Word 2010 会自动识别这些分隔符号。需要将表格转换为文本的时候，使用"转换为文本"按钮，即可以把表格转换为文本，非常简单、快捷。

（1）表格转换为文本

1）选择要转换为文本的表格或表格内的行，单击"布局"选项卡"数据"组中的"转换为文本"按钮，弹出"表格转换成文本"对话框，如图 4—86 所示。

2）在"文字分隔符"组中选择需要的选项，最后单击"确定"按钮，转换结果如图 4—87 所示。

（2）文本转换为表格

1）选择要转换的文本，用逗号或空格等标记新的"列"开始的位置，如在所需设置列的文本内容后加上一个空格" "，如图 4—88 所示。

2）在"插入"选项卡"表格"组中，单击"表格"按钮，在弹出的下拉菜单中选择"文本转换成表格"选项，弹出"将文字转换成表格"对话框，如图 4—88 所示。在"表格尺寸"的"列数"文本框中输入所需要的列数，一般情况下，系统会根据文本所设置的分隔符自动计算出所需的列数。单击"确定"按钮返回到文本编辑页面，转换效果如图 4—89 所示。

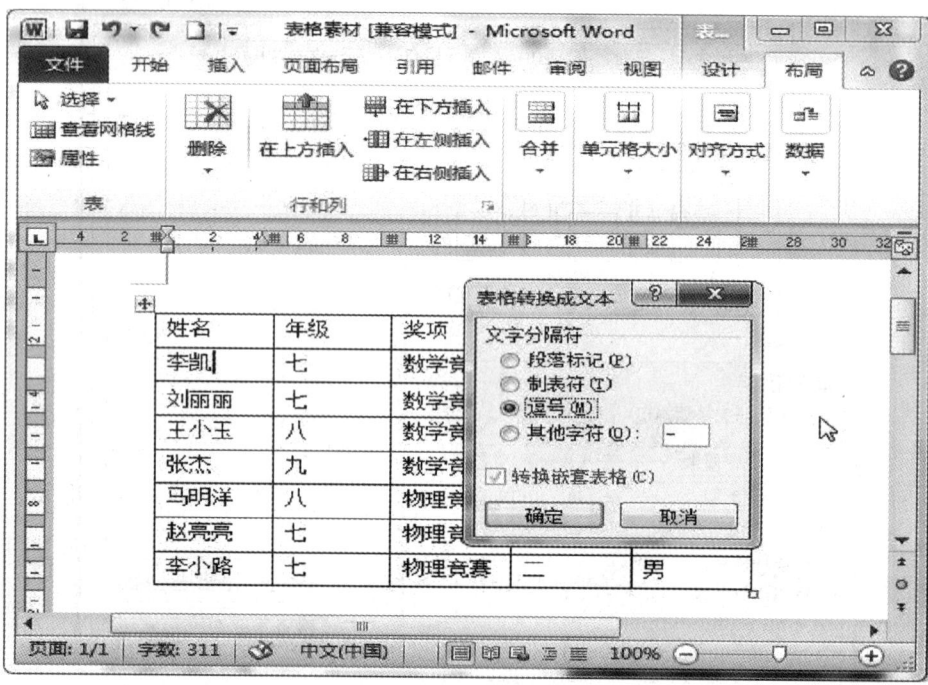

图4—86 "表格转换成文本"对话框

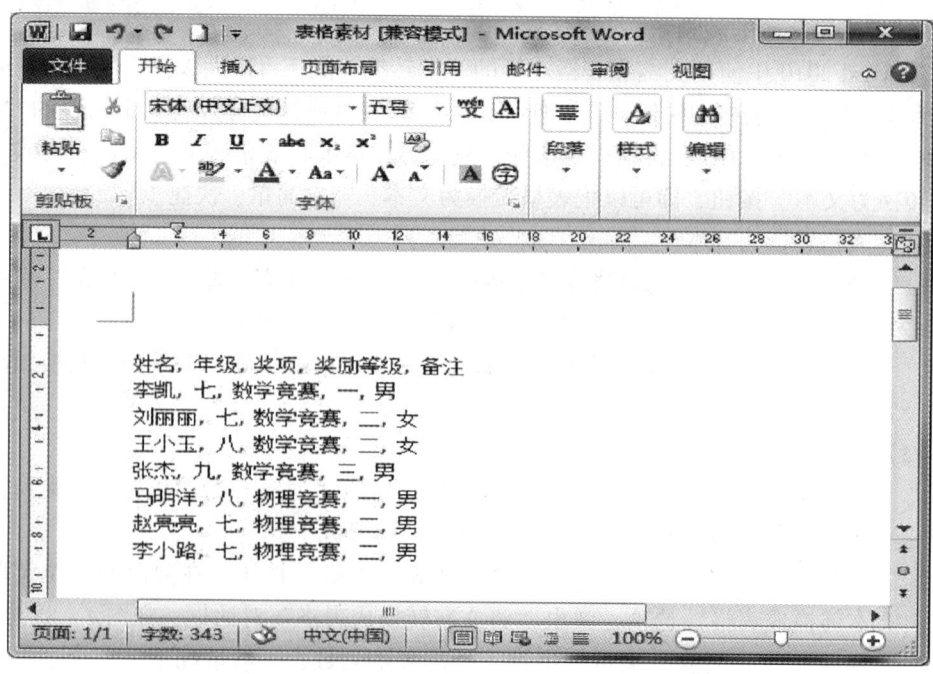

图4—87 表格转化成文本效果

通用文档处理

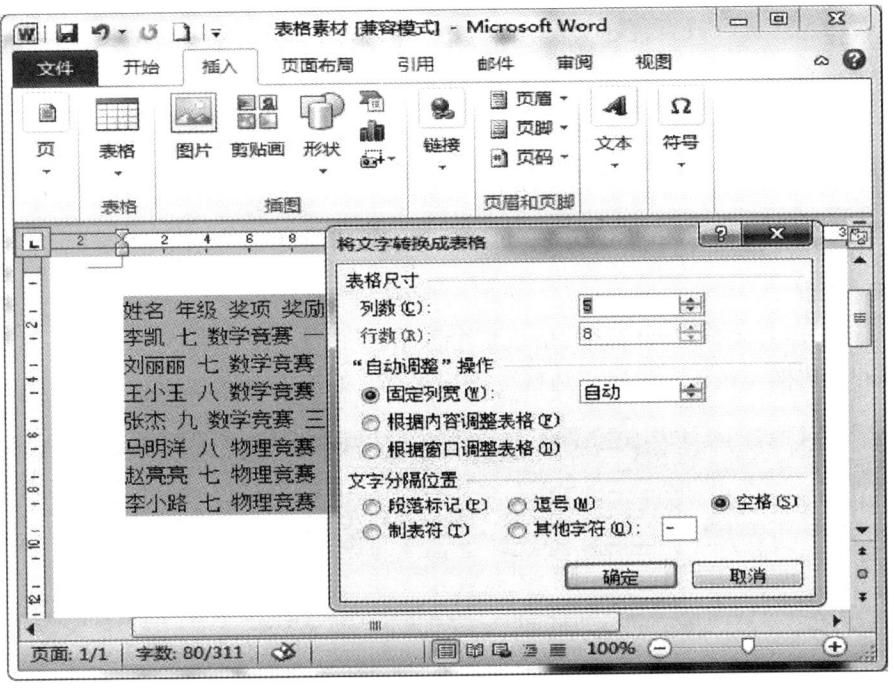

图4—88　文本转化成表格素材及"将文字转换成表格"对话框

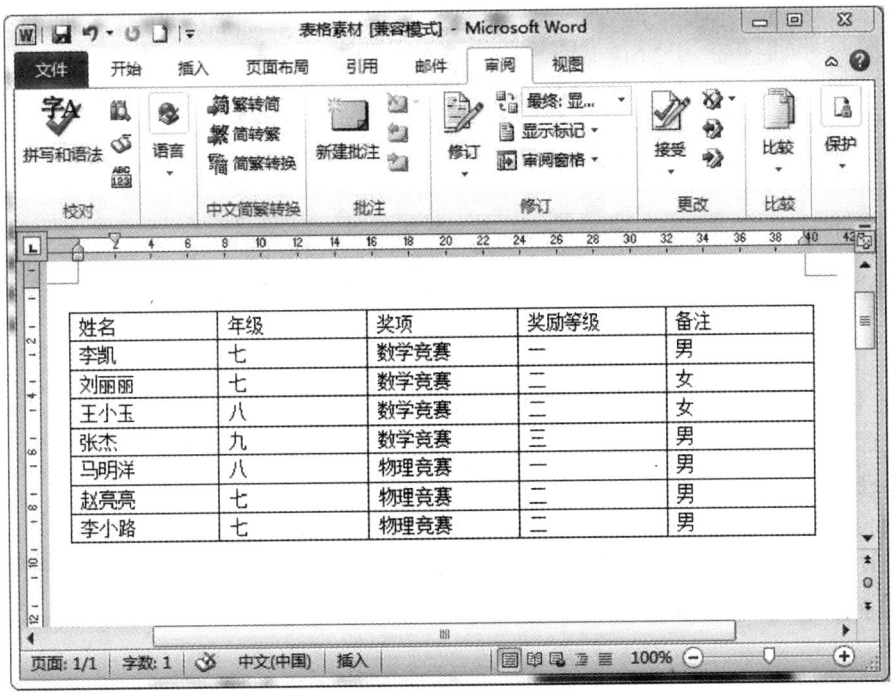

图4—89　文本转化成表格效果

单元 4

— 157 —

三、设置、套用表格和表头格式

表格建立之后，经过格式设置，才能具有更好的显示效果，在 Word 2010 中，可以为整张表格或表格中的某个单元格添加边框，或用底纹来填充表格的背景，还可以直接套用其内置的表格格式。如果一张表格需要在多页中跨页显示，则可设置标题行重复显示就很有必要，因为这样会在每一页都明确显示表格中的每一列所代表的内容。

1. 设置表格

（1）边框

1）选中需要设置边框的单元格或整个表格，在"设计"选项卡"表格样式"组中，单击"边框"按钮，弹出"边框"下拉菜单，如图 4—90 所示。

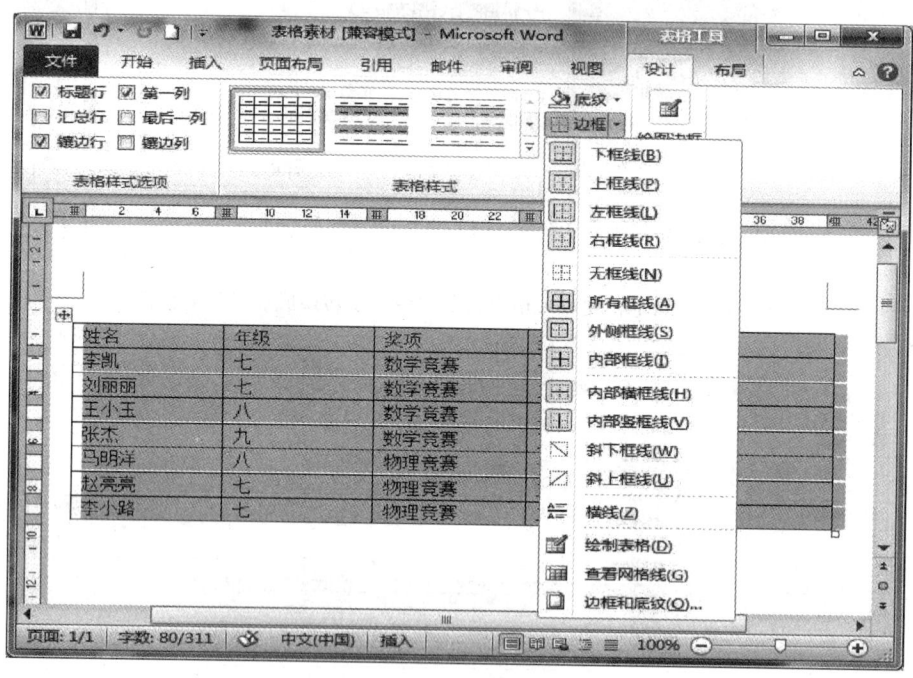

图 4—90 "边框"下拉菜单 – 设置边框

2）根据需要选择设置不同的框线，若对边框进行线条的样式、颜色及宽度的设置时，可选择"边框和底纹"选项，则弹出"边框和底纹"对话框，如图 4—91 所示。可对其进一步设置。

（2）底纹。选定需设置底纹的单元格或整个表格，在"设计"选项卡"表格样式"组中，单击"底纹"选项，在弹出的"底纹"调色板中选择合适的颜色即可。若不满意还可重新选择"其他颜色"选项，选取其他颜色，如图 4—92 所示。

也可以用与设置边框同样的方法在弹出的"边框和底纹"对话框中，选择"底纹"选项卡，为表格设置"填充"的颜色及"图案"样式和颜色，如图 4—93 所示。

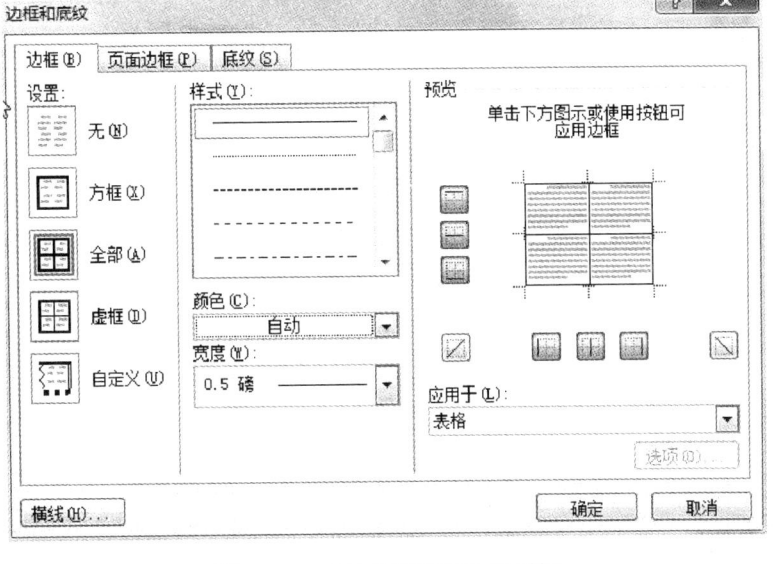

图 4—91 "边框和底纹"对话框

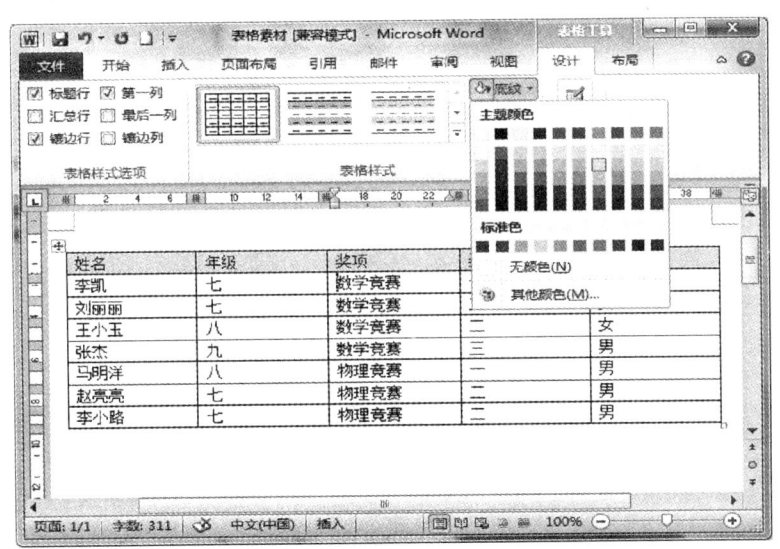

图 4—92 "底纹"调色板

(3) 文字的方向及对齐

1) 文字的方向。Word 2010 默认的单元格中的文字方向为水平方向。可以根据需要更改单元格中的文字方向为垂直方向。选择需要更改文字方向的单元格，在"布局"选项卡"对齐方式"组中，单击"文字方向"按钮即可改变文字方向，设置效果如图 4—94 所示。

2) 文字的对齐。选择需要设置文字对齐的单元格或整个表格，在"布局"选项卡"对齐方式"组中，单击 9 种不同的对齐按钮，即可实现表格中文本的相应对齐方式，如图 4—95 所示。

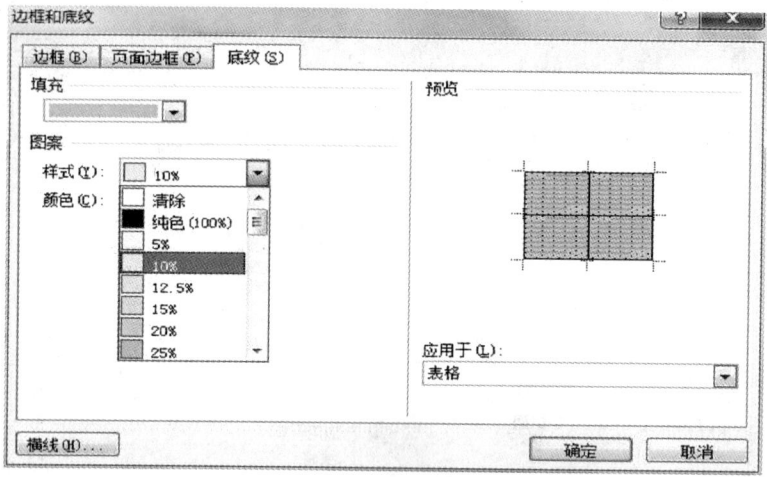

图 4—93 "边框和底纹"对话框"底纹"选项卡

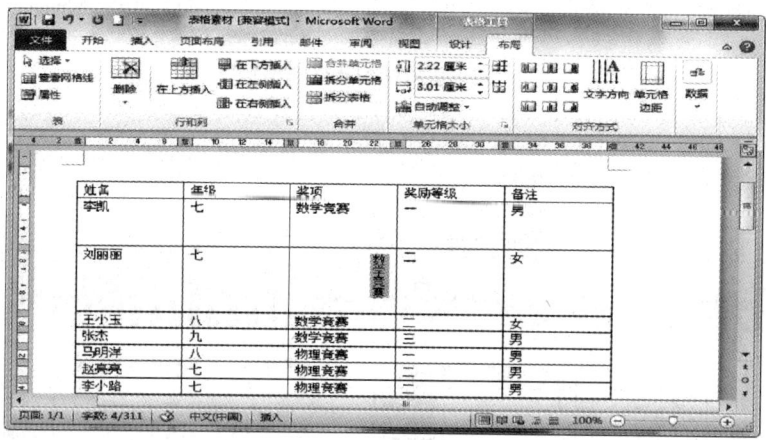

图 4—94 表格文字方向

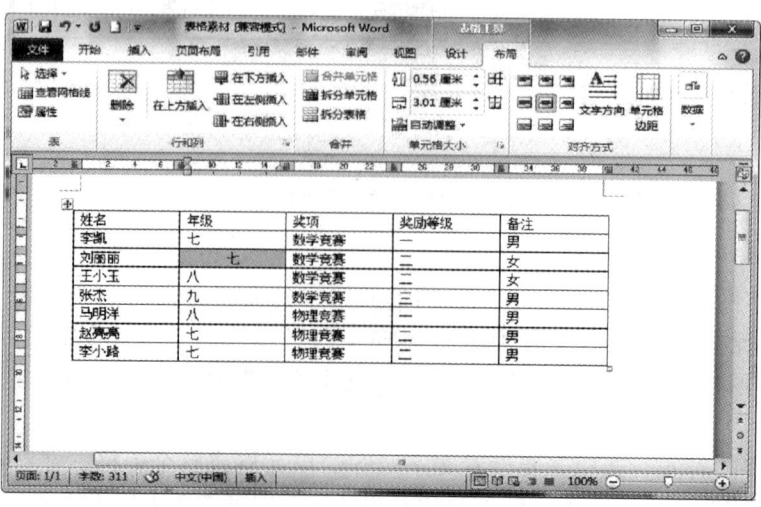

图 4—95 表格文字对齐方式

2. 套用表格样式

Word 2010 内置了许多种表格样式，任何一种内置的表格样式都是为表格应用专业设计的，用户也可以根据自己的需要，对内置的表格样式进行边框颜色、单元格大小等修改设置。

（1）选中需要修饰的表格，选择"设计"选项卡，可以看到"表格样式"组中的几种简单的表格样式，单击右侧下拉按钮，可以查看所有的表格样式，鼠标指针移动到样式列表上时，在文档中可以预览到表格自动应用该样式后的效果，如图4—96所示。

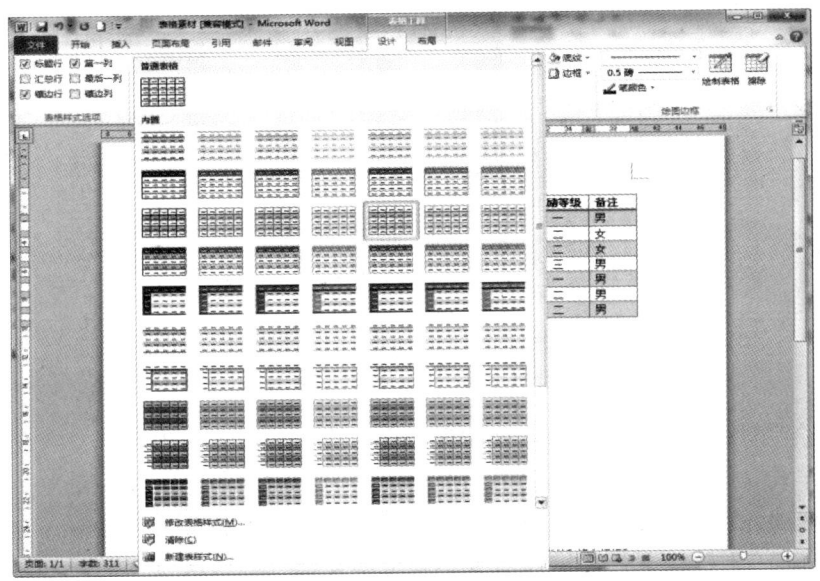

图4—96 表格自动套用表格样式

在该列表中单击"修改表格样式"命令，可以修改已有的样式；单击"清除"命令，可以清除表格应用的样式；单击"新建表样式"选项，则可以创建自己的表格样式。

（2）格式套用注意事项。自动套用表格样式后，表格原来设置的文字格式会自动修改为套用的格式，如需要恢复原来的格式，需要选定文字重新设置格式。

3. 表头格式

（1）设置标题行重复。在 Word 表格中选中标题行。在"布局"选项卡"表"分组中单击"属性"按钮，在弹出的"表格属性"对话框中，选择"行"选项卡。勾选"在各页顶端以标题行形式重复出现"复选框，单击"确定"按钮即可，如图4—97所

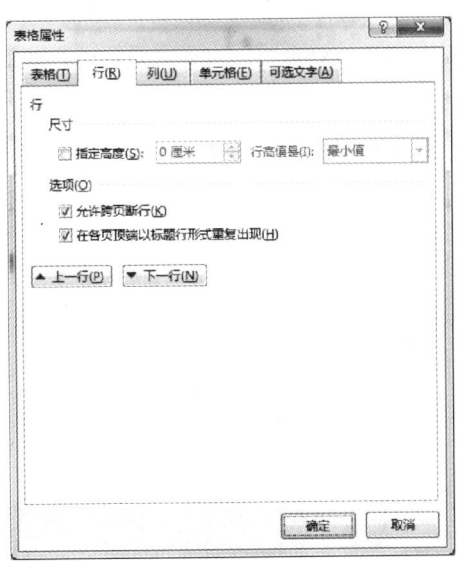

图4—97 "表格属性"对话框

示。还可以在"布局"选项卡"数据"分组中单击"重复标题行"按钮来设置跨页表格标题行重复显示。效果如图 4—98 所示。

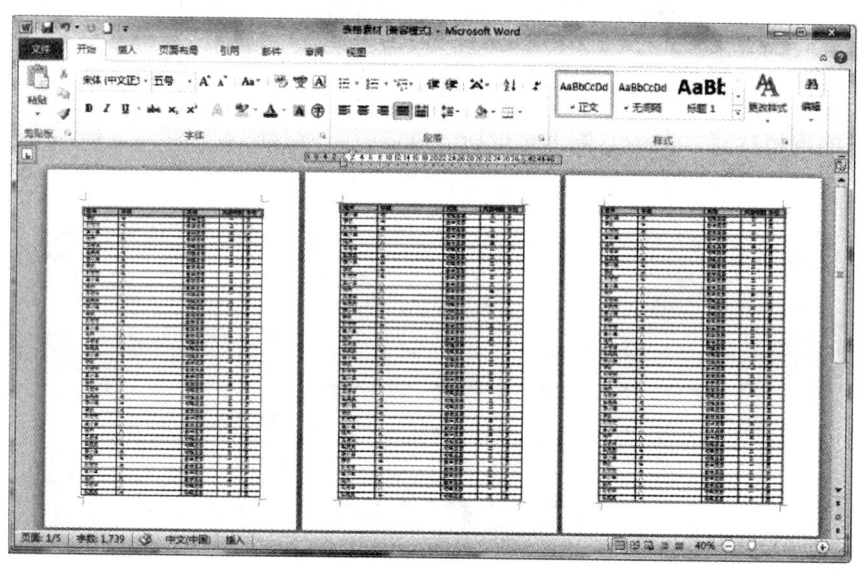

图 4—98　表格重复标题行

（2）绘制斜线表头。将插入点移动到表格的第一个单元格中，单击"设计"选项卡"表格样式"组中"边框"按钮右下角的箭头，弹出"边框"下拉菜单，选择"斜下框线"选项，则在第一个单元格中对角线位置画上一条斜线，然后输入上下两行文字，上行文字右对齐，下行文字左对齐，即可实现插入斜线表头，效果如图 4—99 所示。

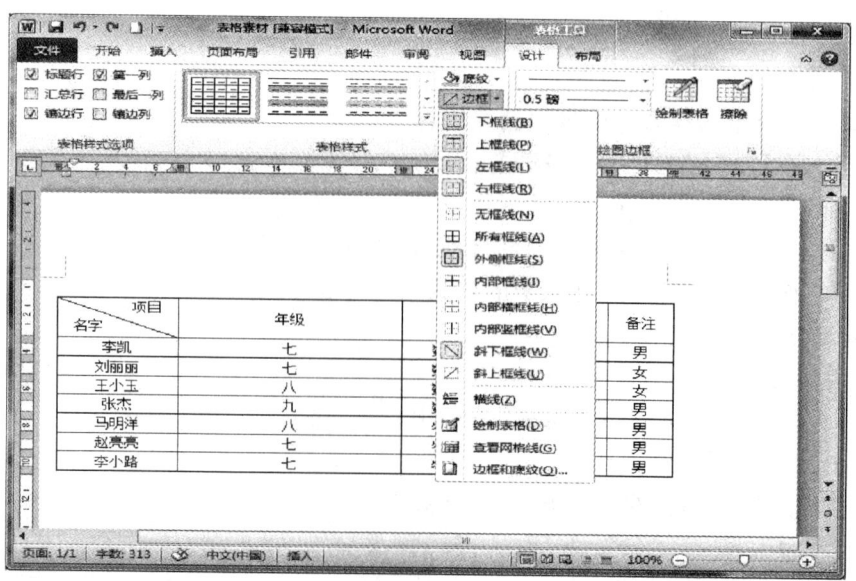

图 4—99　绘制斜线表头

第六节 对象高级处理

→ 掌握插入公式等复杂对象的技巧
→ 掌握通过调整对象属性进行图文混排的方法

在 Word 文档中，除了可以输入文字外，还可以插入图片、图表、公式等对象，以使 Word 文档更加多彩。

一、插入公式等复杂对象

1. 插入公式

在 Word 2010 中，可以在"插入"选项卡"符号"组中，单击"公式"按钮，在文档中插入公式编辑区域。也可以单击"公式"下拉按钮，在弹出的下拉菜单中选择公式模板。

（1）单击"公式"按钮，再输入公式。单击"插入"选项卡"符号"组中的"公式"按钮，选择"插入新公式"选项，这时功能区出现"设计"选项卡，同时插入点处出现蓝色的公式编辑区，依次从"设计"选项卡的"结构"组中选择所需创建公式的样板或框架，然后在所选的多重框架中修改所需的参数即可，如图4—100 所示。

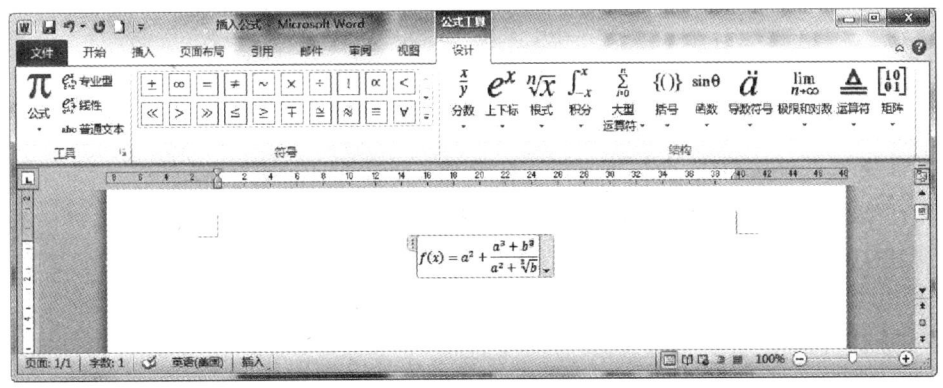

图 4—100 "设计"选项卡插入公式

（2）单击"公式"下拉按钮选择数学公式。单击"公式"下拉按钮，可以在弹出的"公式"下拉菜单中选择常用的公式模板，如图4—101 所示。

选择一个公式模板，然后根据需要改变相关的参数即可。若公式模板不能满足需要，也可单击下方的"插入新公式"选项，然后选择菜单最下端"将所有内容保存到公式库"选项，以后就可灵活地调用保存好的公式。

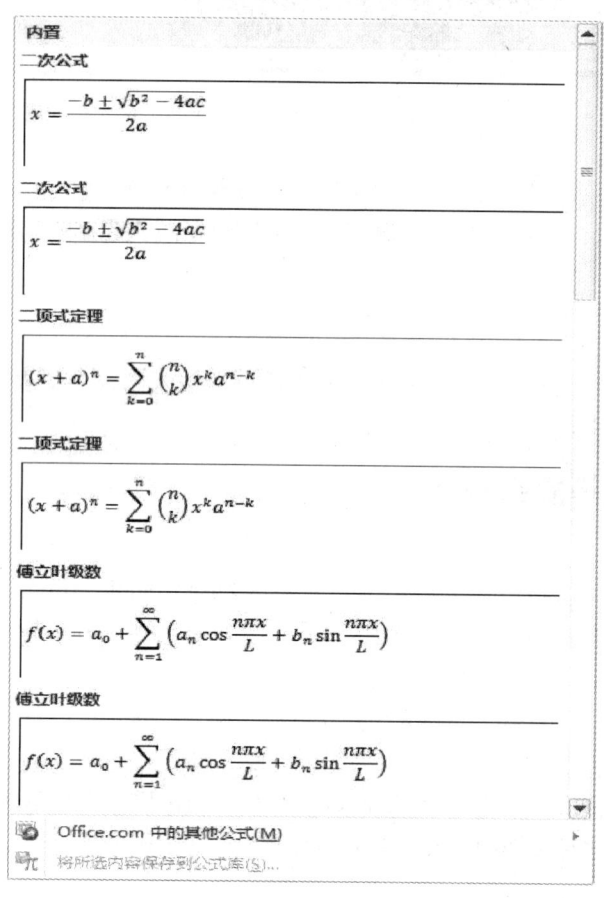

图4—101 "公式"下拉菜单

2. 插入复杂对象

在处理文档时，除了可以插入基本的图片、剪贴画、表格外，还可以插入复杂的对象，如艺术字、形状、SmartArt图形、图表、超链接、Excel电子表格等。

（1）艺术字。艺术字是使用现成效果创建的对象，使文档达到更美观的效果。可在"插入"选项卡"文本"组中，单击"艺术字"按钮，在弹出的下拉菜单中选择所需的"艺术字"样式，输入文本，设置字体样式，单击"确定"按钮，艺术字效果如图4—102所示。

如果需要对艺术字进行修改，单击插入的艺术字，再单击"艺术字工具"栏"格式"选项卡，在"艺术字样式"组中进行设置选择，如图4—103所示。

在"文字""艺术字样式""阴影效果""三维效果""排列""大小"六个组中，可以对艺术字进行文字间距、对齐方式、样式、阴影效果、三维效果等进行设置，以达到最佳效果。

图4—102 "艺术字"效果

通用文档处理

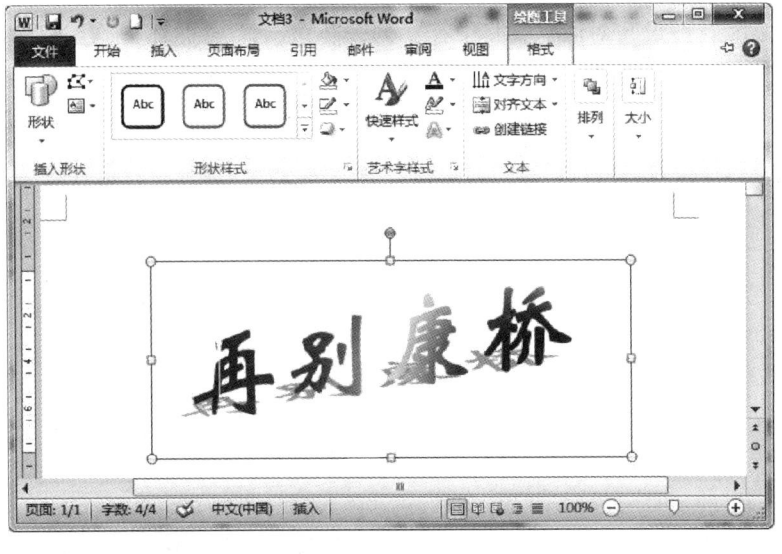

图 4—103 "艺术字工具"－"格式"选项卡

（2）形状。在"插入"选项卡"插图"组中，单击"形状"按钮，在弹出的"形状"图形菜单中可以方便地插入或绘制一些线条组成的图形，如图 4—104 所示。

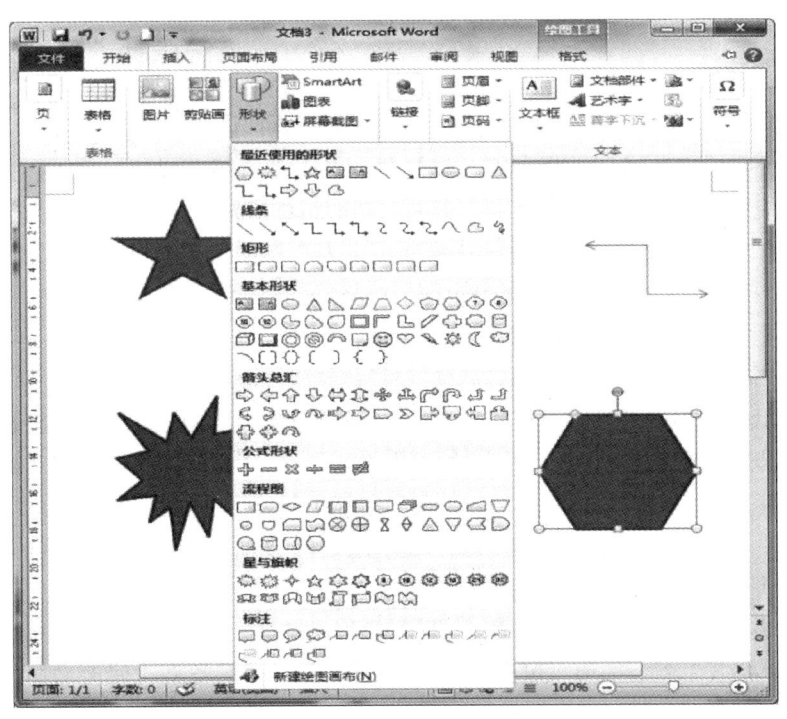

图 4—104 "形状"图形菜单

单击插入的"形状"，即打开"绘图工具"设置功能区，在"格式"选项卡中可以对所选定形状进行一系列的格式设置。

（3）SmartArt 图形。在"插入"选项卡"插图"组中，单击"SmartArt"按钮，弹出"选择 SmartArt 图形"对话框,其中有"列表""流程""循环""层次结构""关系""矩阵""棱锥图"等类型的 SmartArt 图像,选择合适的形状后,单击"确定"按钮即可插入 SmartArt 图形。单击"文本"编辑区可以进行文本编辑,如图 4—105 所示。

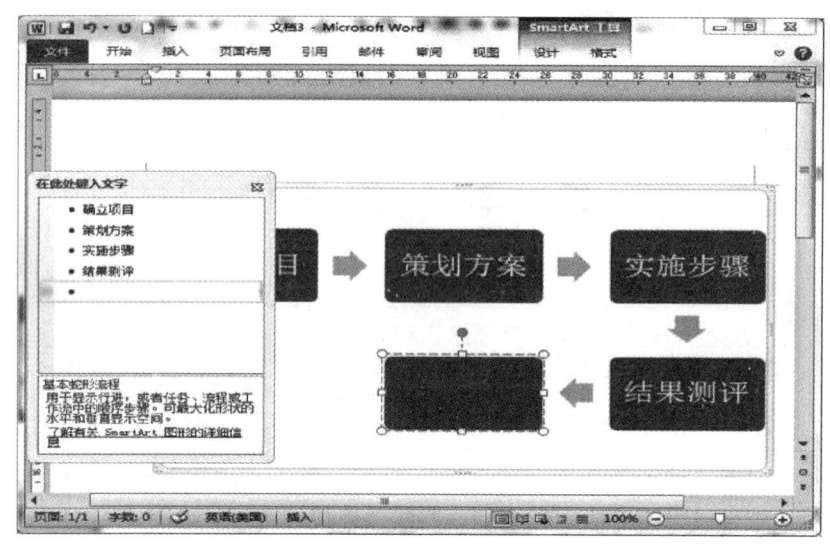

图 4—105 插入 SmartArt 图形

单击插入的 SmartArt 图形,再单击"设计"选项卡,可以添加形状,改变整个 SmartArt 图形的布局、样式以及颜色;单击"格式"选项卡可以设置每个图形的形状,添加样式效果,给文字添加艺术字效果,以及设置排列和对齐等格式设置。例如:把图 4—105 中 SmartArt 流程图在"设计"选项卡"布局"功能组中把原来的布局更改为"基本 V 形流程图",在"SmartArt 样式"功能组中把颜色设为"彩色",SmartArt 样式改为"三维嵌入式";在"格式"选项卡中设置第一个图形的格式,在"形状"功能组中,单击"更改形状"选项把第一个图形改为椭圆形,文字设置为"艺术字样式"的第一排最后一个,修改后效果如图 4—106 所示。

(4)图表。图表是以图形的方式直观地反映数据,比单纯的数据表格更方便分析与对比。将光标定位在需要插入图表的位置,在"插入"选项卡"插图"组中,单击"图表"按钮,弹出"插入图表"对话框,在其中选择合适的模板(如柱状图)后,单击"确定"按钮。程序自动打开 Excel 表格图表的数据源模板,在 Excel 表格里输入数据后,图表自动根据数据源中的数据内容生成图表,如图 4—107 所示。

在文档中插入图表后,功能区里自动增加"图表工具"选项卡,其中包括"设计""布局"和"格式"3 个选项,可以使用其对图表进行图形类型、修改数据源、图表样式及格式等的设置。

(5)超链接。文档的超链接有两种形式,即在同一文档中的超链接和在不同文档之间的超链接。在不同文档之间的超链接是指同一计算机中两个不同文档之间的超链接,这种两个文档之间的超链接虽然便捷,但也有前提条件,即超链接目标的文档的名称和在计算机中的存放位置(路径)不能改变,否则超链接就会失效。

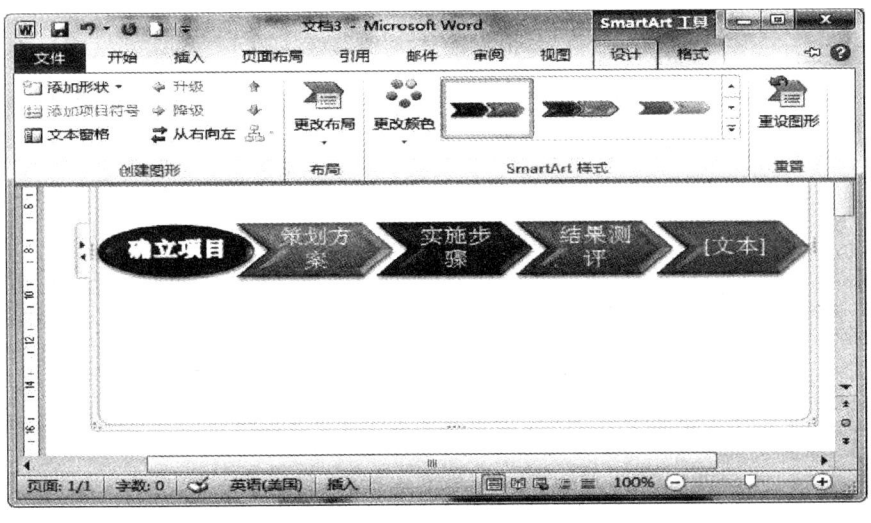

图 4—106　SmartArt 流程图设置效果

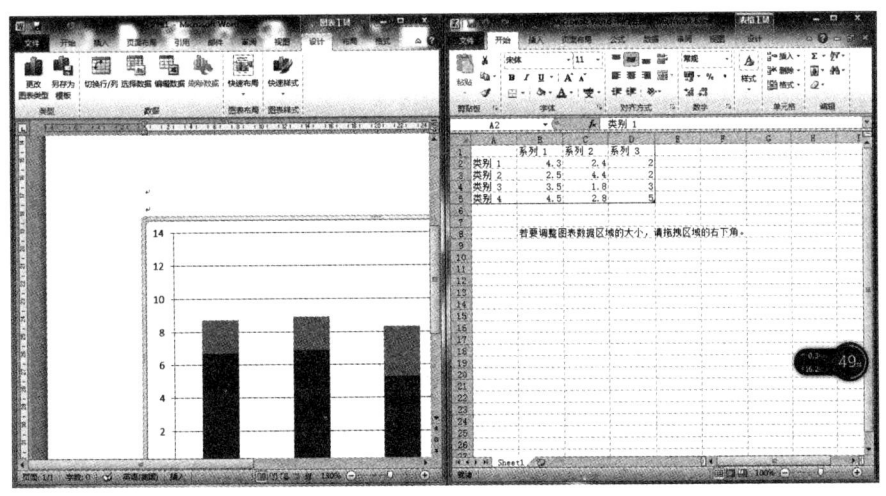

图 4—107　插入图表

1）同一文档中的超链接。在同一文档中加入超链接需要分两步实现：第一步是先在超链接目标的位置插入"书签"，即定位光标，在"插入"选项卡"链接"组中单击"书签"按钮，输入书签名，单击"添加"按钮即可，如图 4—108 所示；第二步是把光标定位在需要加入超链接的位置，单击鼠标右键在弹出的右键菜单中选择"超链接"选项，弹出"插入超链接"对话框。在"链接到"组中选择"本文档中的位置"选项，在"请选择文档中

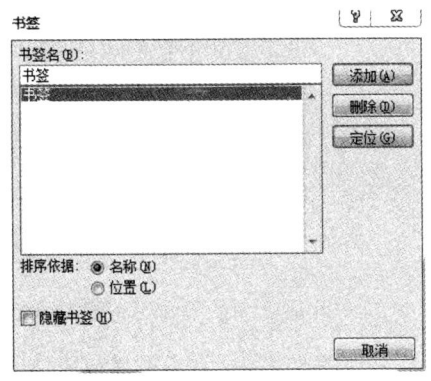

图 4—108　"书签"对话框

的位置"区中选择"书签",并找到第一步设置的书签名称,单击"确定"按钮即可,如图4—109所示。

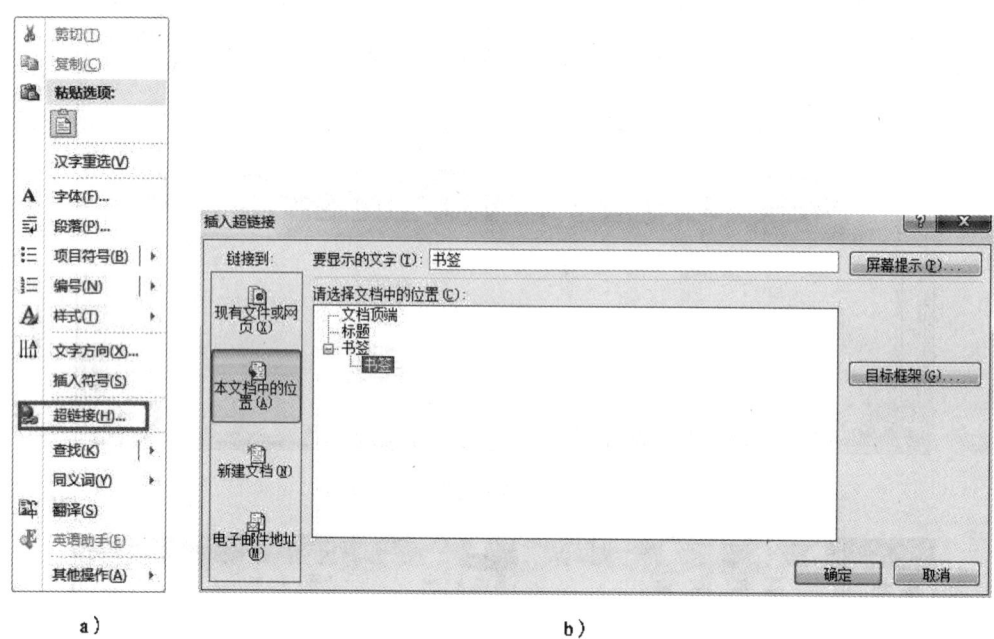

图4—109 同一文档的超链接

2)不同文件之间的超链接。打开想插入超链接的文档,在需要超链接之处选择与超链接相关的文字、图片或文本框等,单击鼠标右键,在弹出的右键菜单中选择"超链接"命令,弹出"插入超链接"对话框。在其中的"链接到"组中单击选择"现有文件或网页"选项,在"查找范围"区中选择"当前文件夹"选项,并在"查找范围"文本框中单击下拉按钮,在文件框中单击选择创建超链接的文件名,并显示在"地址"文本框中,最后单击"确定"按钮,不同文档的超链接即完成,如图4—110所示。

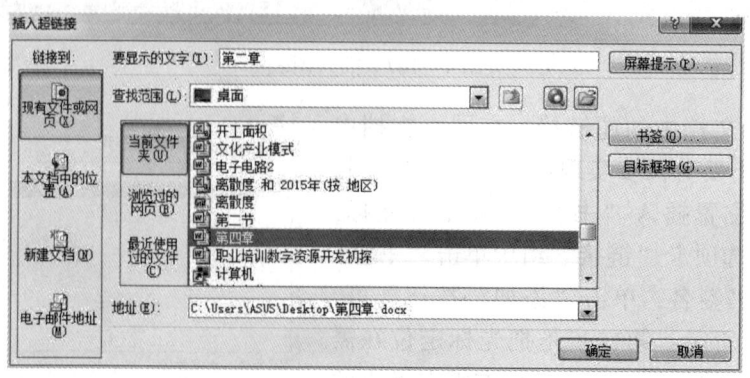

图4—110 不同文档间的超链接

(6)插入Excel电子表格。Excel电子表格具有更强大的数据处理功能,选择"插入"选项卡的"表格"组,单击"表格"按钮打开下拉菜单,选择"Excel电子表格"

命令就可以在 Word 文档中插入 Excel 电子表格。也可以在 Word 表格的某个单元格中嵌套一个 Excel 电子表格，可以实现 Excel 表格的所有功能。如图 4—111 所示即是表格中嵌套的电子表格，双击该表格进入编辑模式后，可看到原来的 Word 编辑界面已经转换为 Excel 的编辑界面。

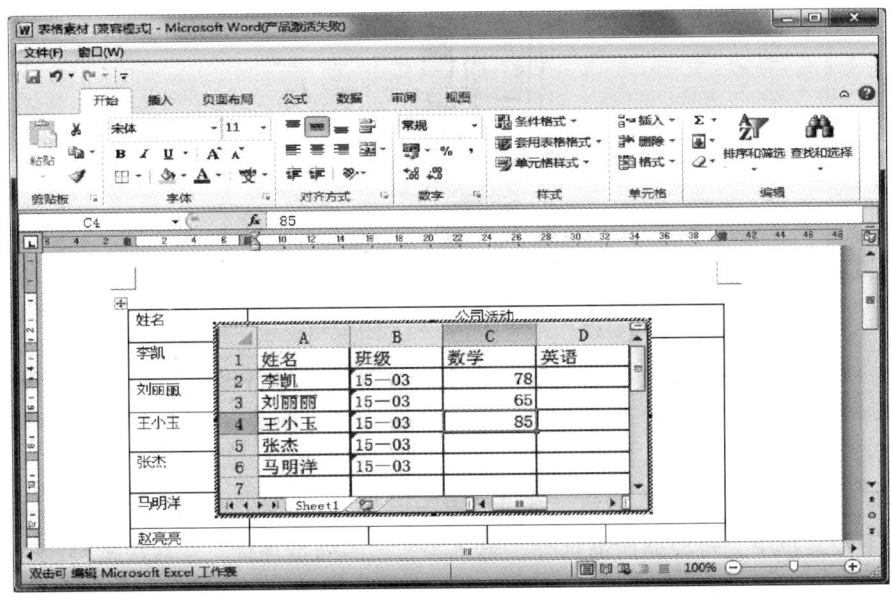

图 4—111 Word 表格中嵌套 Excel 表格

操作完成后，在该表格外区域单击一下，即可退出 Excel 电子表格的编辑模式。如需再次编辑该 Excel 电子表格，可双击该表格再次进入编辑模式。

（7）复杂对象的插入特点

1）在文档中同一位置插入多种图形对象时，要把多个图形组合成一个图形，避免因拖动图形发生错乱。

2）在文档中插入艺术字、图表等对象时，要注意这些对象与文档的对齐方式，否则会使原有的文字排版发生错乱。

3）在使用超链接时，不同文档间的超链接一定要注意超链接目标文档的名称和在计算机中的存放路径不能改变，若路径改变则链接即会失效，需重新设置超链接。

二、图文混排

图文混排涉及的对象有文档中的图片、形状、艺术字、SmartArt 图形、图表等，涉及的设置有对象与文字之间的位置关系（即文字环绕方式）、形状与形状的位置关系、文本框的使用等。

1. 文字与对象之间位置关系的设置

（1）单击插入的对象，在弹出该对象的工具栏，选择"格式"选项卡，并单击"排列"组中单击"位置"下拉按钮，弹出"位置"下拉列表，如图 4—112 所示。

图4—112 "位置"下拉列表

（2）在该下拉列表中可以对图形与文字的位置关系进行设置。和表格中设置单元格的对齐方式相似，有"嵌入文本行中""顶端居左""顶端居中""中部居中""底端居右"等十种方式。

（3）单击"自动换行"按钮，可以设置图形与文字的环绕方式。在弹出的"布局选项"下拉菜单中，可根据所需选择"嵌入型""四周型环绕""紧密型环绕""衬于文字下方""浮于文字上方"等多种文字环绕方式。需要说明的是 Word 2010 插入的图片默认的是嵌入方式。如设置"紧密型环绕"效果如图4—113所示。

图4—113 "文字环绕"下拉列表及"紧密型环绕"

2. 形状与形状位置关系的设置

在图文混排中，有时需要用绘图工具绘制多个图形组成一个系列图形，这时需要把这几个图形组合起来，使它们成为一个整体，这样在进行文档处理时，把这些图形看作是一个图形来处理很方便。当需要修改时再取消组合即可。例如在文档中需要使用

"插图"中的"形状"绘制一棵圣诞树作为"插图",则需要把这些图形组合起来作为一个图形使用,如图4—114所示。组合结果如图4—115所示。

图4—114 组合多个图形　　　　　　图4—115 组合多个图形后的效果图

3. 文本框的使用

文本框是一种可移动、可调大小的文字或图形窗口,使用文本框,可以在一页上放置多个文字块,并且可以随意旋转或安置在文档中任意的位置,也可以在其中插入图像,还可以在文本框中像处理一个新页面一样来处理其中的文字,如设置文字的方向、格式化文字、设置段落格式等。例如使用文本框制作古诗《咏柳》,既使用横排文本框,又使用竖排文本框,在文本框中插入图片作为填充,设置填充的透明度为"半透明"等,如图4—116所示。

4. 图文混排的操作要求

(1)在文档中进行图文混排时,图片一般采用嵌入式插入到文档中,这种方式图片不能随意移动位置,而会跟随前后文字的位置,并且图片周围不环绕文字。根据需要可以选用其他的图片与文字的位置关系或是文字环绕方式。

(2)注意"图形与文字的位置关系"与"图形与文字的环绕方式"不是同一概念,位置关系是图形与文字的相对位置,文字的环绕方式是文字与图形的环绕方式,例如,"浮于文字上方"和"衬于文字下方"属于位置关系;"顶端居左,四周形文字环绕"与"中部居中,四周形文字环绕"属于图形与文字的环绕方式。

(3)文档中需使用绘图工具绘制多个图形组成一个系列图形时,不要忘记把这几个图形组合起来,使之成为一个整体。否则在对该图进行操作时,图形会变形甚至散开,达不到所需要的效果。

(4)在进行图文混排时,文本框对于版面的布局起着非常重要的作用,可以随意移动到需要的位置。但要注意安排好文本框与文字的环绕方式。

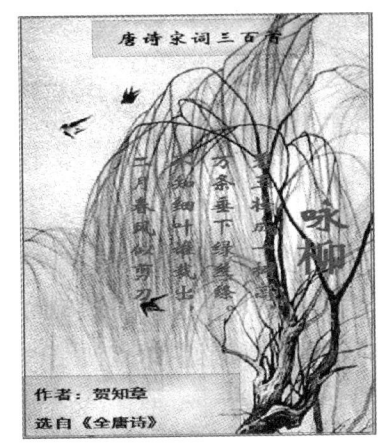

图4—116 多个文本框效果

单元考核要点

考核类型	考核范围	考核点
理论知识	文档内容高级编辑	设置注释和域的使用方法
		中文版式及长文档编辑
	内容查找与替换	内容查找操作要点
		定位的操作
		内容替换操作要点
	文档格式化处理	边框底纹背景的设置要求
		设置特殊格式
	邮件和信函合并	多个文档标签邮件的合并
		筛选及排序
		合并项设置的特点
	表格高级处理	表格属性
		设置套用表格注意事项
		表头格式
	对象高级处理	插入复杂对象
		图文混排的操作要求
操作技能	文档内容高级编辑	文档的常用编辑方法
		能插入、编辑、设置注释和域
		中文版式及长文档编辑
	内容查找与替换	内容查找操作
		定位的操作
		替换指定内容
	文档格式化处理	边框、底纹、背景
		设置特殊格式
		多个文档标签邮件的合并
	邮件和信函合并	筛选及排序
		合并项设置特点
		调整转换表格属性
	表格高级处理	设置套用表格
		设置表头格式
	对象高级处理	插入公式等复杂对象
		调整对象属性进行图文混排

单元测试题

一、单项选择题（下列每题有4个选项，其中只有一个是正确的，请将正确答案的代号填在括号内）

1. 在注释中，一般放在当前页底端的是（　　）。
   A．脚注　　　　　　B．尾注　　　　　　C．题注　　　　　　D．批注
2. 在下面的选项中，不是注释的一项是（　　）。
   A．脚注和尾注　　　　　　　　　　　　B．尾注和题注
   C．题注和批注　　　　　　　　　　　　D．批注和备注
3. 在文档中插入"脚注""尾注"和"题注"的命令在（　　）选项卡下。
   A．"页面布局"　　B．"引用"　　　　C．"插入"　　　　D．"审阅"
4. 在文档中插入"批注"的命令在（　　）选项卡下。
   A．"页面布局"　　B．"引用"　　　　C．"插入"　　　　D．"审阅"
5. 下面关于题注的说法中正确的是（　　）。
   A．插入题目注有手动添加和自动添加两种方法
   B．不可以自己设置题注的标签
   C．题注只能放在所选项目的下方
   D．删除当前项目的题注后，Word 2010不会自动更新所有题注的编号
6. Word 2010中"域"由（　　）两部分组成。
   A．域指令、域结果　　　　　　　　　　B．域指令、域类型
   C．域代码、域结果　　　　　　　　　　D．域类型、域代码
7. 在Word 2010插入"域"命令在"插入"选项卡下的（　　）功能组中。
   A．"链接→交叉引用"　　　　　　　　　B．"文本→文档部件"
   C．"文本→对象"　　　　　　　　　　　D．"链接→超链接"
8. 在修改"域"时显示"域代码"和"域结果"之间切换，按下（　　）组合键对整个文档生效。
   A．＜Alt＋F9＞　　　　　　　　　　　　B．＜Shift＋F9＞
   C．＜Alt＋Shift＋F9＞　　　　　　　　　D．＜Ctrl＋F9＞
9. 下面不是"域代码"组成部分的是（　　）。
   A．域结果　　　　B．域字符　　　　C．域类型　　　　D．域指令
10. "域代码"中的"域指令"的作用是（　　）。
    A．定义一个域的开始和结束　　　　　　B．定义一个域的功能类别
    C．显示域的作用结果　　　　　　　　　D．执行定义域中要执行的动作
11. 对"域代码"编辑完毕后，可以按下（　　）组合键切换域代码来查看域结果。
    A．＜Alt＋F9＞　　　　　　　　　　　　B．＜Shift＋F9＞
    C．＜Alt＋Shift＋F9＞　　　　　　　　　D．＜Ctrl＋F9＞
12. 对带圈字符通过切换域代码不可以改变字符所带圈的（　　）。

A. 颜色 B. 大小 C. 粗细 D. 形状
13. 对文档中的字符设置添加拼音的命令是（　　）。
   A. "开始"选项卡"字体"功能组"拼音指南"
   B. "开始"选项卡"段落"功能组"中文版式""拼音指南"
   C. "开始"选项卡"字体"功能组"中文版式""拼音指南"
   D. "开始"选项卡"段落"功能组"拼音指南"
14. 在 Word 2010 中适合于管理长文档的视图方式是（　　）。
   A. 普通视图 B. 大纲视图
   C. Web 视图 D. 页面视图
15. 在 Word 2010 中插入"目录"的命令在（　　）。
   A. "插入"选项卡"目录"组
   B. "引用"选项卡"目录"组
   C. "审阅"选项卡"目录"组
   D. "页面布局"选项卡"目录"组
16. 在 Word 2010 中创建一个"索引"分为（　　）两步。
   A. 标记索引项、创建索引 B. 定义索引项、创建索引
   C. 标记索引项、定义索引 D. 定义索引项、标记索引
17. 直接打开"查找和替换"对话框中"查找"选项卡的快捷键是（　　）。
   A. ＜Ctrl + F＞ B. ＜Ctrl + G＞
   C. ＜Ctrl + H＞ D. ＜Shift + F＞
18. 处理长文档中多个段间空行的最佳方法是（　　）。
   A. 查找\替换 B. 删除 C. 清除 D. 替换
19. 在"查找和替换"对话框中，直接打开"定位"选项卡的快捷键是（　　）。
   A. ＜Ctrl + C＞ B. ＜Ctrl + V＞
   C. ＜Ctrl + G＞ D. ＜Shift + F＞
20. 在"定位"选项卡"输入页号"文本框中输入"+3"的意思是（　　）。
   A. 从当前页向后移动 3 页 B. 从当前页前后移动 3 页
   C. 直接定位到第 3 页 D. 从当前位置向后定位 3 行
21. 在设置文档的背景时，不能用作水印的是（　　）。
   A. 图片 B. 图表 C. 艺术字 D. 标准色
22. 若想给文档中的某几段加上边框的话，应该选用"边框与底纹"对话框下的（　　）。
   A. "页面边框"选项卡→应用于"段落"
   B. "边框"选项卡→应用于"段落"
   C. "底纹"选项卡→应用于"本节"
   D. "边框"选项卡→应用于"文字"
23. 在为文档分栏时，最多不能超过（　　）栏。
   A. 4 B. 8 C. 10 D. 11

24. 为了使文章更醒目，通常会把文章开头的第一个字设置不同的字号或字体，下面不可以实现这种效果的是（　　）。
  A．使用首字下沉　　　　　　　　B．增大字体字号来设置
  C．插入艺术字　　　　　　　　　D．使用缩小除第一大字外的所有的字体

25. 下列关于页眉页脚的说法不正确的是（　　）。
  A．同一页可以设置相同的页眉页脚
  B．同一页可以设置不同的页眉页脚
  C．页面可以单独只加页眉或者页脚一项
  D．页码可以放在页眉也可以放在页脚

26. 邮件合并的三步骤是（　　）。
  A．建立主文档、准备数据源、合并到主文档
  B．链接数据源、建立主文档、合并到主文档
  C．建立主文档、合并到主文档、链接数据源
  D．准备数据源、合并到主文档、保存主文档

27. 在邮件合并时，若在同一页面创建多个主文档的副本，在创建主文档时应选择（　　）型主文档。
  A．信函　　　　　　　　　　　　B．目录
  C．普通文档　　　　　　　　　　D．标签

28. 在邮件合并时，数据源不可以用下列软件制作完成（　　）。
  A．Excel 表格　　　　　　　　　　B．Word 表格
  C．Outlook 联系人　　　　　　　　D．Access 数据库

29. 关于邮件合并可以实现的功能，下面说法不正确的是（　　）。
  A．邮件合并可以实现多个文档的合并
  B．邮件合并可以实现多个标签的合并
  C．邮件合并可以对数据源进行筛选和排序操作
  D．邮件合并不可以对数据源进行高级排序操作

30. 在 Word 2010 中，设置表格中某个单元格文字的垂直对齐方式，应选择"表格属性"对话框中的（　　）选项卡。
  A．"表格"　　　　　　　　　　　B．"行"
  C．"列"　　　　　　　　　　　　D．"单元格"

31. 在 Word 2010 中，表格转换为文本的命令是（　　）。
  A．"布局→数据→转换为文本"　　B．"插入→表格→转换为文本"
  C．"设计→数据→转换为文本"　　D．"布局→表格→转换为文本"

32. 在表格表头设计中，关于标题行重复的说法正确的是（　　）。
  A．本页中所有单元格中均显示为标题行内容
  B．跨页表格中第一行均显示为第一页标题行
  C．标题行重复不能重复标题行单元格的底纹和格式
  D．标题行重复只能预览不能被打印出来

33. 下列可以作为"表格样式"功能组中表格底纹的是（　　）。
    A. 图片　　　　　　B. 渐变色　　　　　C. 标准色　　　　　D. 纹理
34. 设置表格与文档中的文本的关系的时候，应选择需要"表格属性"对话框中的（　　）选项卡。
    A. "单元格"　　　　　　　　　　　　　B. "行"
    C. "表格"　　　　　　　　　　　　　　D. "列"
35. 下列关于表格设置边框和底纹的说法不正确的是（　　）。
    A. 同一个表格可以设置不同的外框线和内框线
    B. 同一个表格可以设置多单元格不同颜色的底纹
    C. 设置单元格边框和底纹最快速的方法是套用表格样式
    D. 不可以新建表格样式，只能套用系统自带的样式
36. 把表格中的文字设置成竖排文字的命令是（　　）。
    A. "表格工具→布局→对齐方式→文字方向"
    B. "表格工具→设计→对齐方式→文字方向"
    C. "表格工具→布局→单元格对齐→文字方向"
    D. "表格工具→设计→单元格对齐→文字方向"
37. Word 2010 中插入公式的命令是（　　）。
    A. "插入→符号→公式"　　　　　　　B. "引用→符号→公式"
    C. "插入→文档部件→公式"　　　　　D. "插入→对象→公式"
38. Word 2010 中插入 SmartArt 图形的作用是制作（　　）。
    A. 一般插图　　　　　　　　　　　　B. 流程图
    C. 艺术字　　　　　　　　　　　　　D. 背景
39. 在图文混排中，可以设置图形与文字的位置关系的方法是（　　）。
    A. "格式→排列→位置"命令
    B. "格式→排列→文字环绕"命令
    C. "页面布局→段落"命令
    D. 右键单击图片在右键菜单中选择"文字环绕"
40. 如果公式样式库中没有所需的公式，新建公式的操作是（　　）。
    A. "插入"选项卡"符号"选项组"公式"下拉列表"插入新公式"命令
    B. "插入"选项卡"公式"选项组"新建公式"选项
    C. "插入"选项卡"设计"选项组"插入新公式"选项
    D. "插入"选项卡"符号"选项组"新建公式"选项
41. 在文档中插入艺术字的命令是（　　）。
    A. "插入→图片→艺术字"　　　　　　B. "插入→插图→艺术字"
    C. "插入→对象→艺术字"　　　　　　D. "插入→文本→艺术字"
42. 在文档中插入形状时，下列不包含在"形状"下拉列表中的是（　　）。
    A. 线条、基本形状　　　　　　　　　B. 图表、SmartArt 图形
    C. 流程图、箭头总汇　　　　　　　　D. 标注、星与旗帜

43. 下列关于超链接的说法中不正确的是（　　　）。
    A. 超链接分为同一文档中和不同文档之间的超链接
    B. 同一文档的超链接先要在超链接目标的地方插入"书签"来定位
    C. 不同文档的超链接非常方便，可以在不同的计算机中随意使用
    D. 不同文档的超链接有存放路径的限制，不能在不同的计算机中随意使用

二、判断题（下列判断正确的请打"√"，错误的请打"×"）
1. 注释包括"脚注""尾注"和"题注"三种。（　　）
2. 在 Word 文档中，删除脚注时只需删除注释空格中的文字即可。（　　）
3. 在 Word 2010 中，插入脚注和尾注时，系统自动为脚注和尾注编号。（　　）
4. 使用 Word 的主控文档是制作长文档最合适的方法。（　　）
5. 在进行定位操作时，在文本输入框里输入数字"4"时，即从当前页面起，向后移动 4 页。（　　）
6. 设置页面边框时不可以调整边框的页边距。（　　）
7. 边框分为页面边框和对象边框两类。（　　）
8. 在页眉页脚里不可以插入域代码。（　　）
9. 右键单击需要删除的批注，在弹出的快捷菜单中单击"删除批注"命令即可删除批注。（　　）
10. 域是插入到文档中的一些特殊的命令程序，用于定义文档中项目的作用。（　　）
11. 域由域代码和域结果两部分组成。（　　）
12. 域代码指令中的文字和字符型项目，不可以设置它们的字体和颜色。（　　）
13. 域代码由域字符、域类型和域指令三部分组成。（　　）
14. 按下 < Ctrl + F9 > 组合键可以打开插入域特征字符"{ }"。（　　）
15. 锁定"域"的快捷键是 < Ctrl + Shift + F11 >。（　　）
16. 页面边框可以设置页面边框与正文的距离。（　　）
17. "中文版式"下拉列表中包括拼音指南、合并字符、双行合一等。（　　）
18. 在 Word 2010 创建目录时，首先要标记目录项。（　　）
19. 在 Word 2010 创建索引分为标记索引项和和定义索引项两步。（　　）
20. 拼音指南和带圈字符也是域指令。（　　）
21. 把一篇文档中的所有"计算机"改写成"微机"要用到"查找与改写"命令。（　　）
22. 删除文档中的所有空行和空格无法使用"查找和替换"命令。（　　）
23. 通过邮件合并的筛选排序功能可以有选择性地进行邮件合并操作。（　　）
24. 在查找与替换时，需要进行不同格式的替换操作时，可以单击"查找和替换"对话框"替换"选项卡下的"高级→格式"来设置。（　　）
25. 在 Word 2010 中，单击"页面布局→页面背景→页面颜色→取消"即可删除页面背景。（　　）
26. 在进行替换操作时，只能替换已经查找到的内容，不能替换没有查找到的

内容。( )

27. 在 Word 2010 中,可以用水印、标准色和填充效果来设置文档的背景。( )

28. 文档的水印背景不可以使用图表制作。( )

29. 自动套用表格格式后,表格中原有文本的格式自动变为套用格式设置的格式。( )

30. 首字下沉只有下沉和悬挂两种样式。( )

31. 可以为同一文档设置相同的页眉和页脚。( )

32. 邮件合并分为建立主文档、准备数据源和邮件合并三个步骤。( )

33. 在进行邮件合并时,不能使用筛选和排序来进行有选择的操作。( )

34. 使用邮件合并打印全校学生的毕业证时,应创建"目录"型主文档。( )

35. 在设置表格在文档中与文本的对齐方式时,可以选用"表格属性"对话框"表格→对齐方式"即可。( )

36. Word 2010 表格中文字与表格互换命令和以前的版本一样,都是"表格→互换→文字到表格或表格到文字"命令。( )

37. 表格中文本的对齐方式有左对齐、居中和右对齐三种方式。( )

38. 绘制斜线表头只能在表格左上角的第一个单元格中。( )

39. 在 Word 2010 中插入形状中的流程图和插入 SmartArt 图形都是制作流程图,它们之间没有区别。( )

40. 在 Word 2010 中插入的图表是独立于 Excel 之外的图表。( )

41. 在 Word 中超链接分为同一文档中的超链接和不同文件之间的超链接。( )

42. 在进行同一文档中的超链接时,需要先在超链接目标的位置插入"书签"来定位。( )

43. 在 Word 2010 中插入到文档中的图片不可以设置 3D 立体效果。( )

44. 在插入多个图形时,需要选定后用"合并"命令把它们组合成一个整体。( )

45. 在图文混排中,选定图片,通过"格式→排列→文字环绕"命令可以设置文字与图片的位置关系。( )

三、技能题

第一题　图文混排练习

例文:

奥 运 会

奥林匹克运动会起源于古希腊,因举办地点在奥林匹克而得名。传说古代奥运会是由众神之王宙斯创始的。第 1 届奥林匹克运动会于公元前 776 年举行,到 394 年共举行了 293 届。奥林匹克运动会每隔 1 417 天即 4 年举行一届。后来人们将这一周期称为奥林匹克周期。随着近代体育的兴起，希腊人民希望恢复古代奥林匹克运动会。1859—1889 年，希腊曾举办过 4 届奥林匹克运动会，做了初步尝试。自 1883 年开始，法国人顾拜旦致力于古代奥林匹克运动会的复兴。经他与若干人的努力，国际奥林匹克委员会于 1894 年 6 月 23 日成立。顾拜旦制定的第一部奥林匹克宪章强调了奥林匹克运动的业余性，规定在奥林匹克运动会上只授予优胜者荣誉奖，不得以任何形式发给运动员金钱或其他物质奖励。1893 年 4 月 6—15 日，第一届奥林匹克运动会在雅典举行。

目前奥林匹克运动会的比赛项目有（未含冬奥会项目）：田径、游泳（含跳水、水球、花样游泳）、射击、举重、自行车、射箭、排球、足球、手球、曲棍球、体操（含艺术体操）、击剑、国际式摔跤（自由式和古典式）、拳击、柔道、赛艇、皮艇和划艇、帆船（含帆板）、马术、现代五项、乒乓球、羽毛球、网球、棒球等 。

排版要求：

1．文档格式化处理

（1）特殊格式设置。设置正文文本的字体为黑体，字号为小四；全文首行缩进两个字符，标题居中排列，行间距为 1.5 倍行距。

（2）边框底纹设置。为文档的第二段添加边框并将边框填充浅蓝色底纹，紫色 1.5 磅双实线边框。

2．内容查找与替换

查找出文档中所有的"奥林匹克运动会"并将其全部替换为宋体、小四、红色字体的"奥运会"。

3．文档内容高级编辑

（1）将正文第一段前三个字设置为首字下沉 2 行，字体为方正姚体。

（2）域的插入。为文档结尾插入一个类别为日期和时间的域代码，日期格式为××××年××月××日，对齐方式为右对齐。

（3）尾注的插入。为正文第一段第二行的红色字体奥运会添加红色双波浪形下划线，并插入尾注"奥运会是奥林匹克运动会的简称，是由国际奥林匹克委员会主办的世界性综合运动会。"

4．表格处理练习

（1）绘制表格。在文档的结尾处插入一个 5 行 3 列的表格。

（2）样式设置。将表格设置为系统中样式列表中第 3 行第 2 列的表格样式。

（3）属性设置。指定表格的列宽为固定值 5 厘米，行高为固定值 1 厘米，单元格的对齐方式为垂直居中。

5．插入对象练习

（1）在表格的上方插入公式：$\int_0^1 xe^x dx = \left[\sqrt[3]{\dfrac{dy}{dx}} - x^3\right] \quad (x = \pi r^2)$

（2）艺术字的设置。将文档的标题设置为系统中样式列表中第 3 行第 4 列的艺术字样式，字体为华文彩云 40 磅，艺术字形状为山形，环绕方式为嵌入，字符间距为紧密，对齐方式为居中。

第二题　邮件合并练习
1. 创建主文档

北京实验中学中考成绩通知单

学号：

姓名：

成绩表

语文	数学	英语	计算机	总分

2. 建立数据源文件

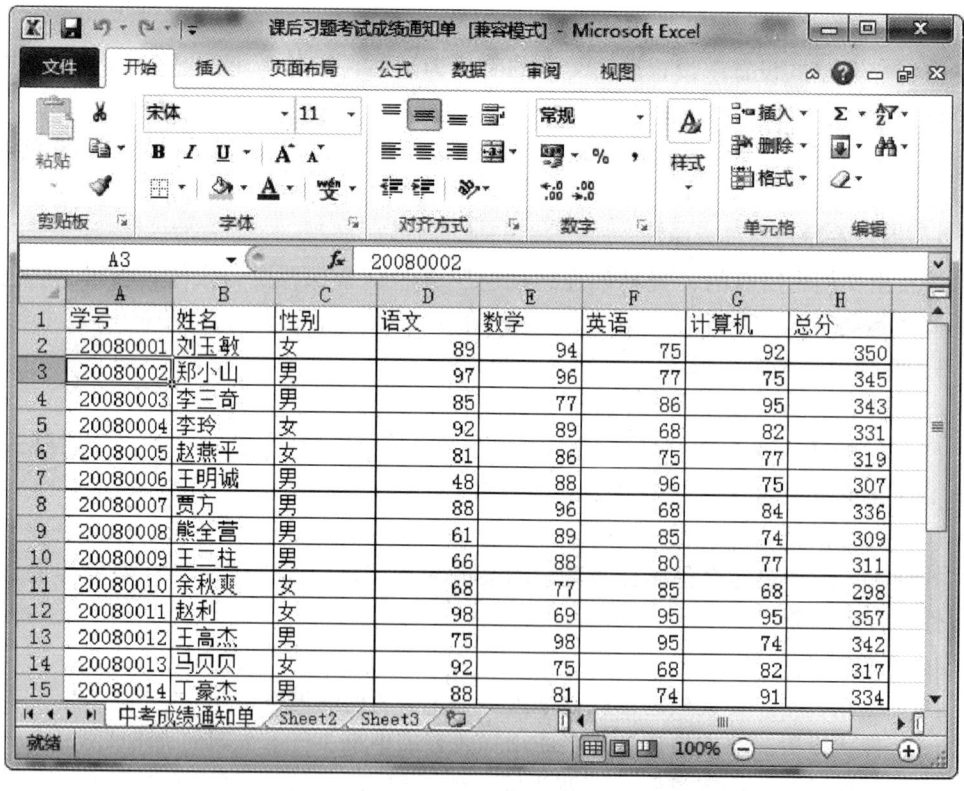

图 4—114　建立数据源文件

3. 合并邮件

邮件合并，选择目录型主文档。

4. 数据处理

筛选出数学成绩大于 80 分的所有男生记录并将其进行邮件合并。

5. 文件保存

将合并的结果覆盖原合并结果。

单元测试题答案

一、单项选择题

1．A　　2．D　　3．B　　4．D　　5．A　　6．C　　7．B　　8．A
9．A　　10．C　　11．B　　12．D　　13．A　　14．B　　15．B　　16．A
17．A　　18．A　　19．C　　20．A　　21．D　　22．B　　23．D　　24．D
25．C　　26．A　　27．B　　28．A　　29．D　　30．D　　31．A　　32．B
33．C　　34．C　　35．D　　36．A　　37．A　　38．B　　39．A　　40．A
41．D　　42．B　　43．C

二、判断题

1．×　　2．×　　3．√　　4．√　　5．√　　6．×　　7．√　　8．×
9．√　　10．×　　11．√　　12．×　　13．√　　14．√　　15．√　　16．√
17．×　　18．√　　19．√　　20．√　　21．√　　22．√　　23．√　　24．√
25．×　　26．√　　27．√　　28．√　　29．√　　30．√　　31．√　　32．√
33．×　　34．×　　35．√　　36．√　　37．√　　38．√　　39．√　　40．√
41．√　　42．√　　43．×　　44．×　　45．√

三、技能题

第一题　图文混排练习

$$\int_0^1 xe^x dx = \left[\sqrt[3]{\frac{dy}{dx}} - x^3\right] (x = \pi r^2)$$

奥运会是奥林匹克运动会的简称,是由国际奥林匹克委员会主办的世界性综合运动会。

图4—118 第一题答案

第二题 邮件合并练习

北京实验中学中考成绩通知单

学号：20080002
姓名：郑小山
性别：男
成绩表

语文	数学	英语	计算机	总分
97	96	77	75	345

北京实验中学中考成绩通知单

学号：20080006
姓名：王明诚
性别：男
成绩表

语文	数学	英语	计算机	总分
48	88	96	75	307

北京实验中学中考成绩通知单

学号：20080009
姓名：王二柱
性别：男
成绩表

语文	数学	英语	计算机	总分
66	88	80	77	311

图4—119 第二题答案

第5单元

电子表格处理

- 第一节　数据输入与编辑处理/184
- 第二节　数据查找与替换/188
- 第三节　表格高级格式化处理/191
- 第四节　对象基本处理/197
- 第五节　综合计算处理/208
- 第六节　高级统计分析/215

Excel 2010 是微软公司推出的 Office 2010 办公软件的一个组件，它是一个电子表格处理软件，可以计算、分析数据以及制作各式各样美观的图表，以及处理大量的数据信息，特别适合用于快速制作表格并且进行统计计算。

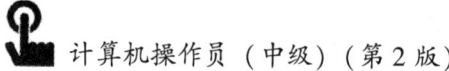

第一节　数据输入与编辑处理

→ 能够快速输入数据
→ 能够进行数据更新、复制、移动、删除和清除操作

一、单元格中数据的输入

Excel 2010 中数据可分为数字型和文本型，数字型数据一般是右对齐，文本型数据一般是左对齐。

1. 数据的输入方法

（1）普通数字可直接输入，如"10""10.01"等。

（2）较长数字。直接输入后系统将自动用科学计数法表示，如"123456789101"将显示为"1.23457E+11"，此时可以通过改变相应列宽，使其可以显示全部数字，即可正确显示。

（3）分数。例 2/3，如果直接输入，则显示为"2月3日"，输入方法是"0 空格 2/3"。

（4）首字为 0 的数据。例"01001"，如果直接输入，则显示为"1001"。若要显示完整则在输入时在前面加上一个英文状态下的单引号或者将单元格设置成文本格式。

（5）输入日期。通常输入格式为"年/月/日"或"年-月-日"。

（6）输入时间。通常输入格式为"时:分:秒"。

2. 文字的输入方法

文字可以直接输入，如果在单元格内需要换行则需要在换行处按 <Alt+Enter> 组合键。另一种换行方式是通过选中"设置单元格格式"对话框"对齐"选项卡中的"自动换行"复选框来实现，如图 5—1 所示。

当输入全部由数字组成的文本（比如邮政编码、电话号码）时，Excel 会将其识别为数值，影响格式，甚至可能丢失开头几位连续的数字 0，遇到此种情况，要想正确显示，可以在单元格中输入英文状态下的单引号，然后输入数据。也可以在要输入数据的单元格上单击鼠标右键，在弹出的右键菜单中选择"设置单元格格式"选项，如图 5—2 所示。在"设置单元格格式"对话框"数字"选项卡中选择"文本"选项，然后单击"确定"按钮，再重新输入或确认输入的数据，如图 5—3 所示。

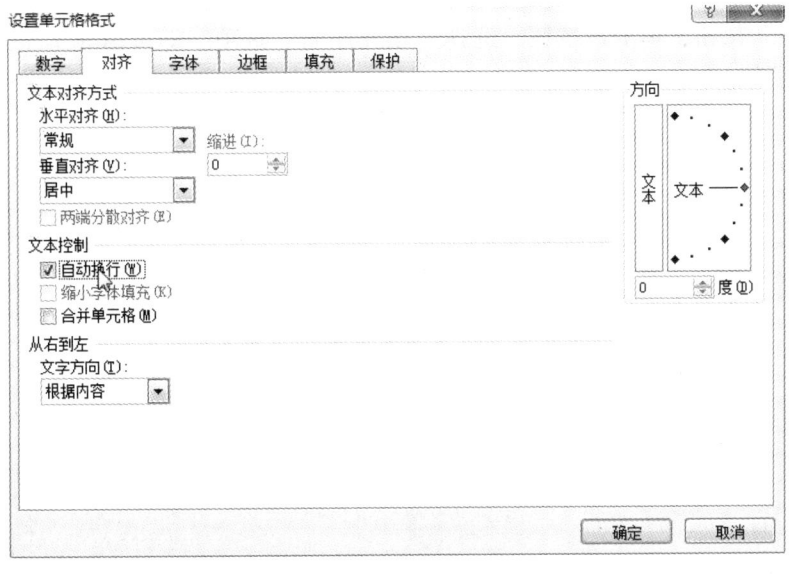

图 5—1　设置自动换行

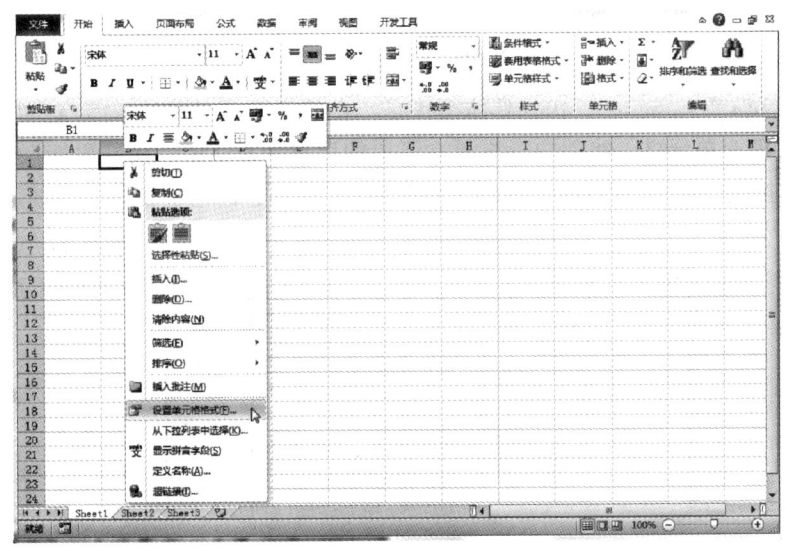

图 5—2　设置单元格格式

注意：不连续单元格输入相同数据，具体操作为：按住＜Ctrl＞键，依次单击并选中不连续的单元格，直到最后一个单元格，然后松开＜Ctrl＞键，输入数据，再按＜Ctrl＋Enter＞键。

二、单元格数据填充

使用 Excel 2010 中的"填充"功能，可以按照一定的规则填充大量的数据。

1. 等差序列填充

（1）填充 1，2，3，…，10。具体操作：在单元格 A1 中输入 1，将鼠标指针移到单元格 A1 的右下角，当指针变为黑色十字时，向下拖拽至 A10，松开鼠标后出现"自动填充选项"按钮，单击该按钮，选择"填充序列"选项，即可填充 1 至 10 的序列，如图 5—4 所示。

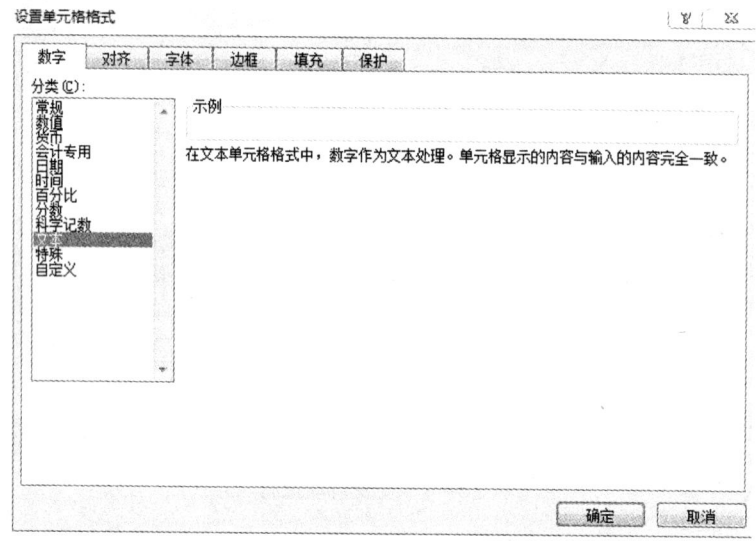

图 5—3　设定文本型单元格

（2）填充 1，3，5，…，19。具体操作是：在单元格 A1 中输入 1，A2 中输入 3，选中 A1 和 A2 两个单元格，然后向下拖拽右下角的填充柄至 A10，松开鼠标后出现"自动填充选项"按钮，单击该按钮，选择"填充序列"选项，即可完成序列填充，如图 5—5 所示。

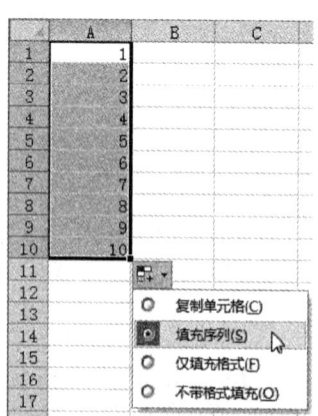 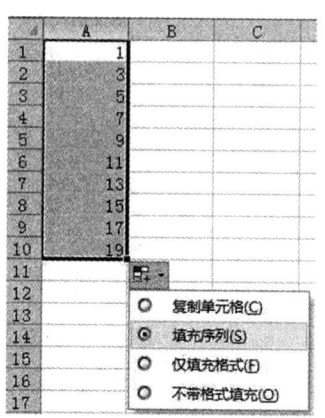

图 5—4　等差序列的自动填充一　　　　图 5—5　等差序列的自动填充二

2．等比序列填充

要填充 2，4，8，…，1024。具体操作是：在单元格 A1 中输入起始值 2，选中 A1 到 A10 单元格区域，单击"开始"选项卡"编辑组"中的"填充"下拉菜单"系列"选项，弹出"序列"对话框，设置序列产生在"列"，类型为"等比序列"，步长值为"2"，如图 5—6 所示，然后单击"确定"按钮，完成填充。

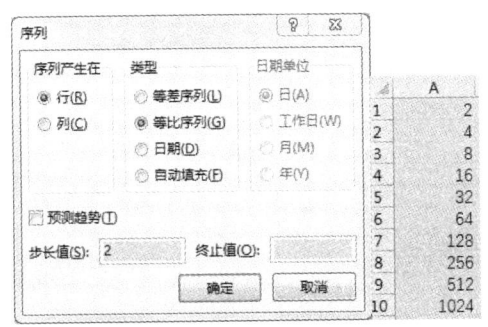

图 5—6　等比序列的自动填充

三、单元格数据复制、移动、删除、清除

1. 复制

（1）方法一。选中要复制数据的单元格，单击"开始"选项卡，"剪贴板"组中的"复制"按钮，然后选中目标单元格，单击"粘贴"按钮，打开粘贴下拉菜单，如图5—7所示，选择"粘贴"选项，即可完成复制操作。

（2）方法二。选中要复制数据的单元格，执行快捷键<Ctrl + C>复制，然后选中目标单元格，执行快捷键<Ctrl + V>粘贴。

2. 移动

移动操作与复制操作类似，不同之处在于选中要复制数据的单元格后，单击"剪切"按钮，或使用快捷键<Ctrl + X>，然后操作与粘贴相同。

3. 删除

（1）方法一。选中要删除的单元格，单击"开始"选项卡，"单元格"组中的"删除"按钮即可，如图5—8所示。

图 5—7　粘贴下拉菜单

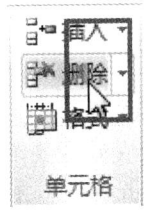

图 5—8　"单元格"组

（2）方法二。在要删除的单元格上单击鼠标右键，在弹出的快捷菜单中，如图5—9所示，选择"删除"选项，弹出"删除"对话框，如图5—10所示，根据实际情况选择删除选项后，单击"确定"按钮。

4. 清除

要想清除单元格中的数据，选中该单元格后，单击<Delete>键或单击右键，在弹出的快捷菜单中选择"清除内容"，即可实现数据的清除操作。

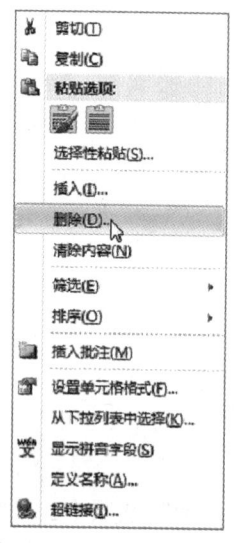

图 5—9 快捷菜单

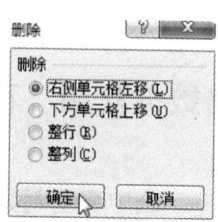

图 5—10 "删除"对话框

第二节 数据查找与替换

→ 能够查找数据
→ 能够替换数据
→ 能够进行数据的定位操作

当需要重新查看或修改工作表中的某一部分内容时,可以查找和替换指定的任何数值,包括文本、数字、日期,或者查找一个公式、一个附注。

一、数据查找

1. 查找指定数据

(1) 选择"开始"选项卡,单击"编辑"组中的"查找和选择"下拉按钮,在打开的下拉菜单中单击"查找"选项,如图 5—11 所示。

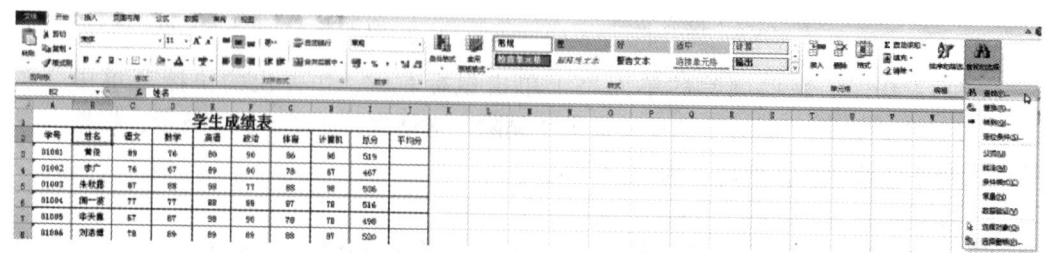

图 5—11 查找操作

（2）弹出"查找和替换"对话框，在"查找内容"文本框中输入需要查找的内容，然后单击"查找下一个"按钮（Excel会选中下一个符合条件的单元格），或者单击"查找全部"按钮（Excel会在对话框下方显示符合条件的全部单元格信息），如图5—12所示。

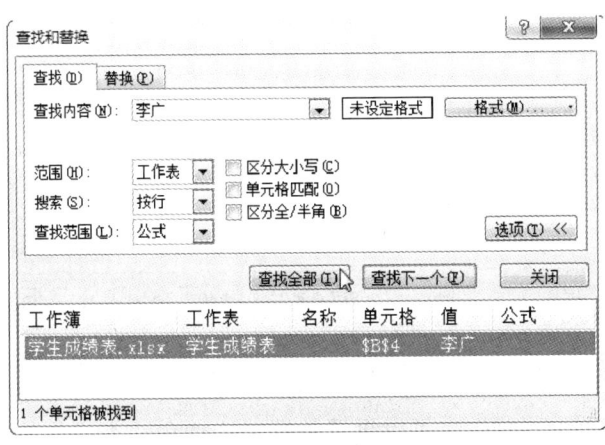

图5—12　查找全部操作

2．定位

定位是指定位到文档中的指定位置。

（1）在"名称框"中直接输入单元格地址，然后按回车键确认，即可定位到所指定的位置。

（2）打开"开始"选项卡，单击"编辑"组中的"查找和选择"下拉按钮，在打开的下拉菜单中单击"转到"选项，弹出"定位"对话框，在引用位置处输入所要查找的单元格地址，然后单击"确定"按钮，如图5—13所示。

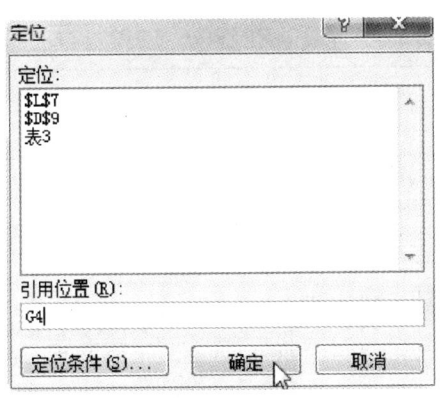

图5—13　定位操作

二、数据替换

1．数据替换操作的特点

替换命令与查找命令类似，替换命令将查找到的字符串转换成一个新的字符串。

2. 替换指定数据

（1）打开"开始"选项卡，单击"编辑"组中的"查找和选择"下拉按钮，在打开的下拉菜单中单击"替换"选项，打开"查找与替换"对话框，在"查找内容"文本框中输入需要查找的内容，然后在"替换为"文本框中输入替换后的新数据，单击"全部替换"按钮，如图5—14所示。

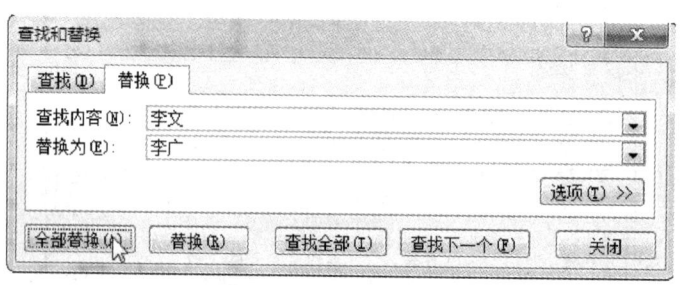

图5—14 替换操作

（2）在替换数据的同时，也可以设置数据格式。在"查找与替换"对话框中单击"选项"按钮，打开展开项后，单击"格式"按钮，如图5—15所示。打开"替换格式"对话框，设置填充颜色，单击"全部替换"按钮，如图5—16所示。

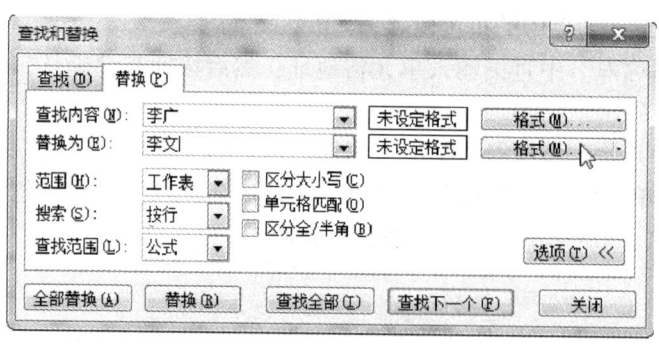

图5—15 设置替换格式

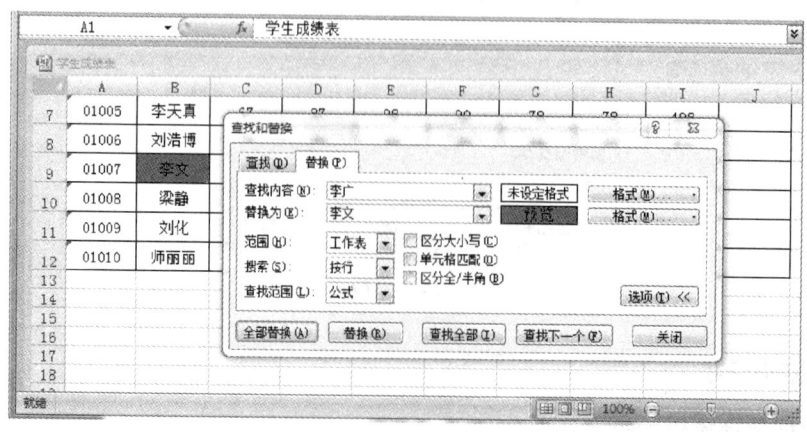

图5—16 带填充色的替换操作

第三节 表格高级格式化处理

→ 能够进行单元格的拆分与合并
→ 能够插入和删除批注
→ 能够使用表格的自动套用

一、对单元格的操作

1. 对单元格进行合并操作

（1）合并单元格。选中要合并的单元格区域，打开"开始"选项卡，"对齐方式"组，单击"合并后居中"按钮右侧的小三角，打开下拉菜单选择"合并单元格"选项，如图5—17所示。

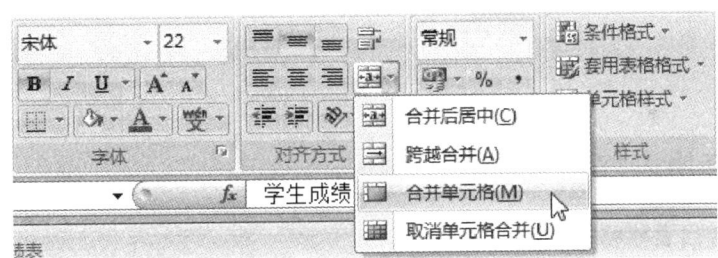

图5—17 合并单元格

（2）合并后居中。选中要合并的单元格区域，在"对齐方式"组中，单击"合并后居中"选项。

2. 取消对单元格的合并操作

选中之前已经合并过的单元格，打开"开始"选项卡，"对齐方式"组中，单击"合并后居中"按钮右侧的小三角，打开下拉菜单选择"取消单元格合并"选项，如图5—18所示。

图5—18 取消单元格合并

3. 添加批注操作

在要添加批注的单元格上单击右键,在打开的快捷菜单中选择"插入批注"选项,如图 5—19 所示,然后输入批注内容。

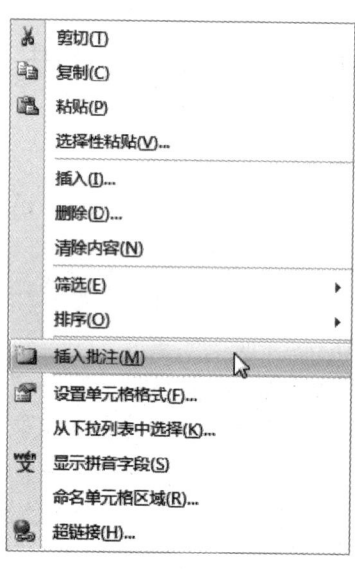

图 5—19 添加批注

二、自动套用表格格式

1. 自动套用表格格式类型

自动套用表格格式可自动识别 Excel 工作表中的汇总层次以及明细数据的具体情况,然后统一对它们的格式进行修改。Excel 通过"自动套用格式"功能向用户提供了浅色、中等深浅、深色等三大类、60 余种不同的内置格式集合,每种格式集合都包括有不同的字体、字号、图案、边框、对齐方式、行高、列宽等设置项,完全可满足在各种不同条件下设置工作表格式的要求,如图 5—20 所示。

2. 自动套用表格格式

(1) 选择需要设置套用格式的工作表区域。单击"开始"选项卡"样式"组中的"套用表格样式",如图 5—21 所示。

(2) 打开"套用表格样式"下拉列表框。下拉表中显示很多格式参考示例,从中选择合适的工作表格式,选中适合的套用格式后,单击该格式,弹出一个"套用表格式"对话框,单击"确定"按钮,如图 5—22 所示。

(3) 完成利用自动套用表格格式为 Excel 工作表定义格式,如图 5—23 所示。

3. 自动调整设置表格

(1) 自动调整行高和列宽。选中要调整的表格区域,打开"开始"选项卡,在"单元格"组中单击"格式"按钮,打开下拉菜单,单击"自动调整行高"或"自动调整列宽"选项,如图 5—24 所示。

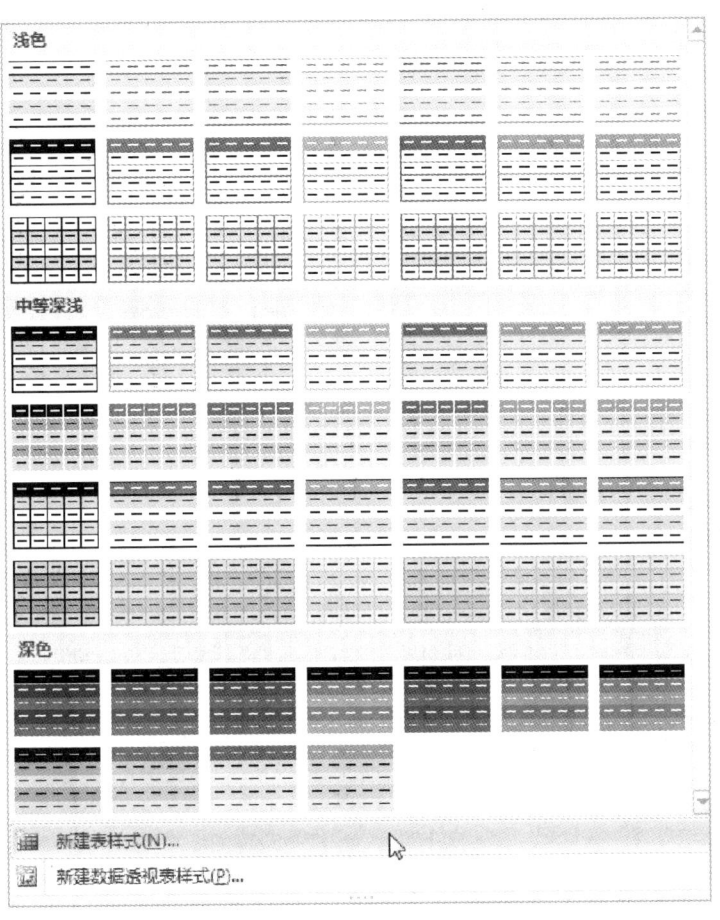

图 5—20　自动套用格式

学生成绩表									
学号	姓名	语文	数学	英语	政治	体育	计算机	总分	平均分
01001	黄俊	89	76	80	90	86	98	519	
01002	李广	76	67	89	90	78	67	467	
01003	朱秋霞	87	88	98	77	88	98	536	
01004	闻一波	77	77	88	99	97	78	516	
01005	李天真	67	87	98	90	78	78	498	
01006	刘浩博	78	89	89	89	88	87	520	
01007	李广	89	89	89	89	87	76	519	
01008	梁静	78	78	89	89	89	89	512	

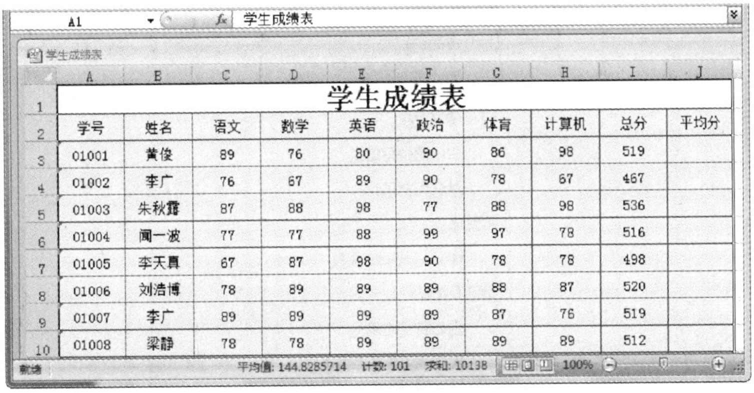

图 5—21　套用表格格式

（2）设置表格边框。工作表的默认网格线是打印不出来的，如果需要打印表格线，则要对工作表添加边框。

1）选中表格区域，打开“开始”选项卡，单击“字体”组中的“下框线”按钮，在打开的下拉菜单中单击“其他边框”选项，如图 5—25 所示。

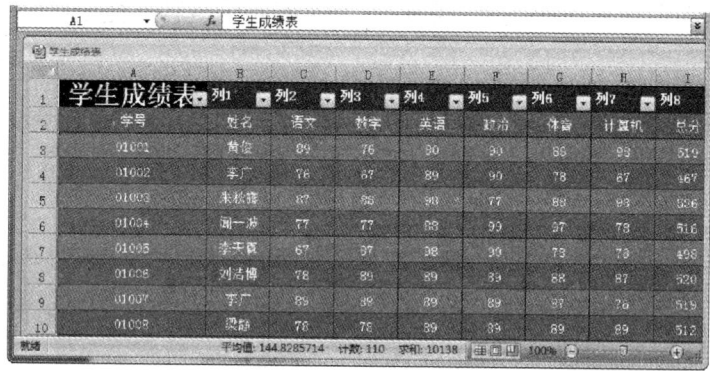

图 5—22 套用表格对话框

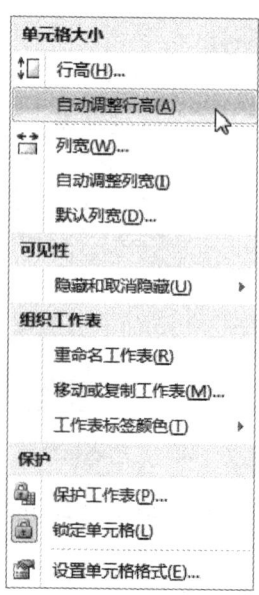

图 5—23 自动套用表格

图 5—24 自动调整行高和列宽

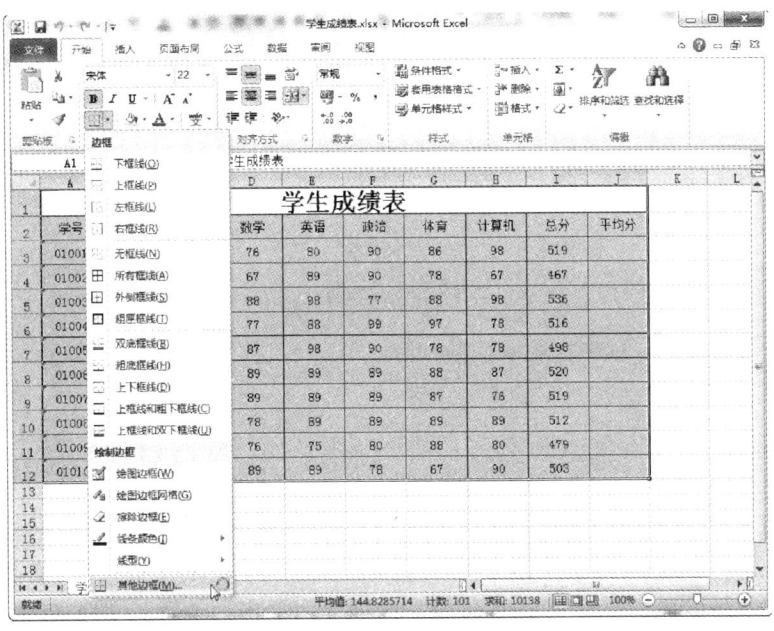

图 5—25　打开其他边框

2）弹出"设置单元格格式"对话框,选择"边框"选项卡在"样式"列表框中选择边框线条样式,在颜色列表中选择适合的颜色,然后单击"外边框"按钮,添加表格的外边框,如图 5—26 所示。

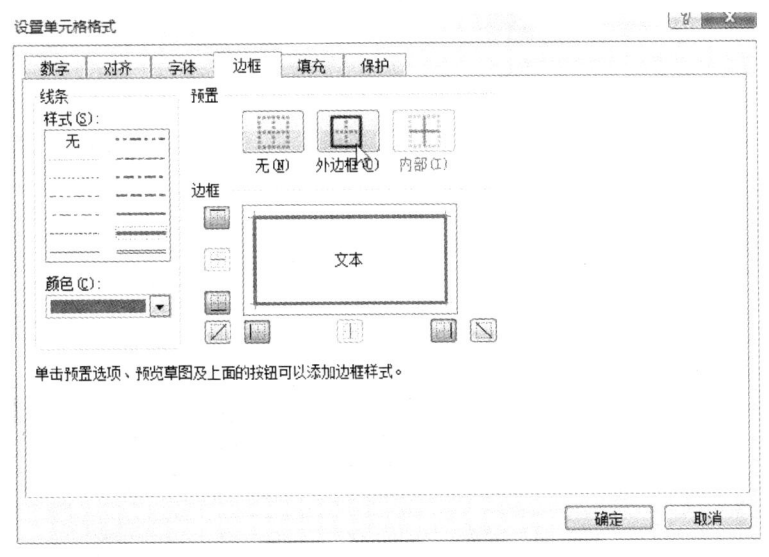

图 5—26　设置外边框

3）再选择另一种线条样式,然后单击"内部"按钮,添加表格的内边框,如图 5—27 所示,单击"确定"按钮完成设置。

（3）设置表格背景图案。为了使表格看起来更加美观,可以将漂亮的图片设置为表格的背景。

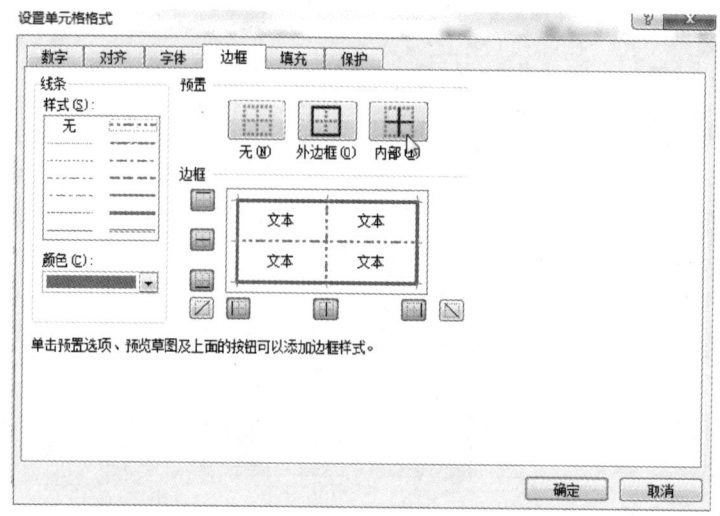

图 5—27　设置内边框

1）选中表格区域，打开"页面布局"选项卡，单击"页面设置"组中的"背景"按钮，如图 5—28 所示。

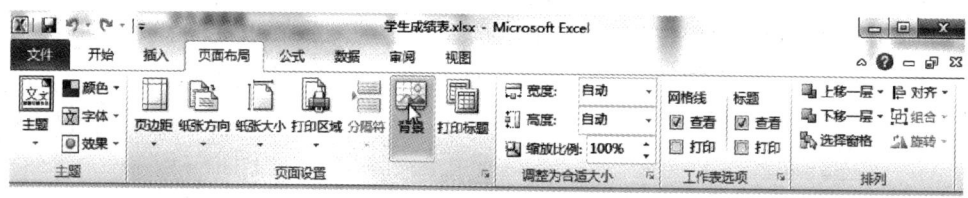

图 5—28　设置表格背景

2）在弹出的"工作表背景"对话框中，选中要设置为背景的图片，然后单击"插入"按钮，如图 5—29 所示。

图 5—29　选择背景图片

3）最终效果，如图 5—30 所示。

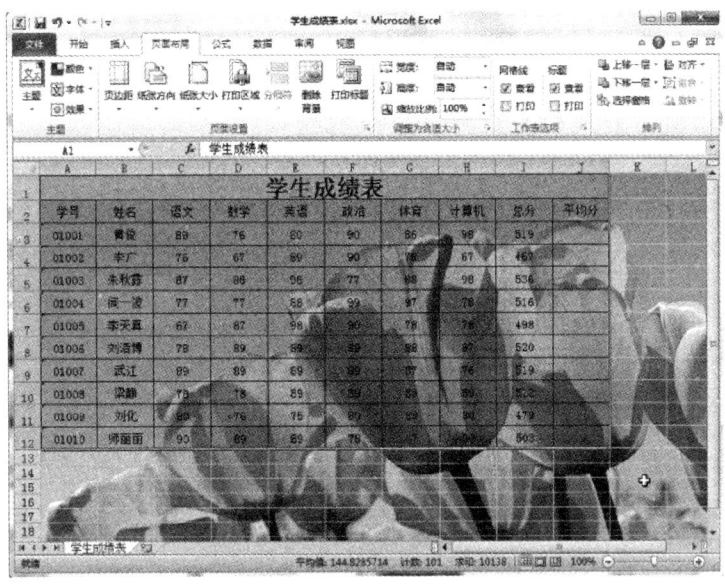

图 5—30　完成表格背景图设置

第四节　对象基本处理

→ 能够插入图片
→ 能够插入图示
→ 能够创建图表
→ 能够编辑图表
→ 能够修饰图表

一、图片对象的插入操作

1. 插入图片

为了使工作表更加美观，可以根据需要在工作表中插入图片，并设置图片显示效果。

（1）插入剪贴画

1）打开"插入"选项卡，单击"插图"组中的"剪贴画"按钮，如图 5—31 所示。

2）打开右侧"剪贴画"任务窗格，在"搜索文字"文本框中输入搜索关键字，单击"搜索"按钮，看到搜索结果后，单击要插入的剪贴画，如图 5—32 所示。

（2）插入外部图片。除了插入系统自带的剪贴画，还可以插入计算机中存储的图片。

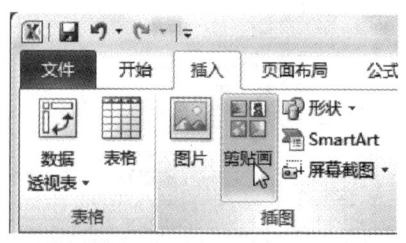

图 5—31 插入剪贴画

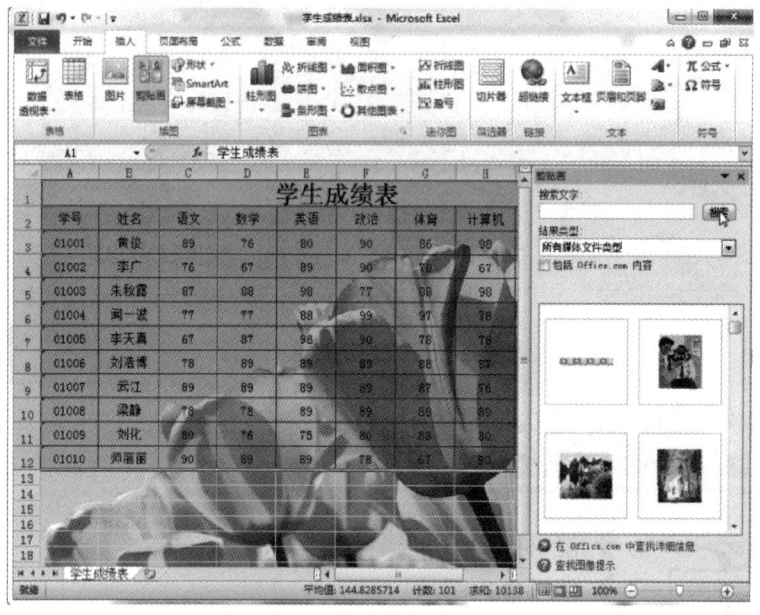

图 5—32 搜索剪贴画

1)打开"插入"选项卡,单击"插图"组中的"图片"按钮,如图 5—33 所示。

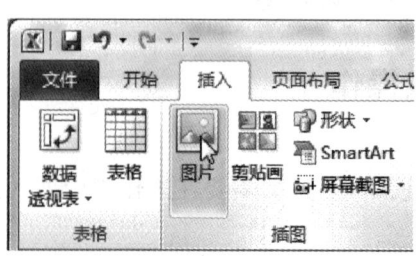

图 5—33 插入图片

2)打开"插入图片"对话框,选中要插入的图片,单击"插入"按钮,如图 5—34 所示。

2. 插入图示

为了用更直观的方式表现数据,可以利用插入 SmartArt 图形的方法。Excel 自带的 SmartArt 图形有 7 大类,分别是列表、流程、循环、层次结构、关系、矩阵、棱锥图。

图 5—34 "插入图片"对话框

（1）打开"插入"选项卡，单击"插图"组中的"SmartArt"按钮，如图 5—35 所示。

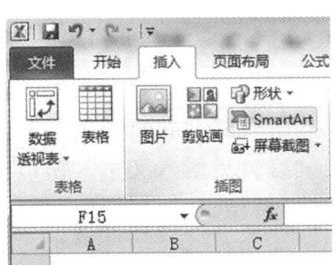

图 5—35 插入 SmartArt 图形

（2）打开"SmartArt 图形"对话框，选择左侧的图形类型，如"层次结构"，在对话框中间选择该类型的图形，然后单击"确定"按钮，如图 5—36 所示。

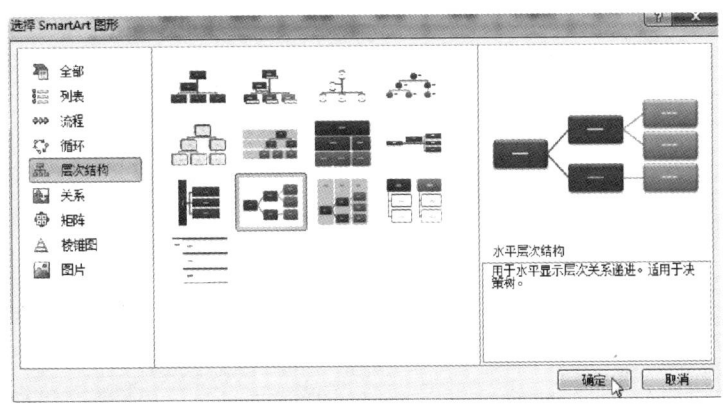

图 5—36 选择 SmartArt 图形

(3) 在"在此处键入文字"窗口中,单击"文本",直接输入需要的文字,如图 5—37 所示。

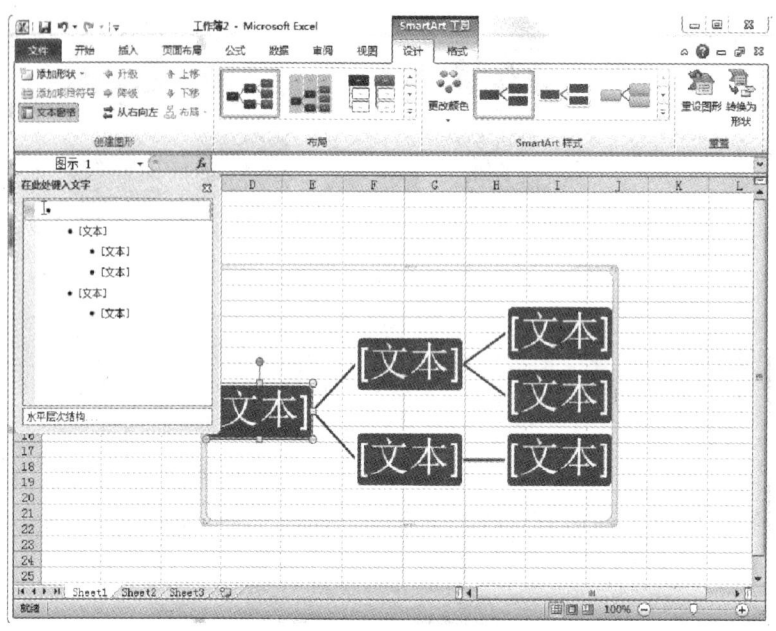

图 5—37　输入文字

(4) 输入的文字将自动显示在右侧的 SmartArt 图形中,如图 5—38 所示。文字全部输入完之后,单击其他区域,"在此处键入文字"窗口将自动隐藏。

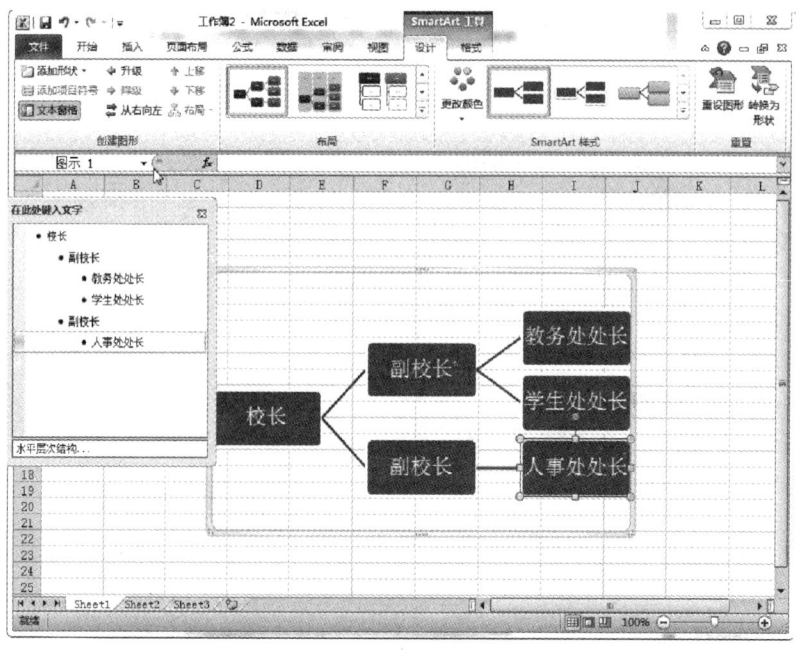

图 5—38　输入文字效果

二、图表的基本处理

为了更直观地表示工作表中的数据，方便用户对于数据的理解，Excel 2010 提供了非常强大的图表功能。图表包括柱形图、折线图、饼图、条形图、面积图、散点图、股价图、曲面图、圆环图、气泡图、雷达图等，可以根据不同的需求选择适当的图表类型。图表主要由绘图区、图表区、数据系列、网格线、图例、分类轴、数据轴等组成。

1. 创建图表

（1）使用命令按钮创建

1）制作或打开一个需要创建图表的表格，选中需要在图表中显示的数据区域，如图 5—39 所示。

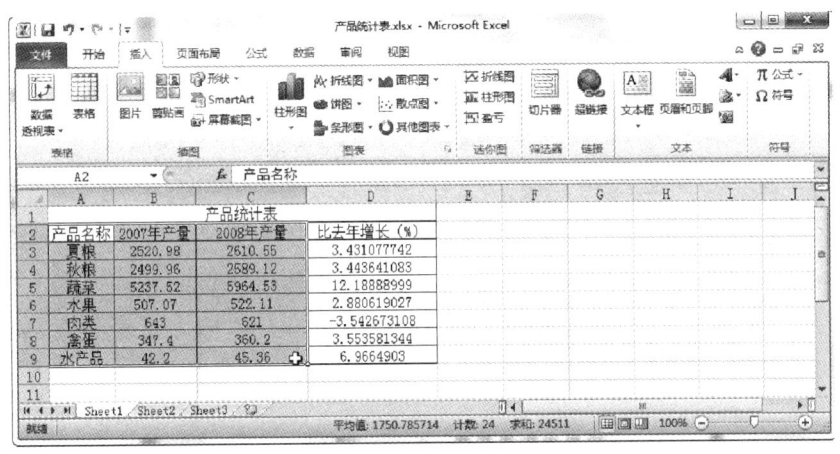

图 5—39　选中数据区域

2）选择"插入"选项卡，在"图表"组中选择要插入的图表类型，例如柱形图，单击"柱形图"按钮，弹出下拉菜单后选择图表样式，如图 5—40 所示。

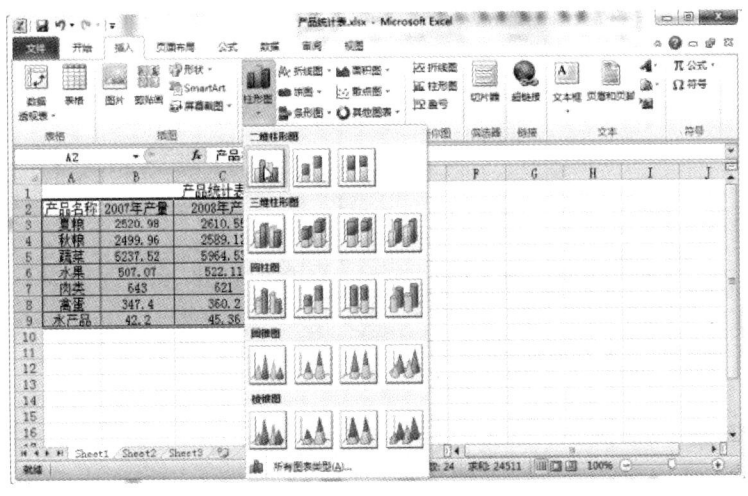

图 5—40　选择图表样式

3）插入图表后效果如图5—41所示。

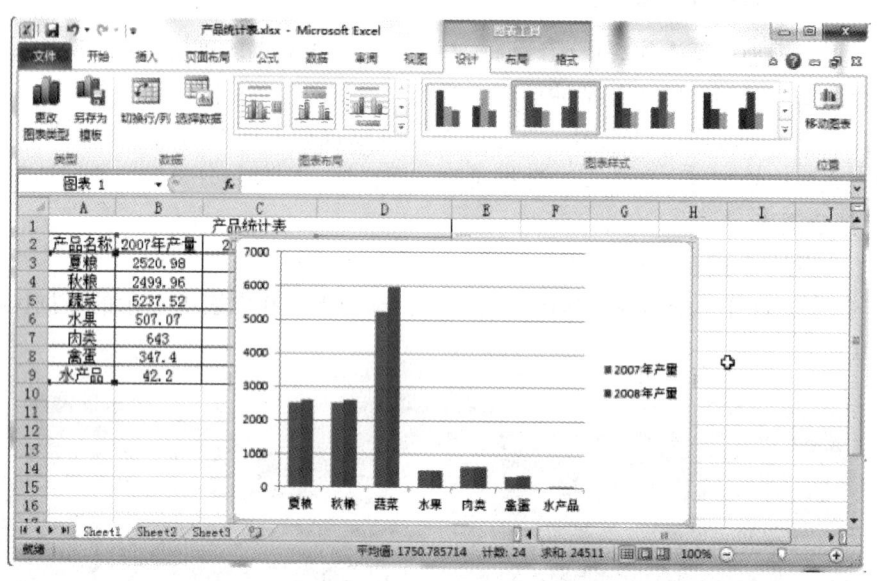

图5—41　完成图表的插入

（2）使用"插入图表"对话框创建。选中需要创建图表的数据区域，选择"插入"选项卡，单击"图表"组右下角的下拉铵钮，打开"插入图表"对话框，如图5—42所示。在对话框中选择需要的图表类型和样式，然后单击"确定"按钮，即可创建图表。

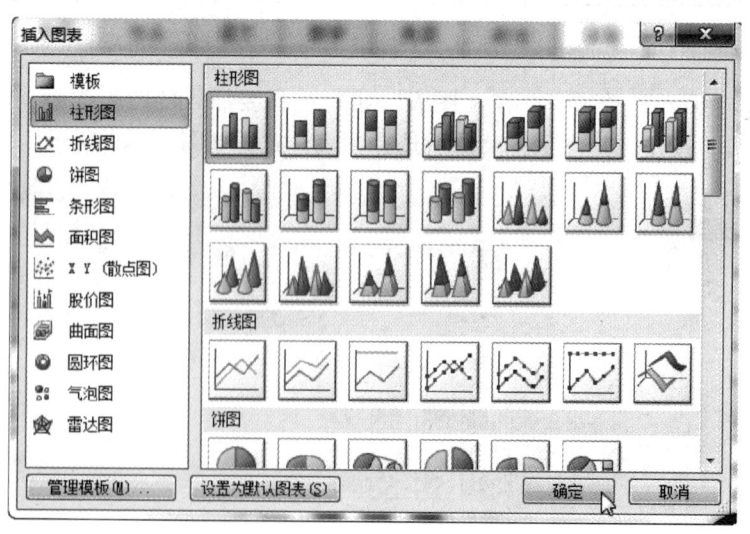

图5—42　"插入图表"对话框

2. 编辑图表

图表创建完成之后，可以根据需要在"设计"选项卡中对图表进行类型、数据、布局、样式、位置的修改，如图5—43所示。

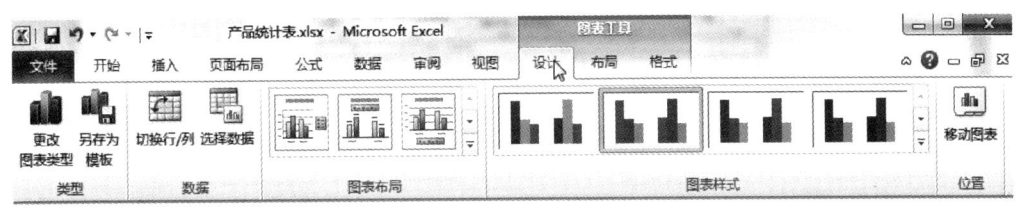

图 5—43 "设计"选项卡

（1）调整图表大小和位置

1）单击图表的空白区域选中图表，此时会显示图表的边框，在边框上出现 8 个控制点，如图 5—44 所示。

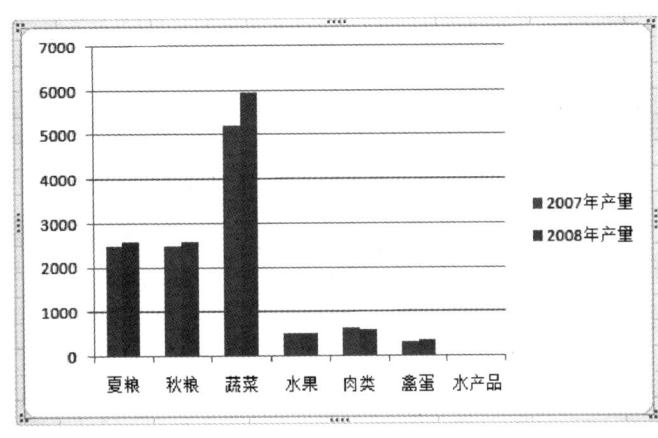

图 5—44 调整图表大小

2）将鼠标指针指向控制点，当鼠标指针变为双向箭头时，拖动鼠标即可调整图表的大小。

3）将鼠标指针移到图表的空白区域，当指针变为 时拖动图表，即可改变图表的位置。

（2）修改或删除数据。创建好图表后，如果需要对数据进行修改，选中要修改数据的单元格，重新输入数据后按＜Enter＞键，即可修改数据。如果要删除数据，则选中单元格，然后按＜Delete＞键删除数据。图表和单元格数据是同步显示的，所以修改单元格数据的同时图表上的图形也会改变。

（3）更改图表类型

1）选中图表，然后单击"图表工具"中"设计"选项卡的"类型"组中的"更改图表类型"按钮。

2）在弹出的"更改图表类型"对话框中选择需要的图表类型和样式，然后单击"确定"按钮，如图 5—45 所示。

（4）添加图表标题

1）选中图表，然后单击"图表工具"中"布局"选项卡的"标签"组中的"图表标题"下拉按钮，在打开的下拉菜单中选择一种图表标题的显示方式，如图 5—46 所示。

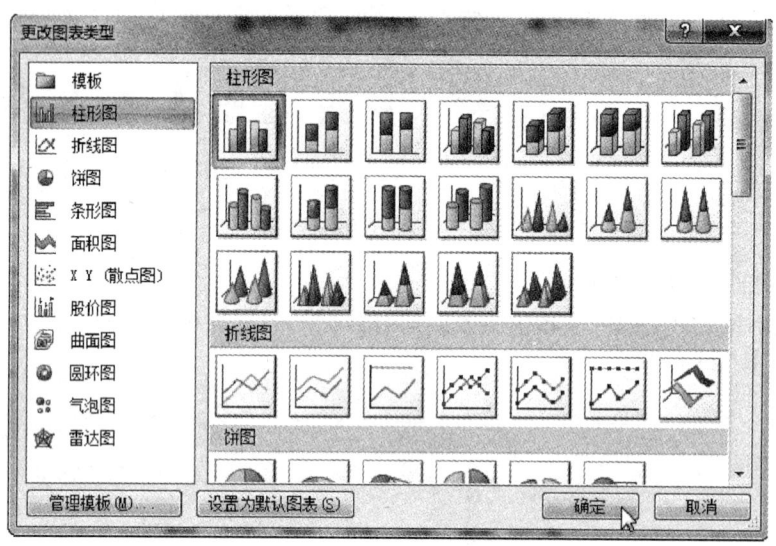

图 5—45 "更改图表类型"对话框

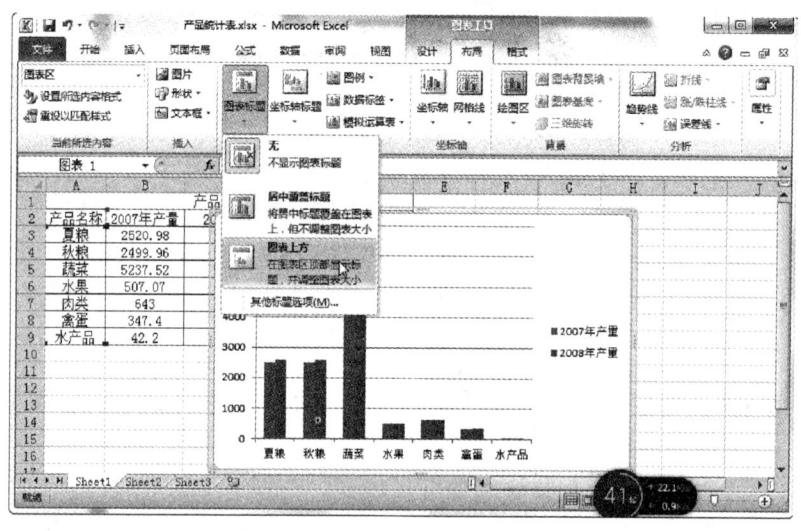

图 5—46 添加图表标题

2)将"图表标题"字样修改为需要的图表标题,如图 5—47 所示。

3. 修饰图表

(1)更改图表布局

1)选择要更改布局的图表。

2)单击"图表工具"中"设计"选项卡"图表布局"组中的按钮,在弹出的下拉菜单中根据需要选择一种新的布局,如图 5—48 所示。

3)更改布局后效果如图 5—49 所示。

(2)更改图表样式。Excel 2010 提供了很多预设的图表样式,通过这些样式,可以设置图表的外观,具体操作如下:

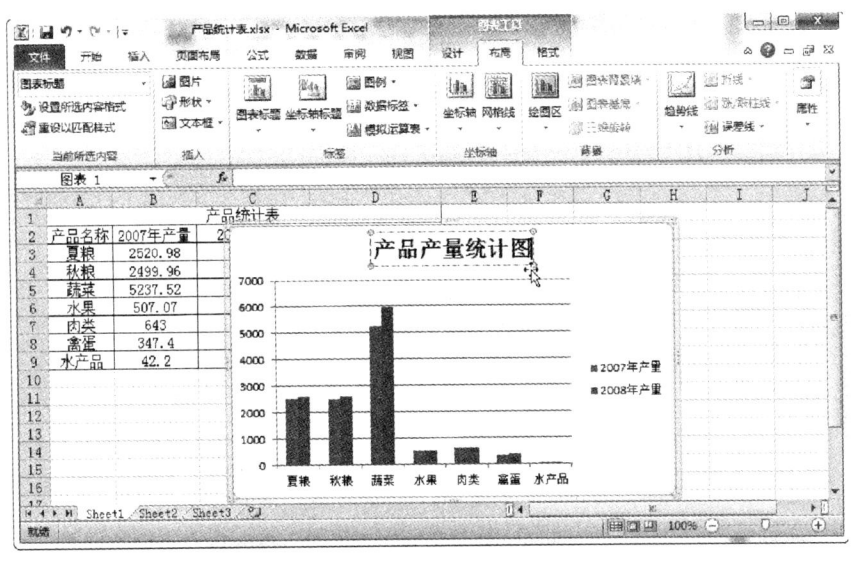

图 5—47　输入图表标题

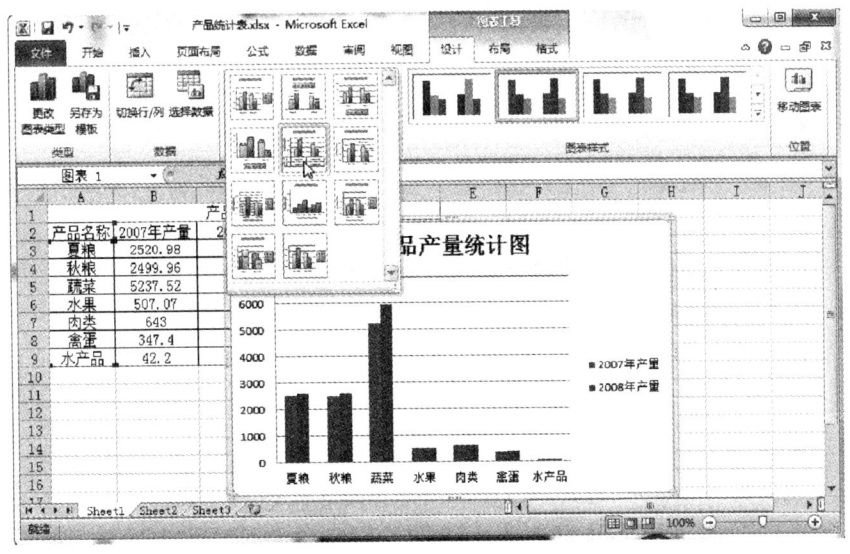

图 5—48　选择其他图表布局

1）选择需要设置样式的图表。

2）单击"图表工具"中"设计"选项卡"图表样式"组中的按钮 可以查看更多的图表样式，如图 5—50 所示。

3）更改图表样式后的效果如图 5—51 所示。

（3）设置图表区背景。通过"设置绘图区格式"对话框可以为图表设置填充颜色或填充图片等。具体操作如下：

1）在需要设置背景的图表空白处单击鼠标右键，在弹出的快捷菜单中选择"设置图表区域格式"，打开"设置图表区域格式"对话框，如图 5—52 所示。

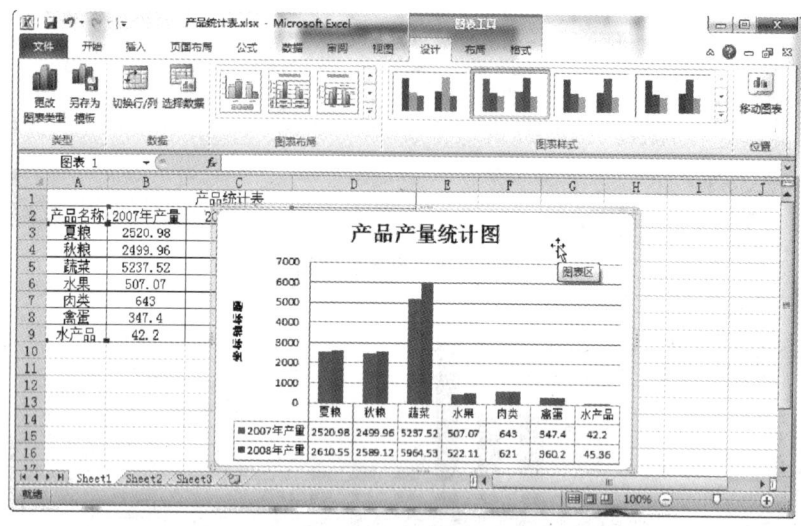

图 5—49　更改图表布局

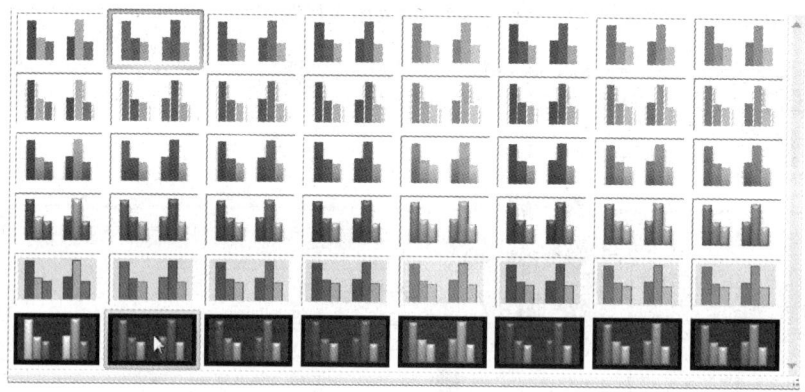

图 5—50　图表样式

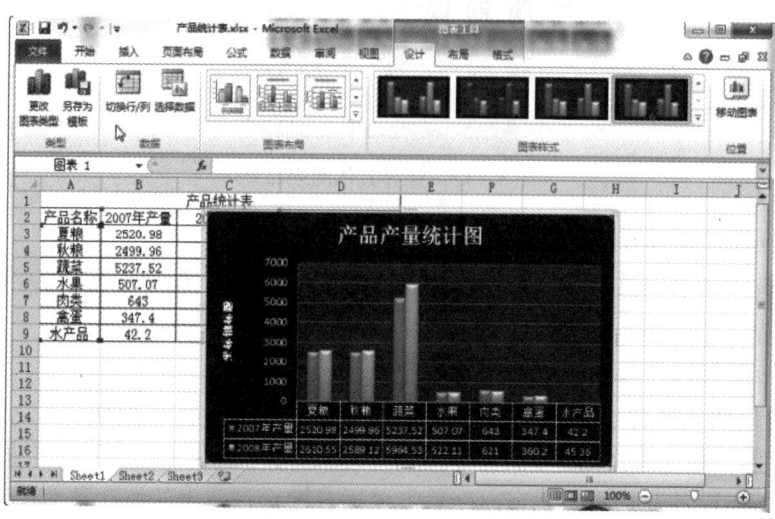

图 5—51　更改图表样式后的效果

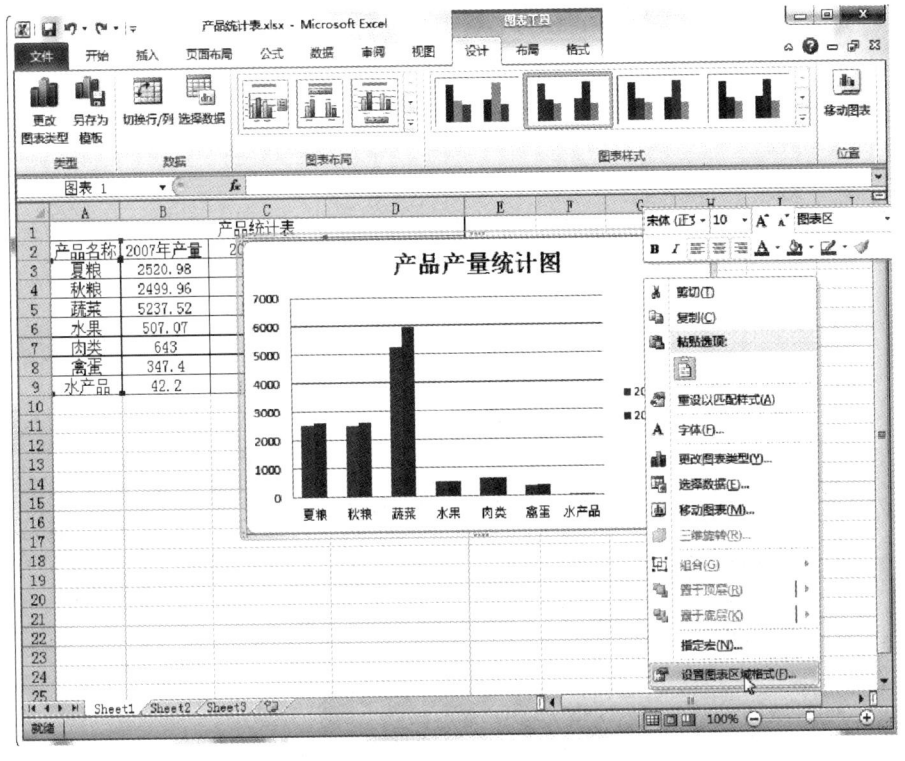

图 5—52　选择"设置图表区域格式"

2）在对话框的左侧选择"填充"选项，然后在右侧选择填充方式，例如"图片或纹理填充"，设置相关参数，然后单击"关闭"按钮，如图 5—53 所示。

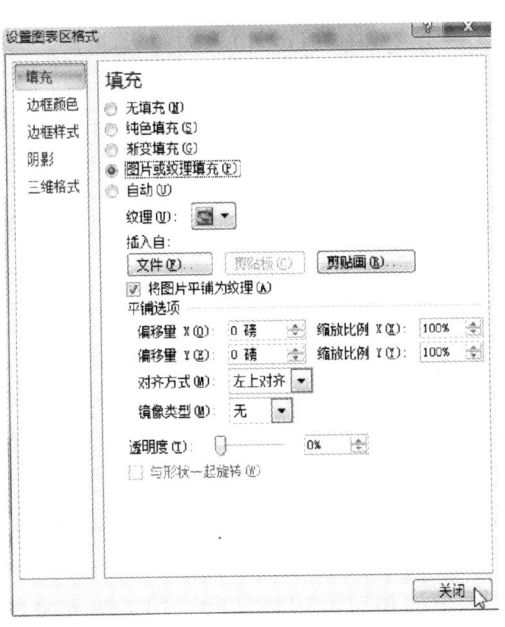

图 5—53　为图表设置"图片或纹理填充"

3）最终效果如图 5—54 所示。

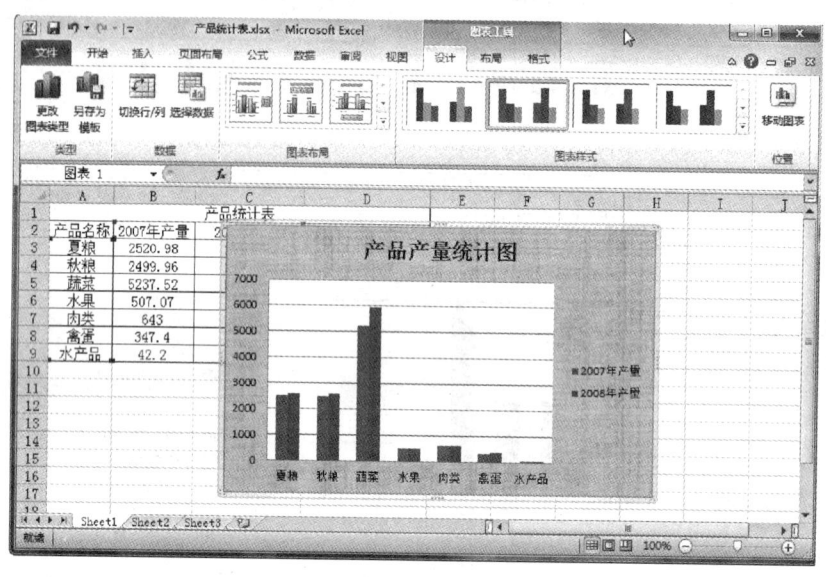

图 5—54　设置图表区背景效果

第五节　综合计算处理

→ 能够运用公式进行计算
→ 能够使用函数进行计算
→ 能够使用函数进行高级算法处理

一、公式的运用

公式是对工作表中的数据进行计算的一个等式。公式中包含运算符、单元格引用、数值或文本、函数等。

1. 单元格的引用

数据引用的作用在于标识工作表上的单元格或单元格区域，并告知 Excel 2010 在何处查找公式中所使用的数据。通过引用，可以在一个公式中使用工作表不同部分所包含的数据，或者使用同一个工作簿中其他工作表上的单元格和其他工作簿中的数据，也可以在多个公式中使用同一个单元格的数据。单元格的引用在公式的应用中是非常重要的，Excel 2010 将单元格的引用分为 3 类，即相对引用、绝对引用、混合引用。

（1）相对引用。公式中的相对引用包含所引用的单元格的相对位置。如果公式所在单元格位置改变（如复制公式到另一单元格），引用地址也随之改变。如果在多行或多列中复制或填充公式，引用会自动调整。默认情况下，复制的公式使用相对引用。例如，如果将单元格 B2 中的公式"= A1"复制或填充到单元格 B3，将自动从"= A1"变成"= A2"，因为复制的公式下移了一行，引用的单元格的行标号也会自动加一。

例如：在 I3 单元格包含公式"= C3 + D3 + E3 + F3 + G3 + H3"，这就是相对引用。相对引用当公式所在的单元格位置改变时，其引用的单元格地址也随之改变，如图 5—55 所示。

图 5—55　单元格相对引用

（2）绝对引用。公式中的绝对引用是引用指定位置的单元格，如果公式所在单元格的位置改变，所引用的单元格将保持不变。如果在多行或多列复制或填充公式，绝对引用将不做任何调整。默认情况下，复制的公式使用相对引用，可以将它们转换为绝对引用。例如，如果将前例中的单元格 B2 的公式录入为"=$A$1"，从单元格 B2 中复制或填充该公式到单元格 B3，则在两个单元格中的结果完全一样，都是引用的 A1 单元格的数据。

例如：在单元格的列号和行号之前分别加入符号"$"则为绝对引用。如图 5—56 所示的表格中，I3 单元格包含公式"=$C$3 +$D$3 +$E$3 +$F$3 +$G$3 +$H$3"，这就是绝对引用。绝对引用的特点是使用拖动法进行公式复制时公式中的单元格地址不会改变，如图 5—57 所示。

图 5—56　单元格绝对引用

图 5—57　单元格绝对引用复制公式

（3）混合引用。混合引用包括"绝对列相对行""绝对行相对列"两种情况。混合引用采用如"$A1""B$1"等形式，前者属于"绝对列相对行"引用，后者属于"相对列绝对行"引用。如果公式所在单元格位置改变，则相对引用将改变，而绝对引用不变。如果在多行或多列中复制或者填充公式，相对引用将自动调整，而绝对引用不做任何调整。例如，如果将一个混合引用"=A$1"从A2单元格复制到B3单元格，它将自动由"=A$1"调整到"=B$1"。

2. 运算符

Excel 2010中包括4种类型的运算符：

（1）算术运算符。用来进行基本的数学运算，主要有："+"加号、"−"减号、"*"乘号、"/"除号、"%"百分号、"^"乘方。

（2）比较运算符。用来对两个数据进行比较运算，主要有："="等号、"<"小于号、">"大于号、"<="小于等于号、">="大于等于号、"<>"不等于号。

（3）文本连接运算符。用来连接一个或多个文本字符串，用与号"&"表示。

（4）引用运算符。用来对单元格区域合并计算，主要有："："冒号、","逗号、" "空格。

1）冒号"："表示单元格的区域，例如"A1：D4"表示单元格A1到D4之间的矩形区域。

2）逗号","表示并集，例如"A1，B5"表示的是A1和B5两个单元格。

3）空格" "表示交集，例如"B2：D4 C2：E5"表示的就是单元格区域"C2：D4"。

3. 使用公式计算

使用公式时要以等号"="开头，后面是表达式。例如"=21+56"，"=A1+B1"，"=$A$1+B1"。

（1）输入公式

1）打开"学生成绩表"工作表，选择单元格I3用来存放计算结果。

2）直接输入"=C3+D3+E3+F3+G3+H3"，公式显示在编辑栏中，如图5—58所示。

姓名	语文	数学	英语	政治	体育	计算机	总分	平均分
黄俊	89	76	80	90	86	=C3+D3+E3+F3+G3+H3		
李广	76	67	89	90	78	67		
朱秋露	87	88	98	77	88	98		
闻一波	77	77	88	99	97	78		

图5—58 在I3中输入公式

3）按<Enter>键即可在I3单元格中显示计算结果。

（2）复制公式，可使用填充法快速复制公式。

1）打开"学生成绩表"工作表，选中有公式的单元格I3，如图5—59所示。

2）将鼠标指针移到该单元格的右下角，此时鼠标指针变为十字形状，如图5—60所示。

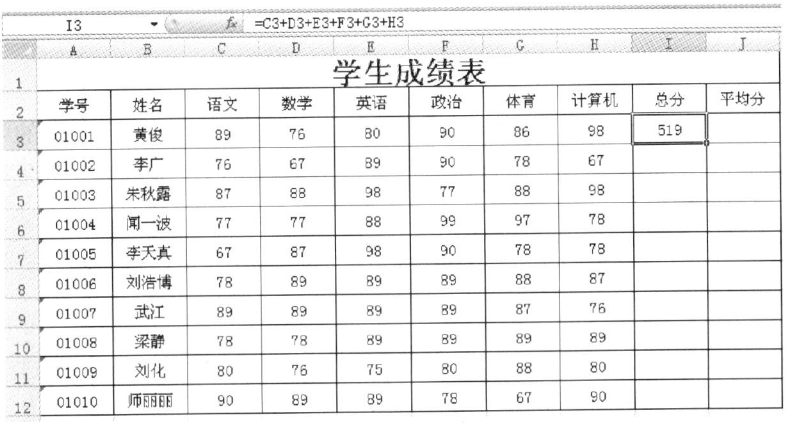

图 5—59 选中单元格

图 5—60 鼠标指针指向填充柄

3）按住鼠标左键不放向下拖动，当拖动到 I12 单元格时释放鼠标左键，即可在 I3:I12 单元格区域中复制公式，并计算出相应的结果，如图 5—61 所示。

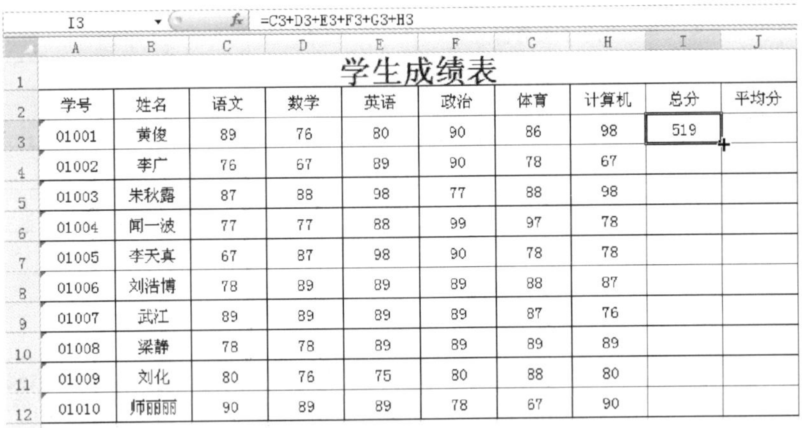

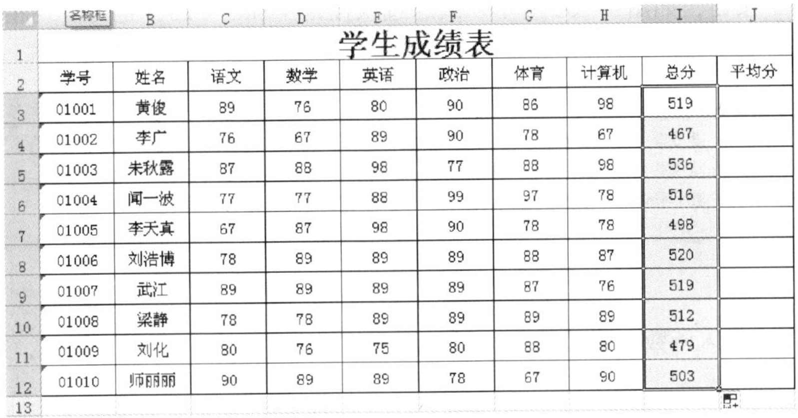

图 5—61 拖动复制公式完成计算

二、函数的使用

1. 函数简介

除了用公式计算数据外，还可以利用函数来计算数据。Excel 2010 中的函数是一组定义好的具有特定功能的公式的组合，用户可以用它来快速、准确地完成复杂的计算。

Excel 2010 函数一共有 11 类，分别是数据库函数、日期与时间函数、工程函数、信息函数、财务函数、逻辑函数、统计函数、查找和引用函数、文本函数、数学和三角函数以及用户自定义函数，见表 5—1。

表 5—1　　　　　　　　　　函数功能分类

分类	功能简介
数据库函数	分析数据清单中的数值是否符合特定条件
日期与时间函数	在公式中分析、处理日期和时间值
工程函数	用于工程分析
信息函数	确定存储在单元格中数据的类型
财务函数	进行一般的财务计算
逻辑函数	进行逻辑判断或者复合检验
统计函数	对数据区域进行统计分析
查找和引用函数	在数据清单中查找特定数据或者查找一个单元格引用
文本函数	在公式中处理字符串
数学和三角函数	进行数学计算
用户自定义函数	工作表函数无法满足需要，需要用户自己创建的函数称为用户自定义函数，可以通过 Visual Basic for Applications 来创建

每个函数的作用、语法结构及其参数的含义各不相同，下面介绍几种常用函数。

2. 函数的引用

（1）选择"插入函数"对话框。在"公式"选项卡，在"函数库"组中，单击"插入函数"按钮，如图 5—62 所示。或通过快捷键 <Shift + F3> 也可实现相同的功能。

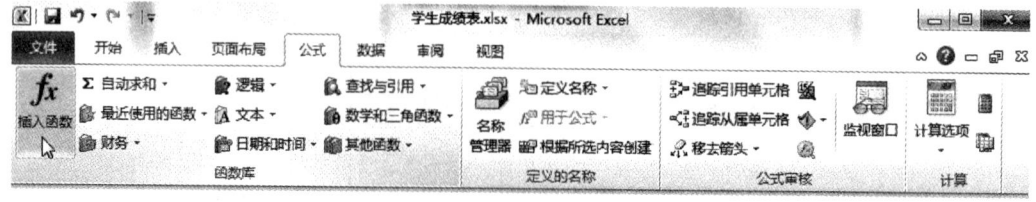

图 5—62　单击"插入函数"按钮

（2）在"插入函数"对话框中选择所需要的函数，单击"确定"按钮，如图 5—63 所示。

（3）在弹出的"函数参数"对话框中，输入要计算的数据区域，然后单击"确定"按钮，如图 5—64 所示。

电子表格处理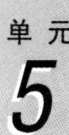

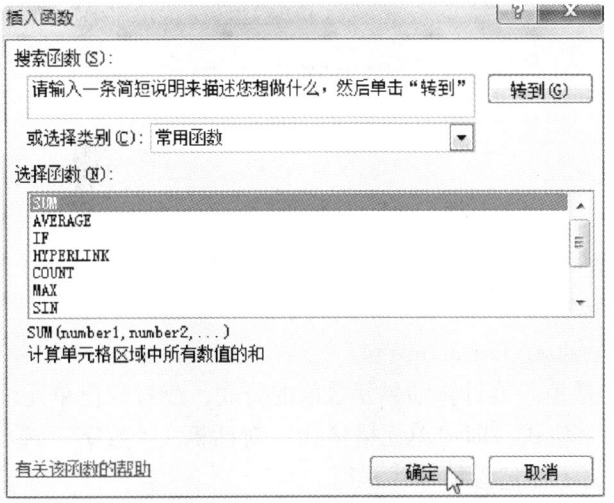

图 5—63 "插入函数"对话框

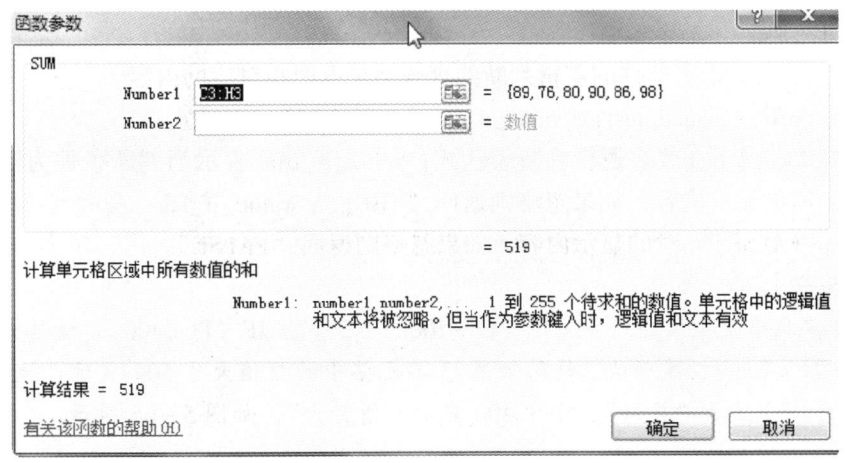

图 5—64 "函数参数"对话框

（4）回到工作表，即可显示出计算结果。

3. 使用函数进行高级算法处理

（1）MID 函数

作用：可以用 MID 函数来获得文本字符串中从指定位置开始的所指定数目的字符。

语法：MID（text，start_num，num_chars）

参数：text 表示包含要获取字符的文本字符串，start_num 表示文本中要获取的第一个字符的位置，文本中第一个字符位置为 1，依此类推。num_chars 指定将要从文本中获取字符的个数。

【例 5—1】从身份证号码中获取出生年、月、日

选中单元格 B2，输入公式（= MID（A2，7，4）& "年" &MID（A2，11，2）& "月" &MID（A2，13，2）& "日"），然后按 <Enter> 键确认，即可从身份证号码中获取出生年、月、日，如图 5—65 所示。

— 213 —

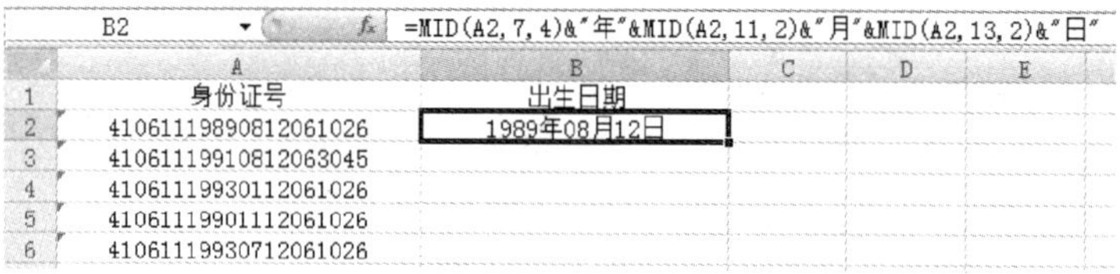

图 5—65　获取出生年、月、日

（2）TEXT 函数

作用：将数值转换为按指定数字格式表示的文本。

语法：TEXT（value，format_text）。

参数：value 是数值、或计算结果是数值的公式、或对数值单元格的引用；format_text 是所要选用的数字格式，即"单元格格式"对话框，"数字"选项卡的"分类"列表框中显示的格式，不能包含星号" * "。

例如：如果 A1 = 12 324.89，则在单元格 B1 中输入公式" = TEXT（A1，"#.##000"）"返回值为 12 324.890 00。

（3）IF 函数

作用：根据对指定条件的逻辑判断的真假结果返回相对应的内容。

语法：= IF（logical_test，[value_if_true]，[value_if_false]）

参数：logical_test 代表逻辑判断表达式；value_if_true 表示当判断条件为逻辑"真（TRUE）"时的显示内容，如果忽略则返回"TRUE"；value_if_false 表示当判断条件为逻辑"假（FALSE）"时的显示内容，如果忽略则返回"FALSE"。

【例 5—2】

在 J3 单元格中输入公式" = IF（I3 > 500，"优秀"，IF（I3 < 400，"请努力"，"良好"））"，按 < Enter > 键确认。这时如果 I3 单元格中的数值大于 500 显示"优秀"，大于 400 小于 500 显示"良好"，小于 400 显示"请努力"，如图 5—66 所示。

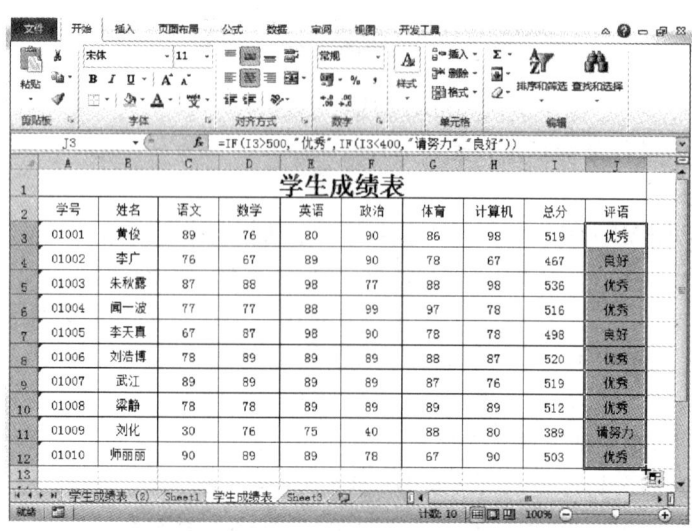

图 5—66　IF 函数的运用结果

第六节 高级统计分析

→ 能够筛选数据
→ 能够对数据进行排序
→ 进行分类汇总

一、复杂筛选

筛选数据就是根据特定条件,暂时隐藏工作表中不满足条件的记录,只显示满足条件的记录。数据的筛选有自动筛选和高级筛选两种方式,使用自动筛选是筛选数据极其简便的方法,而使用高级筛选则可规定很复杂的筛选条件。

1. 自动筛选

自动筛选按照选择的内容进行,选择自动筛选每一列都会出现一个下拉箭头,点一列的下拉箭头,可以根据用户的需要选择数据。具体操作如下:

(1) 打开工作表,选择整个标题行。

(2) 打开"开始"选项卡,在"编辑"组中单击"排序和筛选"下拉按钮,在下拉菜单中单击"筛选",如图5—67所示。

(3) 此时每个字段名的右侧会有一个下拉按钮,单击下拉按钮弹出筛选列表,列表框中显示出该数据列中所有的记录,而且每一个前面都有一个复选框,如果被勾选表示该数据处于选中状态,将被显示出来,不勾选复选框的数据将被隐藏,如图5—68所示。

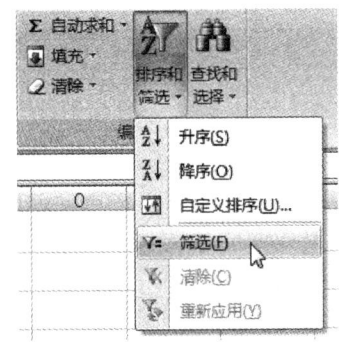

图5—67 单击"筛选"按钮

(4) 按图5—68中勾选数据后显示的效果如图5—69所示。

在筛选时,还可以使用自定义筛选。在列表选项中,有针对不同数据列的数字格式显示不同的子选项,如图5—70所示的"数字筛选"选项。其中所列出的筛选条件有"等于""不等于""大于""大于或等于""小于""小于或等于""介于""10个最大的值""高于平均值""低于平均值"。另外还有"自定义筛选"选项,单击"自定义筛选"选项后,打开"自定义自动筛选方式"对话框,如图5—71所示。

2. 高级筛选

高级筛选用于筛选条件比较复杂的情况,也可以用来将公式的计算结果作为筛选条件,能够筛选出不重复的记录。

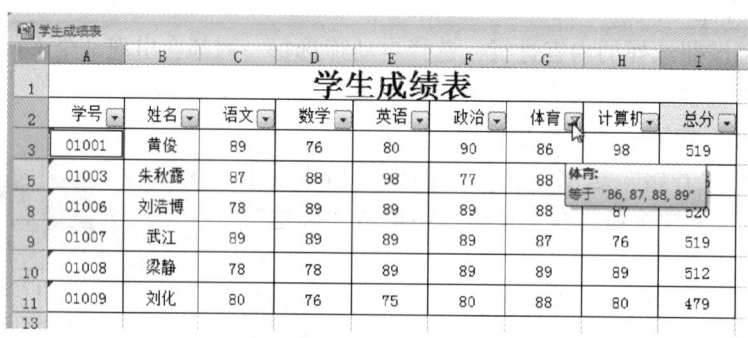

图 5—68 字段右侧显示下拉按钮

图 5—69 执行筛选操作后的效果

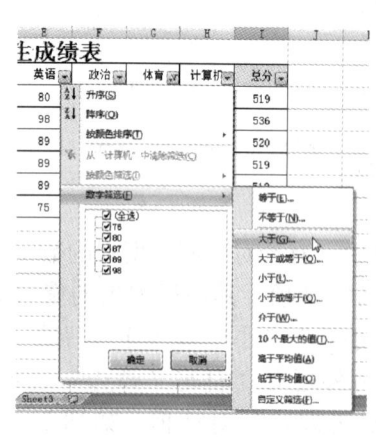

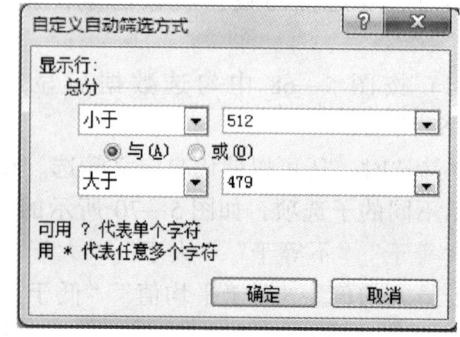

图 5—70 "数字筛选"列表　　　　　图 5—71 "自定义自动筛选方式"对话框

（1）使用高级筛选之前应先建立一个条件区域。条件区域至少由两行组成，首行中包含的字段名必须拼写正确，只要包含有作为筛选条件的字段名即可。第二行用来输入筛选条件，如图5—72所示。

学生成绩表

学号	姓名	语文	数学	英语	政治	体育	计算机	总分
01001	黄俊	89	76	80	90	86	98	519
01002	李广	76	67	89	90	78	67	467
01003	朱秋露	87	88	98	77	88	98	536
01004	闻一波	77	77	88	99	97	78	516
01005	李天真	67	87	98	90	78	78	498
01006	刘浩博	78	89	89	89	88	87	520
01007	武江	89	89	89	89	87	76	519
01008	梁静	78	78	89	89	89	89	512
01009	刘化	80	76	75	80	88	80	479
01010	师丽丽	90	89	89	78	67	90	503

语文	总分
>85	>480

图 5—72　建立筛选条件

（2）选择“数据”选项卡，单击“排序和筛选”组中的“高级”按钮，弹出“高级筛选”对话框，如图 5—73 所示。

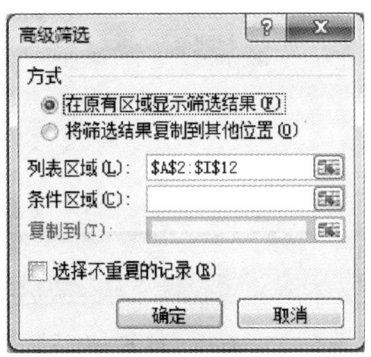

图 5—73　“高级筛选”对话框

（3）在“高级筛选”对话框中“列表区域”会自动选择工作表区域。

（4）单击“条件区域”右侧的按钮，从工作表中选择事先创建好的条件区域，如图 5—74 所示，选择完成后单击按钮，返回到“高级筛选”对话框。

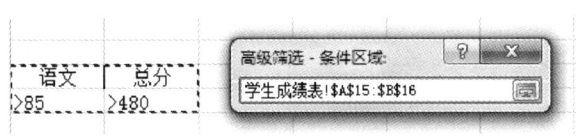

图 5—74　选择条件区域

（5）如果想把显示结果复制到其他位置，可以在“高级筛选”对话框的“方式”区域选中“将筛选结果复制到其他位置”。最后，单击“确定”按钮完成高级筛选操作。

二、数据排序

数据的排序，可以按照用户需要对数据进行升序或降序排列。按升序排序的默认顺序是：数值按从小到大；文本按字母先后顺序；逻辑值按 false 在前，true 在后；空格始终排在最后。按降序排序时，除空格总排在最后之外，其他顺序正好相反。

1. 简单排序

（1）单击数据区域中的任意一个单元格。选择"数据"选项卡，在"排序和筛选"组中单击"排序"按钮，打开"排序"对话框，如图 5—75 所示。

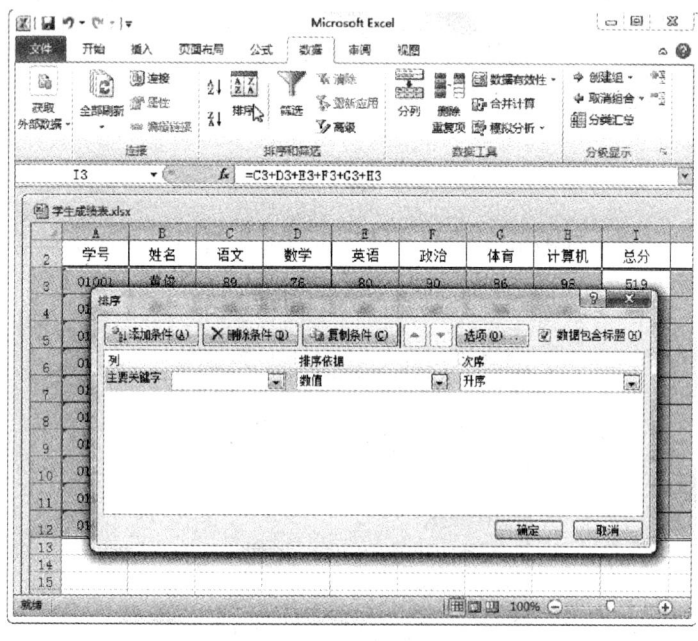

图 5—75 打开"排序"对话框

（2）在"主要关键字"下拉列表中选择"总分"，并选择"降序"，单击"确定"按钮，如图 5—76 所示。总分从高到低排序结果如图 5—77 所示。

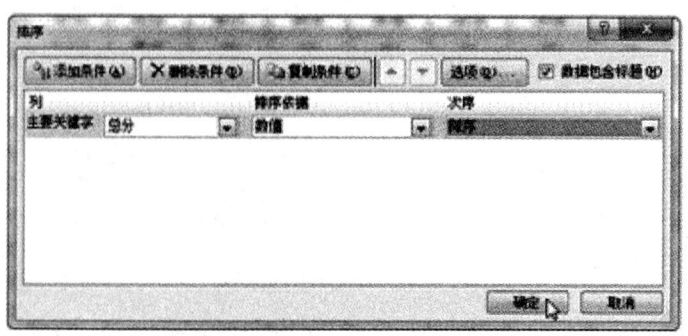

图 5—76 设置排序条件

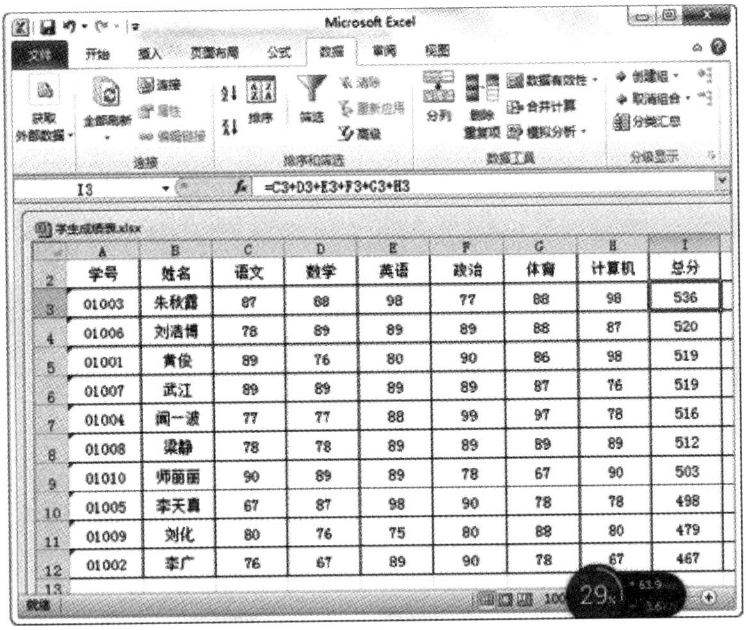

图 5—77 排序结果

说明：也可以直接单击"总分"列中的任意一个单元格（空单元格除外），然后打开"开始"选项卡，单击"编辑"组中的"排序和筛选"按钮。

2. 复杂排序

遇到在同一列中有多条数据相同的情况。若想进一步排序，就可以使用复杂排序。Excel 2010 可以对不超过 64 列的数据进行多列排序。

（1）单击数据区域中的任意一个单元格。选择"数据"选项卡，在"排序和筛选"组中单击"排序"按钮，打开"排序"对话框。

（2）在"主要关键字"下拉列表中选择"总分"并选择"升序"，如图 5—78 所示。

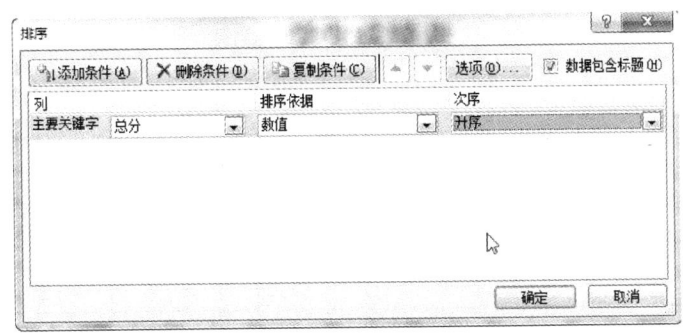

图 5—78 设置主要关键字

（3）单击"添加条件"按钮，在"次要关键字"下拉列表中选择"语文"，并选择"升序"，单击"确定"按钮，如图 5—79 所示。

计算机操作员（中级）(第2版)

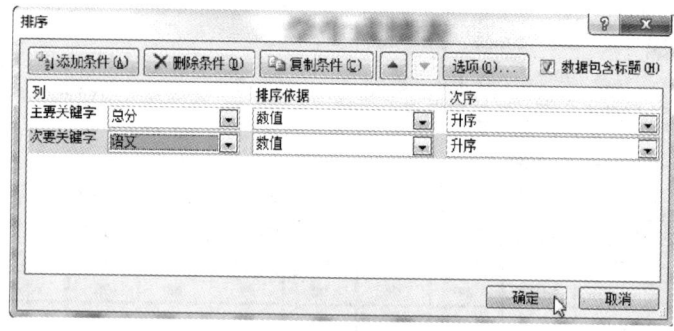

图5—79 设置次要关键字

三、分类汇总

分类汇总，是根据指定的类别，将数据进行汇总统计。汇总项包括求和、计数、最大值、最小值、乘积等。在使用分类汇总前应先使用排序将同一类别数据放在一起。

分类汇总的具体操作方法如下：

（1）打开"员工工资表"，选中"部门"列任意一个单元格，然后打开"数据"选项卡，单击"排序和筛选"组中的"降序"按钮，对"部门"列进行降序排序，如图5—80所示。

（2）选择"数据"选项卡中的"分级显示"组，单击"分类汇总"按钮，如图5—81所示。

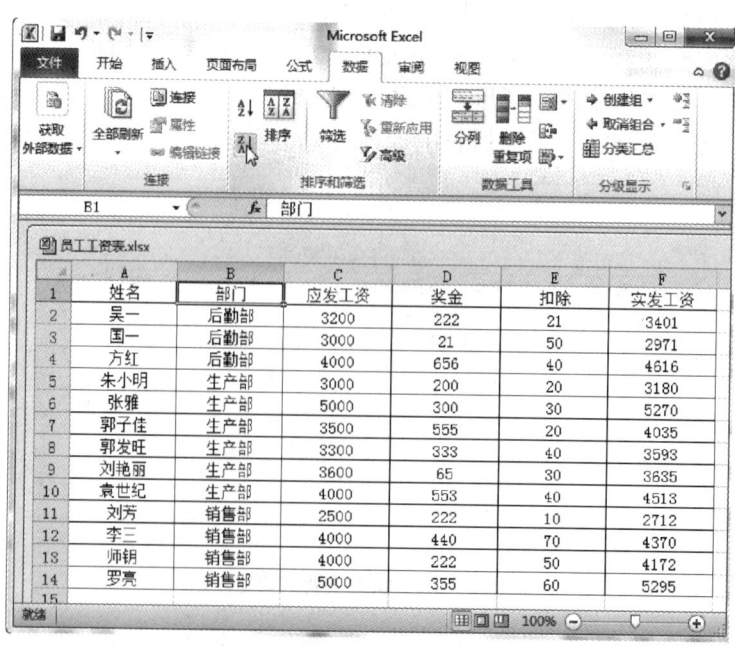

图5—80 对"部门"列降序

— 220 —

(3) 弹出"分类汇总"对话框,在"分类字段"列表中选择"部门",在"汇总方式"列表中选择"求和",在"选定汇总项"列表中勾选"实发工资",单击"确定"按钮,如图5—82所示。

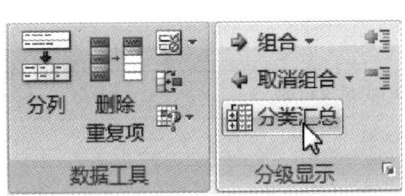

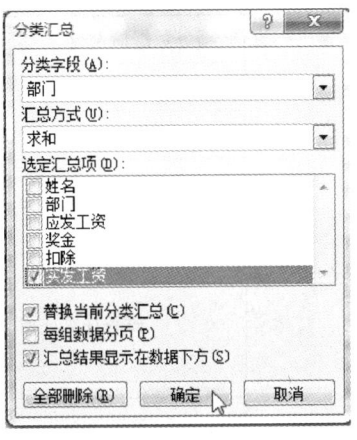

图5—81 单击"分类汇总"按钮　　　　图5—82 "分类汇总"对话框

(4) 此时,工作表中的数据已经按照上述设置进行分类汇总,并显示出分类汇总的数据信息,如图5—83所示。

图5—83 "分类汇总"显示结果

单元考核要点

考核类型	考核范围	考核点
理论知识	数据输入与编辑处理	数据的输入、复制、移动、删除、清除
	数据查找与替换	数据查找与替换的特点
	表格高级格式化处理	自动套用格式的操作要求
	对象基本处理	插入图片操作要求
		插入图示操作要求
	综合计算处理	公式的运用
		函数的定义及组成
		常用函数
	高级统计分析	数据筛选的操作要求
		数据排序的操作要求
		分类汇总的操作要求
操作技能	数据输入与编辑处理	数据的输入
		数据的编辑、复制、移动、删除
		数据的填充
	数据查找与替换	查找与替换操作
		定位操作
	表格高级格式化处理	单元格的合并与拆分
		批注的插入与删除
		自动套用表格的设置
	对象基本处理	插入图片及图示
		图片与图示的设置
		创建图表
		编辑图表
		修饰图表
	综合计算处理	数据的引用类型及方法
		公式的输入
		函数的运用
	高级统计分析	数据筛选的操作
		数据排序的操作
		分类汇总的操作

单元测试题

一、单项选择题（下列每题有4个选项，其中只有一个是正确的，请将正确答案的代号填在括号内）

1. 如果在单元格中输入一个学号0001，应该先输入（　　）。
   A. =（等号）　　　　　　　　　　B. '（英文状态单引号）
   C. '（中文状态单引号）　　　　　D. ；（分号）

2. Excel 工作表中，有（　　）种单元格引用。
   A. 1　　　　B. 3　　　　C. 4　　　　D. 2

3. 在 Excel 中单元格地址是指（　　）。
   A. 每一个单元格的大小　　　　　B. 第一个单元格
   C. 单元格所在的工作表　　　　　D. 单元格在工作表中的位置

4. 在 Excel 中，单元格区域 D2：E4 所包含的单元个数是（　　）。
   A. 7　　　　B. 6　　　　C. 5　　　　D. 8

5. 要选取不相邻的几张工作表可以在单击第一张工作表之后按住（　　）键不放，再分别单击其他工作表。
   A. <Ctrl>　　　B. <Shift>　　　C. <Tab>　　　D. <End>

6. 下列不属于单元格在公式中的引用的是（　　）。
   A. 绝对引用　　　　　　　　　　B. 相对引用
   C. 混合引用　　　　　　　　　　D. 间接引用

7. 在 Excel 中，进行分类汇总之前，必须对数据清单进行（　　）。
   A. 筛选　　　　　　　　　　　　B. 排序
   C. 建立数据库　　　　　　　　　D. 有效计算

8. 下列删除单元格的方法，正确的是（　　）。
   A. 选中要删除的单元格，按<Delete>键
   B. 选中要删除的单元格，按剪切按钮
   C. 选中要删除的单元格，按<Shift+Delete>键
   D. 选中要删除的单元格，使用右键菜单中的"删除"命令

9. 在选定了整个表格之后，若要删除整个表格中的内容，以下操作正确的是（　　）。
   A. 单击"表格"菜单中的"删除表格"命令
   B. 按<Delete>键
   C. 按<Space>键
   D. 按<Esc>键

10. 以下不属于 Excel 中的算术运算符的是（　　）。
    A. /　　　　B. %　　　　C. ^　　　　D. <>

11. Excel 中，"排序"对话框中的"递增"和"递减"指的是（　　）。
    A. 数据的大小　　　　　　　　　B. 排列次序

C. 单元格的数目　　　　　　　　D. 以上都不对

12. 在 Excel 中，若在工作表中插入一列，则一般插在当前列的（　　）。
    A. 左侧　　　　B. 上方　　　　C. 右侧　　　　D. 下方

13. 在 Excel 中，在单元格中输入文字时，缺省的对齐方式是（　　）。
    A. 左对齐　　　B. 右对齐　　　C. 居中对齐　　D. 两端对齐

14. 在 Excel 中，在一个单元格中输入数据为 1.678E+05，它与（　　）相等。
    A. 1.678 05　　B. 1.678 5　　C. 6.678　　　D. 167 800

15. 打开"排序"对话框，首先打开（　　）选项卡，在"排序和筛选"组中单击"排序"按钮。
    A."开始"　　　B."插入"　　　C."公式"　　　D."数据"

16. 在 Excel 中，下面关于分类汇总的叙述错误的是（　　）。
    A. 分类汇总前必须按关键字段排序
    B. 进行一次分类汇总时的关键字段只能针对一个字段
    C. 分类汇总可以删除，但删除汇总后排序操作不能撤销
    D. 汇总方式只能是求和

17. 在 Excel 中，一个完整的函数包括（　　）。
    A."="和函数名　　　　　　　　B. 函数名和参数
    C."="和参数　　　　　　　　　D."="、函数名和参数

18. 公式中的（　　）总是在特定位置引用单元格，如果公式所在单元格的位置改变，所引用的单元格将保持不变。
    A. 绝对引用　　B. 相对引用　　C. 混合引用　　D. 函数引用

19. 在 Excel 2010 中，数据可分为数字型和文本型，文本型数据一般是（　　）。
    A. 左对齐　　　B. 右对齐　　　C. 两端对齐　　D. 分散对齐

20. 在 Excel 中，正确输入"2016 年 9 月 24 日"操作是（　　）。
    A. 2016：9：24　　　　　　　　B. 2016；9；24
    C. 2016 | 9 | 24　　　　　　　D. 2016/9/24

21. 在 Excel 中，关于单元格合并说法错误的是（　　）。
    A. 选中单元格，单击"开始"选项卡"对齐方式"组上"合并及居中"按钮可以将选定的单元格合并
    B. 合并单元格可以通过"单元格格式"对话框中的"对齐"选项卡中的"合并单元格"实现
    C. 合并之后的单元格不能再通过"合并及居中"按钮取消合并
    D. 取消合并可以先选定已合并的单元格，单击"合并及居中"按钮

22. 在 Excel 中，若活动单元格在 F 列 4 行，其引用的位置用（　　）表示。
    A. F4　　　　　B. 4F　　　　　C. G5　　　　　D. 5G

23. 在 Excel 中，若表示 A1 到 C5 对角区域的单元格，表示方法是（　　）。
    A. A1－C5　　　B. A1：C5　　　C. A1，C5　　　D. A1；C5

24. 在 Excel 中，被粗黑色框线套住的单元格中，右下角的黑色小方块是（　　）。

A. 光标　　　　B. 插入点　　　　C. 鼠标指针　　　　D. 填充柄
25. 将（　　）填入单元格，则该单元格显示0.5。
A. 3/6　　　　B. "3/6"　　　　C. ="3/6"　　　　D. =3/6
26. 在 Excel 中，单元格 A8 的绝对引用应写为（　　）。
A. $A$8　　　　B. $A8　　　　C. A$8　　　　D. A8

二、判断题（下列判断正确的请打"√"，错误的请打"×"）

1. 在 Excel 中，较长数字，直接输入后系统将自动用科学计数法表示。（　　）
2. 在 Excel 中，替换操作只能替换数据，而不能替换数据格式。（　　）
3. Excel 的图表必须与生成该图表的有关数据处于同一张工作表上。（　　）
4. 在 Excel 中，利用格式刷可以复制单元格的格式和内容。（　　）
5. 用 Excel 可以创建各类图表，如条形图、柱形图等。为了显示数据系列中每一项占该系列数值总和的比例关系，应该选择饼图。（　　）
6. 在 Excel 中，创建图表可通过"图表向导"按钮来完成。（　　）
7. 在 Excel 中，利用单元格的绝对引用时，表格第四行、第五个单元格可描述为 E4。（　　）
8. 在 Excel 中，"清除内容"命令不能删除所选单元格的批注。（　　）
9. Excel 图表的显著特点是工作表中的数据变化时，图表随之变化。（　　）
10. 选中 Excel 表格中的某个数据，点击"筛选"后，首行的数据会出现一个下拉箭头，点击下拉箭头，只会出现"全部""前十个""自定义"三个选项。（　　）
11. 在 Excel 中，单元格中只能显示公式计算结果，而不能显示输入的公式。（　　）
12. 在 Excel 中，按 <Ctrl + Enter> 组合键能在所选的多个单元格中输入相同的数据。（　　）
13. 数据的筛选有自动筛选和高级筛选两种方式。（　　）
14. 在 Excel 中，可以用填充柄执行单元格的复制操作。（　　）
15. 在单元格中输入 12058 和输入 '12058 是等效的。（　　）
16. Excel 工作表中，单元格的地址是唯一的，由单元格所在的列和行决定。（　　）
17. 在 Excel 中，排序对话框中的"主要关键字"有升序和降序两种排序方式。（　　）
18. IF 函数的功能是条件判断。（　　）
19. 在 Excel 工作表中，数值型数据的默认对齐方式靠左，字符型数据的默认对齐方式是靠右。（　　）
20. 在公式 = $A$1 + B3 中，$A$1 是绝对引用，而 B3 是相对引用。（　　）
21. 工作表中，公式中 SUM（A4:C9，B2）表示求单元格区域 A4:C9 及 B2 单元格的和。（　　）
22. 筛选是只显示某些条件的记录，并不改变记录。（　　）
23. 合并单元格只能合并横向的单元格。（　　）

24. Excel 中的表格不能复制到 Word 2010 文档中。（ ）
25. 在 Excel 中，进行自动分类汇总之前，必须对数据清单进行排序。（ ）
26. 在 Excel 中，可以插入对象，对象可以是一个由 Excel 2010 创建的工作表，也可以是一幅图片、一段声音文件等。（ ）
27. 如果 Excel 的函数中有多个参数，必须用分号隔开。（ ）
28. 在 Excel 2010 中，进行单元格复制时，无论单元格是什么内容，复制出来的内容与原单元格总是一致。（ ）
29. 要输入分数"1/2"，只要直接输入"1/2"即可。（ ）
30. 筛选数据就是根据特定条件，删除工作表中不满足条件的记录，只保留满足条件的记录。（ ）
31. 在 Excel 中，只能根据列数据进行排序。（ ）
32. Excel 的公式只能计算数值型的单元格。（ ）
33. 在 Excel 单元格引用中，单元格地址不会随位移的方向与大小改变的称为相对引用。（ ）

单元测试题答案

一、单项选择题

1. B 2. B 3. D 4. B 5. A 6. D 7. B 8. D
9. B 10. D 11. B 12. A 13. A 14. D 15. D 16. D
17. D 18. A 19. A 20. D 21. C 22. A 23. B 24. D
25. D 26. A

二、判断题

1. √ 2. × 3. × 4. × 5. √ 6. √ 7. × 8. √
9. √ 10. × 11. × 12. √ 13. √ 14. √ 15. × 16. √
17. √ 18. √ 19. × 20. √ 21. √ 22. √ 23. √ 24. ×
25. √ 26. √ 27. × 28. × 29. × 30. × 31. × 32. ×
33. ×

第6单元

演示文稿处理

- 第一节　幻灯片模板制作和版式设计/228
- 第二节　幻灯片效果处理/235
- 第三节　幻灯片按钮、图形图像应用及效果处理/244
- 第四节　幻灯片放映设置/254
- 第五节　幻灯片打印及动画设置/259

由 PowerPoint 创建的文件称为演示文稿，它由若干张幻灯片组成，每张幻灯片都由文本对象（如标题文字、项目列表、文字说明等）、可视化对象（如图片、图表等），以及多媒体对象（如视频、音频、动画等）构成。

第一节　幻灯片模板制作和版式设计

→ 能够应用主题创建模板
→ 能够给幻灯片添加切换效果

一、应用主题创建模板

通过应用主题，可以快速轻松地设置整个演示文稿的格式以使其具有一个专业且现代的外观。"主题"是一组格式选项，它包含主题颜色（文件中使用的颜色的集合）、主题字体（应用于文件中的主要字体和次要字体的集合）和主题效果（应用于文件中元素的视觉属性的集合）。PowerPoint 2010 为每种设计模板提供了几十种内置的主题颜色，用户可以根据需要选择不同的颜色来设计演示文稿。这些颜色是预先设置好的协调色，自动应用于幻灯片的背景、文本线条、阴影、标题文本、填充、强调和超链接。

1. 选择幻灯片主题样式

（1）打开"设计"选项卡，"主题"组中出现了大量的主题，如图 6—1 所示。单击"其他"按钮 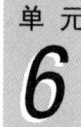，在弹出的下拉菜单中出现更多的内置主题样式，如图 6—2 所示。

图 6—1　"设计"选项卡"主题"组

图 6—2　内置主题样式

（2）选择自己喜欢的主题样式，例如选择"跋涉"缩略图，为"公司宣传"演示文稿设置背景（要尝试不同的主题，可将指针停留在主题库中的某个缩略图上，并注意文档的变化，当鼠标指向该缩略图时，会显示该模板的名称），如图6—3所示。

图6—3　"跋涉"缩略图

（3）右键单击"跋涉"缩略图，弹出右键菜单，选择"应用于所有幻灯片"选项则可将该主题样式应用于演示文稿的所有幻灯片中，如图6—4所示。设置主题样式后的效果如图6—5所示。

图6—4　应用于所有幻灯片

2. 自定义主题颜色、主题字体和主题效果

有关主题的颜色、字体和效果的自定义设置位于"主题"组右侧，如图6—6所示。

（1）自定义主题颜色。单击"颜色"按钮 ，在弹出的"颜色"下拉菜单中选择主题颜色，例如选择"凤舞九天"选项，如图6—7所示。

（2）自定义主题字体。单击"字体"按钮 ，在弹出的"字体"下拉菜单中选择主题字体，例如选择"暗香扑面"选项，如图6—8所示。

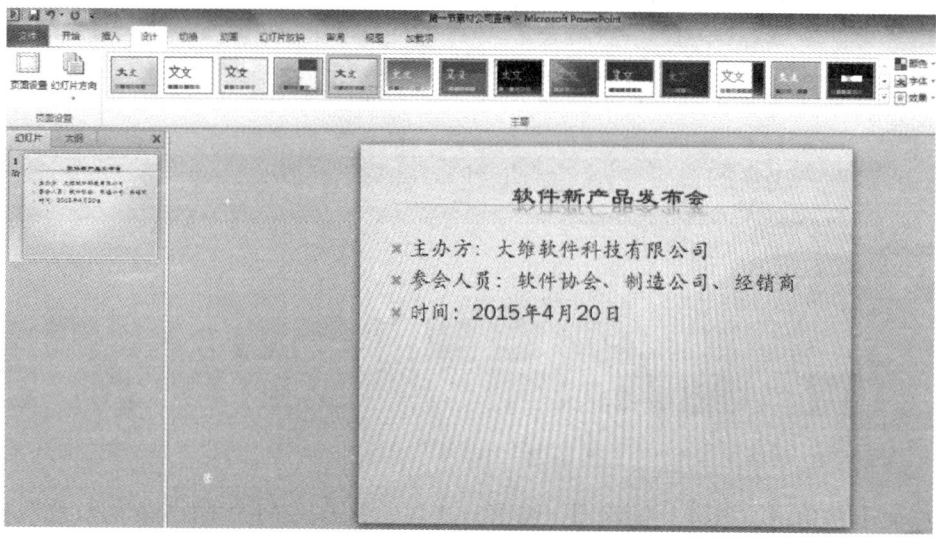

图6—5 设置后的效果图

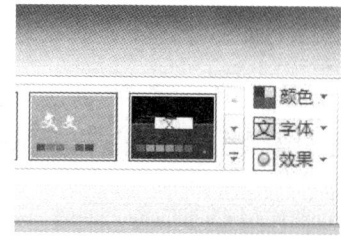

图6—6 主题颜色、主题字体和主题效果

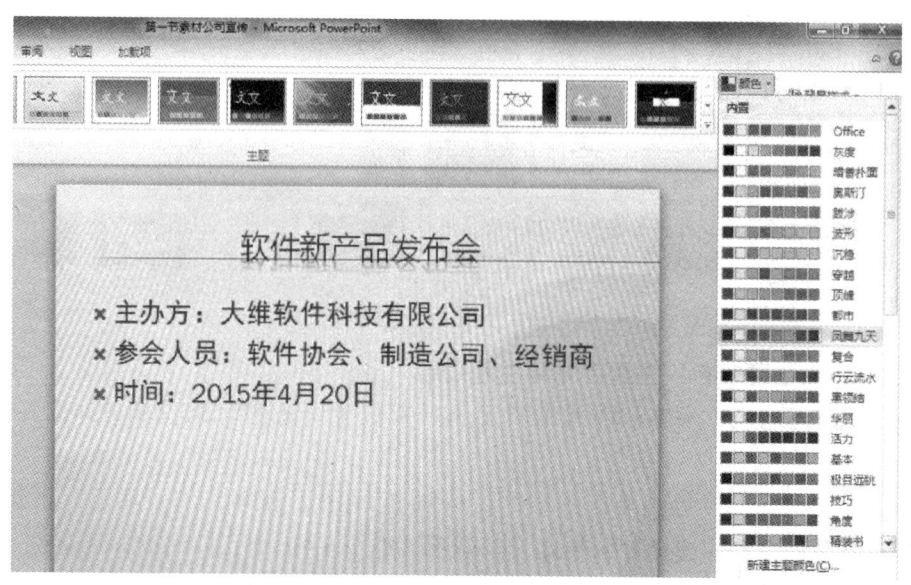

图6—7 自定义主题颜色——"凤舞九天"

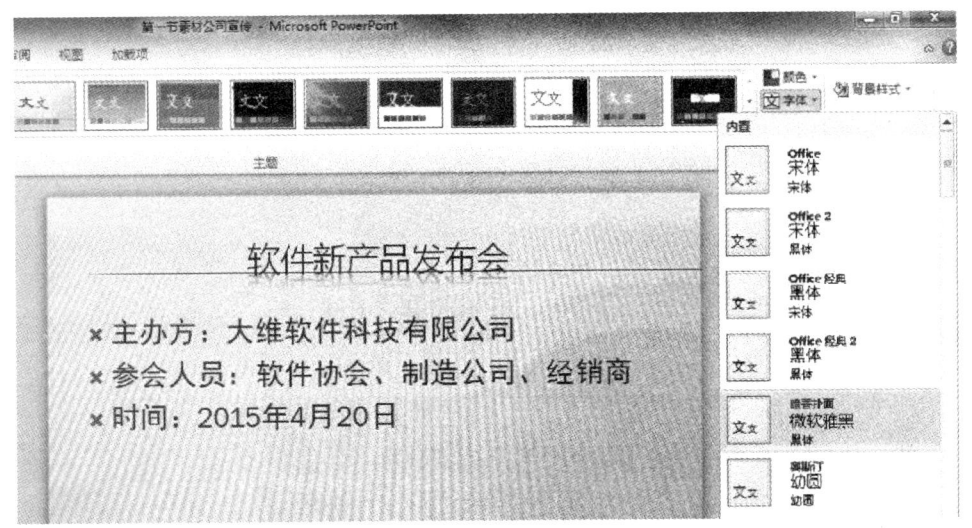

图6—8 自定义主题字体——"暗香扑面"

（3）自定义主题效果。单击"效果"按钮，在弹出的"效果"下拉菜单中选择主题效果，例如选择"行云流水"选项，如图6—9所示。

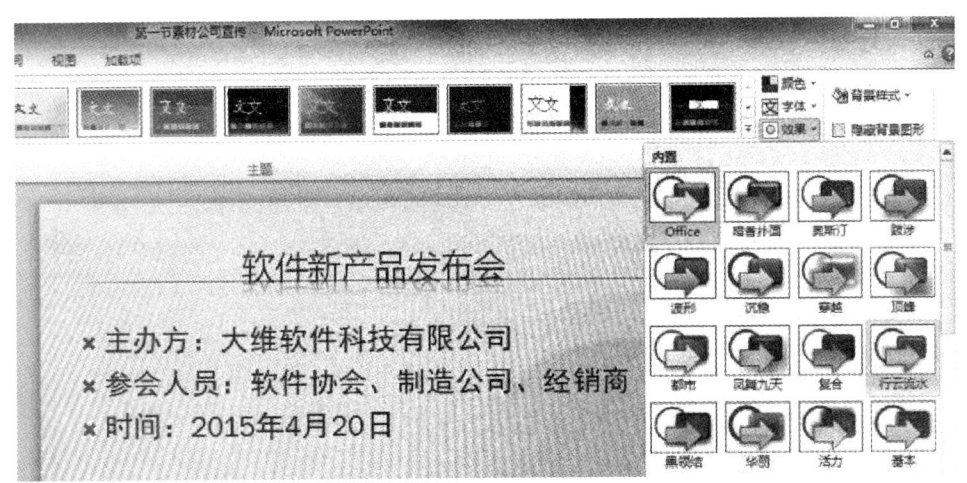

图6—9 自定义主题效果——"行云流水"

3. 保存主题模板

（1）在"设计"选项卡"主题"组中，单击"其他"按钮，单击"保存当前主题"命令，如图6—10所示。

（2）在弹出的"保存当前主题"对话框（见图6—11）的"文件名"文本框中，填入一个适当的名称，如"公司宣传主题"，单击"保存"按钮。自定义主题将保存在"文档主题"文件夹中，并且将自动添加到自定义主题列表中，方便以后使用。

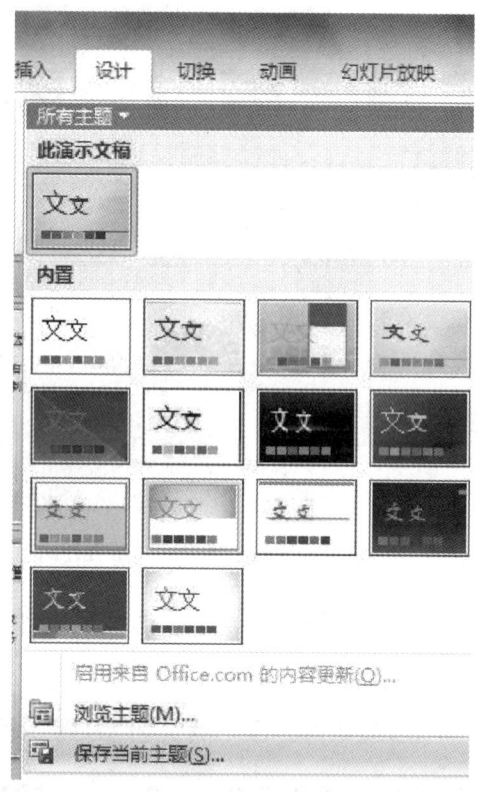

图6—10 保存当前主题

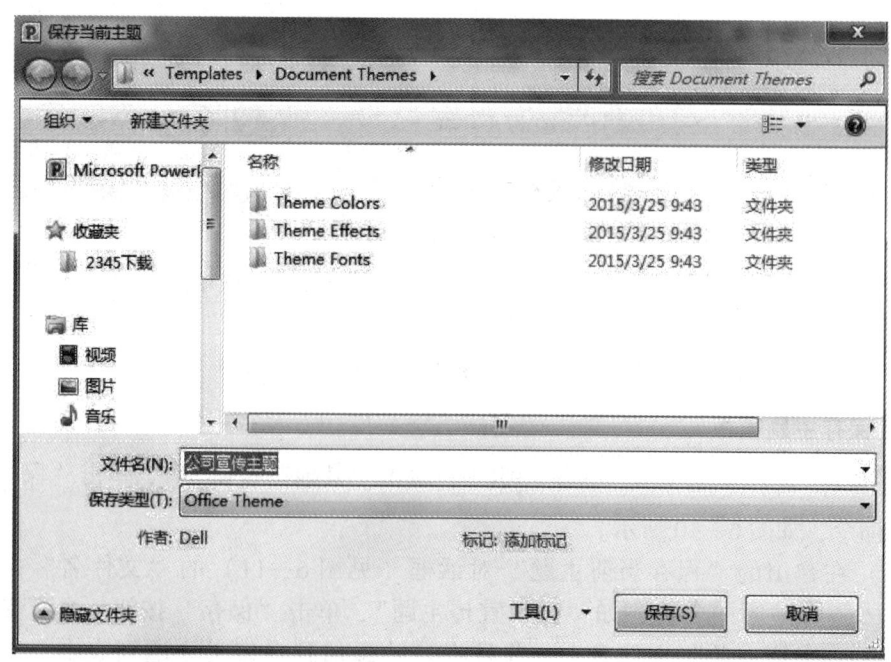

图6—11 为主题键入名称

二、幻灯片切换效果

幻灯片切换效果是在"幻灯片放映"视图中从一张幻灯片移到下一张幻灯片时出现的类似动画的效果,同时也可以设置每张幻灯片切换效果的持续时间,还可以添加声音。

1. 切换效果类型

Microsoft Office PowerPoint 2010 包含很多不同类型的幻灯片切换效果,使幻灯片之间的切换更加生动。

在"切换"选项卡"切换到此幻灯片"组中显示了大量的切换效果,如图6—12所示。单击"其他"按钮 ,在弹出的下拉菜单中可看到更多的幻灯片切换效果,如图6—13所示。

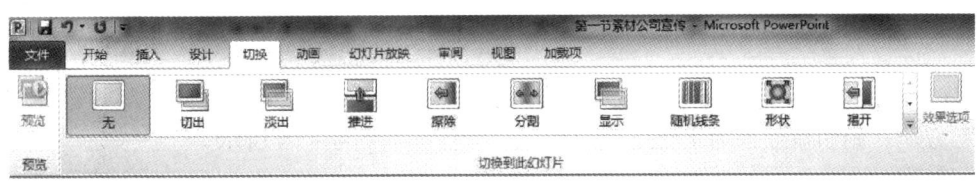

图6—12 "切换"选项卡"切换到此幻灯片"组

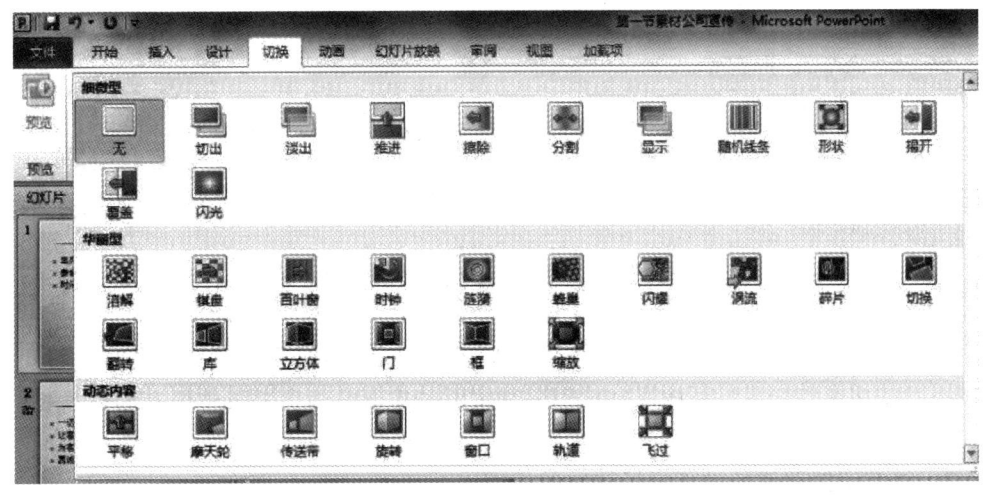

图6—13 内置幻灯片切换效果

2. 在幻灯片间添加切换效果

给"公司宣传主题"演示文稿第一张幻灯片应用"百叶窗"切换效果,操作步骤如下:

(1) 在"开始"选项卡上,单击演示文稿第一张幻灯片缩略图,选中第一张幻灯片,如图6—14所示。

(2) 在"切换"选项卡上的"切换到此幻灯片"组中,选择"百叶窗"的幻灯片切换效果,并将该切换效果应用到第一张幻灯片,如图6—15所示。

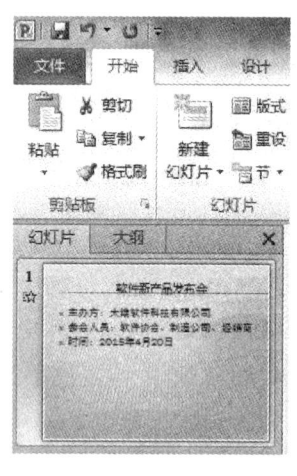

图6—14 选中第一张幻灯片

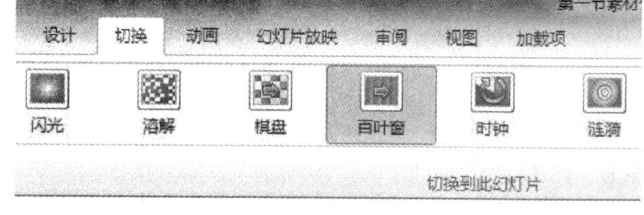

图6—15 将"百叶窗"切换效果应用到第一张幻灯片

(3) 在"切换"选项卡的"效果选项"中可选择切换效果的属性,如选择"水平"方向,则切换效果为水平方向变化的百叶窗,如图6—16所示。

图6—16 在"效果选项"选择"水平"方向

也可在"快速样式"列表中单击"其他"按钮 ，选择其他的切换效果。若想要尝试不同的切换效果,只需用鼠标单击菜单中的某个缩略图,即可观察到幻灯片将如何变化。

3. 添加切换声音和设置切换效果的持续时间

(1) 给幻灯片切换效果添加声音。在"切换"选项卡"计时"组中,单击"声音"旁边的箭头,从列表中选择所需要的声音,然后单击选中该选项即可,如图6—17所示。如果添加列表中没有所需的声音,可选择"其他声音",找到要添加的声音文件后再确定。

(2) 设置切换效果的持续时间。在"切换"选项卡"计时"组中,在"持续时间"旁边的框中,键入或选择幻灯片切换所需的时间(秒数),如图6—18所示。如果在"计时"组中,单击"全部应用"按钮,则可将如上的切换效果应用于演示文稿中的所有幻灯片上。

图 6—17 添加切换声音

图 6—18 设置切换效果的持续时间

第二节 幻灯片效果处理

→ 了解幻灯片版式与色彩的应用特点
→ 能够应用标准版式创建演示文稿
→ 能够添加、更改和设置形状填充与背景样式
→ 能够设置幻灯片背景音乐

一、版式与色彩

1. 版式应用特点

版式就是文字、图片、表格等对象在幻灯片页面上的排版布局方式。幻灯片版式包含以各种形式组合的文本和对象（表、图表、图形、等号或其他形式的信息）的占位符（幻灯片中带有虚线或阴影线的区域称为占位符，只有当光标在其中闪烁时，才可以在其中输入字符、插入图片等），可以在文本和对象占位符中键入标题、副标题和正文文本。中文版 PowerPoint 2010 包含了 11 种内置的标准版式，分别是"标题幻灯片""标题和内容""节标题""两栏内容""比较""仅标题""空白""内容与标题""图片与标题""标题与竖排文字""垂直排列标题与文本"。使用这些标准版式可以方便地根据需要排列幻灯片上的对象，也可以创建自定义版式以满足特定的需求。

2. 应用标准版式创建演示文稿

（1）启动 PowerPoint 即可创建一个空白演示文稿，这是名为"标题幻灯片"的默认版式，如图 6—19 所示。

（2）如果想要将当前的版式调换为另外一种，选择"开始"选项卡，单击"幻灯片"组中的"版式"按钮，便会弹出内置的 11 种标准版式，如图 6—20 所示。

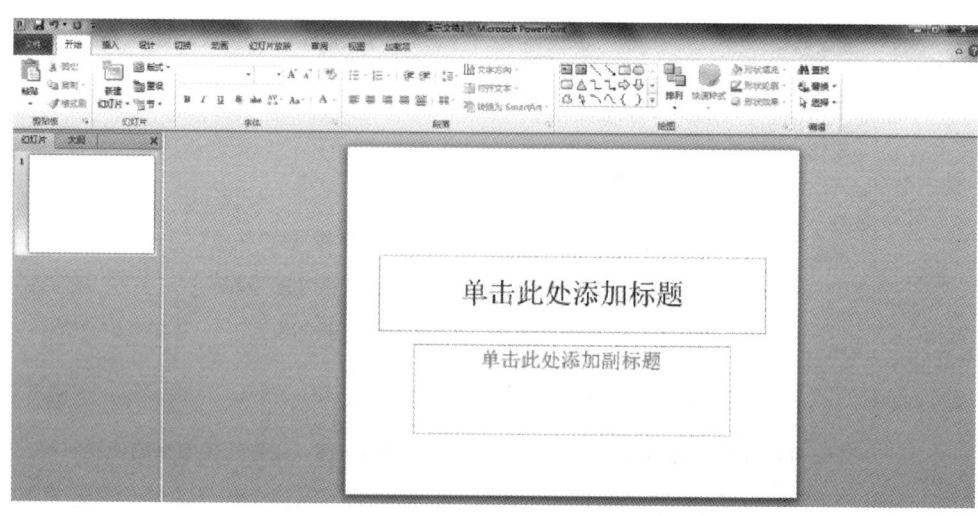

图 6—19 创建空白演示文稿

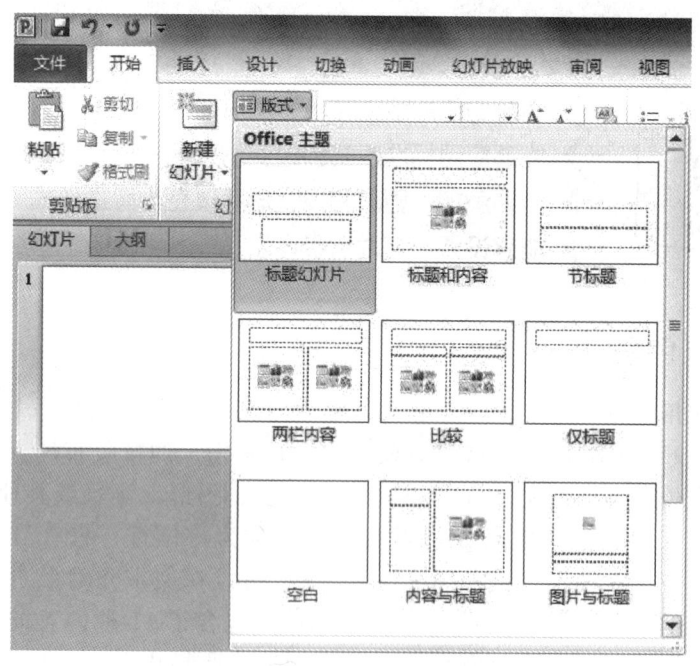

图 6—20 内置的 11 种标准版式

(3) 在此可选择自己需要的标准版式,例如此页的内容由标题和若干文字构成,则可选用"标题和内容"版式,如图 6—21 所示。

3. 色彩应用特点

色彩应用是否得当,关系到整个演示文稿展示的成败。应用色彩时应注意以下几点:

(1) 一张幻灯片里的颜色尽量不要超过三种。过多的颜色会显得杂乱,并分散观看者的注意力。

演示文稿处理

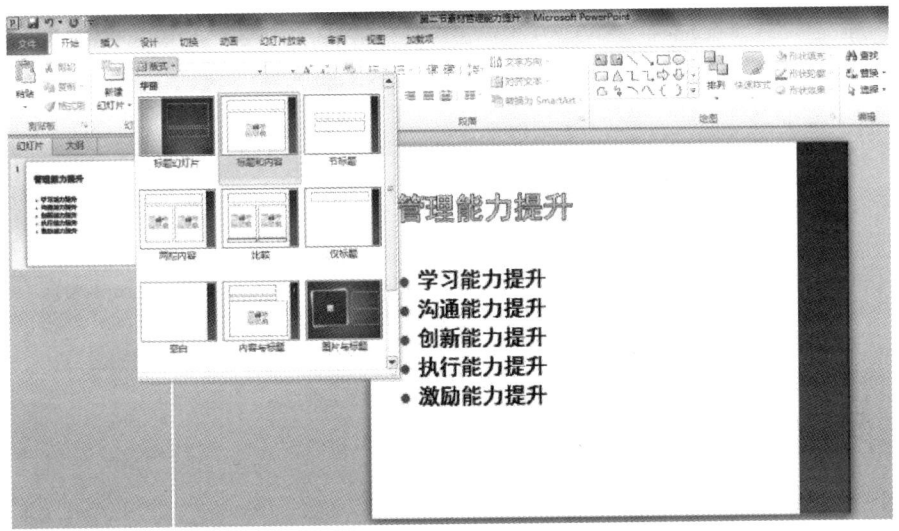

图 6—21 "标题和内容"版式

（2）前景与背景要用对比色，以突出文字与主题。例如可选用蓝底白字、蓝底黄字、黑底黄字或红底黄字等。

（3）背景的色彩与主题紧密关联。一般商业类推荐蓝色、党政类推荐红色、环保医疗类推荐绿色。

（4）幻灯片中的重要对象应选取醒目的颜色。例如用红色或黄色表示警告信息。

二、幻灯片形状填充与背景处理

为了使制作出的演示文稿更加生动形象，可以通过形状填充与背景处理对幻灯片进行美化。用户既可以设置占位符和文本框的填充效果，也可以设置整个幻灯片的背景格式。

常见的背景及使用用途如下：

无填充——使幻灯片背景透明或无色，或者从幻灯片背景中删除填充。

纯色填充——为幻灯片背景添加颜色和设置透明度。

渐变填充——为幻灯片背景添加渐变（颜色和阴影的一种渐变过程，通常从一种颜色向另一种颜色或从同一种颜色的一种深浅到另一种深浅渐变）填充。

图片或纹理填充——将图片用作幻灯片背景的填充，或者为幻灯片背景添加纹理。

1. 添加、更改文本框填充效果

（1）选中第一张幻灯片中的标题文本框，单击鼠标切换到"格式"选项卡，单击"形状样式"组中的"形状填充"按钮，可以看到在弹出的下拉菜单中列出了各种可以填充颜色，单击选择想要的填充颜色，例如选择标准色中的"蓝色"，如图 6—22 所示。

（2）单击"形状样式"组中的"形状效果"按钮，从弹出的下拉菜单中选择"映像"选项，在弹出的下拉菜单中单击选择"全映像"样式，如图 6—23 所示。

— 237 —

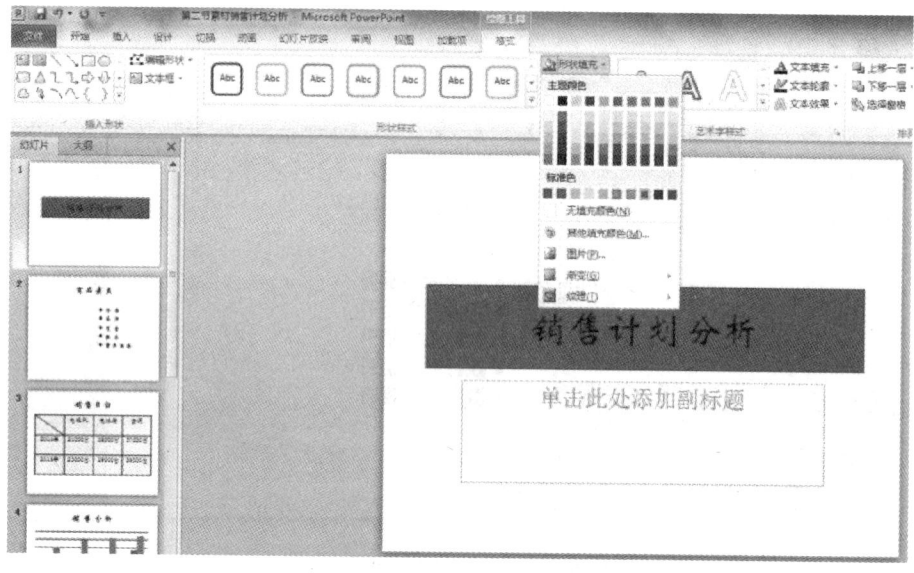

图6—22 选择填充颜色——"蓝色"

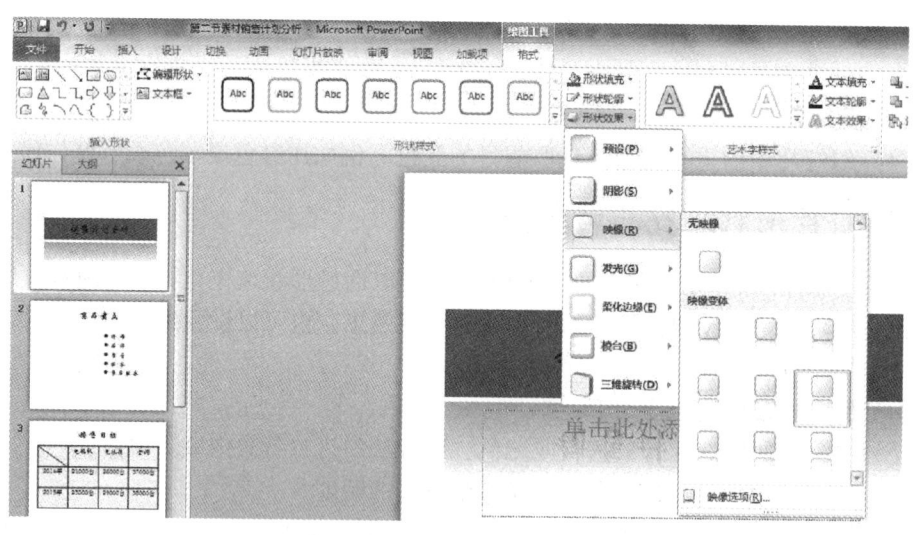

图6—23 选择"形状效果→映像→全映像"样式

（3）如果对已设置好的填充效果不满意，还可更改为其他填充效果。可单击"映像"选项中的"无映像"以取消设置的形状效果，如图6—24所示。

（4）单击"形状样式"组中的"形状效果"按钮，从弹出的下拉菜单中选择"发光"选项，从弹出的下拉菜单中单击选择发光样式，如图6—25所示。

2. 添加、更改幻灯片背景样式

（1）在幻灯片的空白处单击，切换到"设计"选项卡，单击"背景"组中的"背景样式"按钮，在弹出的"背景样式"下拉菜单中，选择自己喜欢的背景样式，如图6—26所示。

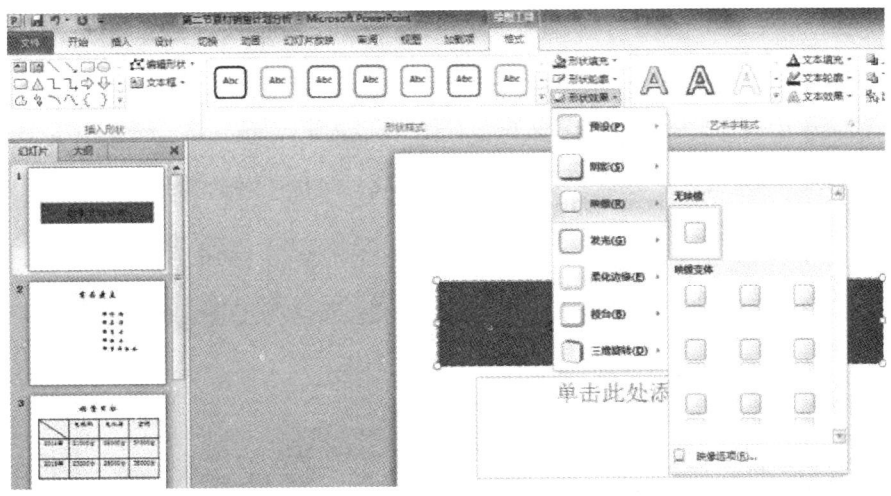

图6—24 取消样式效果

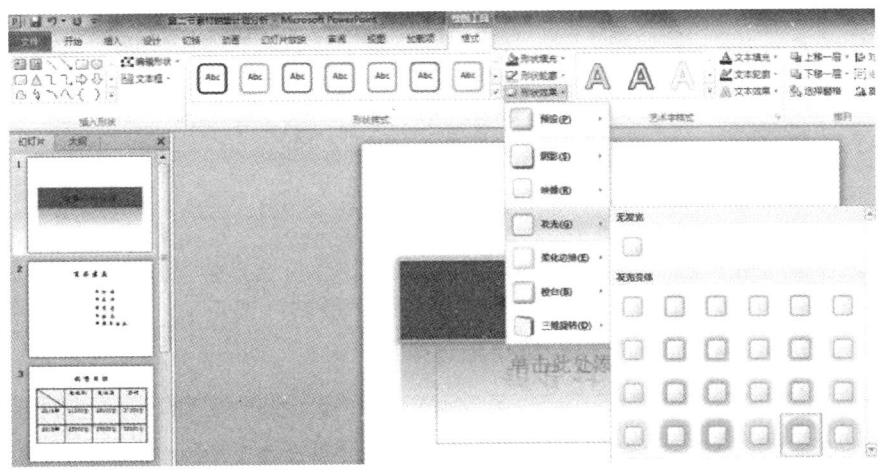

图6—25 选择填充形状效果"发光"样式

图6—26 添加背景样式

（2）若更改第二张幻灯片的背景为"渐变填充"。可单击第二张幻灯片空白处，在上述"背景样式"下拉菜单中选择"设置背景格式"选项，在弹出的"设置背景格式"对话框中选择"填充"选项卡，点选"渐变填充"单选按钮，然后从"预设颜色"下拉菜单中选择要填充的渐变颜色，如图6—27所示。

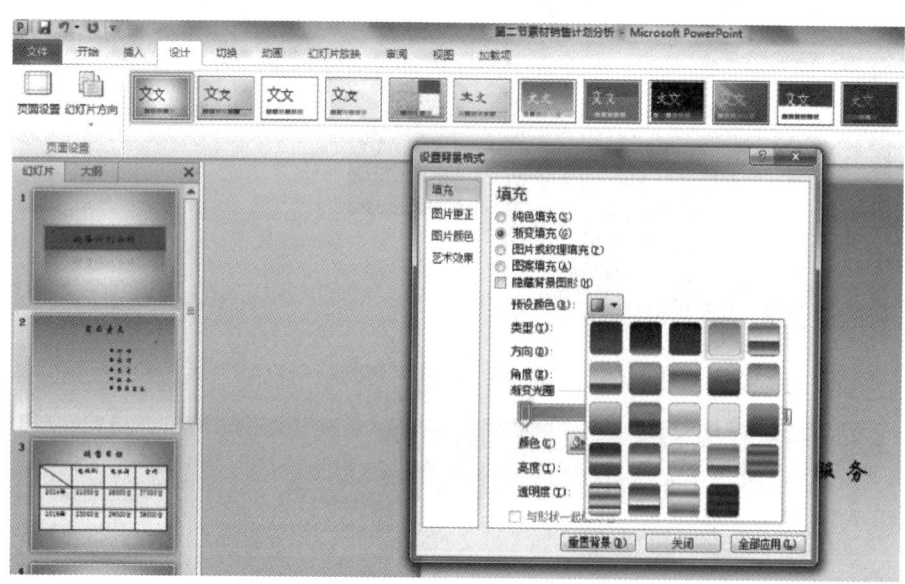

图6—27 渐变填充

（3）若更改第三张幻灯片的背景为"纹理填充"。可选择第三张幻灯片，按照前面介绍的方法打开"设置背景格式"对话框，选择"填充"选项卡，点选"图片或纹理填充"单选按钮，从"纹理"下拉菜单中选择纹理图案，如图6—28所示。

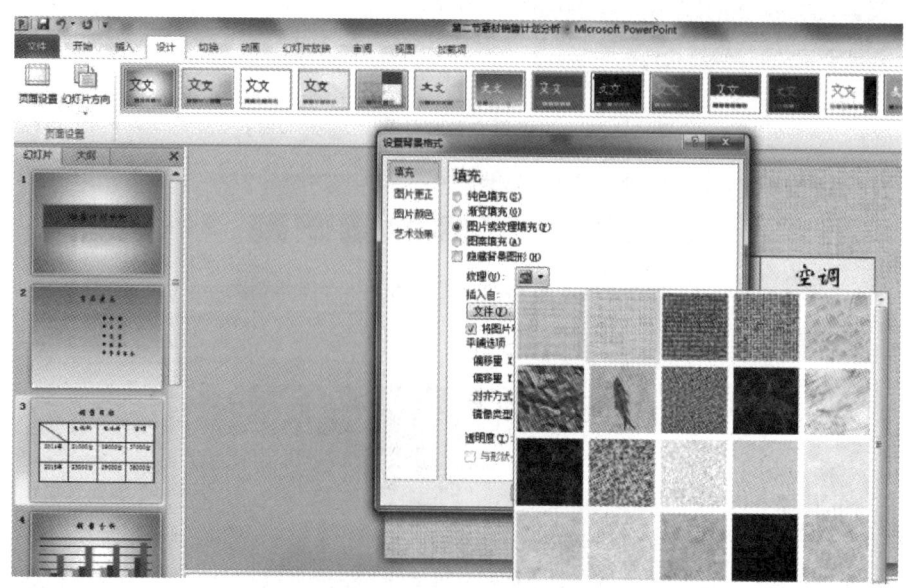

图6—28 纹理填充

（4）若更改第四张幻灯片的背景为"图片填充"。可选择第四张幻灯片，按照前面介绍的方法打开"设置背景格式"对话框，选择"填充"选项卡，点选"图片或纹理填充"单选按钮，单击"文件"按钮，弹出"插入图片"对话框，如图6—29所示。

图6—29　"插入图片"对话框

（5）在该对话框中选择想要插入的图片文件，单击"打开"按扭，返回到"设置背景格式"对话框，然后单击"关闭"按钮，即完成图片填充，如图6—30所示。

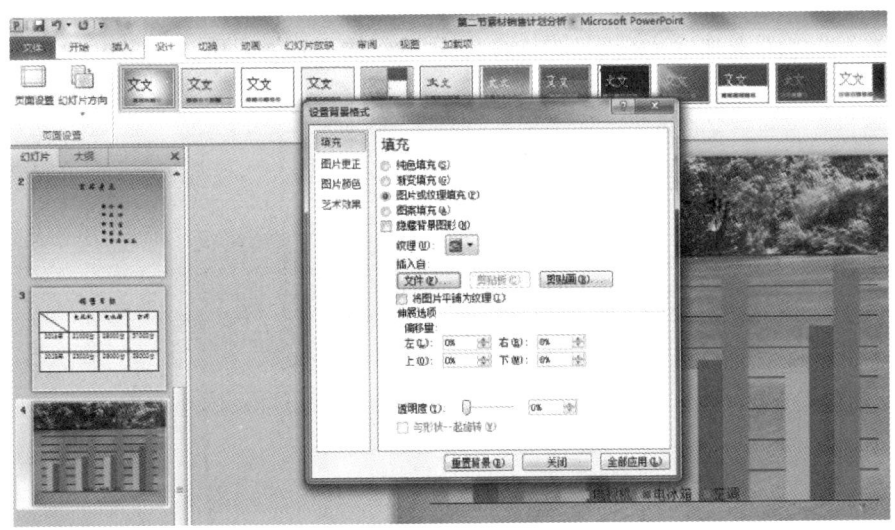

图6—30　"图片填充"效果

三、设置幻灯片背景音乐

在使用演示文稿演示过程中，适当地插入背景音乐可以烘托氛围，为演示过程增加效果。

1. 插入背景音乐

（1）打开幻灯片，选择"插入"选项卡，单击"媒体"组中的"音频"按钮，在弹出的下拉菜单中单击"文件中的音频"选项，如图6—31所示。

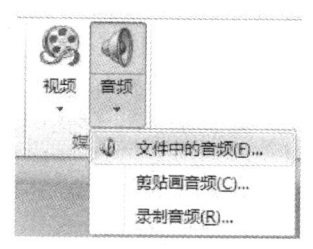

图6—31　单击"文件中的音频"选项

（2）在弹出的"插入音频"对话框中选择要插入的音频文件，单击"插入"按钮，如图6—32所示。

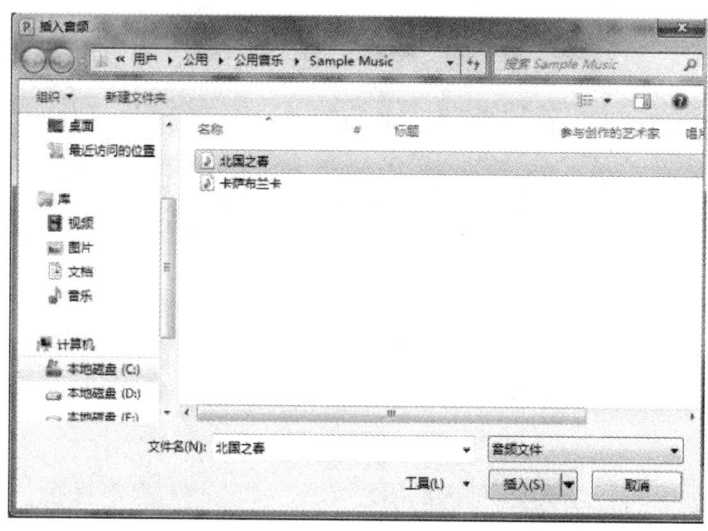

图6—32　选择要插入的音频文件

（3）此时幻灯片中会出现喇叭图标，表示已经插入背景音乐，如图6—33所示。

图6—33　成功插入背景音乐

2. 设置背景音乐

(1) 设置音频选项。单击幻灯片中的喇叭图标，在"音频工具"的"播放"选项卡的"音频选项"组中可以设置背景音乐音量、是否循环播放、放映时是否隐藏喇叭图标以及播放模式是"自动"还是"单击时"或是"跨幻灯片播放"等，如图6—34所示。

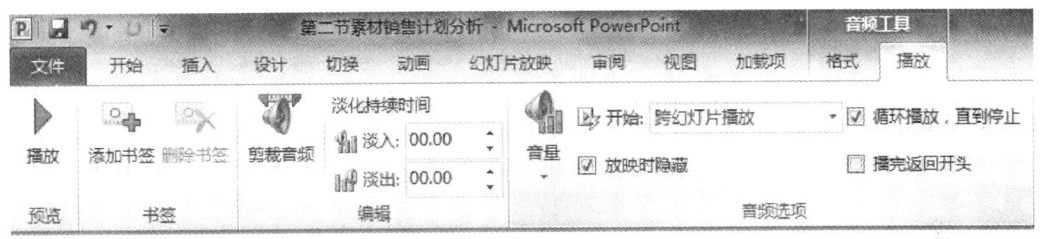

图6—34 设置音频选项

(2) 对音频进行编辑

1) 剪裁音频是通过指定音频播放的开始时间和结束时间实现的。单击"音频工具"下"播放"选项卡的"编辑"组中的"剪裁音频"按钮，弹出"剪裁音频"对话框，如图6—35所示。

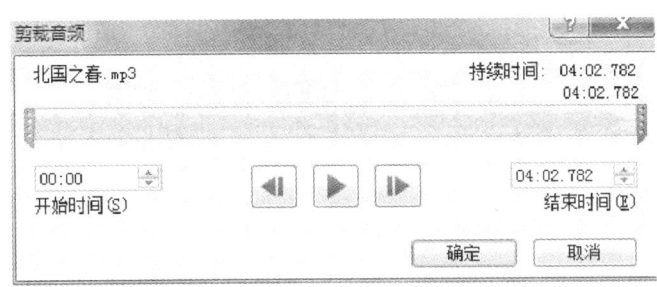

图6—35 "剪裁音频"对话框

2) 将鼠标放到起点（图6—35中左侧绿色标记处）看到鼠标指针变为双向箭头时，将其拖动到所需的音频剪辑的起始位置；将鼠标放到终点（图6—35中右侧红色标记处）看到鼠标指针变为双向箭头时，将其拖动到所需的音频剪辑的终止位置，此时开始和结束的时间会精确地显示在文本框内，单击"确定"按钮完成剪裁，如图6—36所示。

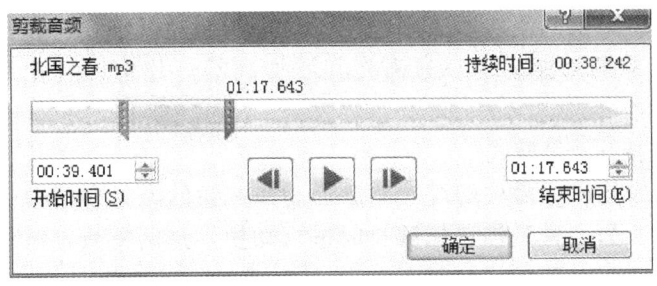

图6—36 对音频进行剪裁

3）剪裁完成后还可根据演讲者的需要设置音乐的淡化持续时间，以使音乐的出现和消失不会显得很突兀，只需在"淡入"和"淡出"右侧的文本框内键入或选择所需的淡化持续时间即可，如图6—37所示。

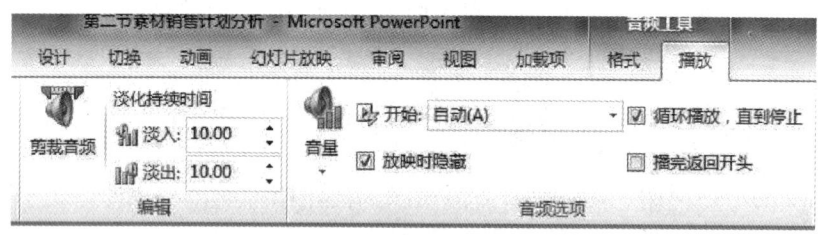

图6—37 设置音频淡化持续时间

第三节 幻灯片按钮、图形图像应用及效果处理

→ 能够在幻灯片中设置动作按钮及其格式
→ 能够在幻灯片中插入图形图像
→ 能够对插入的图形图像进行效果处理

一、动作按钮

1. 动作按钮及用途

动作按钮是一组可以进行放映动作控制与跳转的立体按钮，可将其插入到幻灯片内，通过动作设置来定义在幻灯片中如何使用。在幻灯片中添加动作按钮，在放映演示文稿时，单击相应的按钮，可以方便地切换到指定的幻灯片，或者启动其他应用程序。

2. 动作按钮的种类

选择要创建动作按钮的幻灯片，在"插入"选项卡"插图"组中，单击"形状"按钮，在弹出的下拉菜单中显示出 PowerPoint 2010 提供的 12 种动作按钮，并预设了相应的功能，用户只需将其添加到幻灯片中即可使用，如图6—38所示。

3. 设置动作按钮及其格式

（1）设置动作按钮。播放幻灯片时激活动作按钮的方式有两种。一种是用鼠标单击时进行切换，另一种是当鼠标移过时进行切换。这两种只是激活方式不同，所显示的效果相同，用户可依据自己的操作习惯选择。下面以"单击鼠标"为例来进行说明：

图 6—38 内置的动作按钮

1）在"动作按钮"栏中，单击选择要添加的按钮，这时在文件编辑界面中，鼠标变成黑色十字形，按下鼠标左键，然后拖动鼠标在幻灯片中画出一个之前选择的按钮，如图 6—39 所示。

2）在动作按钮上单击鼠标右键，在弹出的右键菜单中选择"编辑文字"，这样就可以给动作按钮添加上相应的文字，以方便对这个动作按钮的功能进行描述，同时也可以修改文字的大小和颜色等属性，如图 6—40 所示。

3）在动作按钮上单击鼠标右键，在弹出的右键菜单中选择"编辑超链接"，弹出"动作设置"对话框，如图 6—41 所示。

4）在"单击鼠标"选项卡中为动作按钮添加超链接。选择"超链接到"单选项，并单击其下拉按钮，在弹出的下拉菜单中选择"幻灯片…"选项，如图 6—42 所示。在弹出的"超链接到幻灯片"对话框中选择将要链接到的幻灯片的标题，如图 6—43 所示。单击"确定"按钮完成设置。

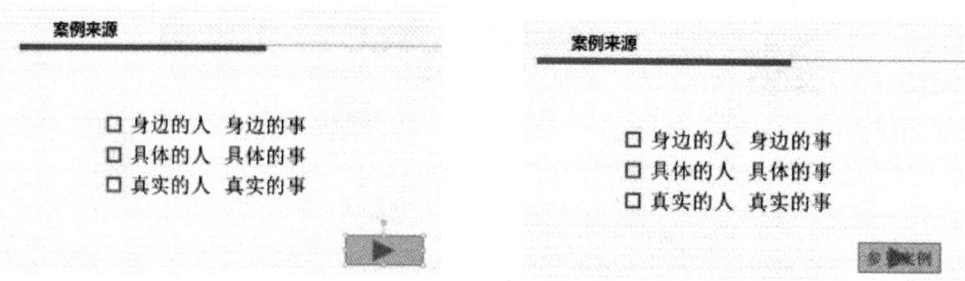

图 6—39　绘制动作按钮　　　　　　图 6—40　给按钮编辑文字

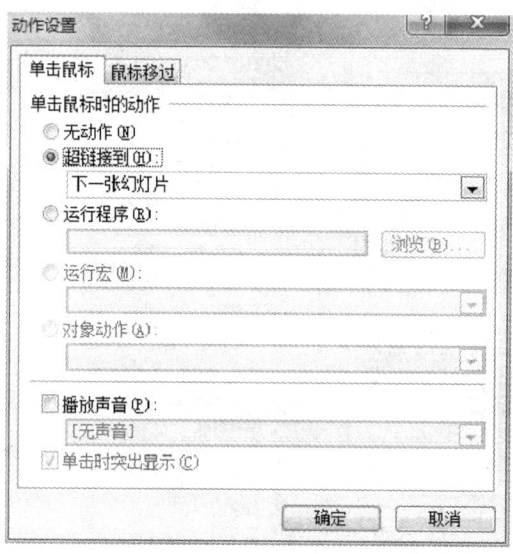

图 6—41　"动作设置"对话框图

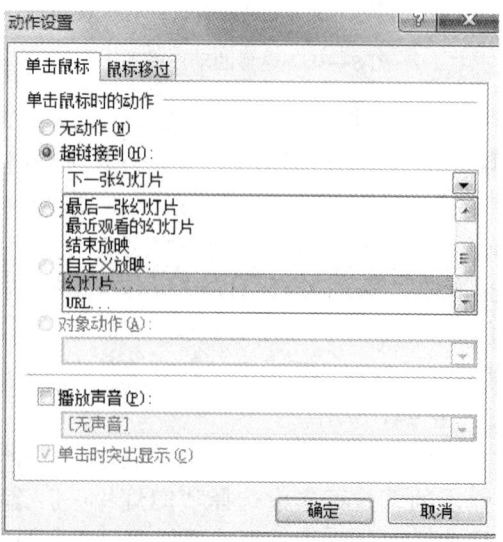

图 6—42　设置超链接

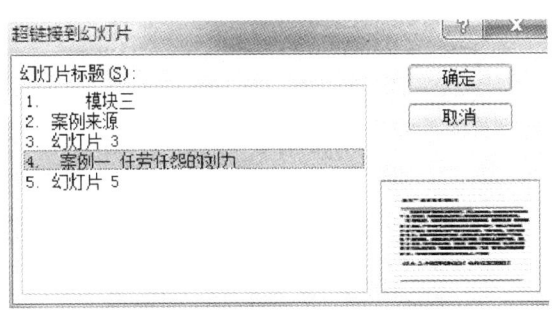

图 6—43 选择要链接到的幻灯片

5）若在"动作设置"对话框中，点选"运行程序"单选项，可单击"浏览"按钮选择本地计算机或网络中的程序，这样单击动作按钮时就可以运行某个程序。若勾选"播放声音"复选项，则可添加声音，在这种情况下单击动作按钮时就可以播放出声音。

（2）设置动作按钮的格式。如果设置的动作按钮与幻灯片的整体背景、颜色和内容不协调，就需要对动作按钮进行个性化设置，使它在幻灯片中看起来更协调。

1）单击幻灯片中要设置的动作按钮，在"绘图工具"的"格式"选项卡"形状样式"组中，单击"形状填充"按钮，在弹出的"主题颜色"下拉菜单中选择要填充的颜色，如图 6—44 所示。

2）选择"形状轮廓"按钮，单击"无轮廓"选项。再选择"形状效果"按钮，在弹出的下拉菜单中选择"阴影"选项，单击要选择的外部阴影，如图6—45所示。

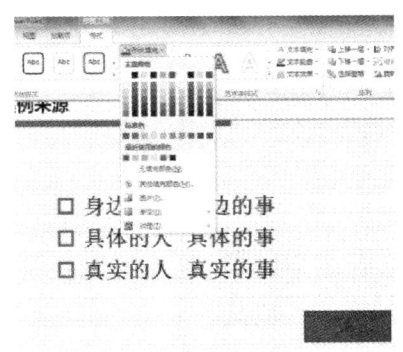

图 6—44 设置按钮的形状填充

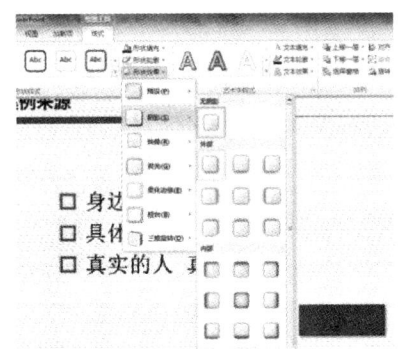

图 6—45 设置按钮的形状效果

通过"形状填充""形状轮廓"和"形状效果"的其他选项，也可为动作按钮设置其他个性效果，如填充图案或纹理、更改轮廓线条的种类及粗细、设置其他外观效果等。

二、图形图像及效果处理

在幻灯片中，适当地插入一些图形图像，不仅可以增强页面的视觉效果，还能起到活跃版面、强化演示的主题和增强直观性的作用。插入图片后还需要对其进行适当的处理，以达到整体美观协调的效果。

1. 在幻灯片中插入图形图像

（1）插入剪贴画。PowerPoint 2010 附带的剪贴画库内容非常丰富，所有的图片都经过专业设计，能表达不同的主题，很适合于制作各种不同风格的演示文稿。选择要插入剪贴画的幻灯片，在"插入"选项卡"图像"组中，单击"剪贴画"按钮，弹出"剪贴画"任务窗格。在其中单击选择合适的剪贴画即可完成插入剪贴画，如图6—46所示。

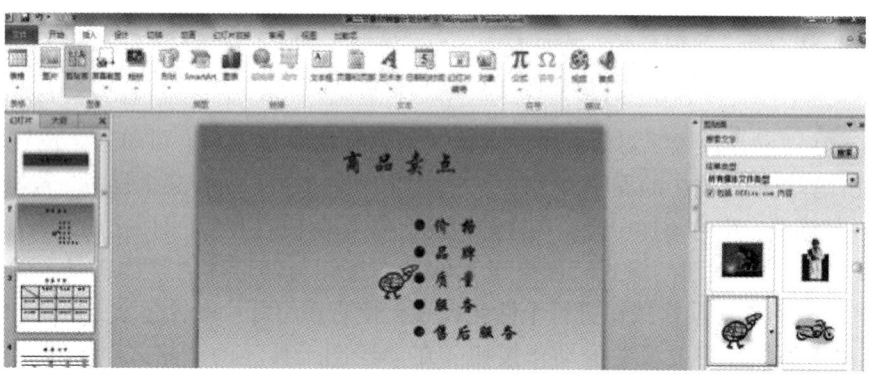

图6—46 插入剪贴画

（2）插入图片。除了可插入剪贴画外，还可以插入计算机中的图片，这些图片既可以是其他应用程序创建的，也可以是从互联网下载的，或是通过扫描仪及数码相机输入的图片。在"插入"选项卡"图像"组中，单击"图片"按钮，打开"插入图片"对话框，选择合适的图片后单击"插入"按钮即可完成插入计算机中的图片文件，如图6—47所示。

图6—47 插入来自文件中的图片

2. 对插入的图形图像进行效果处理

（1）对插入的图片进行缩放、旋转和裁剪

1）在幻灯片中选中插入的图片，周围出现了8个白色的控制点和1个绿色的控制点，拖动白色控制点，可对图片进行缩放，拖动绿色控制点，可自由旋转图片，如图6—48 所示。

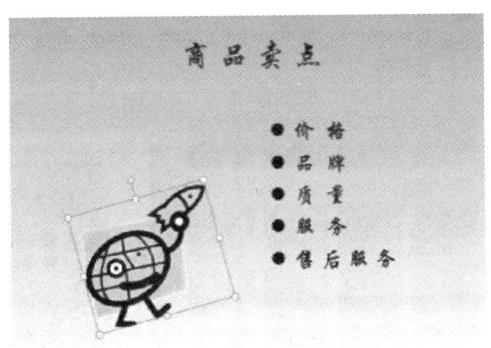

图6—48　对图片进行缩放和旋转

2）当插入的图片有多余的部分时，在"图片工具"的"格式"选项卡的"大小"组中，单击"裁剪"按钮，拖动图片周边的控制点可直接进行裁剪操作，如图6—49 所示。

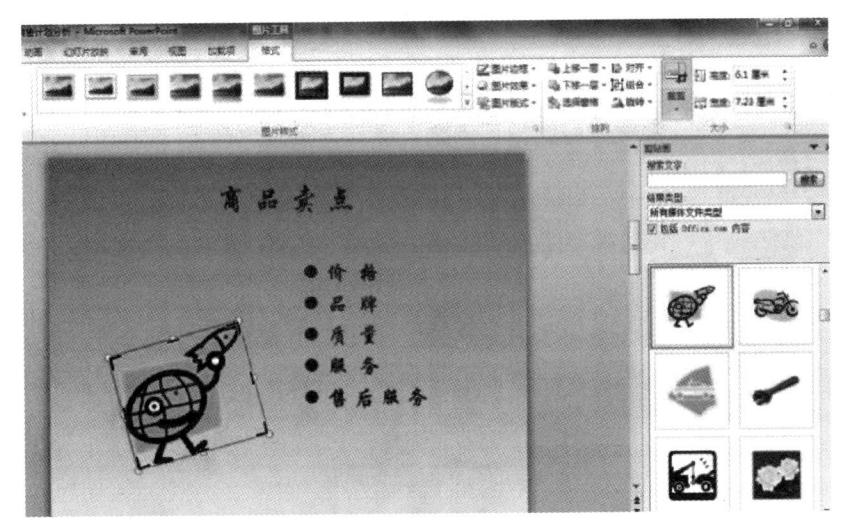

图6—49　对图片进行裁剪

(2) 对插入的图片进行调整

1）调整图片的清晰度以及亮度和对比度。调整清晰度主要是调整图片的锐化和柔化。亮度是指图片整体的明暗程度，对比度是指图片中最亮部分与最暗部分的差别，通过调整亮度和对比度可使效果不好的图片看上去更为舒适。首先，应选中幻灯片中需要调整的图片，然后在"图片工具"下"格式"选项卡的"调整"组中，可单击"更正"按钮对图片的"锐化和柔化"以及"亮度和对比度"进行设置，如图6—50 所示。

2）调整图片的颜色。如果对图片颜色不满意，还可单击"调整"组中的"颜色"按钮进行设置，以提高颜色质量或与文档内容相匹配，如图6—51 所示。

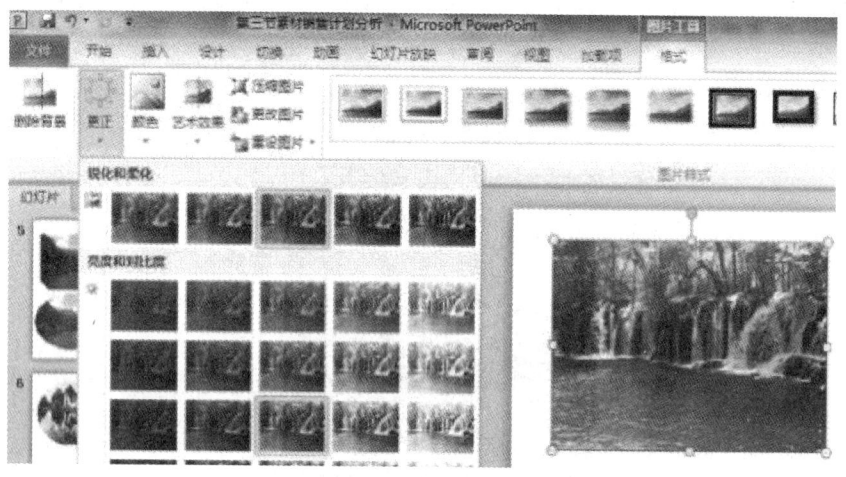

图 6—50　调整图片的清晰度和亮度、对比度

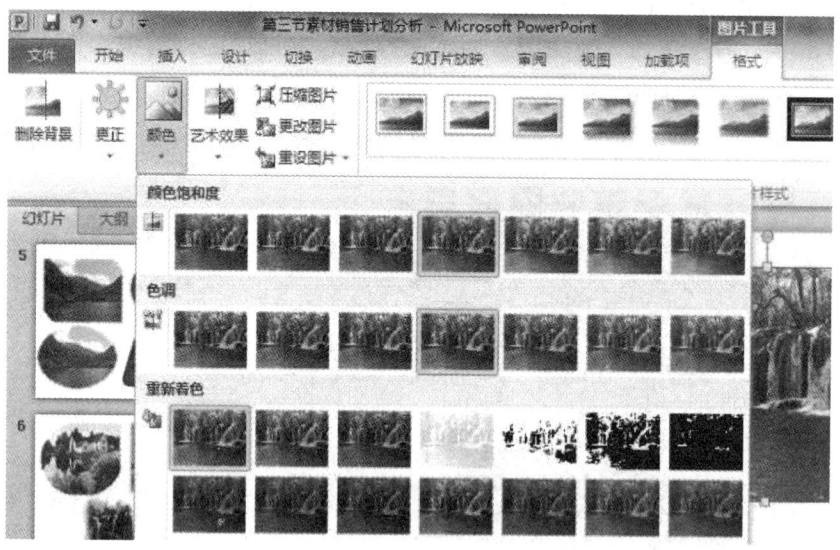

图 6—51　调整颜色

3）给图片添加艺术效果。可单击"调整"组中的"艺术效果"按钮进行设置，增添图片的艺术性，使图片看起来更像一幅草图、绘图或油画。

（3）图片的特殊效果

1）使用现成的图片样式改变图片的外观。PowerPoint 2010 提供了丰富的现成图片样式可供选用。选中幻灯片中需要调整的图片，然后在"图片工具"下"格式"选项卡的"图片样式"组中单击选择所需的样式即可进行设置，如图 6—52 所示。

2）设置图片边框。在"格式"选项卡的"图片样式"组中，单击"图片边框"按钮，在弹出的"图片边框"下拉菜单中选择喜欢的边框颜色、粗细及线条类型等选项，如图 6—53 所示。

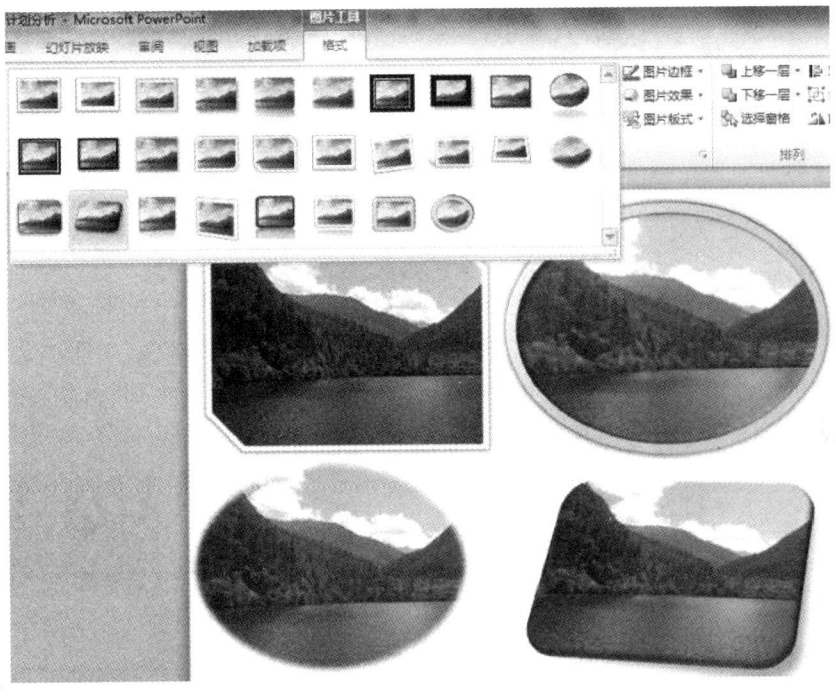

图 6—52　设置图片样式

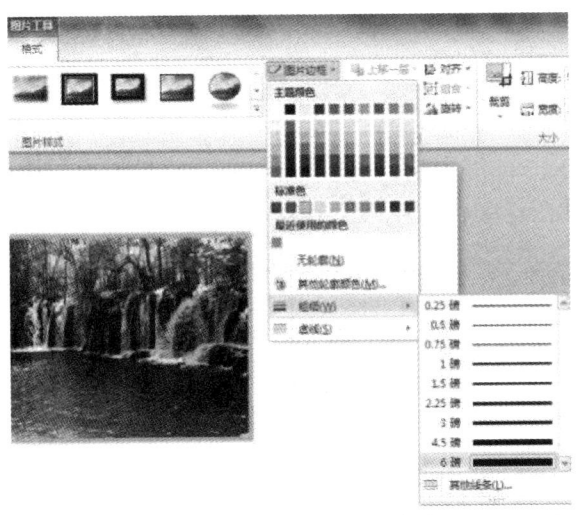

图 6—53　设置图片边框

3）设置图片效果。在"格式"选项卡的"图片样式"组中，单击"图片效果"按钮，在弹出的"图片效果"下拉菜单中选择喜欢的图片效果，如图 6—54 所示。

经过改变图片效果后的最终效果如图 6—55 所示。

4）设置图片版式。PowerPoint 2010 较之以往版本新增加了"图片版式"功能，并且提供了丰富的图片布局样式库，使用户可以轻松地将图片和文本有效地结合在一起，以满足各种布局需求。

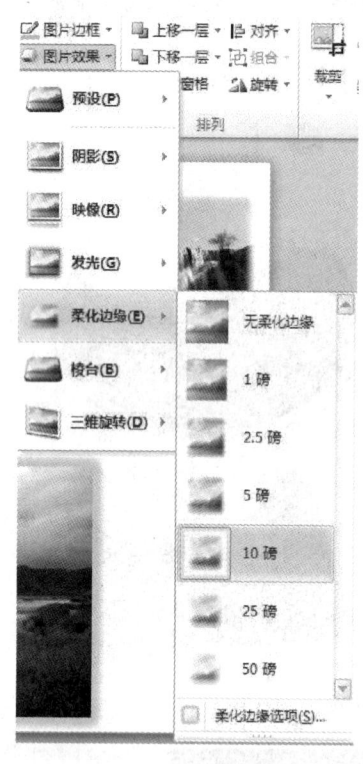

图 6—54 设置图片效果

图 6—55 设置后的效果

用户先将所需要的图片插入到新建幻灯片中,再选中所有图片,在"图片工具"下"格式"选项卡下,单击"图片样式"组中的"图片版式"按钮,即可弹出系统自带的图片版式库,如图 6—56 所示。

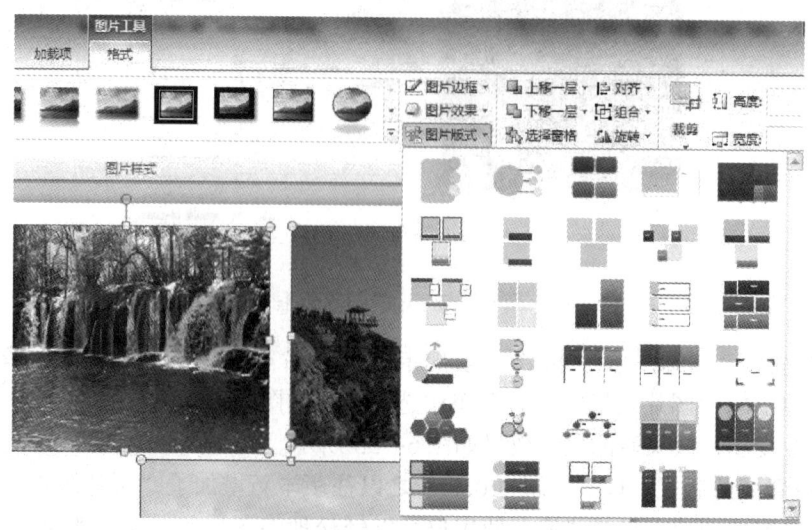

图 6—56 图片版式库

根据自己的需要选择相应的版式,并在相应的文本框中输入相应的文字描述就可以非常快速地完成整个图片和文字的有效结合,设置好的图片版式效果,如图6—57所示。

这样设置好的图片和文字是一个整体,当需要对整个布局进行编辑时,无须单独操作,只需选中整个布局,在"SmartArt工具"下的"格式"或"设计"选项卡中执行相应的命令即可完成设置,如图6—58所示。

图6—57 图片版式效果　　　　　图6—58 "SmartArt工具"选项卡

设置的其他图片版式效果如图6—59所示。

图6—59 其他图片版式效果

第四节 幻灯片放映设置

→ 能够设置幻灯片的放映类型
→ 能够设置幻灯片的换片方式
→ 能够设置幻灯片的放映选项
→ 能够放映幻灯片

一、幻灯片放映类型

制作好演示文稿后,需要向观众展示幻灯片的内容,即放映演示文稿,这是制作幻灯片的最终目的。幻灯片的放映类型主要有三种,包括演讲者放映(全屏幕)、观众自行浏览(窗口)和在展台浏览(全屏幕)。用户可根据实际情况来选择放映给观众的方式。

1. 设置幻灯片放映类型

选择要放映的演示文稿,在"幻灯片放映"选项卡"设置"组中,单击"设置幻灯片放映"按钮,弹出"设置放映方式"对话框,如图6—60所示。在"放映类型"组合中列出了3种放映方式,用户可选中所需的放映类型,例如选中"演讲者放映(全屏幕)"单选按钮,设置完毕单击"确定"按钮即可。

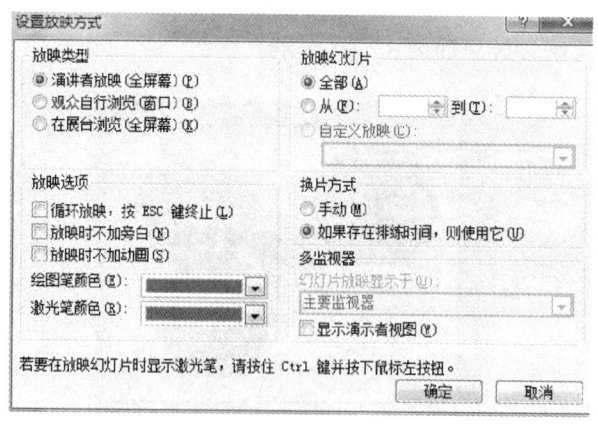

图6—60 设置放映方式

(1)演讲者放映(全屏幕)。这是最常用的放映类型,在该方式下,演示文稿被全屏幕放映,此时演讲者具有完整的控制权,能在演讲的同时灵活地进行放映控制,如暂停播放、添加会议细节、还可以录制旁白等。

(2)观众自行浏览(窗口)。这种放映类型适合于小规模演示。在该方式下演示文稿可以在标准窗口放映。放映时,观众可以拖动右侧的滚动条或滚动鼠标上的滚轮来实现幻灯片的切换。

(3)在展台浏览(全屏幕)。这种放映类型适合于展览会场或者会议场合。在该方式下演示文稿通常会设为自动全屏放映，并且大部分控制命令都不可用，以免个人更改幻灯片的放映方式。每一次放映完毕会自动循环，如果要停止，只能按下＜Esc＞键结束。

2. 设置幻灯片换片方式

针对上述的每一种放映类型，还可以设置幻灯片的换片方式。选择要放映的幻灯片，在弹出的"设置放映方式"对话框中，选定好放映类型后，在"换片方式"组合框中列出了两种切换方式，用户可选择是手动还是自动播放幻灯片。

（1）选择"手动"单选项。这种方式在播放演示文稿时要手动单击鼠标或拨动鼠标滚轮或敲击键盘的方式来进行幻灯片的切换。

（2）选择"如果存在排练时间，则使用它"单选项。播放演示文稿时可自动进行幻灯片的切换。但是先要使用 PowerPoint 2010 中的"排练计时"功能来排练每张幻灯片的切换时间，在自动播放时会按照排练好的时间间隔进行。

1）定位到第一张幻灯片，在"幻灯片放映"选项卡"设置"组中，单击"排练计时"按钮，如图 6—61 所示。

图 6—61　单击"排练计时"按钮

2）进入幻灯片放映模式，并在左上角弹出"录制"对话框，如图 6—62 所示。

3）此时演讲者可对要讲述的内容进行排练，以确定当前幻灯片的放映时间。接下来手动切换到下一张

图 6—62　"录制"对话框

幻灯片，可看到"录制"对话框中间的时间重新开始计时，而右侧演示文稿总放映时间将继续计时，此时演讲者对下一张幻灯片的放映时间排练计时，直至完成整个演示文稿的排练计时。

4）当演示文稿排练结束时，弹出"Microsoft PowerPoint"对话框，如图 6—63 所示。单击"是"按钮，将保存排练时间，以后按排练时间播放演示文稿时，每张幻灯片的放映时间将会与设置的一样，如果想放弃排练结果，可单击"否"按钮。

图 6—63　排练计时结束时弹出的对话框

5)操作完成后,将自动切换到"幻灯片浏览"视图下,在每张幻灯片左下角将显示其放映时间,如图6—64所示。

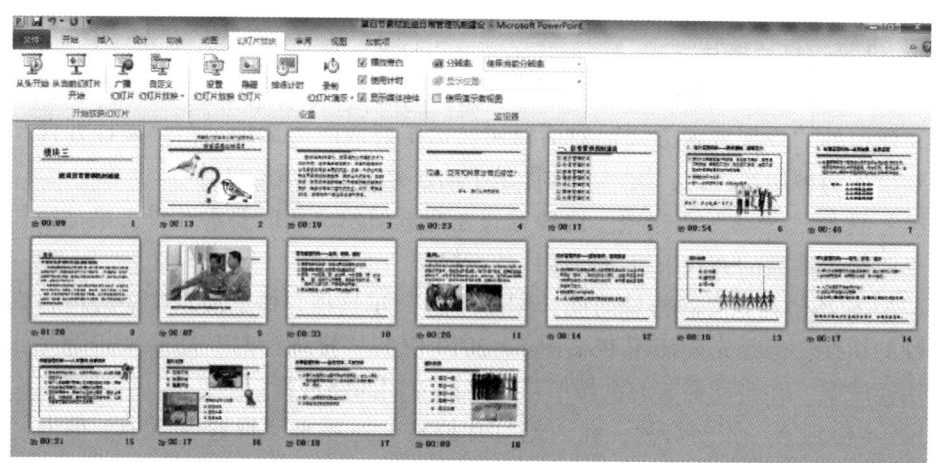

图6—64 "幻灯片浏览"视图

二、幻灯片放映选项

1. 设置幻灯片放映选项

对于上述的每一种放映类型,还可以设置幻灯片的放映选项。选择要放映的幻灯片,在上述弹出的"设置放映方式"对话框中选定好放映类型后,可继续设置"放映选项"的组中的内容,如图6—65所示。

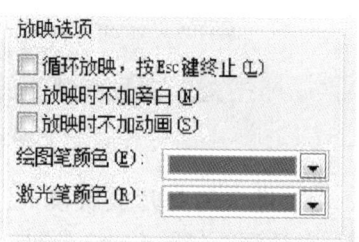

图6—65 "设置放映方式"对话框"放映选项"组

(1)"循环放映,按<Esc>键终止"复选框。勾选该复选框,表示在放映幻灯片时循环播放,即最后一张幻灯片放映结束后,会自动返回到第一张幻灯片继续放映。要结束放映,可按键盘上的<Esc>键。

(2)"放映时不加旁白"复选框。勾选该复选框,表示在放映幻灯片时不播放已录制好的旁白。

(3)"放映时不加动画"复选框。勾选该复选框,表示在放映幻灯片时去掉为幻灯片中的对象设置好的动画效果。

(4)"绘图笔颜色"下拉列表框。为幻灯片设置绘图笔的颜色,默认为红色。只有在"演讲者放映"方式下放映幻灯片时,可用绘图笔边演示边书写或加上重点标记等。

(5)"激光笔颜色"下拉列表框。Microsoft PowerPoint 2010新增了激光笔的功能,在播放幻灯片时如果想要强调要点时,可将鼠标指针变为激光笔。方法是按下<Ctrl>键的同时单击鼠标左键,指针即可变为激光笔状态。下拉列表框中可设置激光笔的颜色,默认为红色。

2. 放映幻灯片

演讲者在播放演示文稿时，如果并不需要播放演示文稿中的所有幻灯片，可根据场合、观众的不同来选择放映适当的幻灯片。首先，选择要放映的演示文稿，在"幻灯片放映"选项卡"开始放映幻灯片"组中进行不同的选择，如图6—66所示。

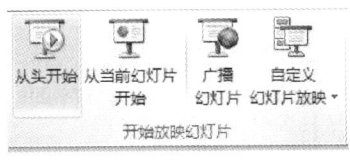

图6—66 "开始放映幻灯片"组

（1）从头开始。单击"从头开始"按钮（或按下键盘上的<F5>键），则从第1张幻灯片开始放映整个演示文稿。

（2）从当前幻灯片开始。单击"从当前幻灯片开始"按钮（或按下键盘上的<Shift+F5>键），则从当前显示的幻灯片页面开始放映整个演示文稿。

（3）广播幻灯片。这是PowerPoint 2010新增的一项功能，用户可以将制作好的演示文稿共享到互联网上，这样远程查看者可以通过浏览器观看到幻灯片的放映，包括观看到演讲者控制幻灯片的切换和放映的进度。

（4）自定义幻灯片放映。这种方式则按照演讲者设置好的自定义方式放映演示文稿。"自定义幻灯片放映"是演讲者根据放映的实际情况选择现有演示文稿中的相关幻灯片组成一个新的演示文稿放映给观众。设置自定义放映的方法是：

1）单击"自定义幻灯片放映"按钮，弹出"自定义放映"对话框，如图6—67所示。

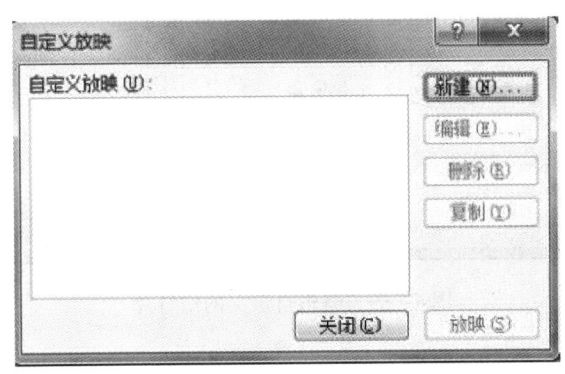

图6—67 "自定义放映"对话框

2）单击该对话框中的"新建"按钮，弹出"定义自定义放映"对话框，为自定义放映的幻灯片起个名字，例如"培训学员课件"，如图6—68所示。

3）在左栏中选中要放映的幻灯片（可多选）则激活"添加"按钮，单击"添加"把选中的幻灯片加入到右栏，在右栏中选中某张幻灯片，还可通过右侧的上下箭头调整放映顺序。编辑完成后，单击"确定"按钮，如图6—69所示。

4）这时"培训学员课件"加到"自定义放映"对话框中，可以对其进行编辑、删除、复制等操作。单击"放映"按钮即可立即放映，如图6—70所示。

5）单击"关闭"按钮，则关闭对话框。放映幻灯片时单击"自定义幻灯片放映"按钮，可单击选择"培训学员课件"来进行放映，如图6—71所示。

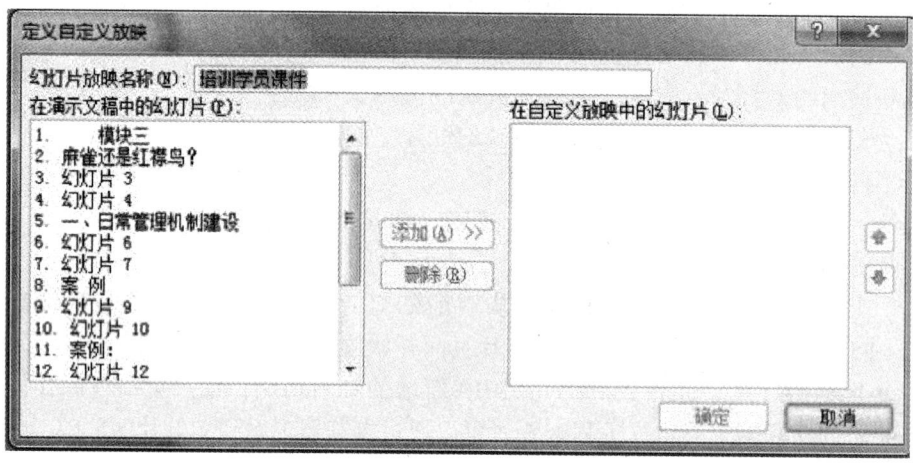

图 6—68 "定义自定义放映"对话框

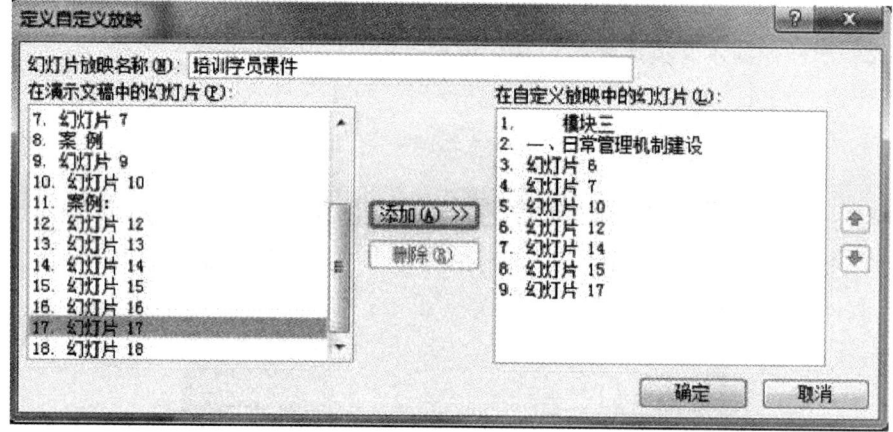

图 6—69 编辑自定义的幻灯片

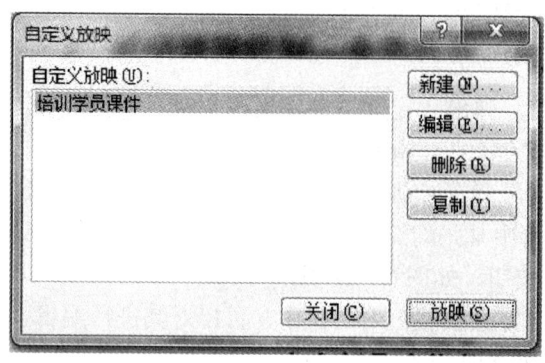

图 6—70 单击"放映"立即放映

图 6—71 放映自定义的幻灯片

第五节　幻灯片打印及动画设置

→ 能够设置幻灯片打印形式
→ 能够设置幻灯片的打印颜色
→ 能够设置幻灯片打印页面
→ 能够设置打印机
→ 能够设置自定义动画

一、幻灯片打印设置

制作好演示文稿后，有时需要将幻灯片打印出来，PowerPoint 2010 提供了多种灵活的打印方案，用户可根据需要进行设置并选择。

1. 幻灯片打印形式

幻灯片打印内容的形式共有四种，分别是幻灯片、讲义、备注页和大纲视图。

（1）幻灯片。以整页幻灯片形式打印演示文稿。

（2）讲义。以讲义形式打印演示文稿，可选择一页有 1 张、2 张、3 张、4 张、6 张或 9 张幻灯片，如选择每页 3 张幻灯片的讲义则留有备注行。

（3）备注页。以备注页形式打印演示文稿，事先创建好的备注页显示幻灯片的图像以及幻灯片附带的备注。

（4）大纲视图。以大纲视图的形式打印演示文稿，大纲视图是由每张幻灯片中的标题和主要文本组成，以方便获取演示文稿的信息。

2. 幻灯片打印的页面设置

打印演示文稿时，可以调整幻灯片的大小以适合不同的纸张大小（包括信纸和分类纸张等），也可以指定自定义纸张的大小。

（1）在"设计"选项卡的"页面设置"组中，单击"页面设置"，弹出"页面设置"对话框，如图 6—72 所示。

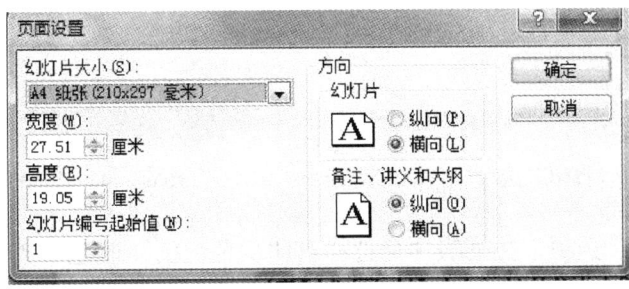

图 6—72　"页面设置"对话框

（2）在该对话框"幻灯片大小"列表中，单击选择要打印的纸张的大小，如选择 A4 纸张。

(3) 如果单击选择"自定义",则在"宽度"和"高度"框中键入或选择所需的尺寸,单位为厘米。

(4) 要为幻灯片设置页面方向,可在"方向"下的"幻灯片"下,单击选择"纵向"或"横向"。

(5) 在"幻灯片编号起始值"框中,输入要在第一张幻灯片或讲义上打印的编号,随后的幻灯片编号会在此编号上递增。

3. 设置打印选项

(1) 单击"文件"选项卡中的"打印"选项,如图6—73所示。

(2) 在"打印"下的"份数"框内可输入要打印的份数。

(3) 在"打印机"下拉列表中,选择要使用的打印设备。如果要以彩色打印,请务必选择彩色打印机。

(4) 在"设置"组中,可设置打印范围、版式、颜色等。

1) 可选择打印全部幻灯片或是幻灯片的某一部分。若要按编号打印特定的幻灯片,可选择"自定义范围"选项,并在框内输入幻灯片编号或范围,编号间用逗号隔开,如图6—73所示。

2) 选择幻灯片的打印形式,单击"整页幻灯片",弹出"打印版式"菜单,从中可选择"整页幻灯片""备注页"或"大纲",若要以"讲义"形式打印,可单击"讲义"下选择每页放置的幻灯片数量以及水平或垂直的放置方式,如图6—74所示。

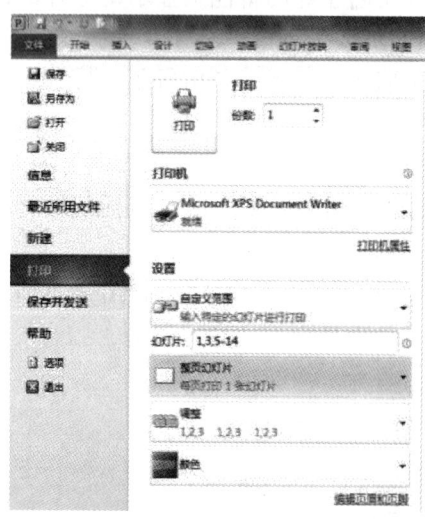

图6—73 "打印"选项

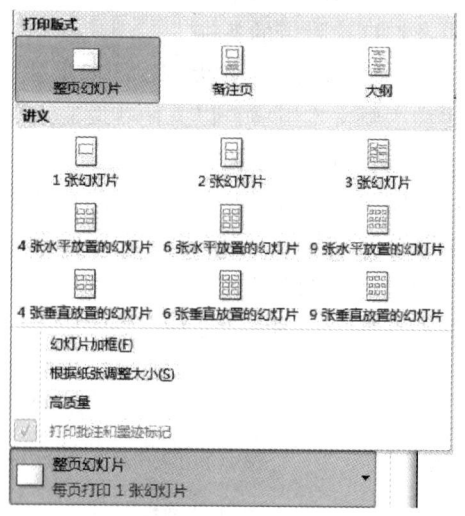

图6—74 选择打印形式

3) 在"颜色"选项下拉列表中可选择打印颜色,按"颜色""灰度"或"纯黑白"进行打印。

① "颜色"选项。如果在彩色打印机上打印,选择此选项将以彩色打印。

② "灰度"选项。此选项打印的图像包含介于黑色和白色之间的各种灰色色调。

③ "纯黑白"选项。选择此选项将打印不带灰填充色的色调。

完成各项设置后可在右侧界面中预览打印效果。

（5）单击"打印"按钮，即可按照设置好的内容完成演示文稿的打印。

二、幻灯片动画设置

动画是增强演示文稿交互性、形象性和生动性的重要手段，适当地增加动画设置，可大大提升演示文稿的感染力。

1. 动画效果的种类

PowerPoint 2010 的动画效果一般分为四类：进入效果、强调效果、退出效果和动作路径动画效果。其中进入效果在播放时是由"不可见"到"可见"的；相对应的，退出效果在播放时是由"可见"到"不可见"的；强调效果和动作路径动画效果在播放时则始终处于"可见"状态。

2. 设置动画效果

用户可以为演示文稿中的特定项目（如文本、图片、图表等对象）设置动画效果，也可将该动画效果应用于幻灯片的所有项目，对于单个项目也可以设置多个动画。为了达到最佳的放映效果，需要对各个项目的动画设置进行精心设计和巧妙组合。设置动画效果的操作步骤如下：

（1）为文本添加动画效果

1）打开要添加动画的幻灯片，如果要为文本对象添加动画效果，可选中该文本，在"动画"选项卡的"高级动画"组中，单击"添加动画"按钮，如图 6—75 所示。

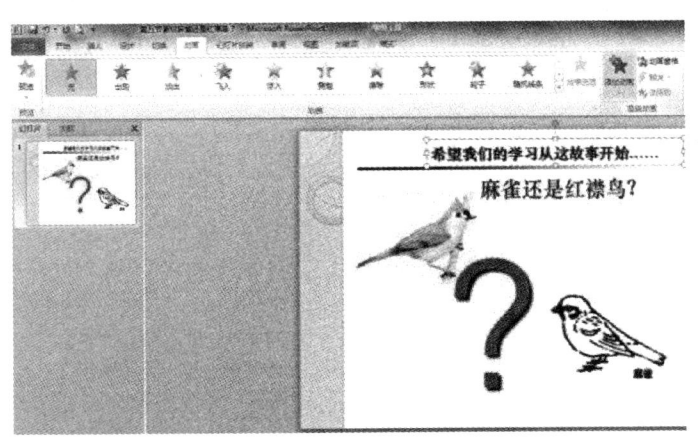

图 6—75　"动画"选项卡"高级动画"组"添加动画"按钮

2）在弹出的下拉菜单中，单击"进入"效果中的"飞入"选项，这时动画任务窗格中出现了序号为"1"的任务序列，如图 6—76 所示。

3）设置其他效果选项。单击"动画"组的"效果选项"，选择方向为"自左侧"飞入，在"计时"组的"开始"中选择"单击时"，在"持续时间"中输入动画播放的时间（如 0.5 秒），在"延迟"中输入动画延迟的时间（如 0 秒），如图 6—77 所示。

4）在"预览"组中勾选"自动预览"选项，则设置后可以在幻灯片视图中立刻观察到动画效果。

图 6—76　为文本添加"飞入"效果

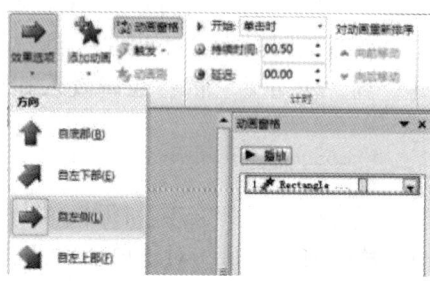

图 6—77　设置其他效果选项

（2）为图片添加自定义动画

1）在幻灯片中选中要添加动画效果的图片，单击"添加动画"按钮，在弹出的下拉菜单中选择"更多进入效果"，如图 6—78 所示。

2）弹出"添加进入效果"对话框，选择想要设置的效果，例如选择"温和型"中的"翻转式由远及近"，单击"确定"按钮，如图 6—79 所示。这时动画任务窗格中出现了序号为"2"的任务序列，并可观察到动画效果。

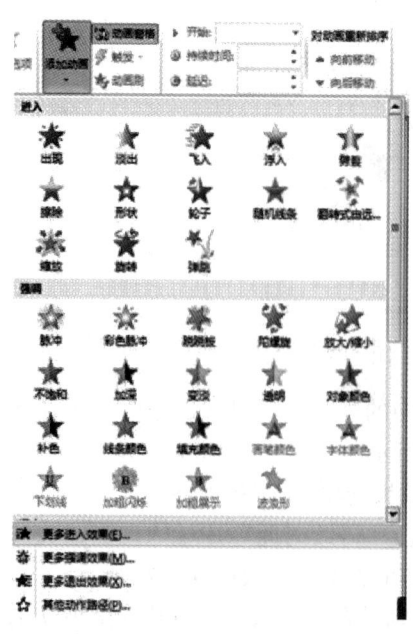

图 6—78　单击"更多进入效果"

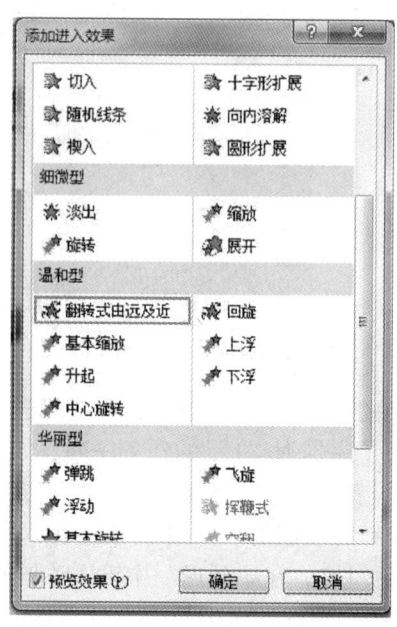

图 6—79　选择"温和型→翻转式由远及近"选项

（3）使用"动画刷"复制动画效果。"动画刷"是 PowerPoint 2010 的新增的一个功能，类似于 Word 文档中的"格式刷"，利用这个工具可快速地将动画效果复制到其他对象上，而且还可以在不同页的幻灯片间或不同的 PowerPoint 文档间实现复制。

1）在幻灯片中单击已设置好动画效果的源图片，单击"高级动画"组中的"动画刷"按钮，这时鼠标指针图案的右侧多了个刷子的图案，如图 6—80 所示。

图 6—80 单击"动画刷"按钮

2）将鼠标指针移向目标图片，并单击目标图片，该图片将拥有和源图片完全相同的动画效果，动画任务窗格中也将出现新的任务序列。

3）复制动画效果时如果双击"动画刷"按钮，则可以将同一动画效果复制到演示文稿的多个对象上。

（4）为对象设置"动作路径"动画效果

1）选择要添加动作路径效果的文本或对象，单击"添加动画"按钮，在弹出的下拉菜单中选择"其他动作路径"。

2）弹出"添加动作路径"对话框，选择自己喜欢的路径效果，如图 6—81 所示。这时幻灯片中会出现以虚线所显示的路径轨迹，通过拖动白色控制点和绿色控制点还可以进行放缩和旋转，以达到更加满意的路径效果，如图 6—82 所示。

3）如果想要为对象添加更为灵活的"自定义路径"，需要单击"添加动画"按钮，在"动作路径"下单击"自定义路径"选项，如图 6—83 所示。

4）这时幻灯片视图中的鼠标变为"十"字形，按下鼠标左键拖动鼠标指针绘制想要的运行轨迹，双击停止作画，如图 6—84 所示。

（5）播放动画效果。幻灯片的动画效果设置完成后，可单击"动画窗格"上方的"播放"按钮观看该页幻灯片的播放效果，也可单击"幻灯片放映"按钮观看整个演示文稿。

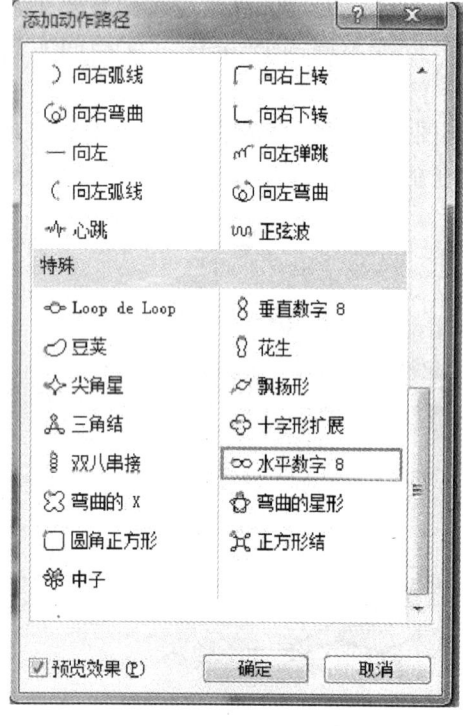

图 6—81 "添加动作路径"对话框

图 6—82 动作路径轨迹

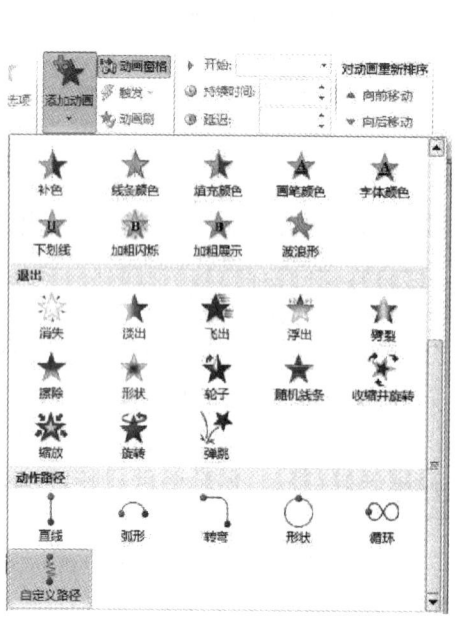

图 6—83 选择"动作路径→自定义路径"选项

图 6—84 绘制动作路径

单元考核要点

考核类型	考核范围	考核点
理论知识	幻灯片模板制作和版式设计	幻灯片主题样式及应用
		幻灯片切换效果及应用
	幻灯片效果处理	幻灯片版式及应用
		幻灯片色彩应用特点
		幻灯片形状填充与背景处理操作要点
		幻灯片背景音乐设置操作要点
	幻灯片按钮、图形图像应用及效果处理	动作按钮种类及用途
		设置动作按钮操作要点
		图形图像效果处理操作要点
	幻灯片放映设置	幻灯片放映类型
		设置幻灯片放映类型及换片方式操作要点
		设置幻灯片放映选项操作要点
	幻灯片打印及动画设置	幻灯片打印形式种类
		幻灯片打印颜色种类
		幻灯片打印时设置打印机操作要点
		设置动画效果操作要点
操作技能	幻灯片模板制作和版式设计	应用主题创建模板
		设置主题颜色、主题字体和主题效果
		幻灯片间添加切换效果
		添加切换声音和改变切换速度
	幻灯片效果处理	应用标准版式创建演示文稿
		设置幻灯片背景样式
		幻灯片中插入和设置背景音乐
	幻灯片按钮、图形图像应用及效果处理	幻灯片中插入动作按钮及设置其格式
		幻灯片中插入图形图像及效果处理
	幻灯片放映设置	设置幻灯片换片方式
		设置幻灯片放映选项
	幻灯片打印及动画设置	设置幻灯片打印形式与颜色
		设置打印机选项
		设置动画效果

单元测试题

一、单项选择题（下列每题有4个选项，其中只有一个是正确的，请将正确答案的代号填在括号内）

1. PowerPoint 是 Office 中的一个（　　）软件。
   A. 文字处理　　　　　　　　B. 表格处理
   C. 图形处理　　　　　　　　D. 文稿演示

2. PowerPoint 2010 默认其文件的扩展名为（　　）。
   A. pps　　　B. ppt　　　C. pptx　　　D. ppn

3. 幻灯片的主题不包括（　　）。
   A. 主题字体　　　　　　　　B. 主题颜色
   C. 主题动画　　　　　　　　D. 主题效果

4. 在空白幻灯片中不可以直接插入（　　）。
   A. 文本框　　B. 文字　　C. 艺术字　　D. Word 表格

5. 幻灯片中占位符的作用是（　　）。
   A. 表示文本长度　　　　　　B. 限制插入对象的数量
   C. 表示图形大小　　　　　　D. 为文本、图形预留位置

6. 幻灯片中插入艺术字，需要单击"插入"选项卡，在功能区的（　　）组中，单击"艺术字"按钮。
   A. "文本"　　B. "表格"　　C. "图像"　　D. "插图"

7. 下列不属于"插图"选项卡的是（　　）
   A. 形状　　B. 剪贴画　　C. 图表　　D. SmartArt

8. SmartArt 不包含下面的（　　）。
   A. 图表　　B. 流程图　　C. 循环图　　D. 层次结构图

9. 在演示文稿中，插入超级链接中所链接的目标，不能是（　　）。
   A. 另一个演示文稿　　　　　B. 同一演示文稿的某一张幻灯片
   C. 其他应用程序的文档　　　D. 幻灯片中的某个对象

10. 幻灯片母版是模板的一部分，它存储的信息不包括（　　）。
    A. 文本内容　　　　　　　　B. 颜色主题、效果和动画
    C. 文本和对象占位符的大小　D. 文本和对象在幻灯片上的放置位置

11. 演示文稿外观可以通过（　　）。
    A. 修改主题　　　　　　　　B. 修改母版
    C. 修改背景样式　　　　　　D. 以上三种都可以

12. PowerPoint 的"切换"选项卡中，允许的设置是（　　）。
    A. 设置幻灯片切换时的视觉效果、听觉效果和定时效果
    B. 只能设置幻灯片切换时的听觉效果

C. 只能设置幻灯片切换时的视觉效果

D. 只能设置幻灯片切换时的定时效果

13. 在幻灯片放映过程中，单击鼠标右键弹出的控制幻灯片放映的菜单中包含下面的（　　）。

　　A. 上一张：跳至当前幻灯片的前一页

　　B. 定位至幻灯片：跳转至演示文稿的任意页

　　C. 指针选项：可以在放映时，给幻灯片添加标注

　　D. 以上三项全部包括

14. 为了精确控制幻灯片的放映时间，一般使用的操作是（　　）。

　　A. 设置切换效果　　　　　　B. 设置换页方式

　　C. 排练计时　　　　　　　　D. 设置每隔多少时间换页

15. 打印演示文稿时，如"打印内容"栏中选择"讲义"，则每页打印纸上最多能输出（　　）张幻灯片。

　　A. 2　　　　B. 4　　　　C. 6　　　　D. 9

16. 在 PowerPoint 中，下列不属于放映类型的是（　　）。

　　A. 观众自行浏览　　　　　　B. 演讲者放映

　　C. 在展台浏览　　　　　　　D. 循环放映

17. 在 PowerPoint 中，打印效果可以是颜色、灰度和（　　）。

　　A. 黑白　　　B. 纯黑白　　　C. 彩色　　　D. 深色

18. 在 PowerPoint 中，为幻灯片背景格式进行填充时，不包括（　　）。

　　A. 纹理　　　B. 渐变　　　　C. 阴影　　　D. 纯色

19. 给演示文稿中所有的幻灯片添加同样的文本可以在（　　）中完成。

　　A. 普通视图　　　　　　　　B. 幻灯片放映视图

　　C. 母版视图　　　　　　　　D. 幻灯片浏览视图

20. 在演示文稿的放映中要实现幻灯片的跳转，要进行的操作是（　　）。

　　A. 幻灯片切换　　　　　　　B. 添加动画

　　C. 添加动作按钮　　　　　　D. 以上三种都不正确

21. 在 PowerPoint 中执行了插入新幻灯片的操作，被插入的幻灯片将出现在（　　）。

　　A. 当前幻灯片之前　　　　　B. 当前幻灯片之后

　　C. 最前　　　　　　　　　　D. 最后

22. 在 PowerPoint 中，不属于文本占位符的是（　　）。

　　A. 标题　　　B. 副标题　　　C. 图表　　　D. 普通文本框

23. 演示文稿中的每一张演示的单页称为（　　），它是演示文稿的核心。

　　A. 版式　　　B. 母版　　　　C. 模板　　　D. 幻灯片

24. 在 PowerPoint 中选定一个自选图形，打开"格式"选项卡，不能改变图形的（　　）。

　　A. 旋转角度　　B. 大小尺寸　　C. 内部颜色　　D. 形状

25. 在幻灯片中插入图形时按下（　　）键时，图形为正方形。

A. <Shift>　　　B. <Ctrl>　　　C. <Delete>　　　D. <Alt>

26. 选择不连续的多张幻灯片，可借助于（　　）键。

A. <Shift>　　　B. <Ctrl>　　　C. <Tab>　　　D. <Alt>

27. 在 PowerPoint 中，可以链接的有（　　）。

A. 本文档中的幻灯片　　　B. 外部文档（Word、Excel、PPT 等）
C. 网站、Email 地址　　　D. 以上均可

28. 进行演示文稿打印时，打印内容不可以是（　　）。

A. 幻灯片　　　B. 讲义　　　C. 母版　　　D. 备注

29. 演示文稿模板是（　　）。

A. 只应用于一张幻灯片
B. 只是用来改变幻灯片的背景
C. 是一组格式，能一次应用于整个演示文稿
D. 以上均是

30. 幻灯片浏览视图下不能（　　）。

A. 复制幻灯片　　　B. 改变幻灯片位置
C. 修改幻灯片内容　　　D. 隐藏幻灯片

31. 以下可以添加文字的对象是（　　）。

A. 图形　　　B. 剪贴画　　　C. 外部图片　　　D. 以上均可

32. 幻灯片母版可以实现的是（　　）。

A. 统一改变字体设置　　　B. 统一添加相同的对象
C. 统一修改项目符号　　　D. 以上均可

33. 插入一张新幻灯片，快捷方式是（　　）。

A. <Ctrl + A>　　　B. <Shift + N>　　　C. <Ctrl + M>　　　D. <Ctrl + N>

34. 创建一套新的演示文稿，快捷方式是（　　）。

A. <Ctrl + A>　　　B. <Shift + N>　　　C. <Ctrl + M>　　　D. <Ctrl + N>

35. 设置动画效果不包含设置（　　）。

A. 多媒体动画效果　　　B. 文本动画效果
C. 图表动画效果　　　D. 幻灯片切换效果

36. PowerPoint 中提供了多种（　　），它包含了相应的配色方案、母版和字体样式等，可供用户快速生成风格统一的演示文稿。

A. 版式　　　B. 模板　　　C. 母版　　　D. 幻灯片

37. 在演示文稿放映过程中，可随时按（　　）键终止放映，返回到原来的视图中。

A. <Enter>　　　B. <Esc>　　　C. <Pause>　　　D. <Ctrl>

38. 在 PowerPoint 中，插入幻灯片的操作可以在（　　）下进行。

A. 普通视图　　　B. 幻灯片浏览视图
C. 大纲视图　　　D. 以上均可

39. 改变对象大小时，按下 <Shift> 键时出现的结果是（　　）。

A. 以图形对象的中心为基点进行缩放

B. 按图形对象的比例改变图形的大小

C. 只有图形对象的高度发生变化

D. 只有图形对象的宽度发生变化

40. 想要添加一张新幻灯片,并且要在新幻灯片中插入图片,应选择的版式是( )。

    A. 空白　　　　　　　　　B. 标题和内容

    C. 仅标题　　　　　　　　D. 标题幻灯片

41. 给幻灯片间添加切换效果,应选择功能区的( )选项卡。

    A. "插入"　　B. "设计"　　C. "切换"　　D. "幻灯片放映"

42. 在幻灯片中插入一段背景音乐,需要单击"插入"选项卡,在功能区的( )组中,单击"音频"按钮。

    A. "链接"　　B. "媒体"　　C. "符号"　　D. "图像"

43. 播放幻灯片时激活动作按钮的方式有( )。

    A. 一种　　　B. 两种　　　C. 三种　　　D. 四种

44. 若在幻灯片中插入来自计算机中的图片,应在"插入"选项卡"图像"组中,单击( )按钮。

    A. "剪贴画"　　B. "相册"　　C. "图片"　　D. "屏幕截图"

45. 选中幻灯片中插入的图片,其周围将出现8个白色控制点和1个绿色控制点,拖动白色控制点,可对图片进行( )。

    A. 复制　　　B. 裁剪　　　C. 旋转　　　D. 缩放

二、判断题(下列判断正确的请打"√",错误的请打"×")

1. 幻灯片播放时可以显示占位符。( )
2. 在幻灯片放映时观众也能看到备注内容。( )
3. 可以选择演示文稿中的任何一张幻灯片开始放映。( )
4. 幻灯片中一个对象只能设置一种动画效果。( )
5. 在演示文稿放映过程中,可随时按下<Esc>键终止放映。( )
6. 放映当前幻灯片的快捷键是<Shift + F5>。( )
7. PowerPoint中插入一张新幻灯片的快捷键是<Ctrl + M>。( )
8. 演示文稿中的母版和模板是同一个概念。( )
9. 幻灯片中的动画效果只可以设置进入和退出两种效果。( )
10. 演示文稿中的幻灯片不能自由切换。( )
11. 演示文稿不能使用打印机打印出来。( )
12. 演示文稿中的幻灯片可以互相链接。( )
13. 演示文稿在放映时能对时间进行控制。( )
14. 幻灯片中占位符的作用是为文本、图形预留位置。( )
15. 演示文稿中可以设置幻灯片间的切换效果。( )
16. PowerPoint 2010中的快速访问工具栏位于界面的左上角。( )

17. 快速访问工具栏是 PowerPoint 2010 的一个亮点，该工具栏中包含了多个常用的按钮，可方便操作。 （ ）
18. PowerPoint 2010 中的主题包含主题颜色、主题字体和主题效果。 （ ）
19. PowerPoint 可以很方便地设置幻灯片间切换的速度和声音。 （ ）
20. 演示文稿的放映方式包括演讲者放映和观众自行浏览两种。 （ ）
21. PowerPoint 2010 中，设置幻灯片间切换效果应选择"动画"选项卡。 （ ）
22. 只有当占位符中的光标在其中闪烁时，才可以在其中输入字符、插入图片等。 （ ）
23. PowerPoint 2010 包含了 11 种内置的标准版式，可以很方便地创建演示文稿。 （ ）
24. 在空白幻灯片中不可以直接插入文字。 （ ）
25. 可以通过排练计时精确控制幻灯片的放映时间。 （ ）
26. 以"讲义"形式打印幻灯片，则每页打印纸上最多能输出 6 张幻灯片。 （ ）
27. 打印演示文稿时，打印内容可以是幻灯片、讲义、备注页、大纲视图。 （ ）
28. 为幻灯片进行背景格式填充时，只能是渐变和纯色填充。 （ ）
29. 在演示文稿的放映中可以通过动作按钮实现幻灯片的跳转。 （ ）
30. 在 PowerPoint 中，插入幻灯片的操作可以在普通视图下进行。 （ ）
31. 利用 PowerPoint 2010 中已设置的模板和主题，可以方便、快捷地创建带有效果的演示文稿。 （ ）
32. PowerPoint 2010 可以方便地根据已有的演示文稿创建一个格式相同的演示文稿。 （ ）
33. 演讲者放映方式是演示文稿最常用的一种放映方式。 （ ）
34. 幻灯片放映时用户可选择是手动还是自动播放幻灯片。 （ ）
35. 演讲者可以自行选择演示文稿中的一部分内容自定义放映幻灯片。 （ ）
36. 在 PowerPoint 中，不可以对插入的图片进行效果处理。 （ ）
37. 打印幻灯片或讲义等时常以灰度或纯黑白模式进行。 （ ）
38. PowerPoint 2010 的动画效果一般分为四类，即进入效果、强调效果、退出效果和动作路径动画效果。 （ ）
39. 以讲义形式打印演示文稿，如选择每页 3 张幻灯片的讲义则留有备注行。 （ ）
40. 在 PowerPoint 中，可对普通文字进行三维效果设置。 （ ）
41. 幻灯片中段落缩进分为首行缩进和悬挂缩进两种。 （ ）
42. PowerPoint 2010 中，可利用绘图工具给绘制的图形中加入文字。 （ ）
43. PowerPoint 2010 中，将一张幻灯片中全部内容选定的快捷键是 < Ctrl + A > 键。 （ ）
44. 幻灯片不可以链接到外部文档。 （ ）

三、技能题

第一题　在 PowerPoint 2010 中可以插入的对象有很多，自制一个演示文稿并在其中插入一段文字、一个表格、一个超级链接、一个 SmartArt 图形。

第二题　给在第一题中创建的演示文稿添加幻灯片切换效果并为每个对象设置动画效果。

单元测试题答案

一、单项选择题

1. D	2. C	3. C	4. B	5. D	6. A	7. B	8. A
9. D	10. C	11. D	12. A	13. D	14. C	15. D	16. D
17. B	18. C	19. C	20. C	21. B	22. C	23. D	24. D
25. A	26. B	27. D	28. C	29. C	30. C	31. A	32. D
33. C	34. D	35. D	36. B	37. B	38. D	39. B	40. A
41. C	42. B	43. B	44. C	45. D			

二、判断题

1. ×	2. ×	3. √	4. ×	5. √	6. √	7. √	8. ×
9. ×	10. ×	11. ×	12. √	13. √	14. √	15. √	16. √
17. √	18. √	19. √	20. ×	21. ×	22. √	23. √	24. √
25. √	26. ×	27. √	28. ×	29. √	30. √	31. √	32. √
33. √	34. √	35. √	36. ×	37. √	38. √	39. √	40. √
41. √	42. √	43. √	44. ×				

三、技能题

答案略。

第7单元

网络登录与信息浏览

□ 第一节 上传与下载/274
□ 第二节 浏览器的使用/289

第一节 上传与下载

➔ 能够使用常用下载工具
➔ 能够使用 FTP 上传工具

一、文件下载

下载是指将网络上其他计算机上的信息复制到本地计算机上的过程。需要将网络上的信息下载到自己的计算机上，原因有以下两点：第一是有些信息资源需要反复使用，第二是有些软件必须下载到自己的计算机上才能安装运行。

1. 常用的网络下载方式

常用的网络下载方式有下面几种：

（1）使用浏览器直接下载。不使用任何第三方软件，直接在浏览器中单击网页上的下载链接，浏览器会自动启动下载。这是最简单和最原始的下载方式。缺点是下载速度慢，而且可能不支持断点续传，一旦下载中断就要从头开始下载。下面以使用浏览器下载"风景壁纸"的实例来说明其用法。

1）打开百度的主页 www.baidu.com，单击"图片"选项卡，在文本输入框内输入"风景壁纸"，单击"百度一下"打开如图 7—1 所示的页面。

2）单击页面左边的类别分类框，选择"风景"组里"山水"，打开山水组风景壁纸，单击选择第二张图，即打开第二张图的显示页面。单击"下载"按钮，打开如图 7—2 所示的"文件下载"对话框，点击"保存"按钮，弹出"另存为"对话框，选择合适的名字和存储位置后单击"保存"，即可下载该图片。

（2）FTP 下载。FTP 是 File Transportation Protocol（文件传输协议）的缩写，可以说是一种"最古老"的下载方式，只要两台计算机使用相同的协议通信，就可以用 FTP 来传送文件。目前，可以通过浏览器访问 FTP 服务器，也可以选择功能更为强大、使用更为方便的 FTP 下载软件，它们包括 CuteFTP、LeapFTP、FlashFXP 等。使用 FTP 下载需要在 FTP 工具站点信息栏中正确填写 FTP 服务器的 IP 地址信息、用户名、密码和端口信息，把本地计算机与 FTP 服务器连接成功，即可从远端站点文件夹列表中下载文件。

FTP 是网络上用来传送文件的协议（文件传输协议）的英文简称，而中文为"文件协议"，它是为了能够在因特网上互相传送文件而制定的文件传送标准，简单来说，通过 FTP 协议，用户可以跟网络上的 FTP 服务器进行文件的双向传输，同时，它也是一个应用程序，用户可以通过它把自己的计算机与各地所有运行 FTP 协议的服务器相连，访问服务器上的大量程序和信息。

网络登录与信息浏览

图7—1 搜索"风景壁纸"

单元 7

图7—2 打开浏览器"文件下载"对话框

（3）使用下载工具软件下载。现在网上流行的下载方式主要有 Web（网页）下载、BT（bit torrent，比特流协议）下载、P2SP（Peer to Server&Peer，点对服务器和点）下载三类。三类下载方式都有自己的代表软件。使用这些专业软件下载，不但下载速度大大提升，而且还能够实现多种下载和断点续传，另外还可以对下载文件进行管理。

1）Web 下载。这一类下载软件直接从服务器上下载如电影、音乐、软件等文件。由于目前浏览器都支持 Web 方式的下载，并且支持断点续传等功能，所以，其他 Web 下载软件越来越少用到。

2）BT 下载。常用的软件有 BitTorrent 等，其是基于 P2P 技术的下载，所谓 P2P（也称 PtoP、点对点）是指用户不通过服务器，直接与其他用户建立点对点的连接，从而进行文件交换、共享资源等。简单地说，P2P 直接将人们联系起来，让人们通过因特网直接交互。

BT 的基本原理是，每个人在下载的同时，也在为其他用户提供上传。因为采用了多点对多点的原理，因此"下载的人越多，下载速度越快"。

3）P2SP 下载。这种下载方式实际上是对 P2P 技术的延伸，不但支持 P2P 技术，同时还通过检索数据库把服务器资源和 P2P 资源整合到一起，用户下载某一个文件的时候，会自动搜索其他资源，选择合适的资源进行加速，这使得在下载的稳定性和下载的速度上，比传统的 P2P 有了很大的提高。

2. 常用下载软件的使用

下面以迅雷为例介绍常用下载工具的使用。

迅雷是目前国内最为流行的下载软件之一，迅雷 9 是目前最新的版本，这个版本不但包含下载软件的一般功能，还包括浏览器和在线视频等综合功能。在迅雷的官方网站可以找到迅雷 9 的下载链接（http://xl9.xunlei.com/），下载迅雷，安装后打开，就可以看到如图 7—3 所示的软件主界面，左侧是下载窗格，右侧是浏览器窗格。

图 7—3 迅雷 9 主界面

（1）软件设置。单击迅雷主界面右上角的按钮 ▽，可以看到"设置中心"选项，如图7—4所示。单击"设置中心"选项后即可进入设置界面。

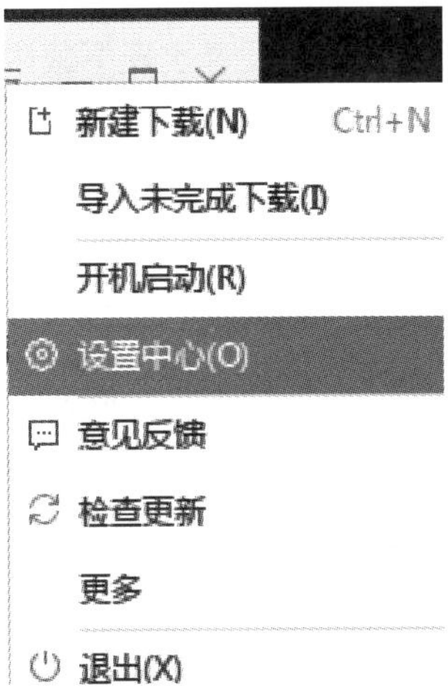

1）基本设置。基本设置中，包含了迅雷9的基础设置，如图7—5所示。建议特别关注的设置如下：

① "启动"设置。下载软件只需要在下载时开启即可，平时并不需要启动，因此，建议关闭"开机时启动迅雷"选项，以减少计算机性能占用。

② "下载目录"设置。在初次安装迅雷后，建议将目录修改为合适的位置，以免将大量下载内容存放在C盘，长期可能导致磁盘空间紧张。

③ "下载模式"设置。迅雷等P2P下载方式，使其具有充分利用网络带宽的能力，但下载时，也可能

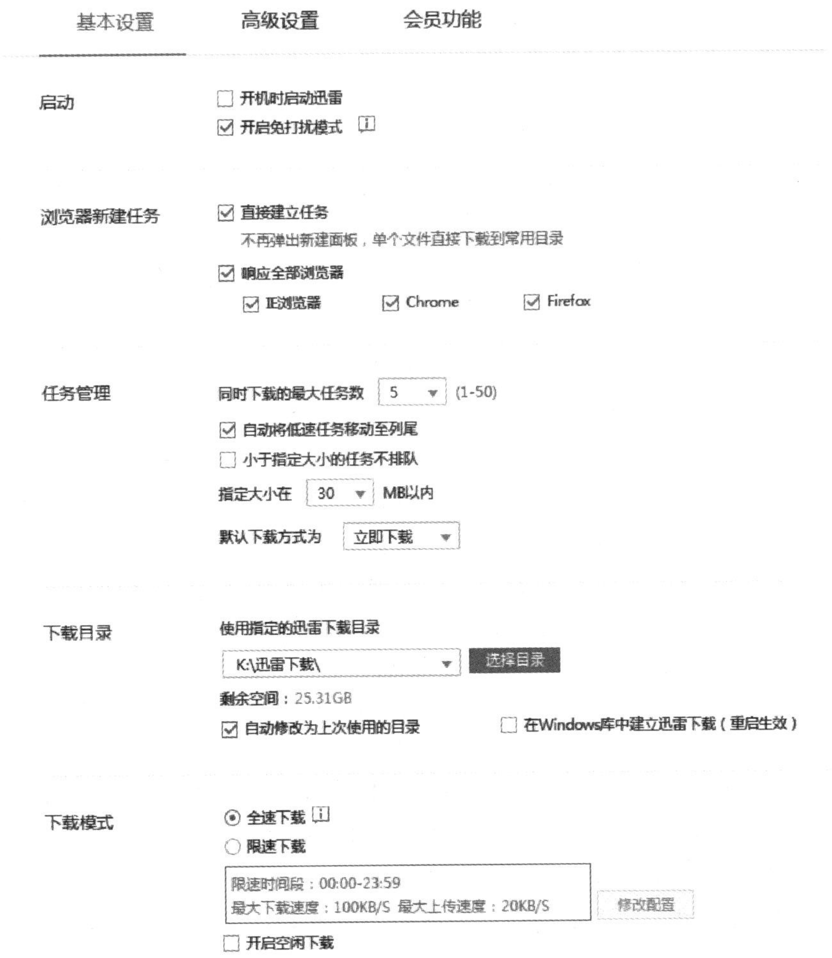

图7—4 迅雷"配置"按钮

图7—5 基本设置

影响其他网络应用或其他共用网络的用户（如家人或同事）的网络使用。可以启用"限速下载"设置实现下载限速来避免下载时占用过多带宽。限速的具体配置，可以通过单击"修改配置"按钮，在"限速下载"对话框中完成设置，如图7—6所示。

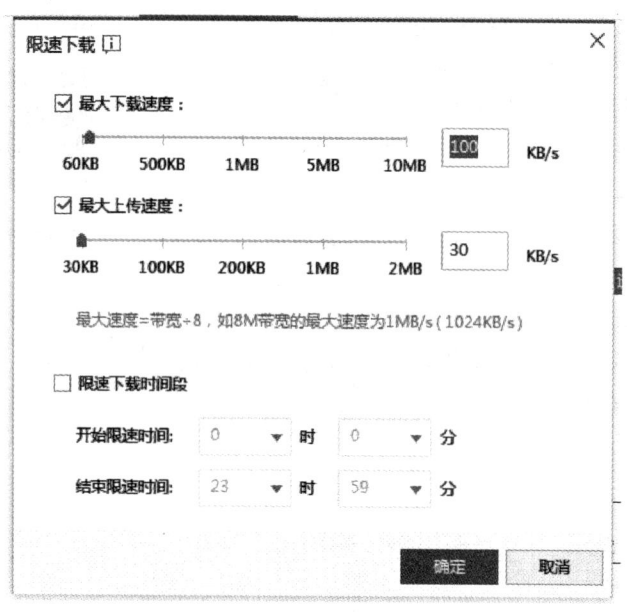

图7—6　"限速下载"对话框

2）高级设置。高级设置中包含了迅雷9的若干高级设置，如图7—7所示。建议特别关注的设置如下：

①"任务设置"中的"原始地址线程数"。互联网上的某些服务器可能对同时发起多个下载链接的用户自动封禁，以缓解下载压力。为了避免给这些服务器带来压力，造成封禁，请确保此选项的数值配置为"1"（即只发起1个连接），除非很清楚对方服务器的限制要求。

②"响应设置"中的"Ctrl+鼠标左键打开连接时不响应"。有时部分网站的交互内容，可能使迅雷误判为下载对象，启动下载任务，影响用户正常访问网页。为避免此情况发生，可将此选项开启，当迅雷误判发生时，可以按住<Ctrl>键重新单击网页内的链接，迅雷就不会响应和启动了，浏览就可以正常进行。

3）会员功能。注册成为迅雷会员，并缴纳会员费，则可以拥有与免费用户不同的特权，包括"高速通道""离线下载"等，这些特权可以让会员拥有更高速、更便捷的下载体验。会员独有的功能设置，在"会员功能"页面完成。

（2）新建下载任务。首先，找到到要下载软件的页面，确定下载链接，然后进行下载。下面以下载QQ为例，介绍新建下载任务的几种方式：

1）直接下载。在浏览的页面，单击下载链接，迅雷会自动发现和响应这个动作，判断链接对象是下载内容，就会自动启动下载，如图7—8所示。这种建立下载任务的方式，自动化程度最高，但需要迅雷监控并正确识别下载链接，因此并非完全可靠，如果迅雷未能自动识别和响应，可以尝试后面的几种方式。

图 7—7 高级设置

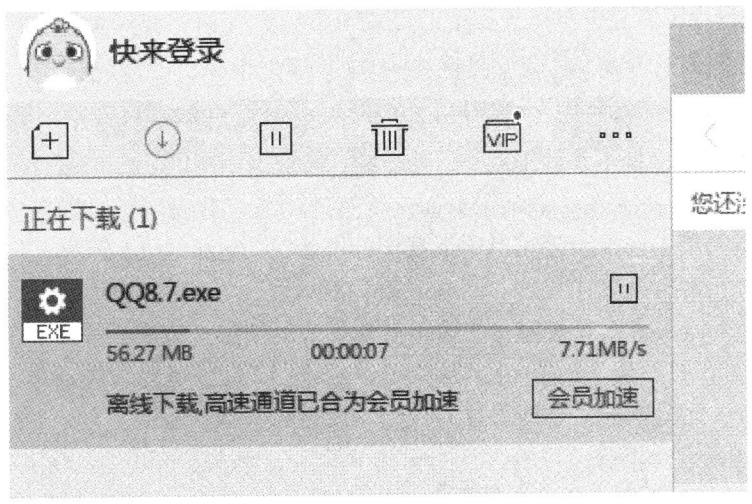

图 7—8 自动启动的下载

2）右键菜单新建下载任务。如果迅雷未自动开启下载，可以尝试右键点击下载链接，在弹出的右键菜单中选择"使用迅雷下载"来开始下载（见图7—9），开启的下载界面，与自动下载相同，如图7—8所示。

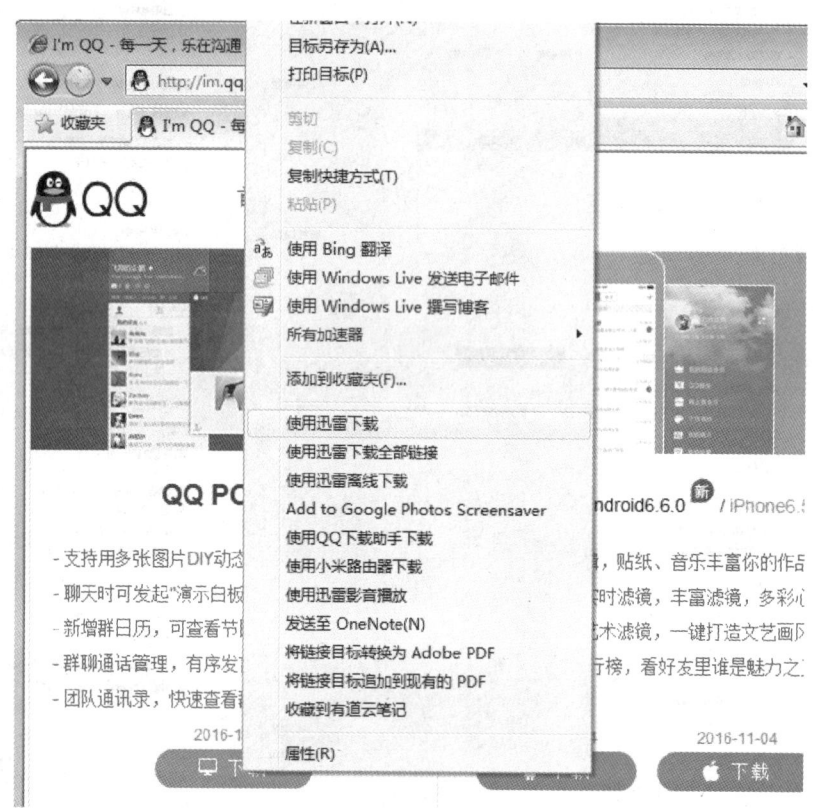

图7—9 右键菜单新建下载任务

3）通过悬浮窗新建任务。拖拽下载链接至下载悬浮窗，在浏览页面内，按住下载链接，并拖入迅雷悬浮窗 内（见图7—10），迅雷将弹出"新建任务"对话框（见图7—11），单击"立即下载"按钮即可开始下载；也可以单击 后，选择"手动下载"建立下载任务，但不开始下载。

4）批量下载。如果要下载某个页面内链接的所有下载内容，可以在页面空白处右击，并在右键菜单中选择"使用迅雷下载全部链接"，如图7—12所示。

迅雷会弹出含有批量任务的"新建下载"对话框，如图7—13所示。

这时可以勾选下载对象按钮，去掉不需要下载的链接。比如，只需要下载可执行类文件，则可以单击"清空"按钮，再单击"exe"按钮，则会勾选所有"exe"文件（见图7—14），此时单击"立即下载"按钮，就可以下载所有的"exe"文件了。

（3）管理任务。下载窗口内，有"正在下载""已完成"和"垃圾箱"三个分类。

1）"正在下载"分类中，包含下载中的任务，可以在这里查看任务进度、属性详情，也可以控制特定任务的开始或结束，或调整任务的顺序，如图7—15所示。

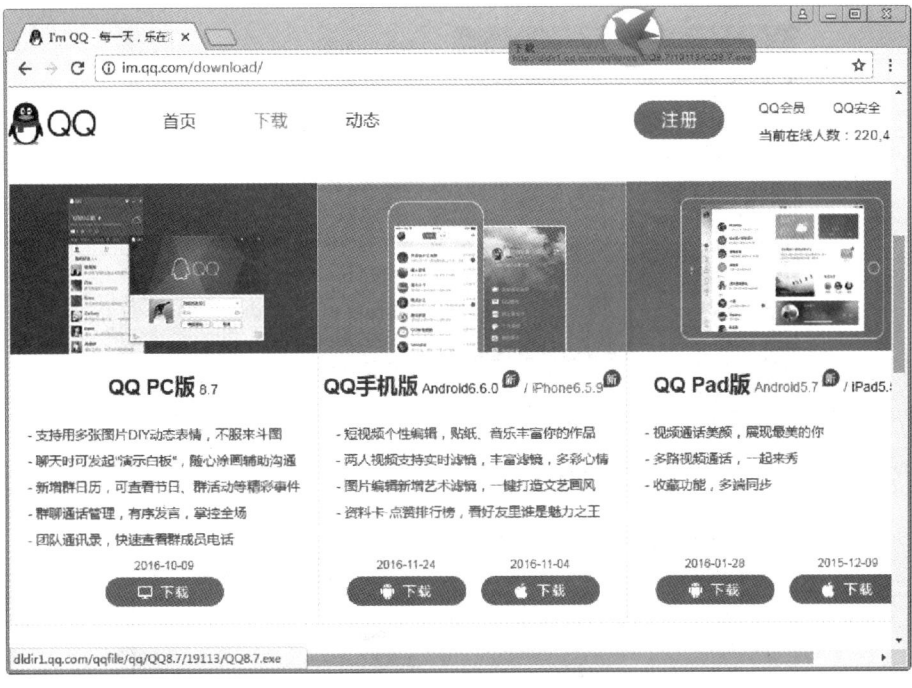

图7—10 拖拽下载链接到悬浮窗

图7—11 "新建任务"对话框

2)"已完成"分类中,包含已完成的任务。可以在这里打开已下载的文件,也可以定位已下载文件所在的文件夹,还可以对有问题的文件进行重新下载,如图7—16所示。

3)"垃圾箱"分类中,包含所有被暂时删除的任务,这些任务可以在这里被还原,或者彻底删除,如图7—17所示。

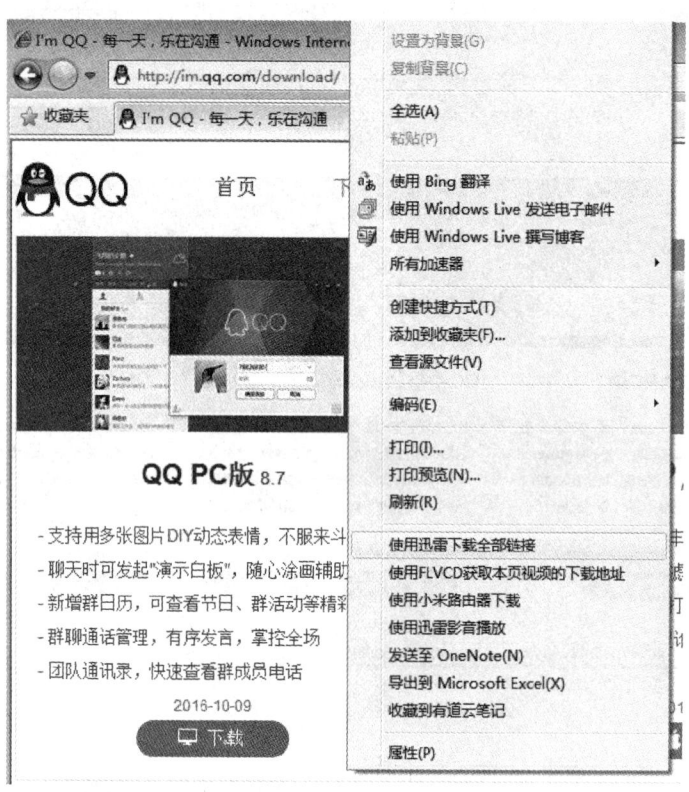

图 7—12 下载全部链接

图 7—13 批量任务下载

图 7—14 选择 exe 类文件

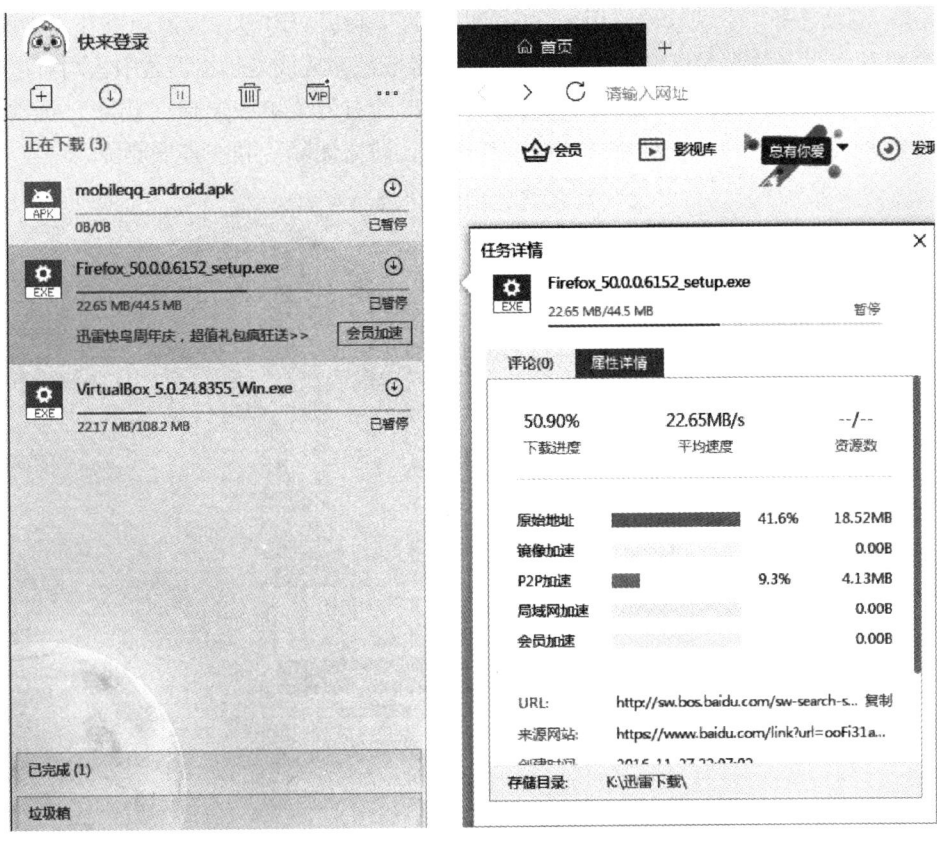

图 7—15 "正在下载"的任务

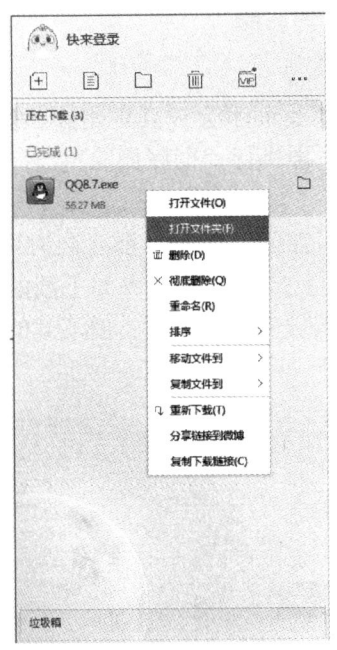

图 7—16 "已完成"的任务

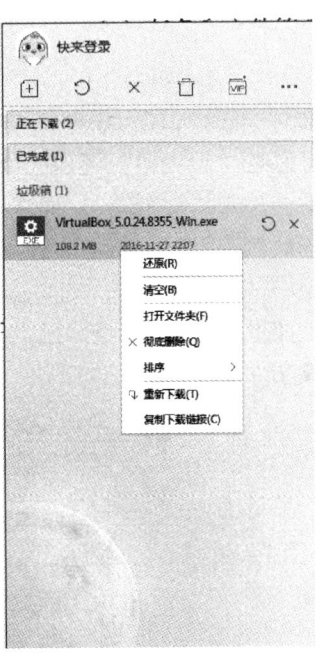

图 7—17 "垃圾箱"

(4)删除任务。下载软件使用中,应及时清理下载后的内容,以避免查找文件困难,或浪费磁盘空间。对于不需要的任务,无论是已经下载完成或是仍在下载中,均可以进行删除,选择要删除的任务,单击鼠标右键,在弹出的右键菜单中选择"删除"选项,即可删除任务(见图7—18)。删除任务有两种选项,即"删除"和"彻底删除"。

图7—18 删除任务

1)选择"删除"后,任务将被移入"垃圾箱",而不会被真正删除。被"删除"的任务,可以在"垃圾箱"还原,或在"垃圾箱"再执行"彻底删除"。"彻底删除"后,任务不会进入"垃圾箱",而将不再存在。

2)选择"删除"时,将弹出"删除"对话框,可以选择是否"同时删除文件"(见图7—19)。执行删除时,如果选择了"同时删除文件",则任务和下载的文件将同时被删除;如果没有选择"同时删除文件",则仅有任务将被删除,而下载的文件仍会保留在下载文件夹内。

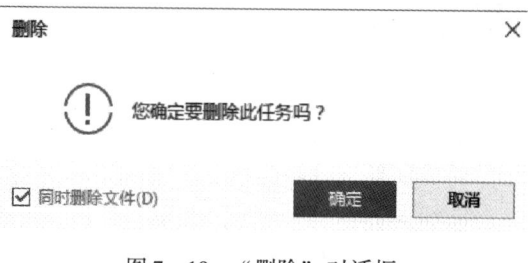

图7—19 "删除"对话框

3. 下载操作注意事项

（1）在网络下载时，要选择正规网站下载，要善于区分鉴别真实下载地址和伪下载地址，不下载地址不明的软件。

（2）针对不同的文件类型选择合适的下载工具，针对不同运营商的宽带用户选择不同的服务器下载。比如所使用的是网通的服务器，就要选网通的服务器地址下载。

（3）如果下载的同时还要进行其他网络操作，可以限制下载的速度和同时进行下载的任务数。

（4）如果不想让上传占用过多的流量，可以限制上传的速度。

二、文件上传

文件上传（Upload）与下载（Download）是相反的过程。当需要把文件发布到网络上的特定网站时，就要用到文件上传的技术。要想把文件上传到网络上，首先在网络上要申请一个存放文件的空间。

1. 常用上传工具使用

下面以 CuteFPT 为例介绍 FTP 工具的使用方法。

（1）CuteFTP 软件的上传功能

1）下载并安装完成 CuteFTP 软件后，双击 CuteFTP 应用程序图标，打开如图7—20所示的 CuteFTP 应用程序主窗口。

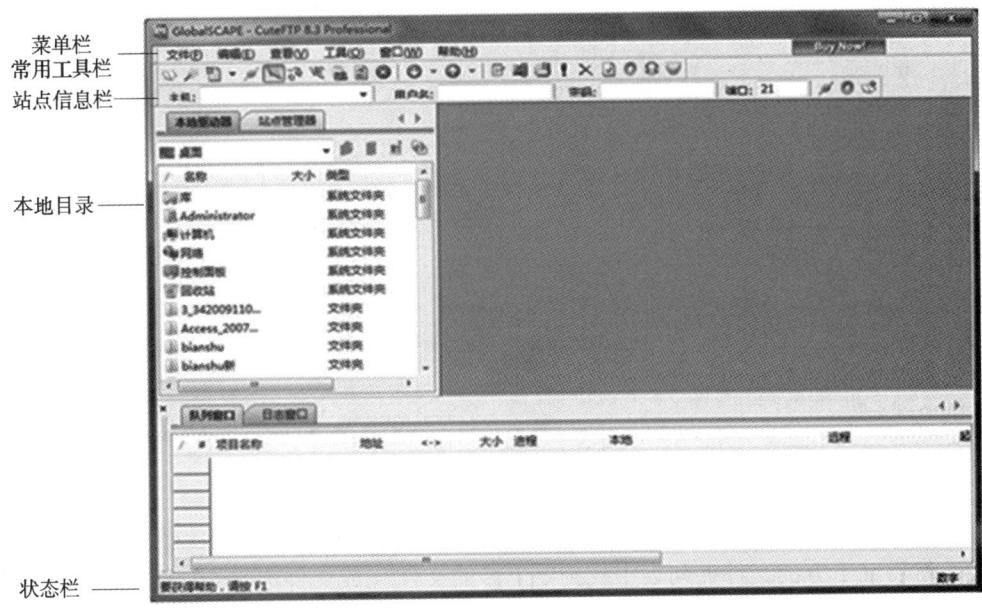

图7—20　FTP 应用程序主窗口

CuteFTP 主窗口主要由以下几个部分组成：

①菜单栏——提供 CuteFTP 的功能。

②常用工具栏——提供常用 CuteFTP 工具。

③站点信息栏——关于 IP 地址、用户名、密码和端口信息。

④状态栏——显示文件传输的状态。

⑤本地目录——显示本地目录状况。

2）在 CuteFTP 的站点信息栏中填写 FTP 服务器的 IP 地址信息、用户名、密码和端口信息，一般端口号默认为"21"，如图 7—21 所示。

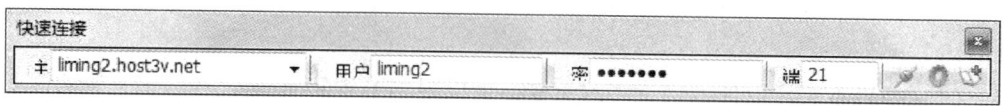

图 7—21　填写站点相关信息

3）然后单击"连接"按钮 ，连接正确的话，会出现如图 7—22 所示的 FTP 服务器站点文件列表。

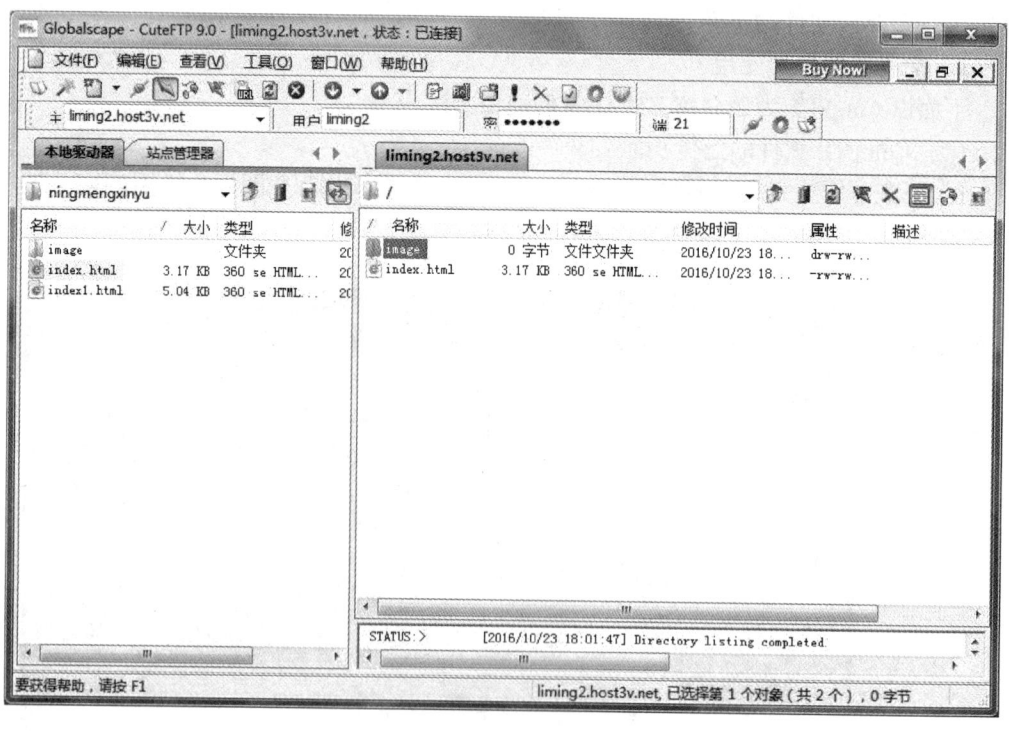

图 7—22　远方站点文件夹

4）在 CuteFTP 主界面左边"本地驱动器"下拉列表中找到需要上传文件所在的驱动器，然后在下方的文件夹列表中找到要上传的文件（或文件夹），在右边的 FTP 服务器站点文件列表框中定位到要上传文件的位置，最后在需要上传的文件（或文件夹）上右键单击，在快捷菜单中选择"上载"命令，即可实现上传操作，如图 7—23 所示。上传成功窗口如图 7—24 所示。

打开自己申请的网站空间，单击主页导航条上"柠檬美文"，即可打开在"柠檬心语"网站上上传上去的"再别康桥"的页面，如图 7—25 所示。

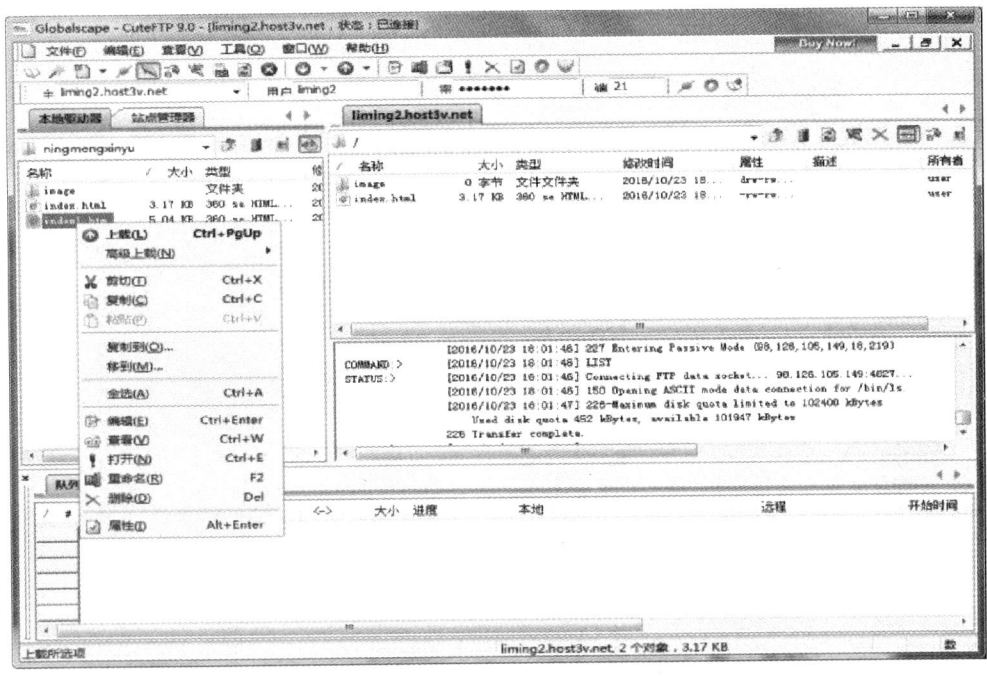

图7—23 上传操作

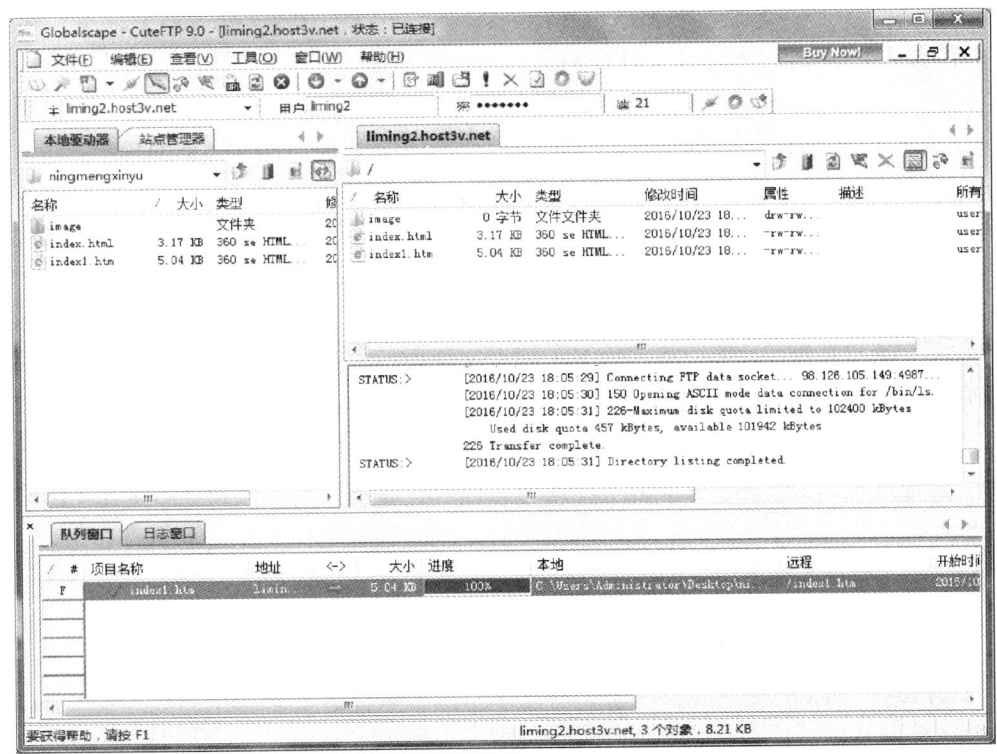

图7—24 上传成功窗口

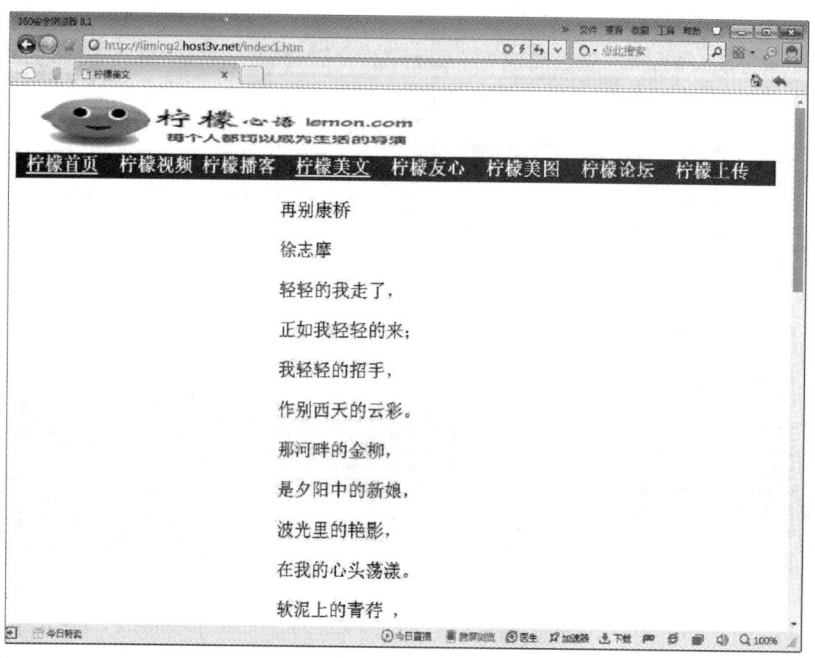

图 7—25　打开网站网页

如果登录的账号有管理员权限，还可以对 FTP 上的文件进行管理，例如删除、重命名等，这时只要在 FTP 服务器站点文件列表框中对 FTP 上的文件（或文件夹）单击鼠标右键，在弹出的快捷菜单中选择相关操作即可。

（2）CuteFTP 软件的下载功能。CuteFTP 不仅可以把本地文件上传到 FTP 服务器站点上，还可以从 FTP 服务器站点上下载文件到本地驱动器，以达到共享的目的。

在 FTP 站点的文件列表中找到并选择需要下载的文件或文件夹，然后在左边本地驱动器目录树中找到下载后的文件需要存放的位置，然后回到右边 FTP 站点文件列表，右键单击需要下载的文件，在弹出的下拉菜单中选择"下载"，即可实现文件从 FTP 站点下载到本地磁盘的功能，如图 7—26 所示。

CuteFTP 支持拖放功能，将右边 FTP 站点文件列表中要下载的文件拖放到左边本地驱动器中的某个位置，即可实现下载。

（3）CuteFTP 软件的退出。利用 CuteFTP 完成上传任务后，需要单击常用工具栏上"断开链接"按钮，或者单击主界面窗口标题栏右上角的关闭按钮，退出 CuteFTP 软件。

2. 上传操作注意事项

（1）要连上 FTP 服务器，必须要有该 FTP 服务器授权的账号，也就是说用户拥有了一个用户标识和一个口令后才能登录 FTP 服务器，享受 FTP 服务器提供的服务。

（2）在向 FTP 服务器上传网页格式的文件时，要把网页中所用到的文档、图片、声音、视频、Flash 动画等素材文件一起上传。否则，在 IE 浏览器中查找相关内容时会显示不成功，反之，下载的时候也是一样。

网络登录与信息浏览

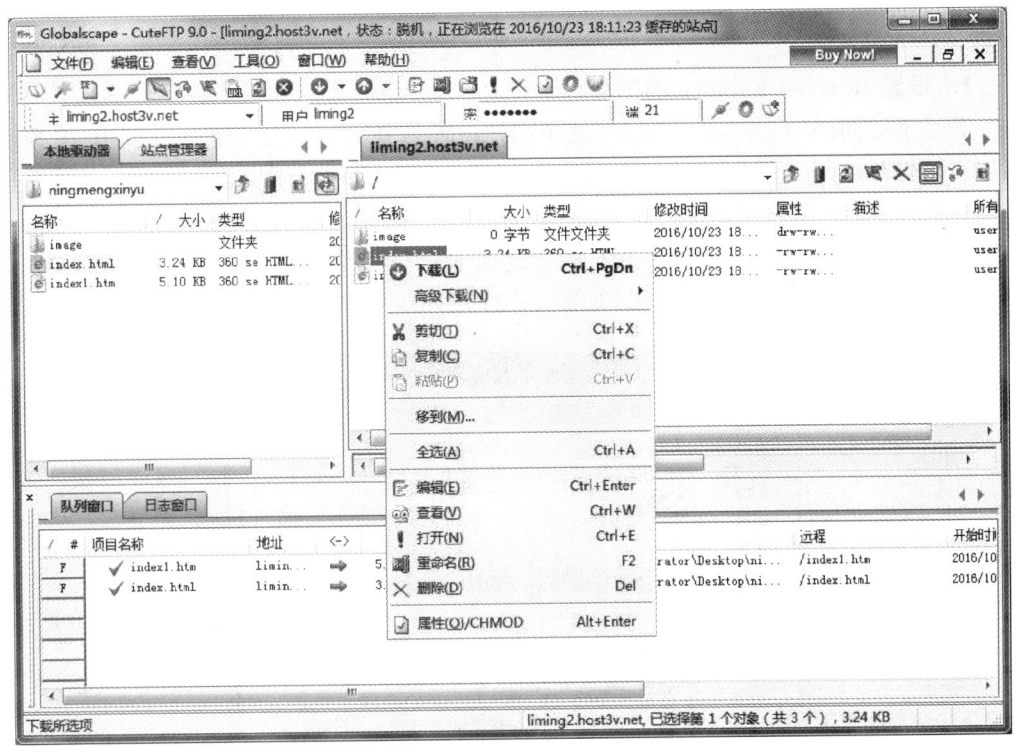

图 7—26　FTP 下载

（3）CuteFTP 既能对本地磁盘文件进行管理，也可对 FTP 服务器站点文件进行修改、增加或删除、重命名等管理，还能在网页制作的同时对网站的内容进行更新操作。在 CuteFTP 上传操作时，要慎重删除和修改文件，以免影响 FTP 服务器站点的正常显示。

第二节　浏览器的使用

→ 能够使用 IE 浏览器
→ 能够对 IE 浏览器进行高级设置

　　在计算机上安装了上网设备，向 ISP（互联网服务提供商）申请并开通了上网账号之后，用户就可以连接到互联网了。人们可以通过互联网进行收发电子邮件、在线聊天和浏览网页等活动。而在互联网上进行不同的活动需要用到不同的软件，例如收发邮件需要用到邮件收发程序，在线聊天需要用到即时通信软件，浏览网页则需要一个网页浏览器。

— 289 —

一、浏览器常见设置

1. 设置 Internet Explore 的主页

若经常访问同一个网站，可以将这个网站设置为 IE 的主页，以后每次打开 IE 时就可以自动打开该网站了，例如，将 www.sohu.com 这个上网导航设置为主页，具体步骤如下：

（1）在 IE 的主窗口上单击"工具"选项卡，在下拉列表中选择"Internet 选项"命令打开"Internet 选项"对话框，如图 7—27 所示。

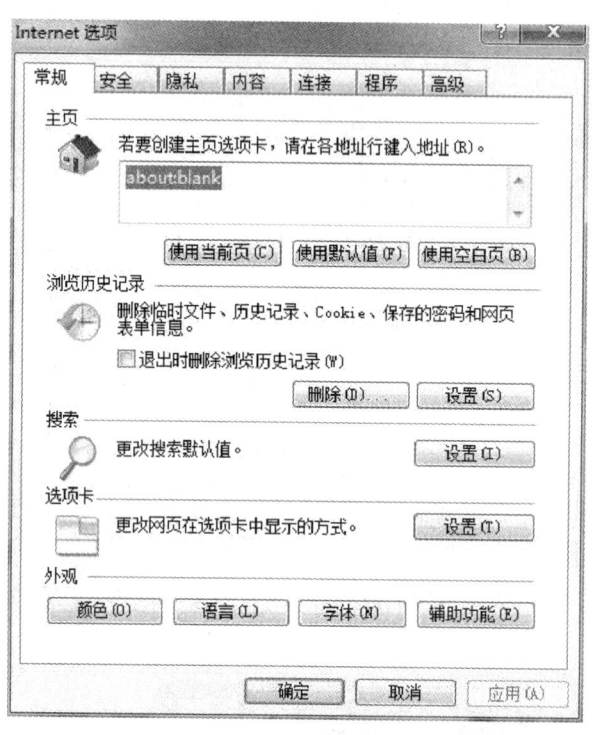

图 7—27 "Internet 选项"对话框

（2）在"常规"选项卡的"主页"区内文本框内输入"www.sohu.com"，单击"确定"即可设置主页。

2. 删除临时文件和历史记录

IE 在访问网站时都是把它们先下载到 IE 缓存区（Internet Temporary Files）中，时间一长，在硬盘上会留下很多临时文件。同时 Windows 会自动把用户浏览的操作过程记录下来。若想删除这些内容，可以单击"Internet 选项"对话框的"常规"选项卡，再单击"浏览历史记录"区里的"删除"按钮，会打开如图 7—28 所示的"删除浏览的历史记录"对话框。

在这里我们可以设置在删除临时文件的同时是否保留收藏夹网站数据，是否删除"Internet 临时文件"、"Cookie"、"历史记录"、"表单数据"以及登录以前访问过的网站自动填充保存的密码等。

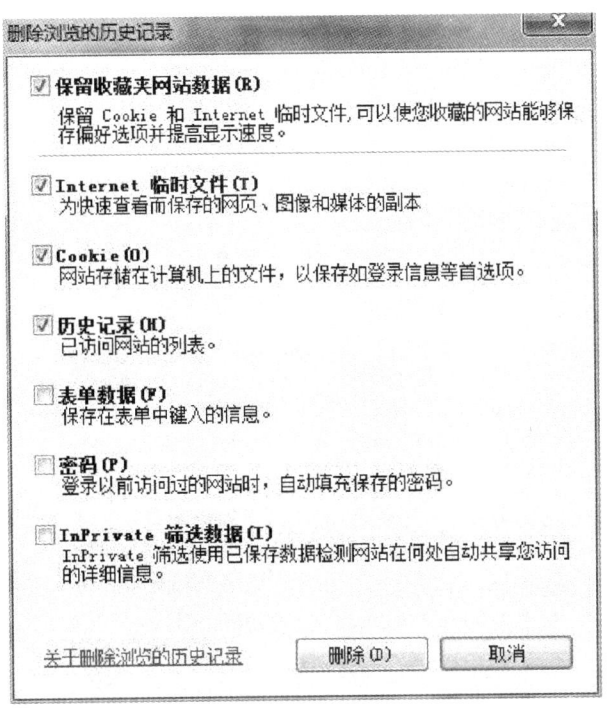

图 7—28 "删除浏览的历史记录"对话框

在"Internet 选项"对话框中单击"浏览历史记录"区里的"设置"按钮，打开"Internet 临时文件和历史记录设置"对话框，如图 7—29 所示。这里可以设置临时文件要使用的磁盘空间，以及保存的当前位置，还可以设置网页保存在历史记录中的天数，把天数设置为 0，IE 就再也不会自动记录网页浏览的动作了。

3. 恢复 IE 为默认浏览器

在网上浏览网页或是下载安装某些软件后，它们所带的一些插件可能会把默认浏览器改为其他的浏览器。以后打开网页时会自动使用这些浏览器，对于习惯 IE 的用户来说可能有些不习惯，恢复 IE 浏览器为默认浏览器的设置方法如下：

（1）单击 IE 主窗口中的"工具"选项卡，在下拉列表中选择"Internet 选项"，在打开的"Internet 选项"对话框中单击"程序"选项卡，点击"设为默认值"按钮，并勾选"默认的 Web 浏览器"区的"如果 Internet Explorer 不是默认的 Web 浏览器，提示我"复选框，单击"确定"按钮后退出。如果启动 IE 浏览器，当默认的浏览器不是 IE 的话，就会出现一个消息框，提示"Internet Explorer 目前不是默认浏览器，你想把 Internet Explorer 设置成浏览器吗？"，单击"是"按钮即可。

（2）除上述方法外，还可以通过"控制面板"设置 IE 为默认的浏览器。依次单击"开始"按钮，选择"控制面板→程序→默认程序"，选择"设置默认程序"，弹出如图 7—30 所示的"设置默认程序"窗口。

选定左边目录树中的"Internet Explorer"，单击"将此程序设置为默认值"选项即可。

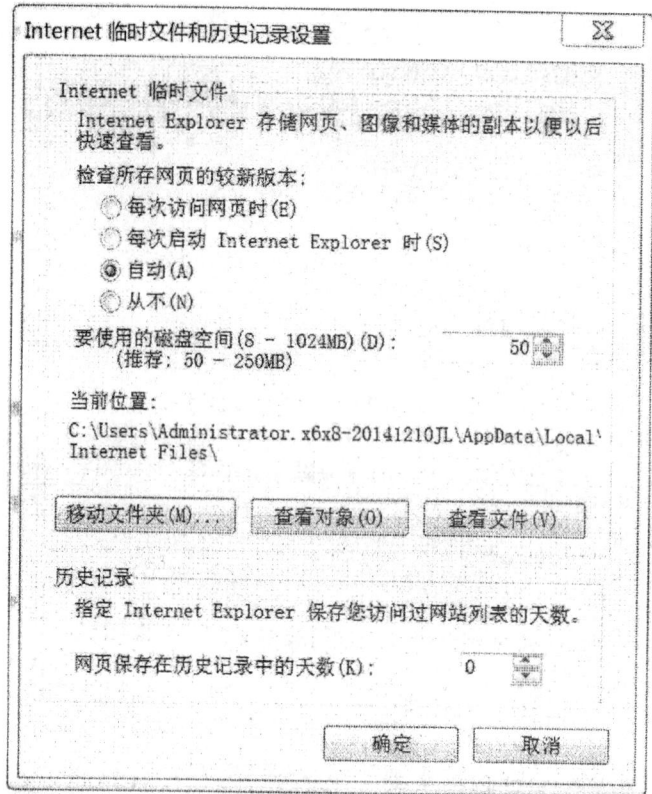

图 7—29 "Internet 临时文件和历史记录设置"对话框

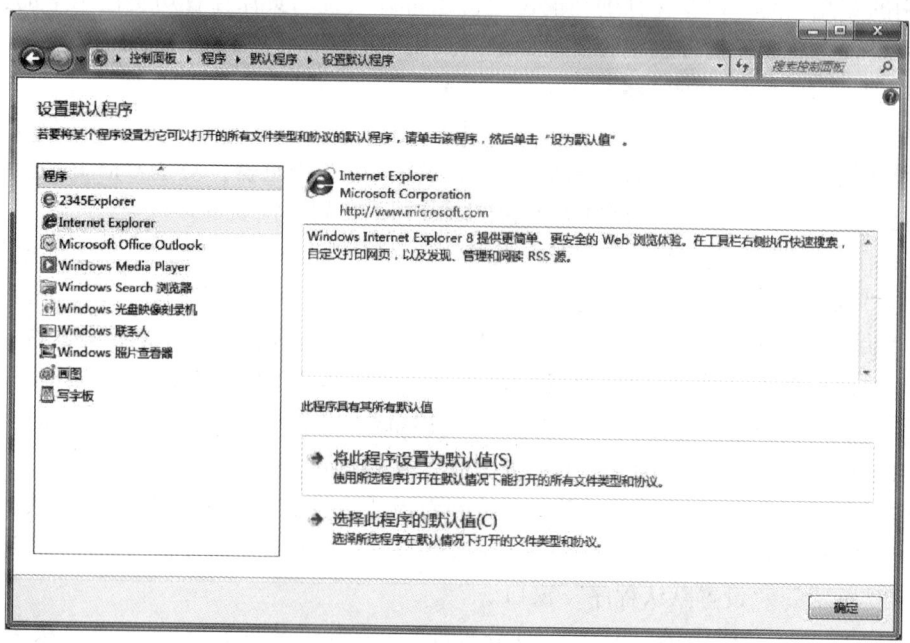

图 7—30 通过"控制面板"将 IE 恢复为默认浏览器

二、浏览器高级设置

1. 代理设置

代理服务器（Proxy Server）是网络上的一种特殊服务器。它的作用有三个：第一，通过代理服务器，可以到一些平时不能去的网站；第二，通过代理服务器来加快浏览某些网站的速度；第三，连接 Internet 与 Intranet（内部网），充当防火墙，因为所有内部网的用户通过代理服务器访问外界时，只映射为一个 IP 地址，所以外界不能直接访问到内部网，同时可以设置过滤策略，限制内部网对外部的访问。此外，两个没有直接互联的内部网，也可以通过第三方的代理服务器进行互联来交换信息。代理设置的步骤为：

（1）单击 IE 主窗口中的"工具"选项卡，在下拉列表中选择"Internet 选项"，在打开的"Internet 选项"对话框中选择"连接"选项卡，如图 7—31 所示。

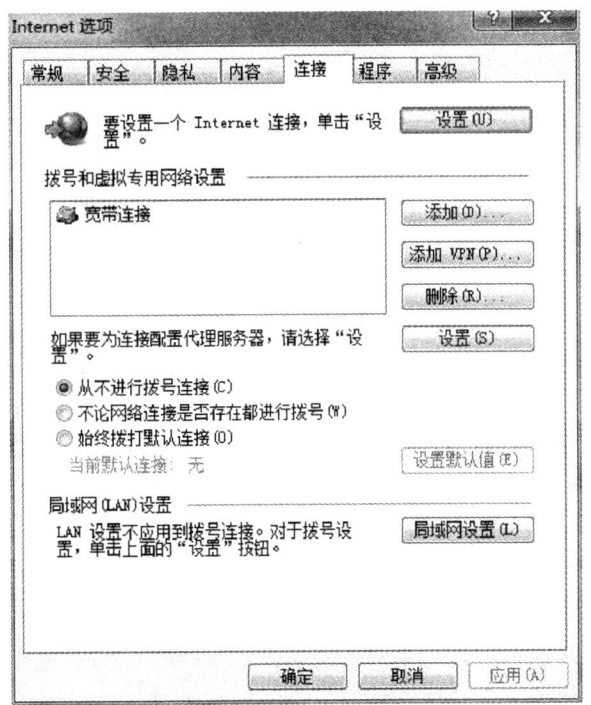

图 7—31　"Internet 选项"对话框"连接"选项卡

（2）单击"局域网设置"按钮，打开"局域网（LAN）设置"对话框。选中"为 LAN 使用代理服务器"复选框，在"地址"和"端口"文本框中填入代理服务器的地址和端口，如图 7—32 所示。若选中"跳过本地地址的代理服务器"，在访问内网时，不使用代理服务器，访问外网时才使用代理服务器。

（3）如果要进一步设置，可以单击"高级"按钮，弹出"代理服务器设置"对话框，如图 7—33 所示。这里可以对不同的服务器，例如 HTTP、FTP 设定不同的代理服务器地址和端口。在"例外情况"中，可以设置对某些网址不使用代理服务器，如访问教育网时不需要使用代理,这样上教育网速度会很快,具体设置为在"例外情况"框中输入"*.edu.cn;*.pku.cn"(用分号分开不同项目)。

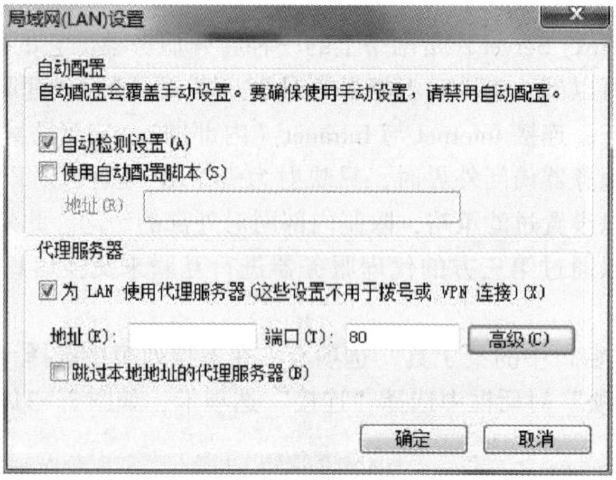

图7—32 输入代理服务器地址和端口

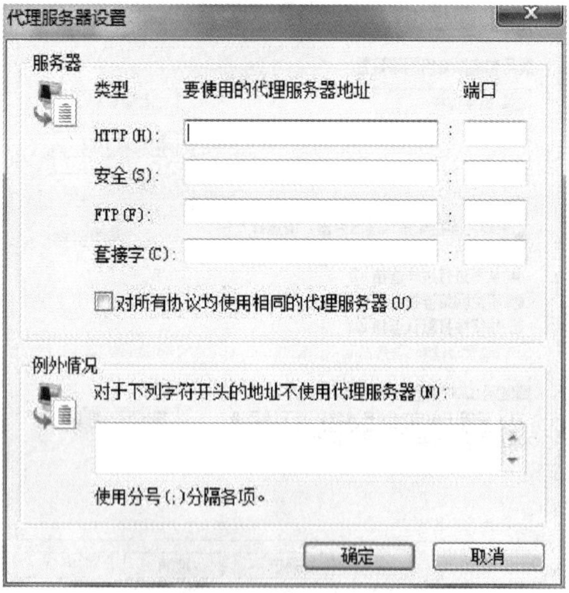

图7—33 为不同服务器设置代理

2. 安全设置

合理利用 Internet 的安全设置功能可以避免很多安全上的问题,减少用户隐私泄漏的可能。IE 安全设置通常包括两部分,即安全级别设置和隐私设置。

(1) IE 的安全级别设置。启动 IE,选择"工具"选项卡中的"Internet 选项",在"Internet 选项"对话框中,选择"安全"选项卡,如图7—34所示,这里有四个区域可以设定安全设置:Internet、本地 Intranet、可信站点、受限站点。选中某个区域(如 Internet),如果要更改设置,有两种方法。

网络登录与信息浏览

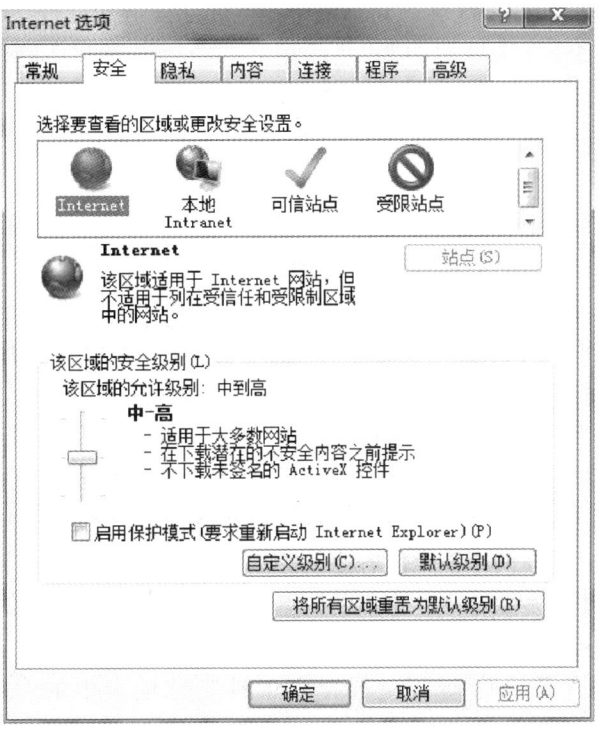

图 7—34 "Internet 选项"对话框"安全"选项卡

方法一：单击"自定义级别"按钮，弹出"安全设置 – Internet 区域"对话框，如图 7—35 所示。

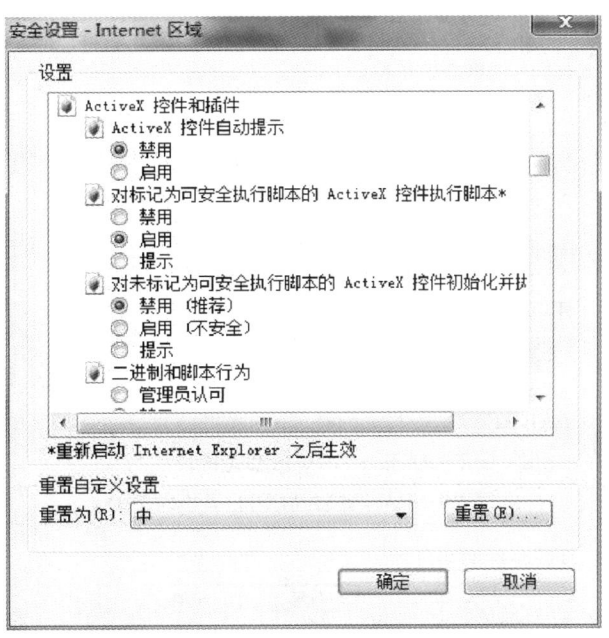

图 7—35 "安全设置 – Internet 区域"对话框

— 295 —

在"安全设置-Internet 区域"对话框中,"重置自定义设置"的下拉列表中选择安全级别,例如,安全级选择"中"。然后在上方的"设置"中确保"ActiveX"控件和"插件"的有关设置为:

①对标记为可安全执行脚本的 ActiveX 控件执行脚本——"启用"。
②对未标记为可安全执行脚本的 ActiveX 控件进行初始化并执行脚本——"禁用"。
③下载未签名的 ActiveX 控件——"禁用"。
④下载已签名的 ActiveX 控件——"提示"。
⑤运行 ActiveX 控件的插件——"启用"。

方法二:使用推荐的设置,在图 7—34 所示窗口中"该区域的允许级别"区中拖动滑块选择安全级别即可。

Internet 区域的安全级别共分为高、中高、中三个级别,分别对应着不同的网络功能,对大多数用户来说选择"中"即可。高级是最安全的浏览方式,但功能最少,而且由于禁用 Cookies 可能造成某些需要进行验证的站点不能登录;中高级是比较安全的浏览方式,能在下载潜在的不安全内容之前给出提示,同时屏蔽了未签名 ActiveX 控件的下载功能,适用于大多数站点;中级的浏览方式在下载潜在的不安全内容之前给出提示,同时,不下载未签名的 ActiveX 控件。

(2) IE 的隐私设置。启动 IE,选择"工具"选项卡中的"Internet 选项",在"Internet 选项"对话框中,选择"隐私"选项卡,如图 7—36 所示。

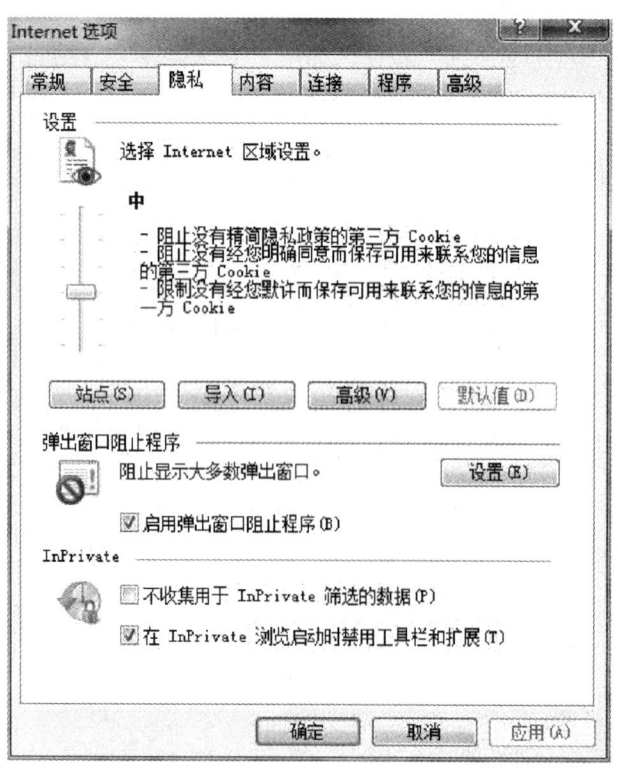

图 7—36 "Internet 选项"对话框"隐私"选项卡

调整 Cookie 的安全级别，默认情况下，Cookie 的安全级别为"中"，可以拖动滑块，调整到"中高"或者"高"的位置。很多站点需要使用 Cookie 信息，比如，论坛类站点，如果不需要访问此类站点，可以将滑块拖到最高处，将安全级别调到"阻止所有 Cookie"。

单击"站点"按钮，可以打开如图 7—37 所示的"每个站点的隐私操作"对话框，可以选择哪些站点一直可以或永远不可以使用 Cookie，在"网站地址"中输入网站后，单击"阻止"或"允许"按钮即可将其添加到列表中。

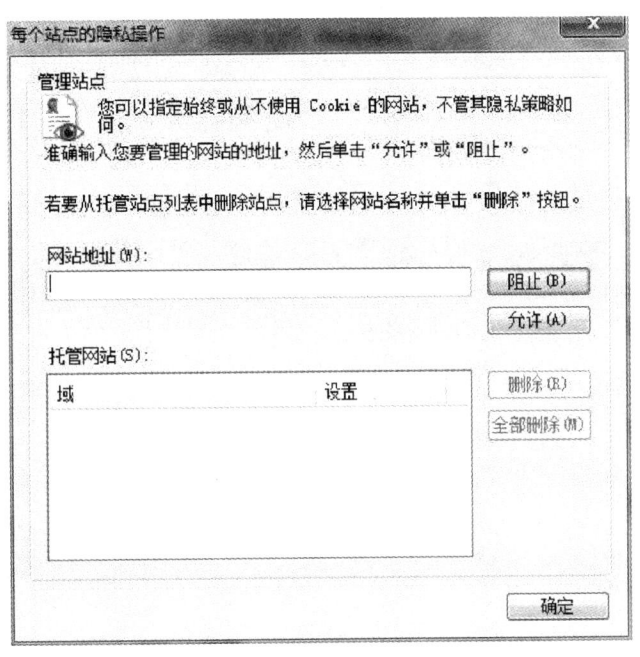

图 7—37 "每个站点隐私操作"设置

单击图 7—36 所示"Internet 选项"对话框"隐私"选项卡"高级"按钮，打开如图 7—38 所示的"高级隐私设置"对话框，用户可以对第一方 Cookie 和第三方 Cookie 进行设置。第一方 Cookie 是用户正在浏览的网站的 Cookie；第三方 Cookie 是非正在浏览的网站发给用户的 Cookie，最常见的就是那些在被访问站点放置广告的第三方站点，通常要对第三方 Cookie 选择"阻止"。

如图 7—36 所示，"弹出窗口阻止程序"默认选中了"启用弹出窗口阻止程序"选项，这会阻止网站弹出窗口。如果要允许某些特定的网站弹出窗口，可以单击"设置"按钮，在弹出的"弹出窗口阻止程序设置"对话框中"要允许的网站地址"中输入网址，然后单击"添加"按钮，该网址会自动添加到"允许的站点"的列表中，如图 7—39 所示。要取消网站允许弹出窗口的话，单击该网址，再单击"删除"按钮即可，如图 7—39 所示。

（3）IE 加载项的相关设置。加载项是一种 IE 浏览器能够直接调用的程序。加载项安装后就成为浏览器的一部分，完成特定的功能，能够帮助用户更方便地浏览互联网或使用辅助功能。但是，也有部分恶意插件程序（广告软件 Adware 或间谍软件 Spyware

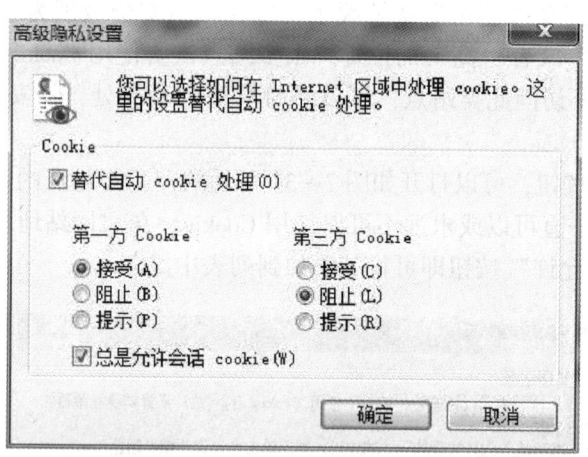

图7—38 "高级隐私设置"对话框

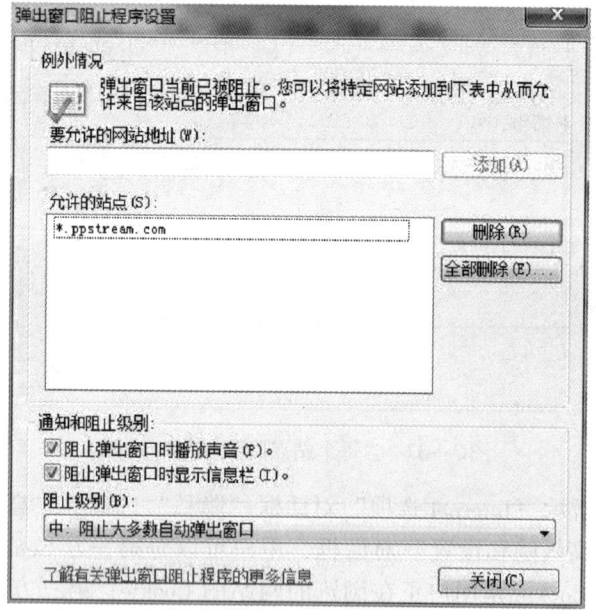

图7—39 "弹出窗口阻止程序设置"对话框

等)会监视用户的上网行为,并把所记录的数据报告给插件程序的创建者,以达到投放广告、盗取游戏或银行账号密码等非法目的,所以一定要谨慎对待加载项的安装。如某个加载项存在问题,用户可以将其禁用。具体操作步骤如下:

单击IE主窗口中的"工具"选项卡,在弹出的下拉菜单项中选择"管理加载项"命令,弹出"管理加载项"窗口,如图7—40所示。

在窗口列出了IE浏览器所有的加载项及加载项类型,右键单击不需要的加载项,在弹出的菜单中选择"禁用"即可,IE重启后设置才会生效。一般来说,IE中的加载项大部分都可以禁用。如果对某个加载项的具体含义不了解,可以借助网络的搜索引擎来获得相关信息。

网络登录与信息浏览

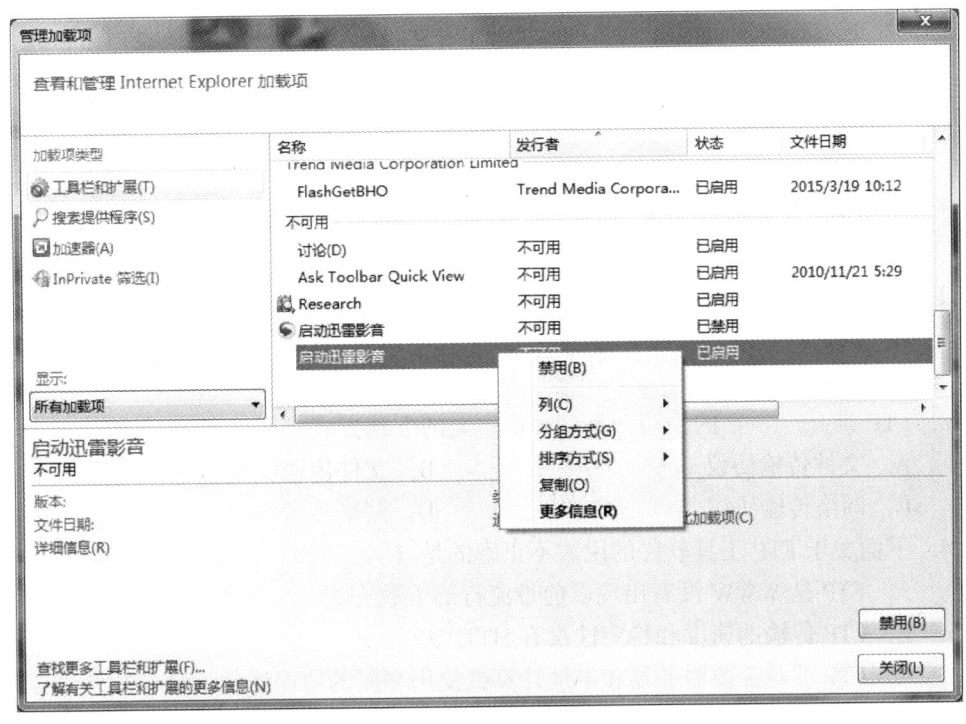

图 7—40　管理 IE 加载项

单元考核要点

考核类型	考核范围	考核点
理论知识	文件上传与下载	常用文件下载工具
		下载操作注意事项
		文件上传
		文件上传注意事项
	浏览器使用	浏览器常见设置
		浏览器高级设置
操作技能	文件上传与下载	常用文件下载工具
		下载操作注意事项
		文件上传
		文件上传注意事项
		浏览器常见设置
		浏览器高级设置

单元测试题

一、单项选择题（下列每题有4个选项，其中只有一个是正确的，请将正确答案的代号填在括号内）

1. 将网络上其他计算机上的信息复制到本地计算机上的过程称为（　　）。
   A. 下载　　　　B. 上传　　　　C. 复制　　　　D. 拷贝

2. （　　）不是常用的网络下载方式。
   A. 浏览器直接下载　　　　　　B. U盘下载
   C. FTP下载　　　　　　　　　D. 使用下载工具软件下载

3. FTP是（　　）的缩写，是一种最古老的下载方式。
   A. 文件传输协议　　　　　　　B. 文件传送协议
   C. 网络传输协议　　　　　　　D. 网络传送协议

4. 下面关于FTP工具软件的说法不正确的是（　　）。
   A. FTP是WWW没有出现以前最流行的下载方式
   B. FTP传输的速度和稳定性没有HTTP好
   C. FTP下载需要服务器和本地计算机使用相同的协议通信
   D. FTP下载工具软件只能下载不能上传文件

5. 下面关于P2P技术的说法不正确的是（　　）。
   A. P2P可以直接访问网络上的计算机进行文件交换、共享资源
   B. P2P也称PtoP，点对点技术
   C. P2P不需要通过服务器建立点对点的连接
   D. P2P需要通过服务器建立点对点的连接

6. 关于BT下载的基本原理描述不正确的是（　　）。
   A. BT下载的同时也在上传文件
   B. BT下载采用了多点对多点的技术
   C. BT下载时，下载的人越多，下载越快
   D. BT下载时，下载的人越多，下载越慢

7. 把一个文件分成多个点，可同时从服务器下载的下载方式是（　　）。
   A. 迅雷下载　　　B. FlashGet　　　C. BT下载　　　D. FTP下载

8. 下列（　　）不是下载操作时的注意事项。
   A. 下载操作要选择正规网站，不下载地址不明的软件
   B. 不同类型的文件要选择不同的下载工具和服务器
   C. 使用迅雷下载的视频必须用迅雷播放器才能打开
   D. 在下载的同时还要进行其他网络操作，可以设置下载的速度和任务数

9. FTP的主要作用是让用户连接上一台远程计算机，查看远程计算机有哪些文件，然后操作文件的上传和（　　）。
   A. 删除　　　　B. 更新　　　　C. 编辑　　　　D. 下载

10. 在"快速连接"工具栏的"端口"框中输入 FTP 服务器的端口号,一般该端口号为(   )。
    A. 20　　　　　B. 21　　　　　C. 23　　　　　D. 25

11. 在 FTP 主界面中,左半边窗口内显示的一般是(   )。
    A. 已上传文件　　　　　　　　　B. 需要下载的文件
    C. 本地计算机文件　　　　　　　D. 已下载文件

12. Windows 自带的浏览器是(   )。
    A. Internet Explorer 浏览器　　　B. 谷歌浏览器
    C. 火狐浏览器　　　　　　　　　D. 360 浏览器

13. 在 IE 8.0 中,设置主页的命令是(   )。
    A. "Internet"选项对话框"常规"选项卡"主页"
    B. "Internet"选项对话框"安全"选项卡"主页"
    C. "Internet"选项对话框"内容"选项卡"主页"
    D. "Internet"选项对话框"高级"选项卡"主页"

14. 下列关于恢复 IE 为默认浏览器设置说法不正确的是(   )。
    A. "Internet 选项"对话框"程序"选项卡"设为默认值"按钮
    B. "开始→控制面板→程序→默认程序→设置默认程序",然后选择 IE 为默认程序
    C. "Internet 选项"对话框"常规"选项卡勾选"IE 默认"
    D. 通过计算机系统安全工具软件来把 IE 设置为默认

15. 下面关于代理服务器的作用说法错误的是(   )。
    A. 通过代理服务器可以去一些平时不能去的网站
    B. 通过代理服务器可以一次同时访问多个网站
    C. 通过代理服务器可以加快浏览网站的速度
    D. 通过代理服务器可充当防火墙,对访问设置设置一定的权限

16. 在 IE 的高级设置中,安全设置包括(   )两部分。
    A. 安全级别设置和隐私设置　　　B. 隐私设置和连接设置
    C. 程序设置和连接设置　　　　　D. 安全设置和连接设置

17. 在 IE 8.0 中通过"工具"选项卡"管理加载项"命令来禁用某些插件的过程中,设置生效的时间是(   )。
    A. 立即　　　　　　　　　　　　B. 重启 IE
    C. 重启计算机　　　　　　　　　D. 打开新的网页选项卡

18. Internet 区域的安全级别共分为(   )三个级别。
    A. 高、中、低　　　　　　　　　B. 高、中、中低
    C. 一、二、三　　　　　　　　　D. 中、中高、高

19. 对一般的 IE 用户来说,在选用安全级别时,选用(   )即可。
    A. 高　　　　　B. 低　　　　　C. 中高　　　　　D. 中低

20. 对于插件的说法,不正确的是(   )。

A. 插件是一种程序，可以处理特定的文件
B. 插件可以帮助用户方便浏览网络或调用上网辅助功能
C. 当某个插件出现故障时，再次下载或是再次安装即可
D. 恶意插件会监视用户的上网行为、记录数据，达到一些非法目的

21. 下面属于恶意插件程序的是（　　）。
    A. 广告软件　　　　　　　　B. Flash 播放流媒体插件
    C. 12306 购票插件　　　　　D. 工商银行网银支付插件

22. 要过滤掉第三方站点发送的广告 Cookie，需要在"Internet 选项"对话框的（　　）选项卡下进行设置。
    A. "安全"　　　B. "隐私"　　　C. "连接"　　　D. "程序"

23. 两个没有互联的内部网，通过（　　）来进行互联来交换信息。
    A. 第一方的代理服务器　　　　B. 第二方的代理服务器
    C. 遥控器　　　　　　　　　　D. 第三方的代理服务器

24. 删除访问过的网站历史记录是在（　　）选项卡。
    A. "Internet 选项"对话框"常规"
    B. "Internet 选项"对话框"隐私"
    C. "Internet 选项"对话框"安全"
    D. "Internet 选项"对话框"高级"

二、判断题（下列判断正确的请打"√"，错误的请打"×"）

1. 文件下载是将网络上其他计算机上的信息复制到本地计算机上的过程。（　　）
2. 最简单、最原始的下载方式是文件的复制粘贴。（　　）
3. FTP 下载与 HTTP 传输文件相比，稳定性和传输速度都不及后者。（　　）
4. 使用 FTP 下载需要遵守专门为文件传输而设置的协议。（　　）
5. 现在网上流行的下载方式主要有 Web、BT、P2P、P2SP 四种。（　　）
6. 要使用 CuteFTP 进行上传或下载服务，必须先申请使用 FTP 服务器的用户名和密码。（　　）
7. P2P 技术指用户不通过服务器直接联系起来，通过互联网直接交互。（　　）
8. 下载过程中，为了保证网络的网速，可以设置下载的速度和同时进行下载的任务数。（　　）
9. FTP 软件是一种上传工具，所以只能上传文件而不能下载。（　　）
10. 在使用 FTP 软件进行上传或下载的操作时，在填写 FTP 服务器的 IP 地址信息时，一般端口号默认为"20"。（　　）
11. CuteFTP 既能对本地磁盘文件进行管理，也可对远程站点文件进行修改、增加或删除、重命名等管理。（　　）
12. 在 IE 8.0 浏览器的设置中，不能设置历史记录保留的天数。（　　）
13. IE 8.0 浏览器只能通过"控制面板"才能恢复为默认浏览器。（　　）
14. 在 IE 8.0 的"Internet 选项"对话框的"常规"选项卡下可以设置"退出时删除浏览历史记录"，以保证做到无痕浏览。（　　）

15. 内部网的用户通过代理服务器上网时,外界能直接访问到内部网。（　）
16. 在公用计算机上进行操作时,为安全起见,每次操作完毕应该清除上网历史记录及自动填充保存的密码和表单等数据。（　）
17. 通过代理服务器可以加快浏览网站的速度,连接两个内部网,充当防火墙。（　）
18. IE 安全设置通常包括安全级别设置和隐私设置两部分。（　）
19. 对大多数网络用户来说,安全级别选用"中低"即可。（　）
20. 在对 IE 进行站点高级隐私设置时,第一方 Cookie 表示非正在浏览的网站发给用户的 Cookie,第三方 Cookie 表示用户正在浏览的网站的 Cookie。（　）

三、技能题

第一题　用迅雷下载软件下载"青花瓷.mp3",保存在计算机 D 盘"音乐"文件夹中。

第二题　会申请域名,并使用 FTP 上传和下载文件。

第三题　先用 IE 浏览搜狐网（www.sohu.com）,将搜狐网设为 IE 主页;再浏览"教育/留学"网站（http://learning.sohu.com/liuxue/）,并将它添加到收藏夹中;然后通过"历史记录",查看浏览记录,最后清除历史记录。

第四题　查看自己计算机上 IE 的安全级别、隐私设置和 IE 加载项,对 IE 进行综合的安全设置。

单元测试题答案

一、单项选择题

1. A　2. B　3. A　4. B　5. D　6. D　7. C　8. C
9. D　10. B　11. C　12. A　13. A　14. C　15. B　16. A
17. B　18. D　19. C　20. C　21. A　22. B　23. D　24. A

二、判断题

1. √　2. √　3. ×　4. √　5. ×　6. √　7. √　8. √
9. √　10. ×　11. √　12. ×　13. √　14. √　15. ×　16. √
17. ×　18. √　19. ×　20. ×

三、技能题

答案略。

第8单元

多媒体信息处理

- 第一节 声音文件的处理/306
- 第二节 视频及图片文件的处理/316

多媒体技术是利用计算机技术将文字、图像、图形、动画、音频、视频等多种信息交互混合，以数字化的方式集成在一起，使计算机具有表现、处理、存储多媒体信息的能力和交互能力，它以计算机技术为核心，具有人机交互的特点。多媒体技术涉及面相当广泛，主要包括有音频技术、视频技术、图像技术及通信技术等。

第一节 声音文件的处理

→ 能够创建声音文件
→ 掌握声音文件编辑处理特点
→ 能够打开、编辑常见声音文件

一、创建和保存声音文件

1. 创建声音文件

先在计算机上连接话筒及录音设备。单击"开始→所有程序→附件→录音机"选项，弹出"录音机"对话框，如图8—1所示。点击"开始录制"按钮录制音频文件。

图8—1 "录音机"对话框 – 开始录制

2. 保存声音文件

（1）当声音录制完成后，单击"停止录制"按钮，如图8—2所示。

图8—2 "录音机"对话框 – 停止录制

（2）在弹出的"另存为"对话框中，选择保存路径为"计算机\D:"，在"文件名"文本框内输入"声音1"，"保存类型"选择为"wma"。单击"保存"按钮，保存录制的声音文件，如图8—3所示。

二、编辑声音文件

在进行多媒体信息处理时，经常要对声音进行处理，好的声音效果能激发人们的兴趣，如果声音处理得不好，结果可能会适得其反。因此，声音的处理在多媒体应用中显得

图 8—3 "另存为"对话框

尤为重要。处理声音的工具软件有很多，常用的有 GoldWave、AudioEditor、Wavedit 等。在这里向大家介绍的是"Cool Edit"这款处理声音文件的工具软件。

双击该软件的运行程序打开"Cool Edit Pro"主界面，如图 8—4 所示。

图 8—4 "Cool Edit Pro"窗口

1. 对单个文件进行格式转换

（1）打开 Cool Edit Pro 2.1 软件，单击"打开文件"按钮 ，如图 8—5 所示。弹出"打开波形文件"对话框，如图 8—6 所示。

图 8—5　打开文件

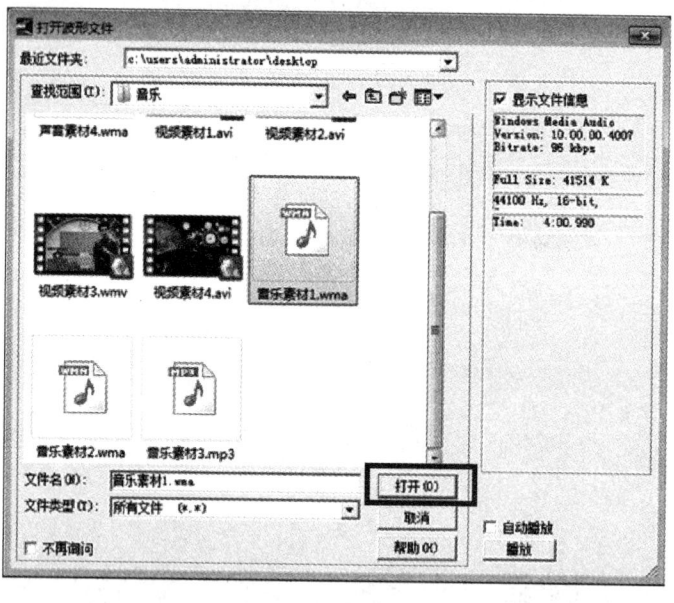

图 8—6　"打开波形文件"对话框

（2）这个软件可以打开的音乐文件的扩展名有 mp3、wma 等，选中一个".wma"格式的文件，单击"打开"按钮，弹出"读取'wma'数据"对话框，可以看到打开音乐文件的过程，约几秒钟，如图 8—7 所示。

图 8—7　"读取'wma'数据"对话框

（3）单击菜单栏中"文件→另存为…"命令，如图8—8所示。弹出如图8—9所示的"另存波形为"对话框。

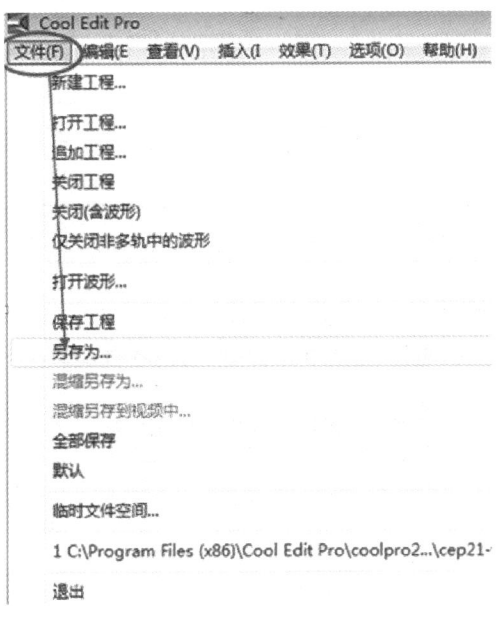

图8—8 "文件"菜单

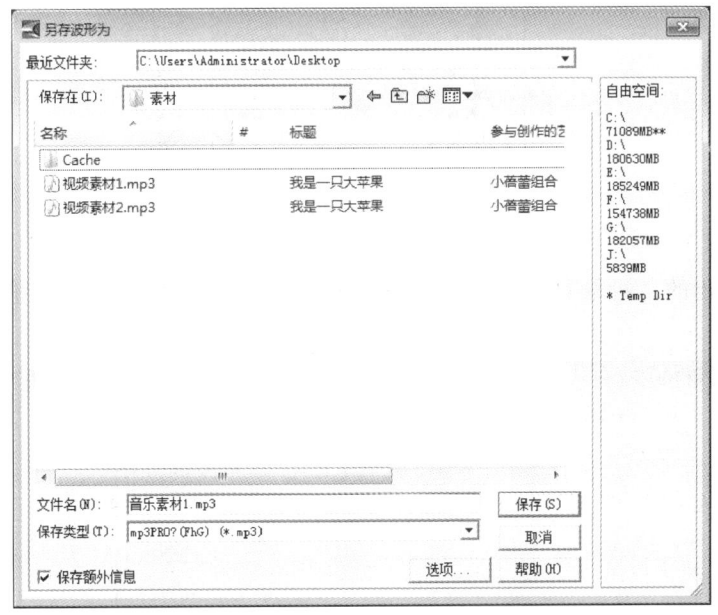

图8—9 "另存波形为"对话框

（4）假如要将文件转换为mp3格式，则可以在"另存波形为"对话框的"保存类型"里，选择"＊.mp3"，然后为转换后的音乐文件找到保存的地址，最后单击"保存"按钮。

(5) 在弹出如图8—10的提示框中，单击"确定"按钮，文件则转换完毕。

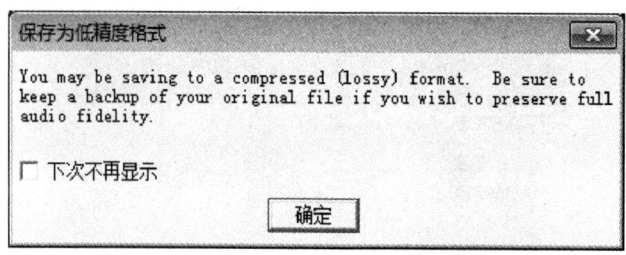

图8—10 "保存为低精度格式"消息框

2. 批量文件格式的转换

(1) 在其主界面（见图8—4）中单击"文件"菜单，选择"批量转换"命令，如图8—11所示。

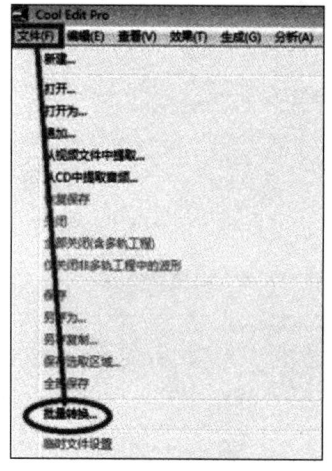

图8—11 "文件→批量转换"命令

(2) 在弹出的"批量文件转换"对话框中，单击"增加文件"按钮，如图8—12所示。

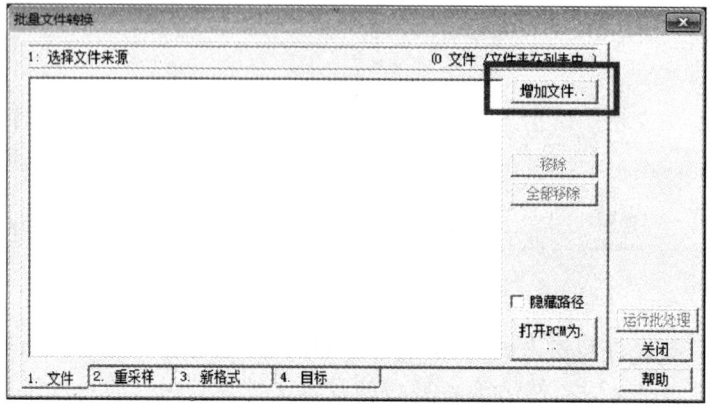

图8—12 "批量文件转换"对话框

（3）弹出"请选择来源文件"对话框，选择要转换的音乐，单击"打开"按钮，如图8—13所示。

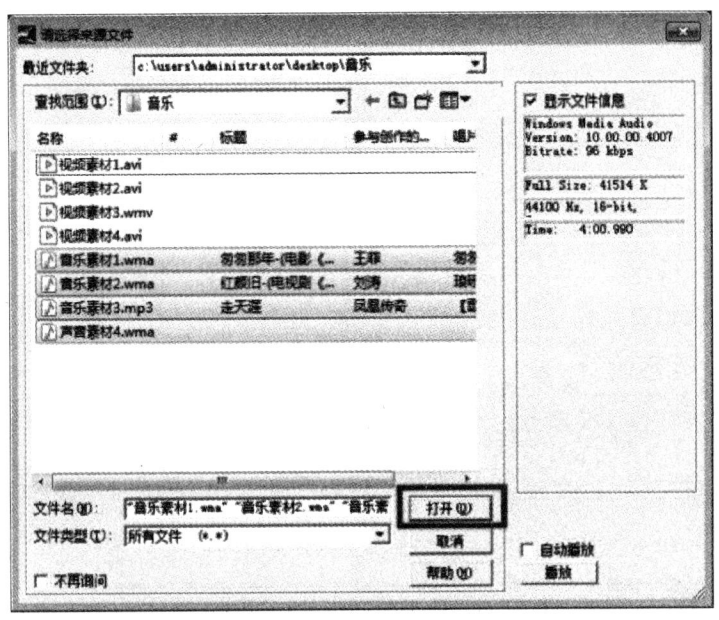

图8—13 "请选择来源文件"对话框

（4）弹出"批量文件转换"对话框，如图8—14所示。

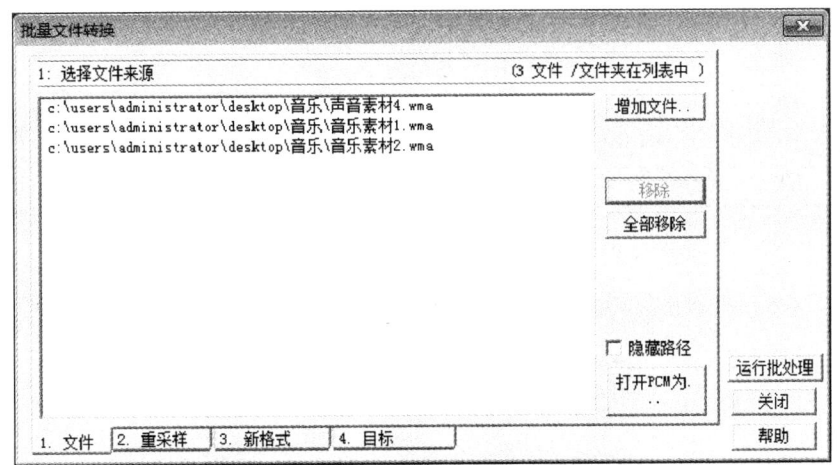

图8—14 "批量文件转换"对话框"文件"选项卡

（5）选择"新格式"选项卡，更改输出格式，如图8—15所示。
（6）选择"目标"选项卡，更改存储位置。设置好后单击"运行批处理"按钮，如图8—16所示。
（7）等待文件转换完毕，弹出"完成"消息框（见图8—17），单击"是"按钮，文件即转换完成。

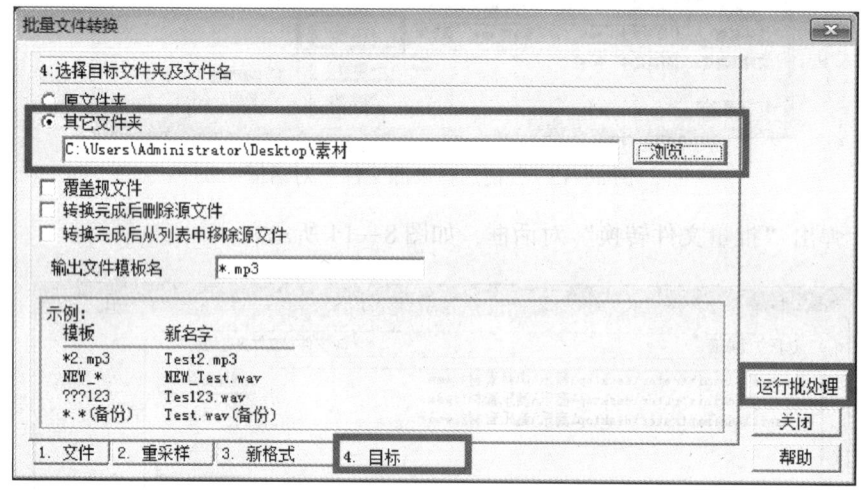

图 8—15 "批量文件转换"对话框"新格式"选项卡

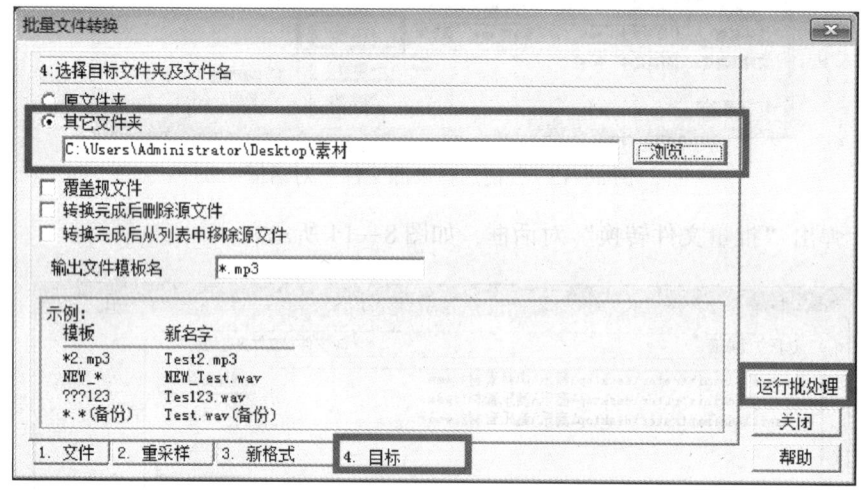

图 8—16 "批量文件转换"对话框"目标"选项卡

图 8—17 "完成"消息框

3. 放大音频音量

将某些声音文件用在某些场合时,即便音量调到很大,依然听不清,那么就可以用 Cool Edit Pro 将声音文件音量调大。

(1)导入音频文件。按照前面介绍的方法导入需要的音频文件,如图 8—18 所示。

图 8—18　导入音频文件

（2）看到导入的音频文件出现在左侧的素材窗格里，用鼠标选中，把它拖拽到右边的第一个轨道中，使其左侧和轨道最左边对齐，如图 8—19 所示。

图 8—19　音频编辑窗口

（3）在波形上用鼠标右击，在弹出的右键菜单中选择"调整音频块音量"命令，如图8—20a所示。弹出"音量"对话框,单击其滑动按钮往上拖动就可增加音量,可以逐步尝试,先拖动到3 dB,试听看看,不行再增加,如图8—20b所示。

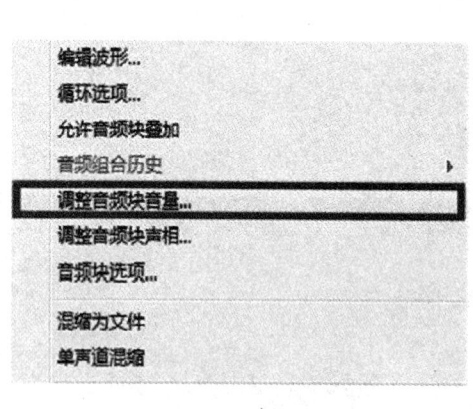

图8—20 "调整音频块音量"
a) 右键菜单 b) "音量"对话框

(4) 再次右击波形,在如图8—21所示的右键菜单中选中"混缩为文件"选项,混缩完后波形显示会被放大。

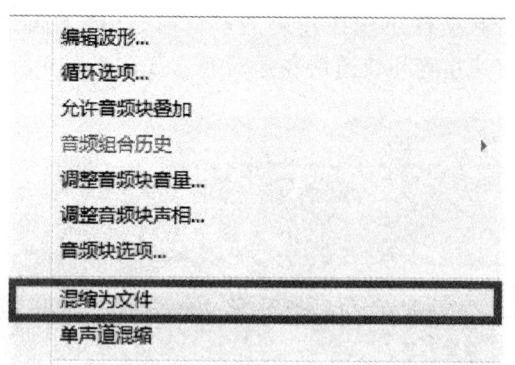

图8—21 "混缩为文件"菜单

(5) 单击"文件→另存为"命令,将保存的格式选为"*.mp3",保存完成后,新文件的音量就增大了。

4. 对声音文件的截取

(1) 打开音频文件,并拖进音频轨道,选择要保留的那一段音频,单击鼠标右键,在弹出的右键菜单中选择"分割"命令,如图8—22所示。

(2) 右击不需保留的音频片段,选择"移除音块"命令删除不需要的音频,如图8—23所示。

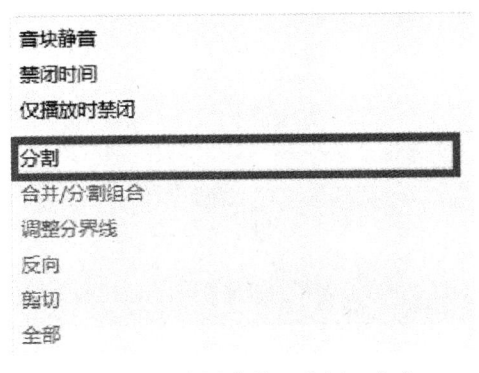
图8—22 右键菜单"分割"命令

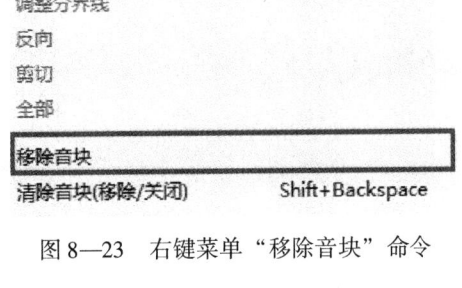
图8—23 右键菜单"移除音块"命令

（3）把截取好的文件前面不需要的音乐时间段删除。选择不需要的时间段，单击"插入/删除时间"命令，如图8—24所示。

（4）弹出"插入/删除时间"对话框，如图8—25所示。选择"删除选取的时间"单选项，单击"确定"按钮。

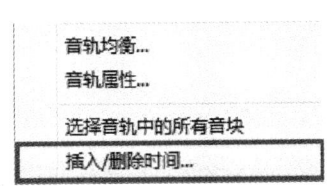
图8—24 右键菜单"插入/删除时间"命令

图8—25 "插入/删除时间"对话框

（5）保存导出文件。选择"文件→混缩另存为"命令，在弹出的"另存16位混缩音频"对话框中选择格式为"mp3"，单击"保存"按钮完成保存。

5．对声音文件的合并

（1）单击"打开文件"按钮将要合并的两个音乐文件导入，如图8—26所示。

图8—26 "添加文件"窗口

（2）将两个文件拖动到音频轨道中，如图8—27所示。

（3）将两个文件连接位置设置好后，单击"文件→混缩另存为"在弹出的"另存16位混缩音频"对话框中选择保存位置、文件名称和文件类型后，单击"保存"按钮，完成文件连接。

计算机操作员（中级）（第2版）

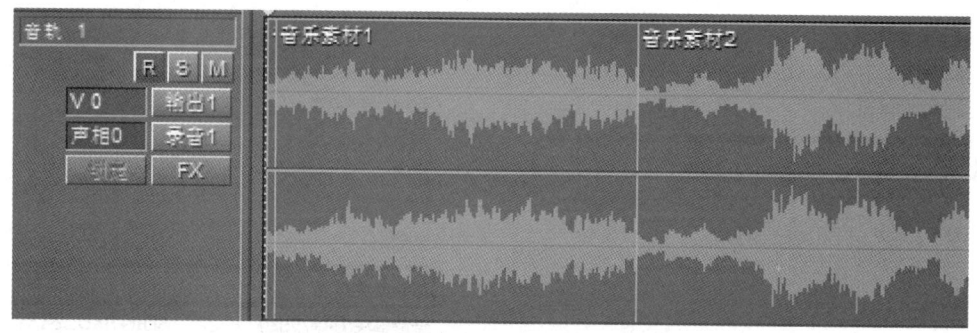

图8—27 "音乐轨道"窗口

第二节 视频及图片文件的处理

→ 掌握编辑视频文件的操作要点
→ 了解图形、图像的文件格式
→ 能够打开、编辑图形、图像文件

一、视频文件的编辑处理

下面就以视频转换专家7.5为例说明视频文件简单的编辑处理操作。

双击软件"视频转换专家7.5"快捷图标，弹出"视频转换专家7.5"主界面，如图8—28所示。

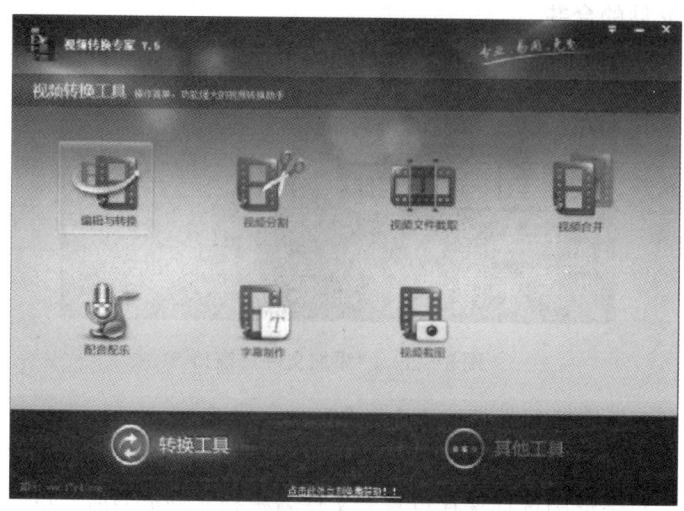

图8—28 "视频转换专家7.5"主界面

1．视频文件的格式转换

（1）在弹出的"视频转换专家 7.5"主界面中，选择"编辑与转换"选项。弹出"视频转换"对话框，如图 8—29 所示。可以选择要转换的目标格式。

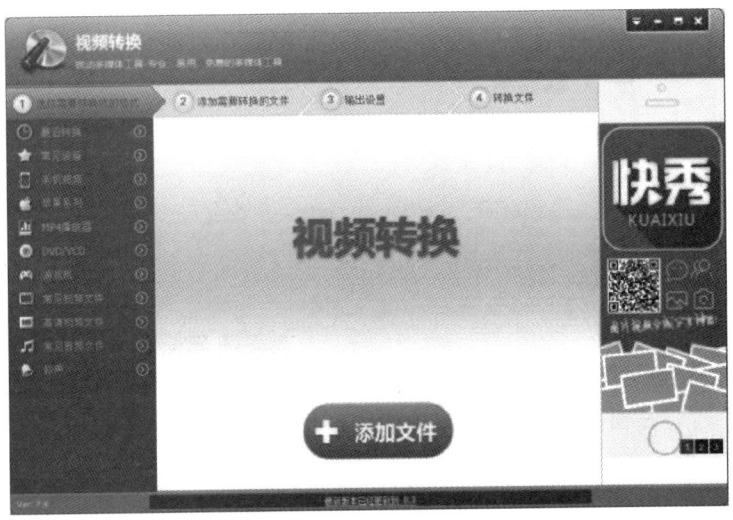

图 8—29　"视频转换"对话框"选择需要转换成的格式"选项卡

（2）在该对话框中单击"添加文件"按钮，弹出"打开"对话框，选择要转换的视频文件，转到"视频转换"对话框"添加需要转换的文件"选项卡，如图 8—30 所示，添加需要转换的视频文件"视频素材 1"，单击"下一步"按钮。

图 8—30　"视频转换"对话框"添加需要转换的文件"选项卡

（3）弹出如图 8—31 所示的"视频转换"对话框"输出设置"选项卡，在此选择输出目录为"D:\第 8 单元\结果\"，目标格式为".mp4"，单击"下一步"按钮，弹出如图 8—32 所示的"视频转换"对话框"转换文件"选项卡，开始视频文件的转换。

图 8—31 "视频转换"对话框"输出设置"选项卡

图 8—32 "视频转换"对话框"转换文件"选项卡

（4）视频文件转换完成后弹出文字提示框。提示出"转换结果"，如"视频转换成功！"，在此可直接单击"确定"按钮，即完成视频文件的转换。

2. 视频文件的分割

（1）在打开的"视频转换专家"软件主界面中，选择"视频分割"选项。弹出"视频分割"对话框"添加要分割的视频文件"选项卡，如图 8—33 所示。

（2）单击"加载"按钮，弹出如图 8—34 所示的"打开"对话框，找到并添加需要分割的视频文件，如"视频素材 1"，单击"打开"按钮，完成添加视频文件。

（3）在"输出目录"文本框中输入"D：\第 8 单元\结果\"，如图 8—35 所示"视频分割"对话框，选择，单击"下一步"按钮。

图 8—33 "视频分割"对话框"添加要分割的视频文件"选项卡

图 8—34 "打开"对话框

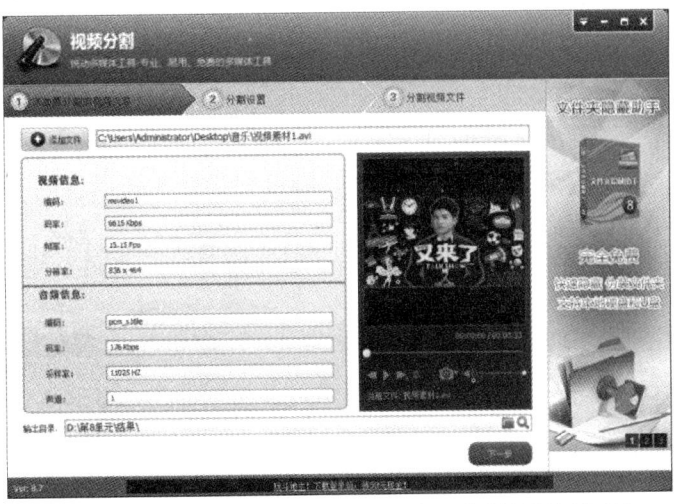

图 8—35 "视频分割"对话框"添加要分割的视频文件"

（4）在弹出的"视频分割"对话框"分割设置"选项卡中，设置分割文件的参数，如图8—36所示。单击"下一步"按钮。弹出"视频分割"对话框"分割视频文件"选项卡，表示文件开始分割并显示出分割的进度。

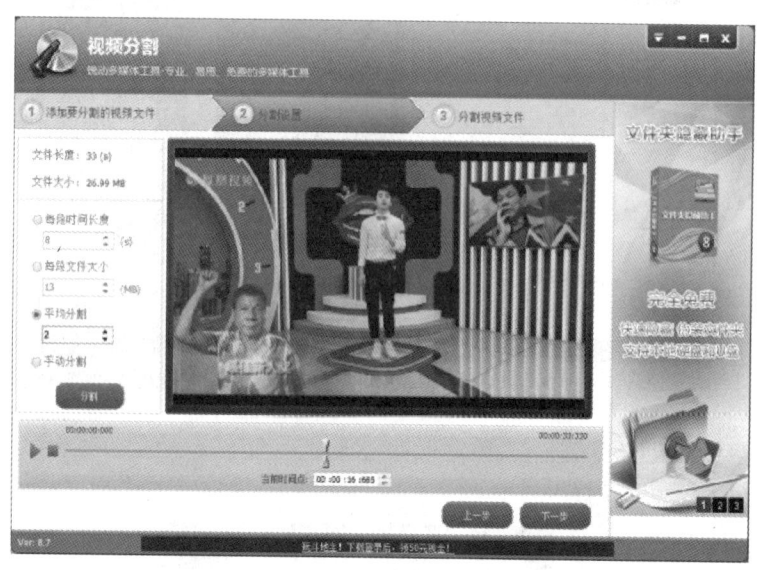

图8—36 "视频分割"对话框"分割设置"选项卡

（5）视频文件分割完成后会弹出"分割结果"提示框，如提示"视频分割成功！"可直接单击"确定"按钮，即可完成分割操作，如图8—37所示。

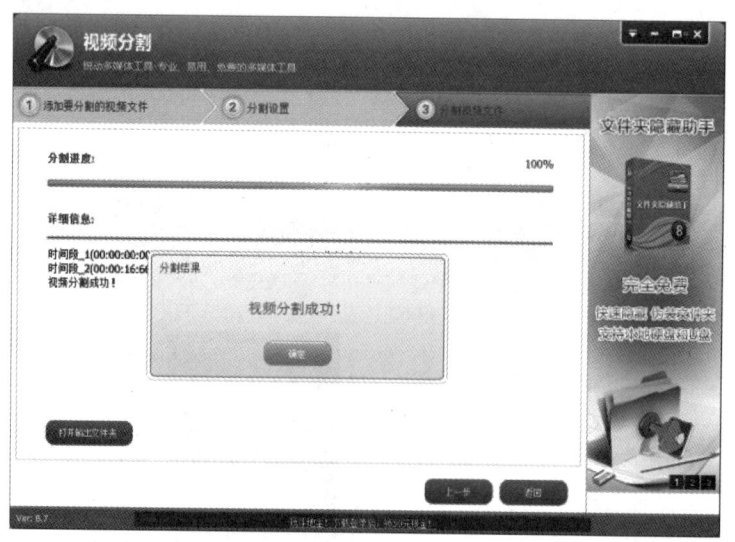

图8—37 "视频分割"对话框"分割视频文件"选项卡

3. 视频文件的截取

（1）在"视频转换专家"软件主界面中，选择"视频文件截取"选项，弹出"视频截取"对话框"添加要截取的视频文件"选项卡，如图8—38所示。

多媒体信息处理

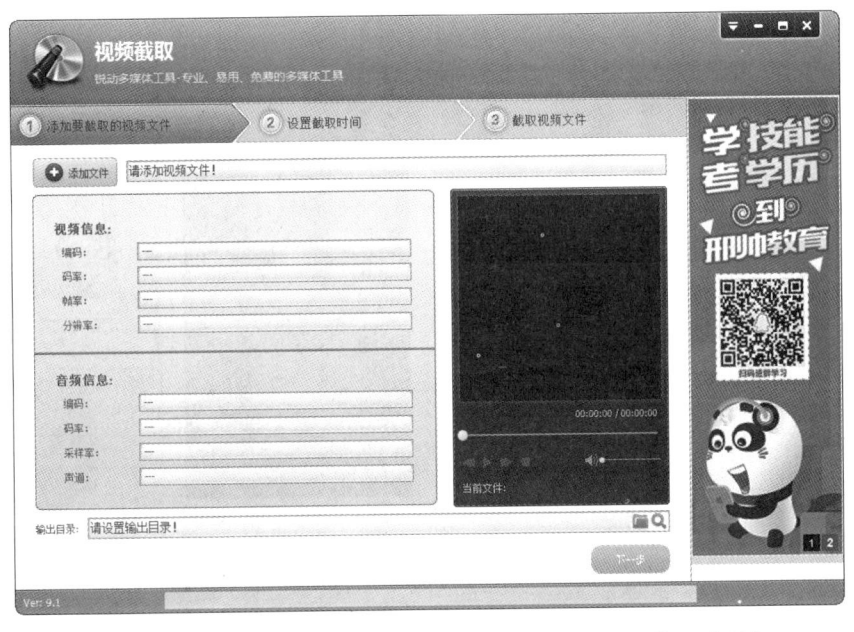

图8—38 "视频截取"对话框"添加要截取的视频文件"选项卡

（2）单击"添加文件"按钮，弹出"打开"对话框，在此添加视频文件如"视频素材1"，单击"打开"按钮，如图8—39所示。

图8—39 "打开"对话框

（3）图8—40中显示出要截取的视频文件。单击"输出目录"右侧的按钮，弹出"浏览计算机"对话框，如图8—41所示。在其中选择输出目录为"D：\第8单元\结果\"，单击"确定"按钮。返回如图8—41所示的"视频截取"对话框，单击"下一步"按钮。

图 8—40 "视频截取"对话框 – "添加要截取的视频文件"

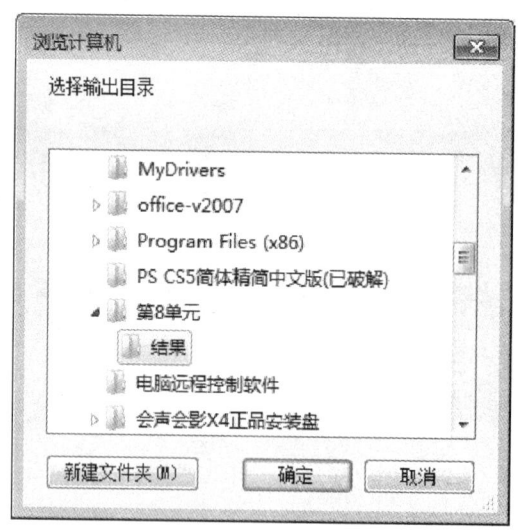

图 8—41 "浏览计算机"对话框

（4）弹出"视频截取"对话框"设置截取时间"选项卡。在此设置截取的开始时间为"00:00:01:000"，结束时间为"00:00:20:000"，如图8—42所示，单击"下一步"按钮。

（5）弹出"视频截取"对话框"截取视频文件"选项卡，则软件开始截取视频文件并显示出截取进度，如图8—43所示。当视频文件截取完成后，会弹出"截取结果"提示框，如提示"视频截取成功!"在此可直接单击"确定"按钮，完成视频截取的操作。

图8—42 "视频截取"对话框"设置截取时间"选项卡

图8—43 "视频截取"对话框"截取视频文件"选项卡

4. 视频文件的合并

（1）在打开的"视频转换专家"主界面中，选择"视频合并"选项。弹出"视频合并"对话框"添加需要合并的文件"选项卡，如图8—44所示。

（2）单击"添加"按钮，弹出"打开"对话框，添加需要合并的视频文件，如"视频素材1"和"视频素材2"，单击"打开"按钮。

图8—44 "视频合并"对话框"添加需要合并的文件"选项卡

（3）两个视频文件添加成功后，在"视频合并"对话框"添加需要合并的文件"选项卡中可以看到添加的两个视频文件，如图8—45所示。单击"下一步"按钮。

图8—45 添加需要合并的文件

（4）弹出"视频合并"对话框"输出设置"选项卡，在此选择输出格式为".avi"，保存路径为"D：\第8单元\结果\"，命名为"合并结果"，如图8—46所示。

图 8—46 "视频合并"对话框"输出设置"选项卡

（5）单击"下一步"按钮，弹出"视频合并"对话框"合并文件"选项卡，则表示开始合并视频文件并显示合并进度，如图 8—47 所示。当文件合并完成后，会弹出"合并结果"提示框，如提示"视频合并成功！"说明两个视频文件合并成功，在此可直接单击"确定"按钮，完成视频文件的合并操作。

图 8—47 "视频合并"对话框"合并文件"选项卡

二、图片文件的编辑

在计算机中处理图片的工具有很多,下面要介绍的是常用的图片处理软件 ACDSee。它是非常流行的看图工具之一。它提供了良好的操作界面、简单的操作方式、优质的快速图形解码方式,支持丰富的图形格式,具有强大的图形文件管理功能。

1. 批量修改图片格式、大小

(1) 打开 ACDSee 主窗口,如图 8—48 所示。

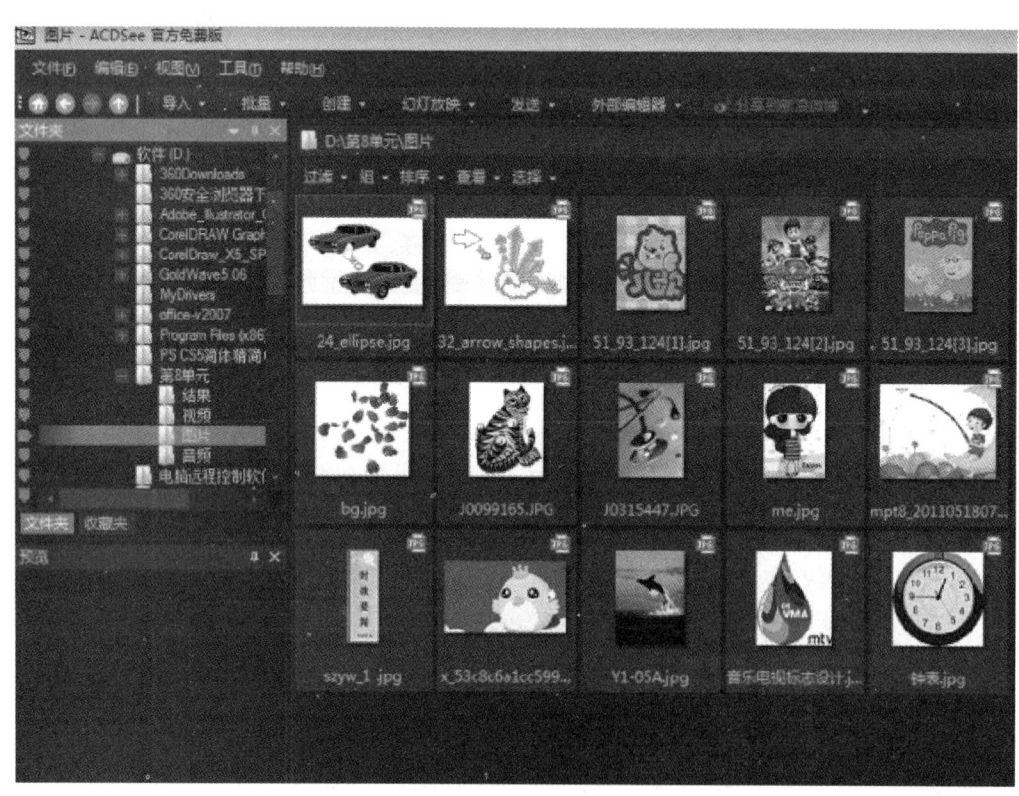

图 8—48　ACDsee 主窗口

(2) 选中要批量转换格式的文件,单击"批量→转换文件格式"命令,如图 8—49 所示。

(3) 弹出"批量转换文件格式"对话框,选择转换的目标格式,如图 8—50 所示。这里以 BMP 转 JPG 为例。单击"向量设置"按钮,弹出"向量图像设置"对话框,如图 8—51 所示。在这里设置图片分辨率,设置好后,单击"确定"按钮。返回图 8—50 所示的对话框。

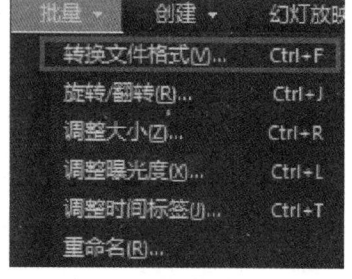

图 8—49　"转换文件格式"菜单

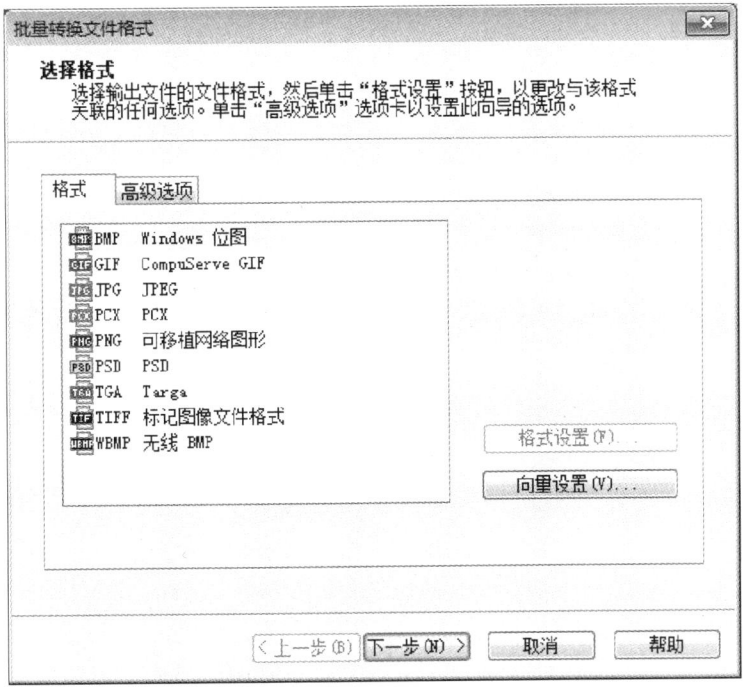

图 8—50 "批量转换文件格式"对话框

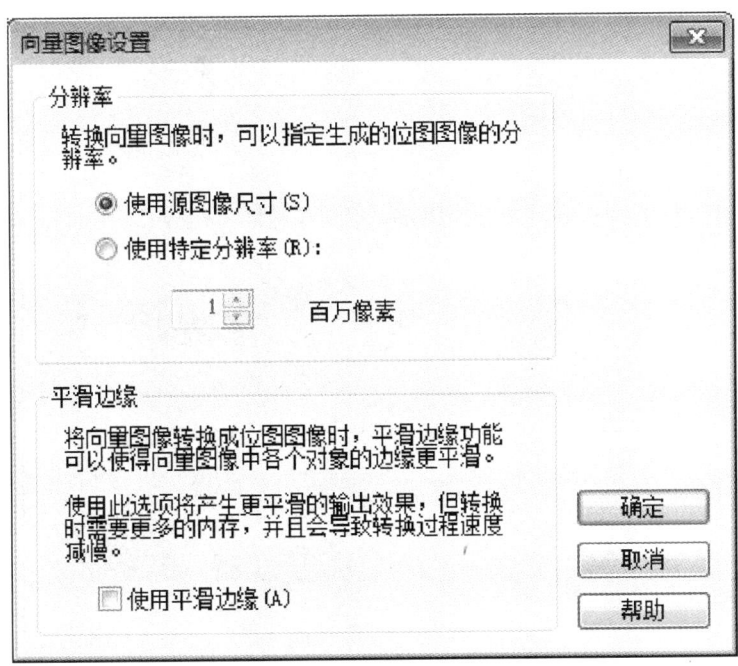

图 8—51 "向量图像设置"对话框

（4）单击"下一步"按钮，弹出"批量转换文件格式"对话框，单击"浏览"按钮，设置存储路径，如图 8—52 所示。然后单击"下一步"按钮。

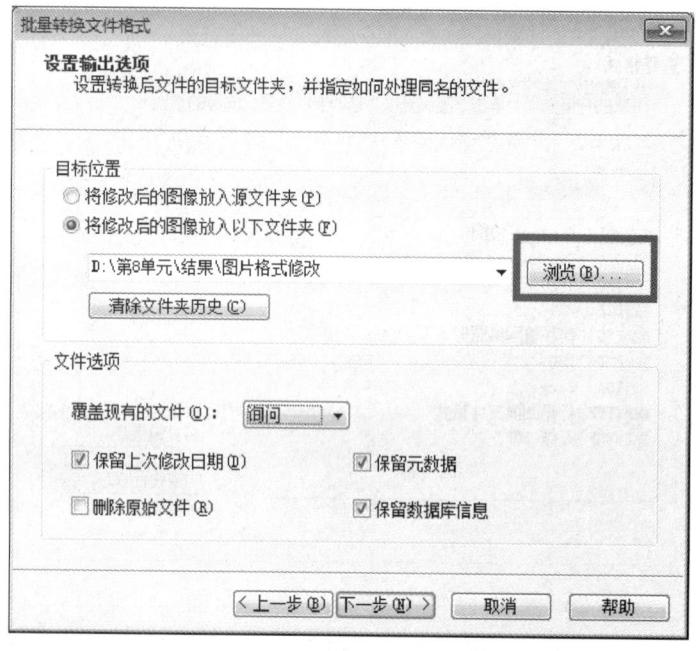

图8—52 "批量转换文件格式"对话框设置存储路径

（5）弹出"批量转换文件格式"对话框，设置图片输出形式，单击"开始转换"按钮，如图8—53所示。

（6）转换完成后，单击"完成"按钮，如图8—54所示。

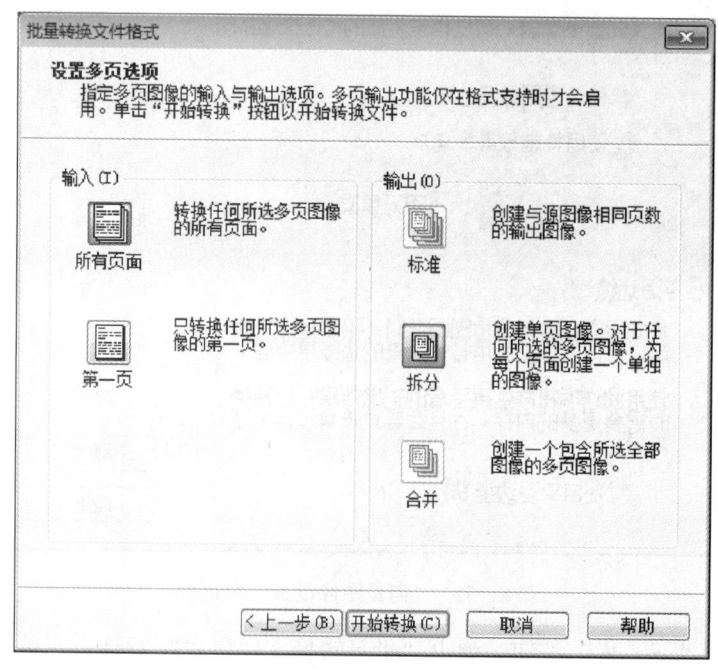

图8—53 "批量转换文件格式"对话框设置图片输出形式

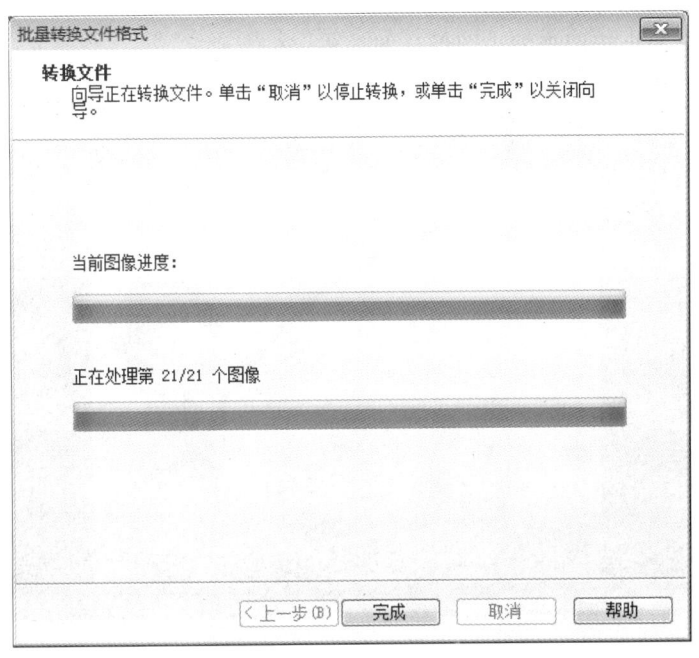

图 8—54 "批量转换文件格式"对话框

2. 用固定比例浏览图片

(1) 打开"第 8 单元 \ 图片"文件夹，查看图片，如图 8—55 所示。

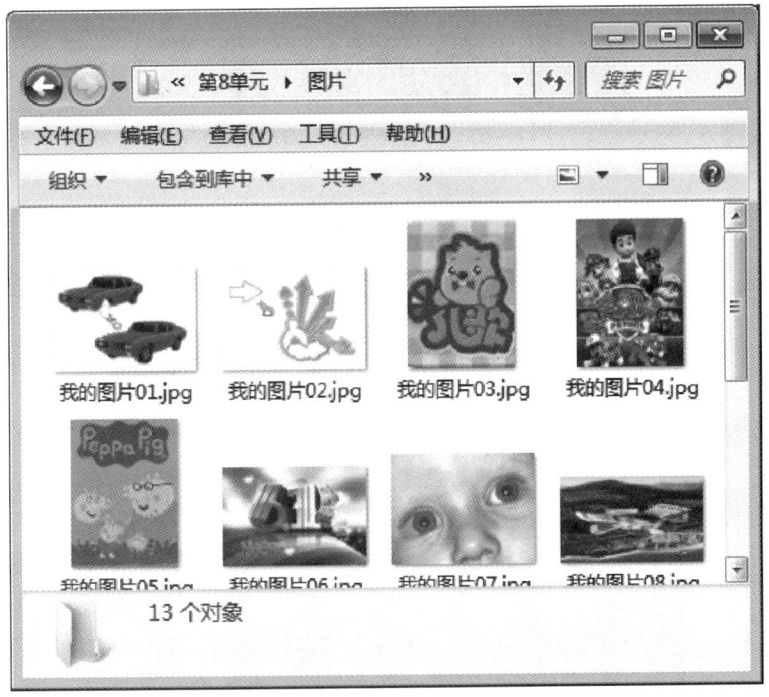

图 8—55 "浏览图片"文件夹

（2）然后双击其中一个文件，用 ACDsee 打开，可以看到图片文件显示大小不是很合适，可以单击缩小按钮来缩小图像，如图 8—56 所示。

图 8—56 "打开图片查看"窗口

（3）单击几次缩小按钮，即可将图像缩小了，但是这样不好把握尺寸，单击右下角按钮 ，可让图像适合屏幕大小，如图 8—57 所示。单击按钮后的效果如图 8—58 所示。

图 8—57 "适合全屏"缩放按钮

图 8—58 "查看缩放"效果图

（4）设置好图像大小之后，可设置缩放锁定，这样浏览所有照片就都会缩放到最适合大小了。选择"工具→缩放→缩放锁定"命令，如图8—59所示。直接单击下一张，可以发现所有图片的显示都是锁定的缩放状态了。

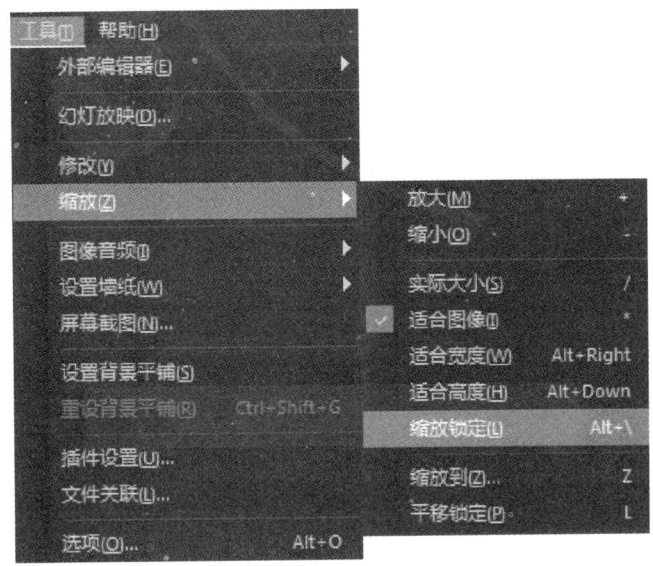

图8—59　锁定"缩放比例"菜单

3．制作 HTML 相册

（1）先把需要制作相册的图片全部选中，然后单击"工具→创建→HTML 相册"，如图8—60所示。

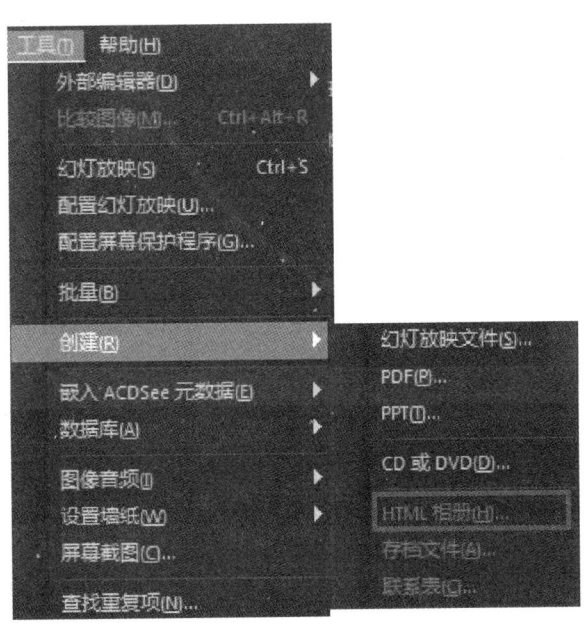

图8—60　"创建 HTML 相册"菜单

(2) 在弹出的"创建 HTML 相册"对话框中进行相册的设置,如图 8—61 所示,设置"网页样式",图库的样式设置好后,单击"下一步"按钮,弹出如图 8—62 所示对话框。设置"图库标题"与输出路径。单击"下一步"按钮。

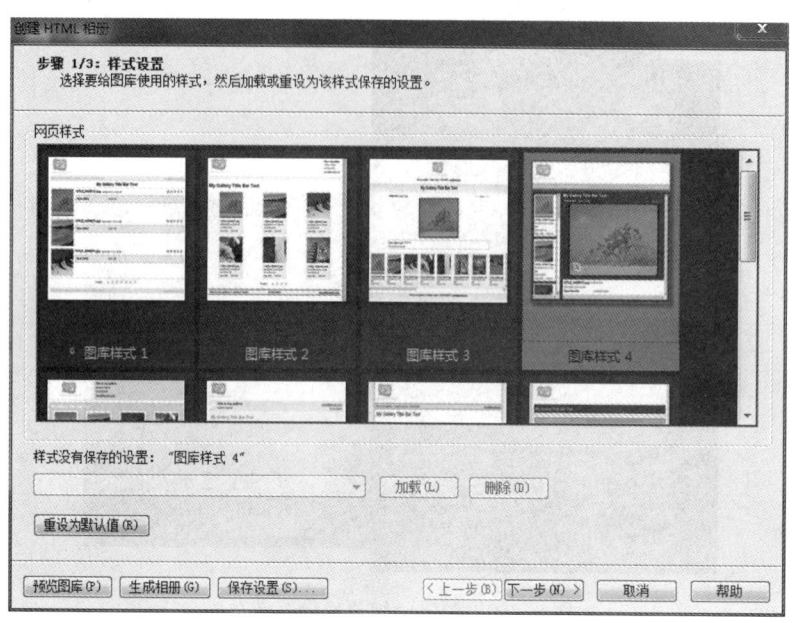

图 8—61 "创建 HTML 相册"对话框"样式设置"

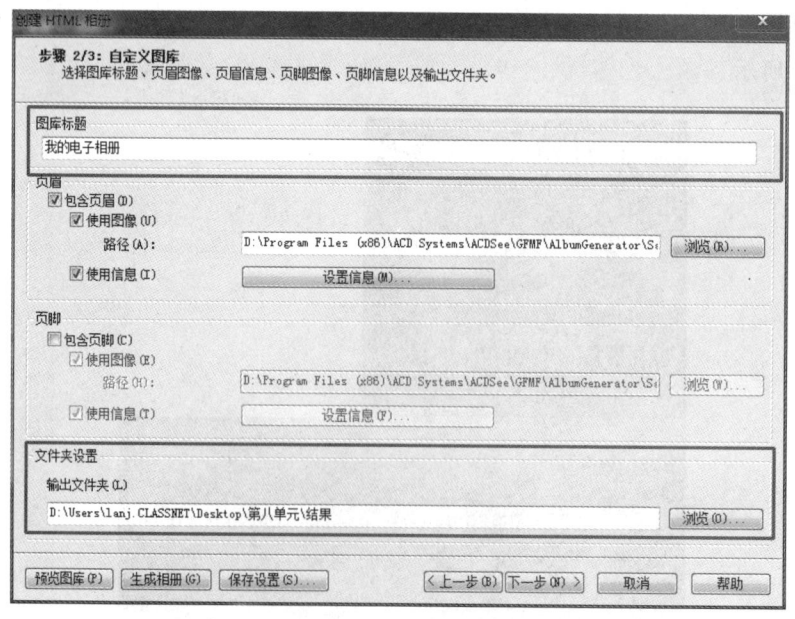

图 8—62 "创建 HTML 相册"对话框"自定义图库"

(3) 弹出如图 8—62 所示"创建 HTML 相册"对话框,设置略图、图像和文本参数,如图 8—63 所示。单击"下一步"按钮。

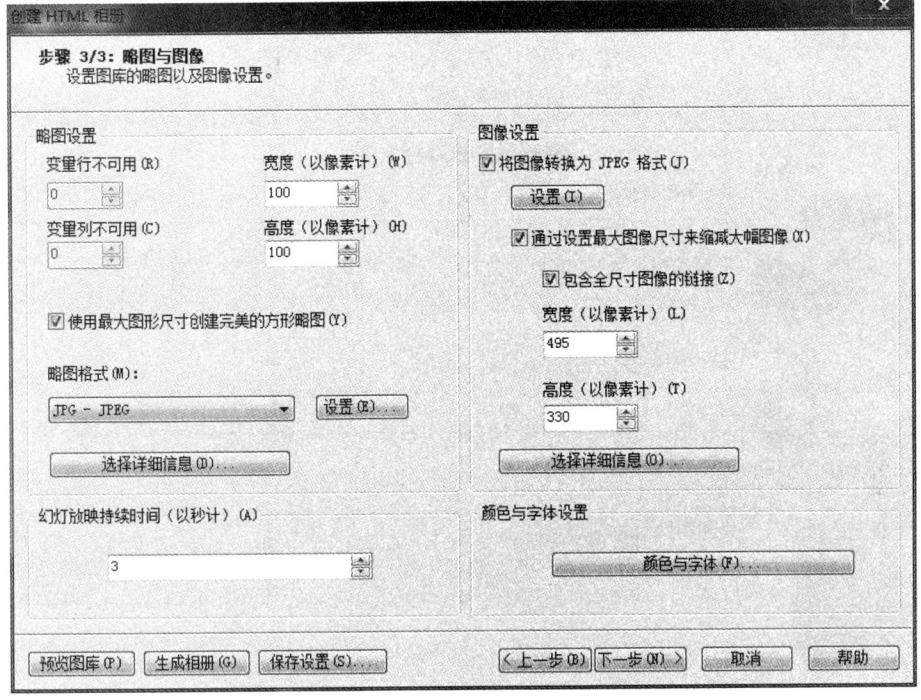

图8—63 "创建HTML相册"对话框"略图与图像"

（4）弹出如图8—64所示对话框，单击"完成"按钮。自动生成HTML相册，如图8—65所示。

图8—64 "创建HTML相册"对话框

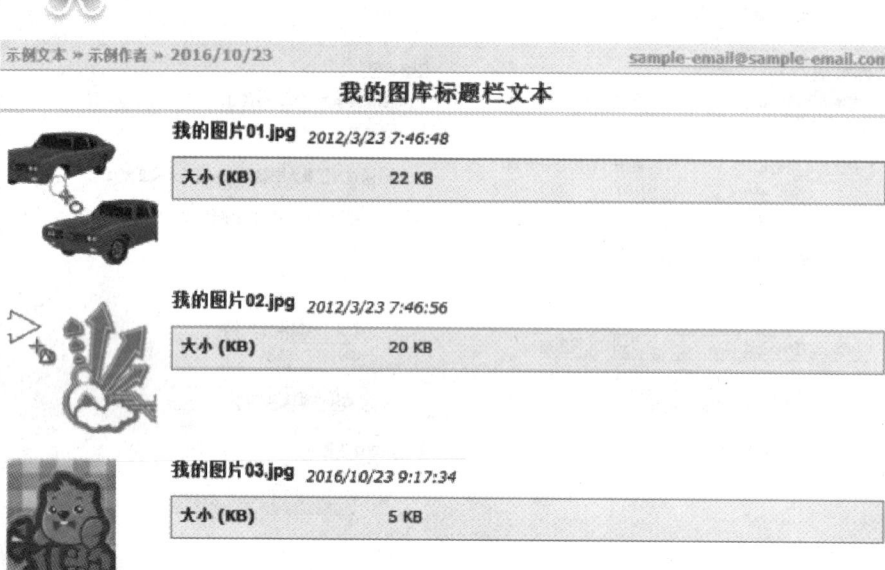

图 8—65 "查看文件效果"页面

4. 为文件批量更名

(1) 用 ACDSee 打开更名文件存放目录,选择所有待更名文件,如图 8—66 所示。

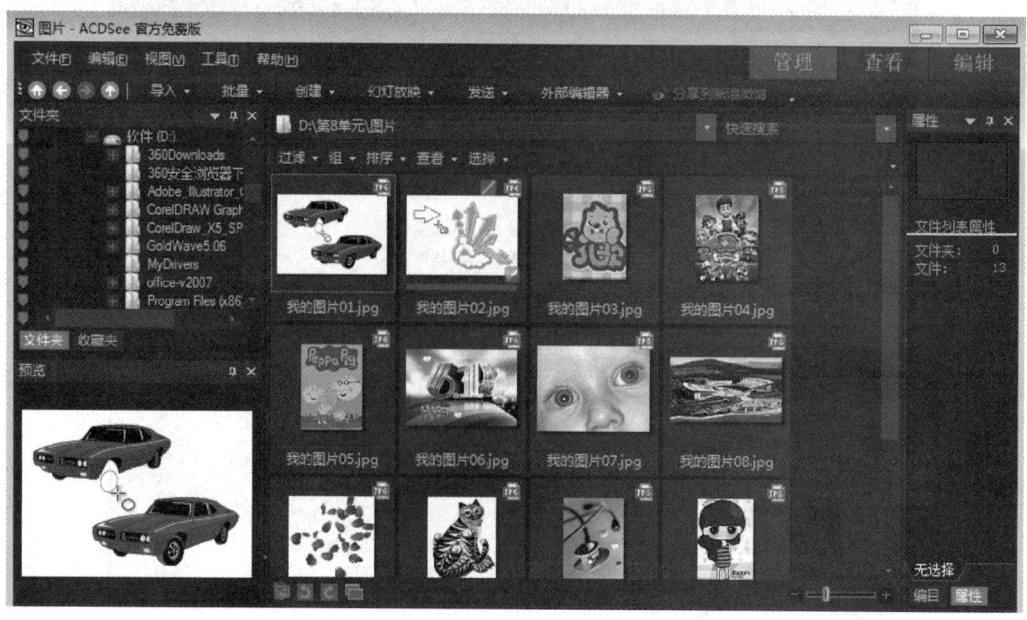

图 8—66 "图片 – ACDSee"窗口

多媒体信息处理

（2）鼠标右键单击图片，在弹出的右键菜单中选择"批量→重命名"选项，如图 8—67 所示。弹出如图 8—68 所示的"批量重命名"对话框。

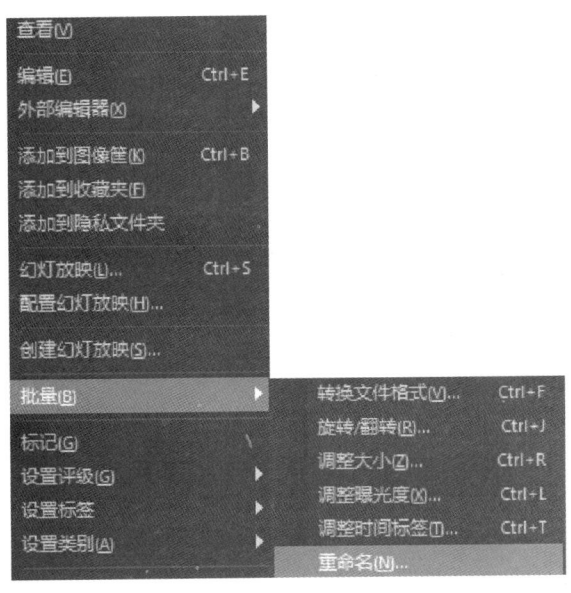

图 8—67 "重命名"菜单

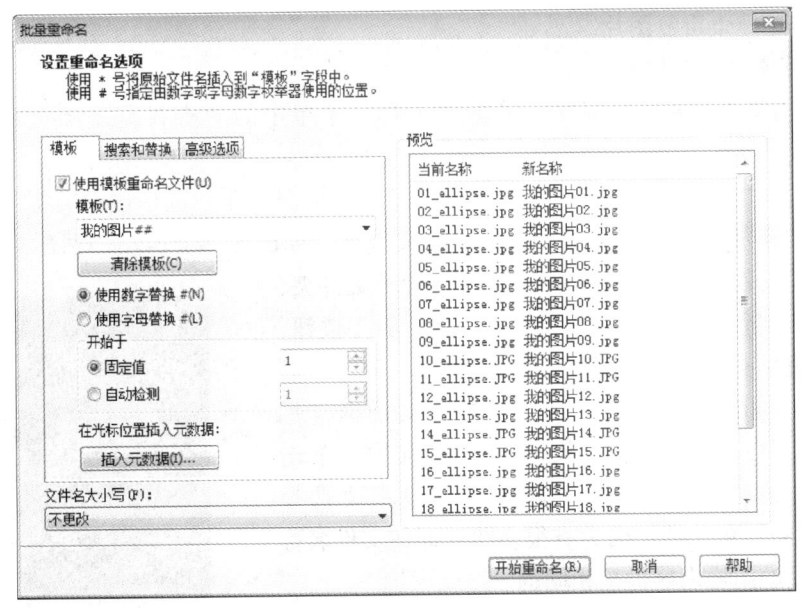

图 8—68 "批量重命名"对话框

（3）选择"使用模板重命名文件"复选项，添加想要修改的文件名，这里更名为"我的图片##"，"##"表示数字或英文的编号，如图 8—68 所示。单击"开始重命名"，弹出"正在重命名"对话框，如图 8—69 所示。重命名完成后，单击"完成"按钮。如果需要，也可以使用"插入元数据"的方式，在文件名中包含图片拍摄日期等元数据。

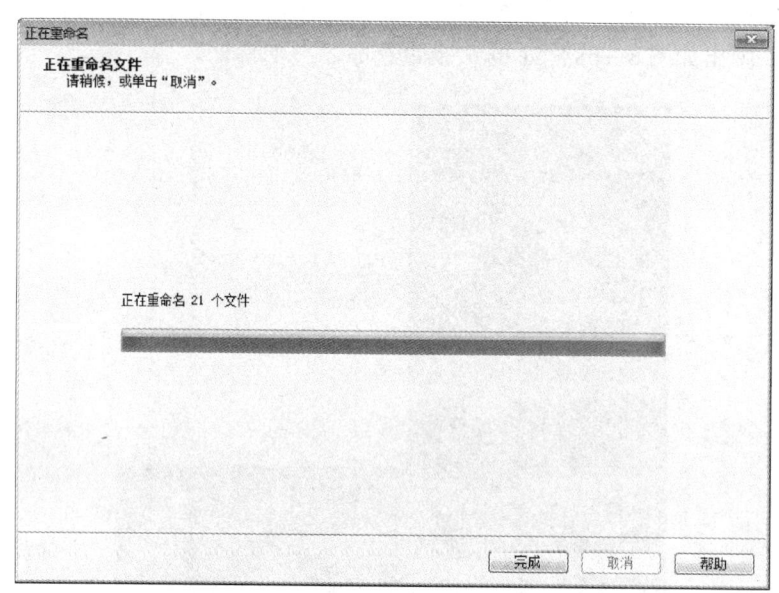

图8—69 "正在重命名"对话框

5. 查找重复的图片

照片、收藏的图片,可能会多次保存,重复占用空间,但难以手工清理。下面介绍利用 ACDSee 搜索重复图片。

(1) 搜索单个文件夹

1)打开 ACDSee 运行程序,单击"工具"菜单中的"查找重复项"命令,如图 8—70 所示。

2)弹出"重复项查找器:选择搜索类型"对话框。在"选择搜索类型"设置窗口中,单击"添加文件夹"按钮,选择目标文件夹,如图 8—71 所示。然后选中"在这些列表中的文件中查找重复"项,如果包含子文件夹,还应该选中"包含子文件夹",单击"下一步"按钮,进入"重复项查找器:搜索参数"对话框。

3)在"重复项查找器:搜索参数"对话框(见图 8—72)中,选中"仅查找图像"复选项,单击"下一步"按钮,开始搜索。在这里一般不要选择"文件名相同"单选项,因为有很多图片即使文件名称不同,它们的图像内容也是相同的。

4)经过一段时间的搜索后即可得到搜索结果,从"重复项查找器:搜索结果"对话框中的"重复项集合"后面的数字7,可以看出本次搜索一共查到7组重复图片,如图 8—73 所示。在"重复项集合"文本框中列出重复图片的文件名和重复文件数(括号中的数字),单击其中一项,就可以预览此图片,并且在下

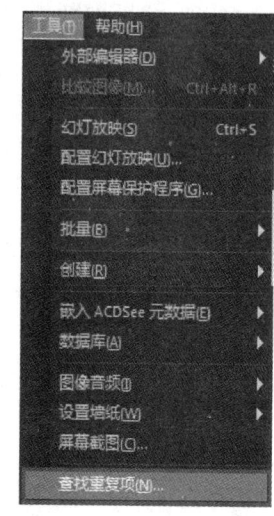

图8—70 "查找重复项"菜单

方的文件列表中会列出文件的大小和路径,在图片上单击鼠标右键,可以选择"打开""打开包含的文件夹"和"重命名"等操作,如果要删除其中的某些文件,单击文件前的小方框把它选中即可。

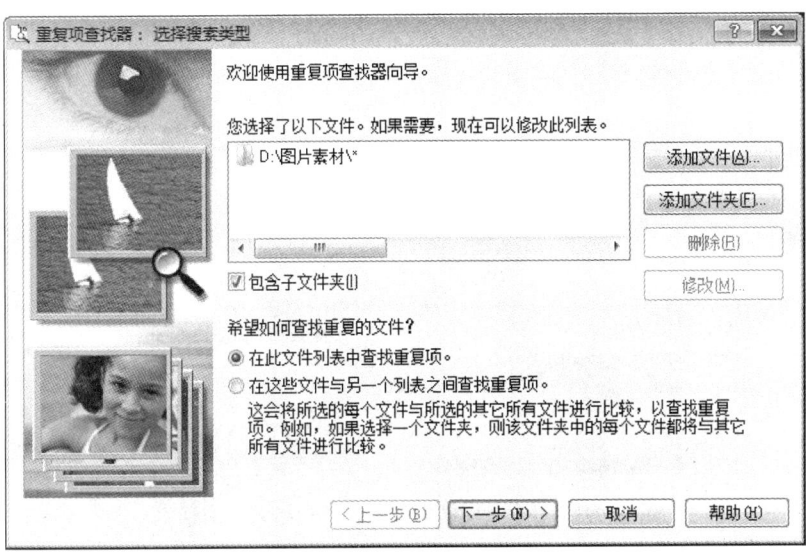

图 8—71 "重复项查找器:选择搜索类型"对话框

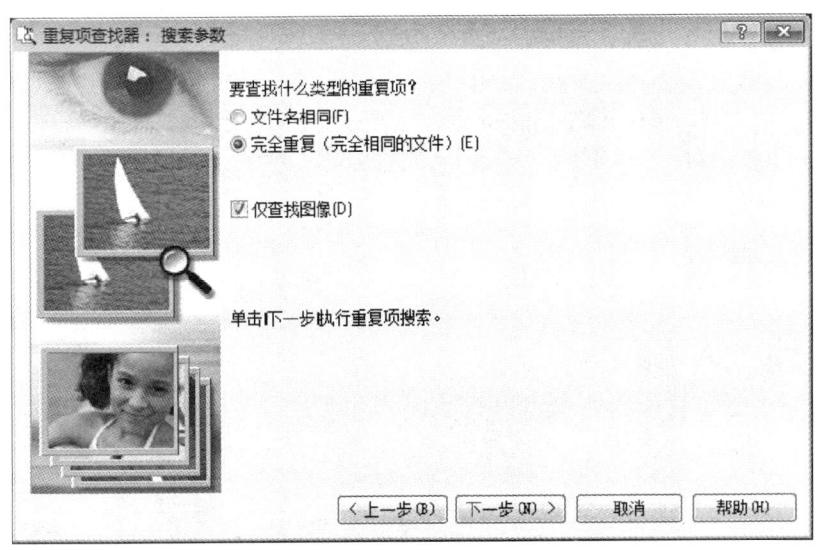

图 8—72 "重复项查找器:搜索参数"对话框

5)单击"下一步"按钮,在弹出的"重复项结果显示:确认"对话框中显示了我们已经设置好的操作列表,单击"完成"按钮即可删除重复图片,如图 8—74 所示。

(2)搜索多个文件夹。以上的搜索是在一个文件夹中进行的,当然这个文件夹中可以包含多个子文件夹,搜索多个文件夹的操作与上述步骤类似,但是有几个地方需要注意:

图 8—73 "重复项结果显示：搜索结果"对话框

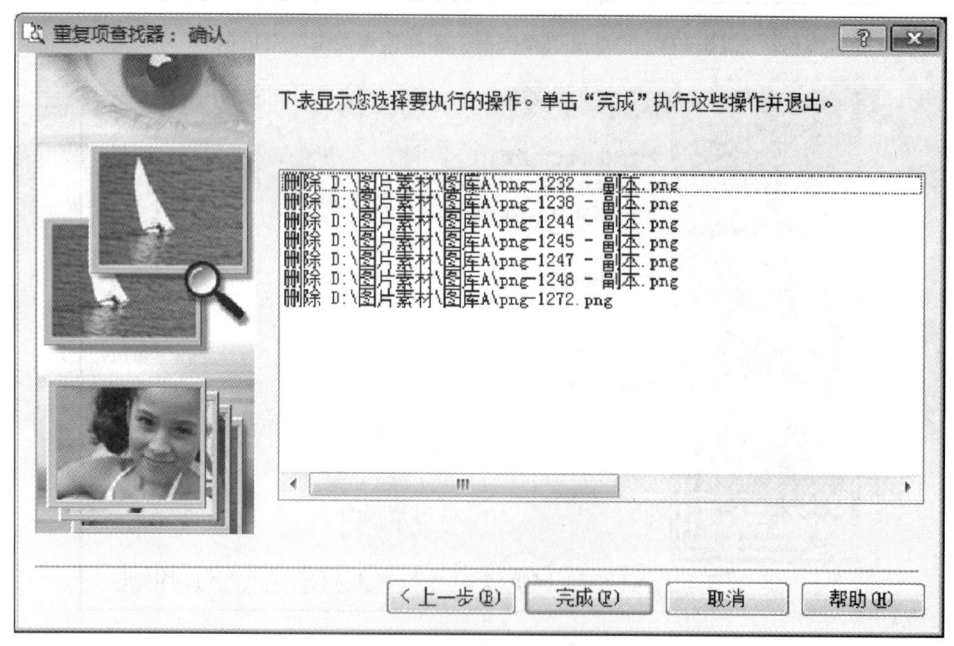

图 8—74 确认删除列表

1）在上述的步骤 2 "重复项查找器：选择搜索类型"对话框中，需要选择"在这些文件与另一个列表之间查找重复项"，如图 8—75 所示。然后单击"下一步"按钮，会弹出一个"重复项查找器：第二文件列表"对话框，还是单击"添加文件夹"添加第二个文件夹，如图 8—76 所示。然后单击下"下一步"按钮，弹出如图 8—72 所示"重复项查找器：搜索参数"对话框，再单击"下一步"按钮。

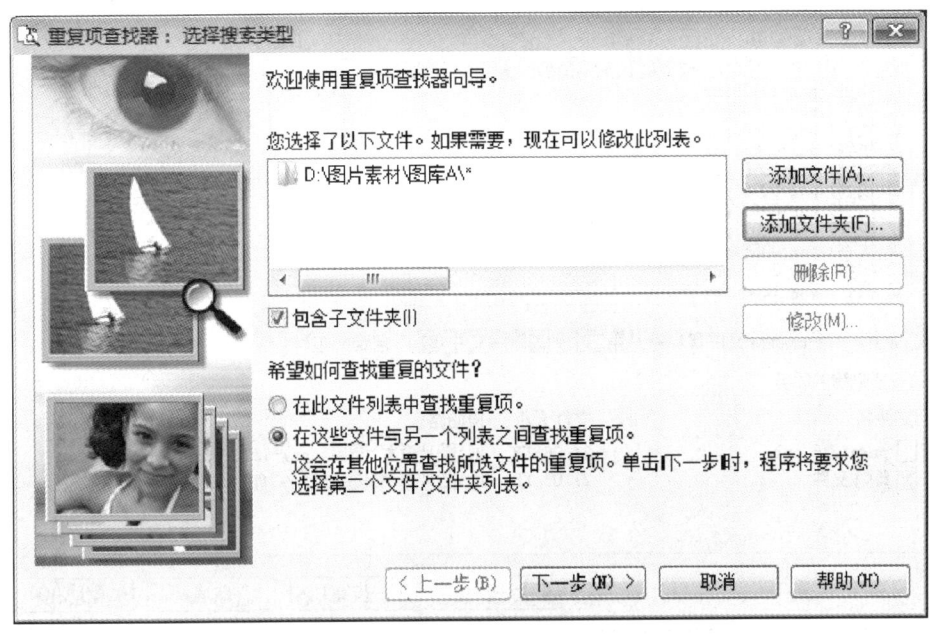

图 8—75 选择"在这些文件与另一个列表之间查找重复项"

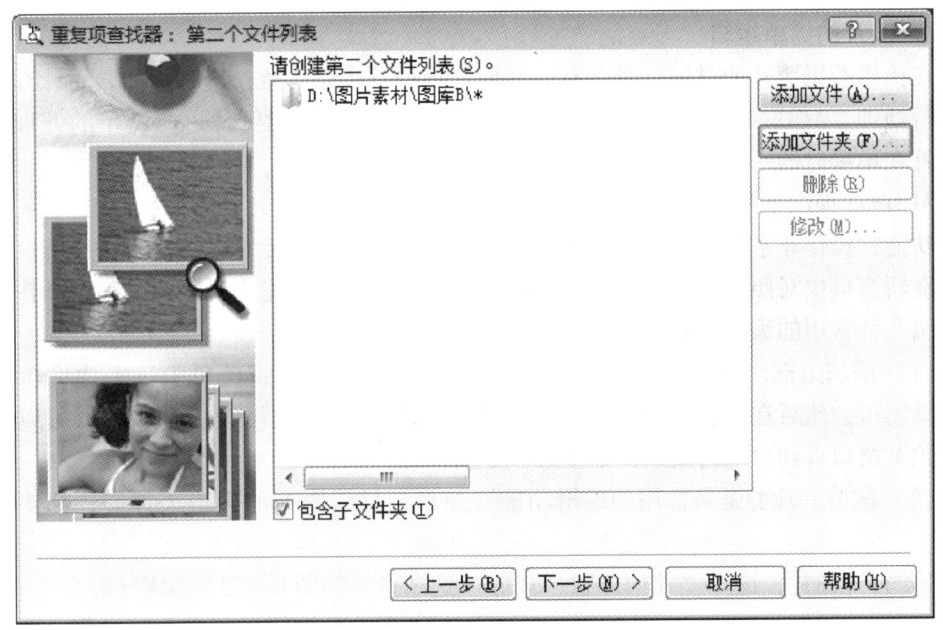

图 8—76 第二个文件列表

2）弹出如图 8—77 所示的"重复项查找器：搜索结果"对话框，"从第一列表删除文件"和"从第二列表删除文件"会变成可选项，可以选择从哪个文件夹中删除重复图片，而不必逐个图片选择，比如选择"从第二列表中删除文件"，如图 8—77 所示。可选择把第二个文件夹中所有与第一个文件夹中重复的图片全部删除。

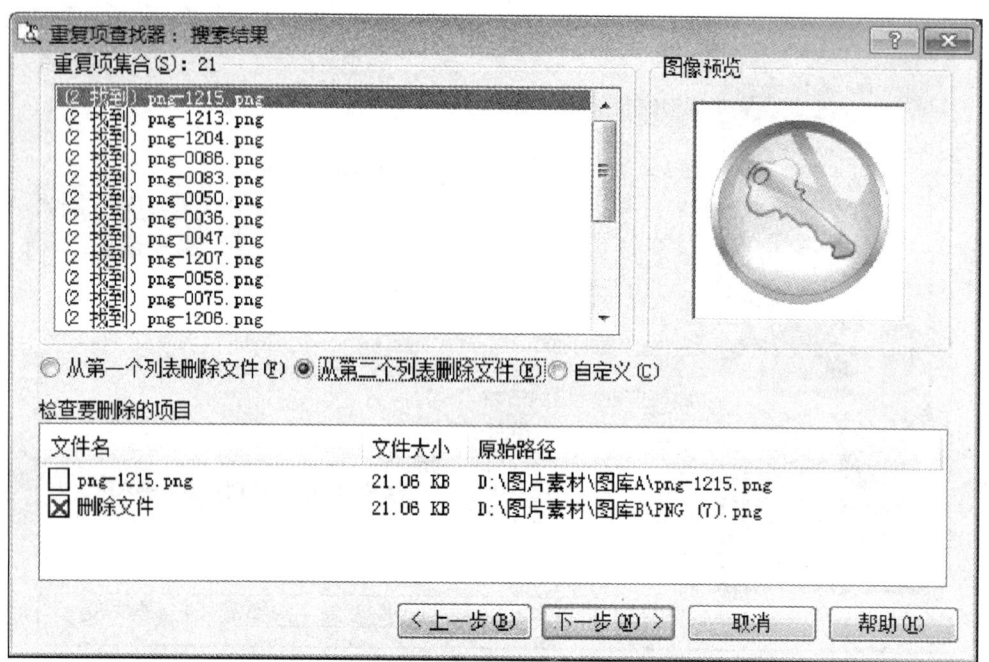

图 8—77 选择从第二个列表删除文件

6. 照片的简单编辑

在拍摄数码照片的时候，总会有一些照片拍得不尽如人意，这时就需要用计算机对其进行处理。ACDSee 本身带有的简单图像编辑功能，可以对图片进行简单的处理，用来弥补在拍摄时的一些缺憾。

ACDSee 提供了曝光、阴影/高光、色彩、红眼消除、相片修复、清晰度等基本的编辑功能，操作非常简单，只要打开 ACDSee 的编辑模式，然后选择右侧的编辑功能，即可在新窗口中对照片进行编辑，只要拖动右侧的滑块即可完成对图像的编辑操作。下面介绍几种常用的编辑方法。

（1）添加边框。选中图片，单击鼠标右键，在弹出的右键菜单中选择"编辑"打开编辑窗口，然后在左侧窗格中单击"边框"选项，打开边框设置选项，就可以在右侧的预览窗口看到对应的效果，如图 8—78 所示。

（2）裁剪。裁剪是最常用的编辑功能，如将扫描后图像的黑边去掉等，都要用到裁剪。

1）打开图片，选择"几何形状→裁剪"选项打开如图 8—79 所示窗口。

2）拖动边框线选取好需要的图片后，单击"完成"按钮后完成剪裁操作。剪裁后的效果如图 8—80 所示。

（3）调节曝光。图片的亮暗不满足要求或为了某种效果，往往要改变图片的曝光量，在图片编辑器中很容易完成这种操作。

1）打开一张图片，进入到编辑窗口。

2）单击"曝光/光线→曝光"选项，然后在如图 8—81 所示的窗口中调整参数。

多媒体信息处理

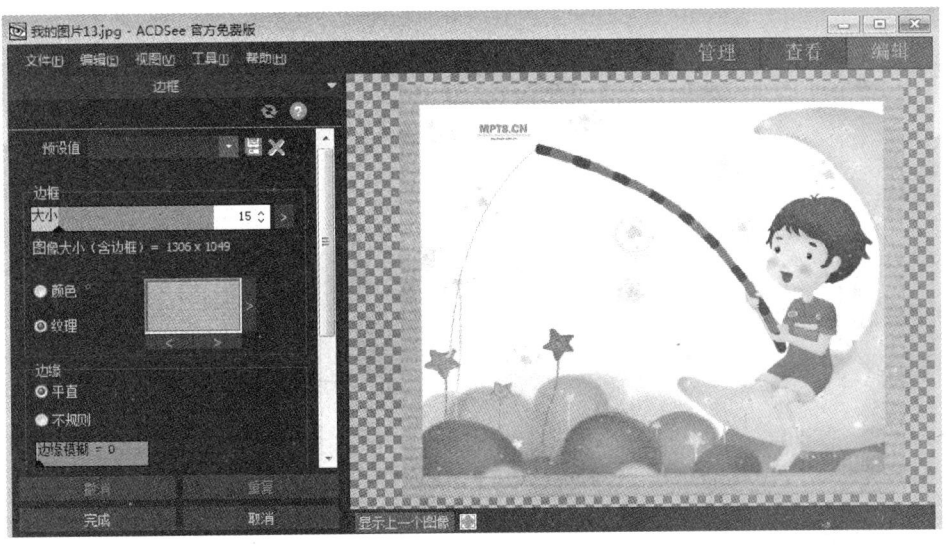

图 8—78 "图片编辑"窗口添加边框

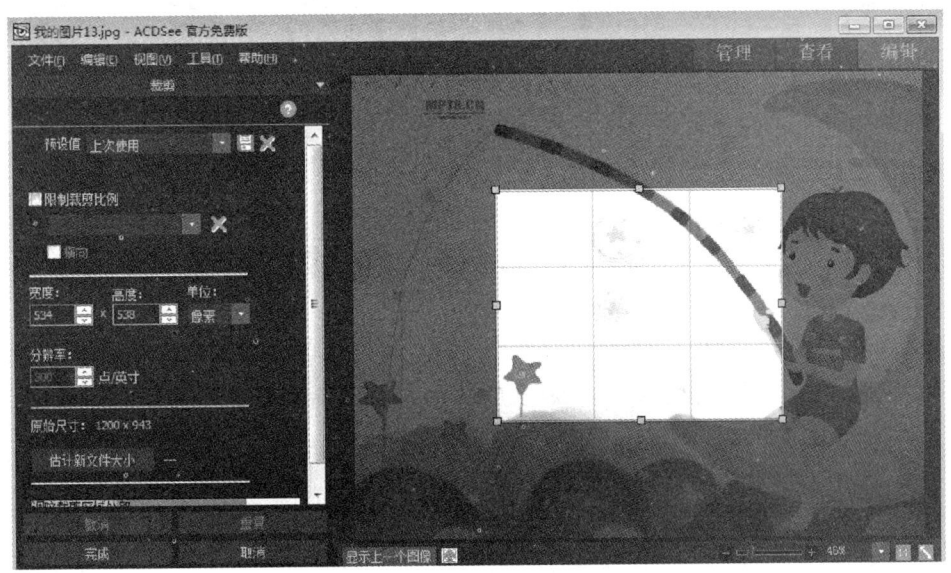

图 8—79 "图片编辑"窗口裁剪

图 8—80 裁剪后的样图

图 8—81 "图片编辑"窗口调节曝光

3）达到想要的曝光效果后单击"完成"按钮。最后保存图片。

（4）添加模糊效果

1）打开一张图片，进入到编辑窗口。

2）单击"细节→模糊"选项，如图 8—82 所示。图像上就能出现模糊的效果。

图 8—82 "图片编辑"窗口添加模糊效果

3)调整好参数后,单击"完成"按钮。最后保存图片。

(5)添加水面效果

1)打开一张图片,进入到编辑窗口。

2)单击"添加→特殊效果→自然→水面"选项,图像上就能出现水面的效果,如图8—83所示。

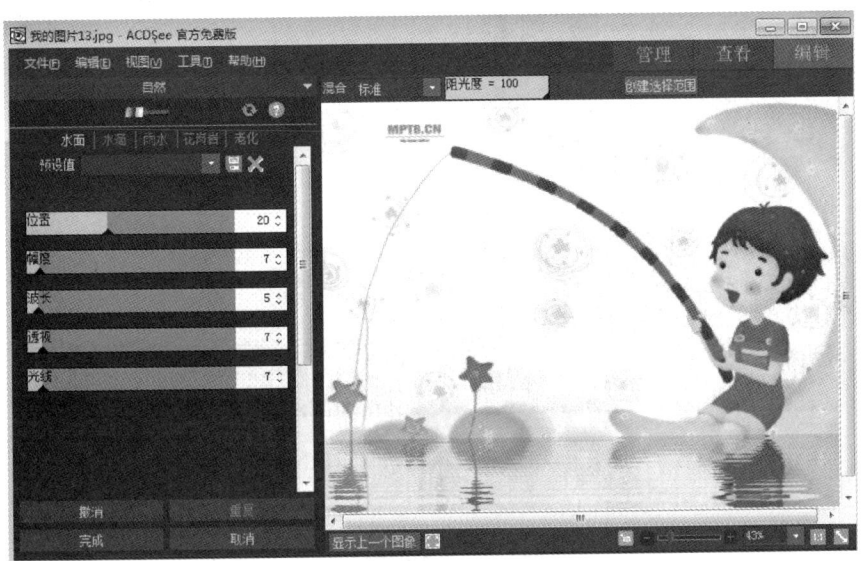

图8—83 "图片编辑"窗口添加水面效果

3)调整好参数后,单击"完成"按钮。最后保存图片。

(6)快速修复有红眼的照片

1)打开带有红眼效果的图片,进入到编辑窗口,如图8—84所示。

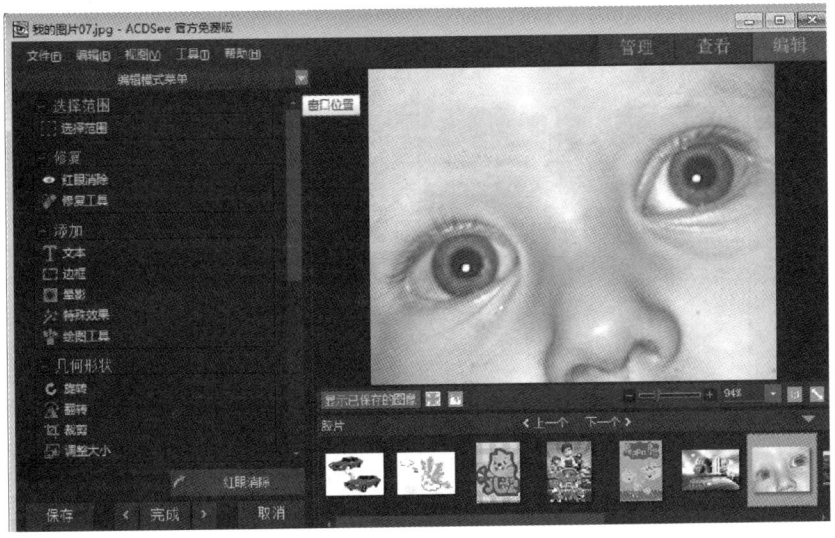

图8—84 "图片编辑"窗口

2)单击"修复→红眼消除",在图像的红眼位置单击,然后调整参数(有大小和调暗两个选项),如图8—85所示,即可清除红眼效果。

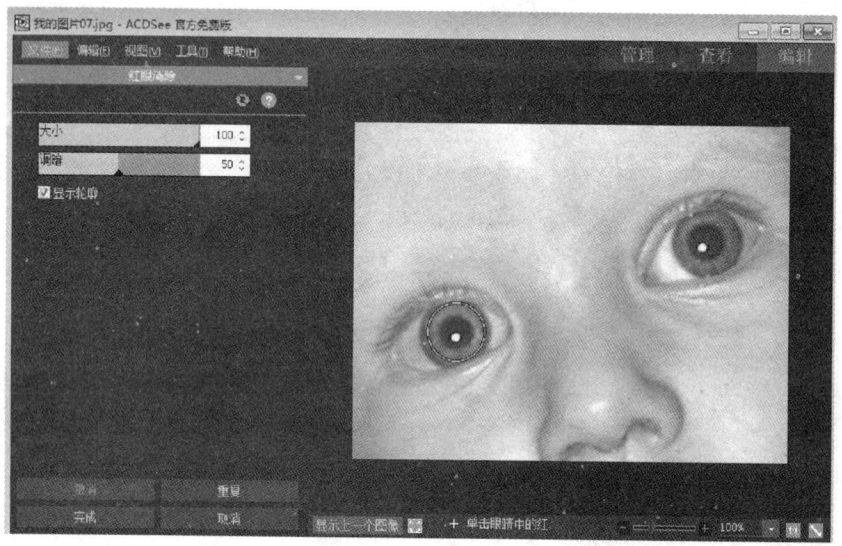

图8—85 "图片编辑"窗口消除红眼

单元考核要点

考核类型	考核范围	考核点
理论知识	声音文件的处理	声音文件的编辑
	视频及图片文件的处理	视频文件的编辑
		图片的编辑
操作技能	声音文件的处理	声音文件的转换
		声音文件的分割
		声音文件的截取
		声音文件的合并
	视频及图片文件的处理	视频的转换
		视频的分割
		视频的截取
		视频的合并
		图片的格式转换
		图片的批量更名
		制作 HTML 相册

单元测试题

一、单项选择题（下列每题有4个选项，其中只有一个是正确的，请将正确答案的代号填在括号内）

1. 下列属于编辑声音的软件是（　　）。
   A. Photoshop　　B. AI　　C. GoldWave　　D. Word

2. 下列属于编辑音频的软件是（　　）。
   A. Excel　　B. CorelDRAW　　C. PowerPoint　　D. Cool Edit

3. 要把一台普通的计算机变成多媒体计算机，（　　）不是要解决的关键技术。
   A. 视频音频信号的共享
   B. 多媒体数据压缩编码和解码技术
   C. 视频音频数据的实时处理和特技
   D. 视频音频数据的输出技术

4. 下面硬件设备中，（　　）不是多媒体硬件系统必须包括的设备。
   A. 计算机最基本的硬件设备　　B. CD、ROM
   C. 音频输入、输出和处理设备　　D. 多媒体通信传输设备

5. （　　）不是多媒体计算机对音频处理能力的基本要求。
   A. 录入声波信号　　B. 保存大容量声波信号
   C. 重放声波信号　　D. 用MIDI技术合成音乐

6. 多媒体一般不包括（　　）媒体类型。
   A. 图形　　B. 图像　　C. 音频　　D. 视频

7. 下面硬件设备中，（　　）不是多媒体创作所必需的。
   A. 扫描仪　　B. 数码相机　　C. 彩色打印机　　D. 图形输入板

8. 下面各项中，（　　）不是常用的多媒体信息压缩标准。
   A. JPEG标准　　B. mp3压缩　　C. LWZ压缩　　D. MPEG标准

9. 下面程序中，（　　）不属于音频播放软件工具。
   A. Windows Media Player　　B. GoldWave
   C. QuickTime　　D. ACDSee

二、判断题（下列判断正确的请打"√"，错误的请打"×"）

1. 视频会议系统不是多媒体技术的典型应用。　　（　　）
2. 在扫描彩色图像时，扫描分辨率可以间接描述分辨率。　　（　　）
3. 使用录音机软件录制的声音文件格式为".wav"。　　（　　）
4. 多媒体数据的特点是数据量巨大、数据类型少、数据类型间区别大和输入输出复杂。　　（　　）
5. 用于存放某种媒体的媒体，如纸张、磁带、磁盘、光盘等属于存储媒体。　　（　　）
6. 多媒体技术的基础是数据压缩和解压缩技术。　　（　　）

7. 模拟音频的数字化过程要分为采样、量化和编码三个步骤。　　　（　）

8. 在图像数字化的过程中，采样的实质是要用多少个点来描述一幅图像，采样的结果就是通常所说的显示分辨率。　　　　　　　　　　　　　　　（　）

9. 声音质量与其频率范围无关。　　　　　　　　　　　　　　　（　）

10. 在计算机系统的音频数据存储和传输中，数据压缩会造成音频质量的下降。
　　　　　　　　　　　　　　　　　　　　　　　　　　　　　（　）

单元测试题答案

一、单项选择题

1．C　　2．D　　3．A　　4．D　　5．B　　6．A　　7．C　　8．C
9．D

二、判断题

1．√　　2．√　　3．√　　4．×　　5．√　　6．×　　7．√　　8．×
9．×　　10．√